国家出版基金项目
NATIONAL PUBLICATION FOUNDATION

现代制导火箭设计技术与工程

现代制导火箭发射系统设计与工程

王惠方　贾　强　编著

西北工业大学出版社

西安

【内容简介】 本书以现代制导火箭发射系统的基本组成为主线,系统介绍了现代制导火箭的基本概念、发展历程、理论基础、研制程序、典型结构原理和设计,以及系统在工程研制中需重点关注的通用质量特性、工艺性、装配、调试、试验和测试内容等。本书的主要内容包括绪论,制导火箭发射系统的研制程序与方法,制导火箭发射系统总体设计,火力系统设计,综合信息与控制系统设计,随动系统设计,发射动力学,通用质量特性设计,人-机-环境工程设计,总装调与试验、测试,以及其他制导火箭发射技术等。

本书可供从事制导火箭发射系统论证、设计和试验等方面的工程技术人员、管理人员阅读,同时也可用作大专院校制导火箭发射系统专业本科生、研究生的参考用书。

图书在版编目(CIP)数据

现代制导火箭发射系统设计与工程 / 王惠方,贾强编著. — 西安 : 西北工业大学出版社,2023.6
ISBN 978 - 7 - 5612 - 8765 - 1

Ⅰ. ①现… Ⅱ. ①王… ②贾… Ⅲ. ①制导-火箭-发射系统-系统设计 Ⅳ. ①V448.13

中国国家版本馆 CIP 数据核字(2023)第 104006 号

XIANDAI ZHIDAO HUOJIAN FASHE XITONG SHEJI YU GONGCHENG
现 代 制 导 火 箭 发 射 系 统 设 计 与 工 程
王惠方 贾强 编著

责任编辑:杨 帆 朱晓娟		**策划编辑**:杨 军	
责任校对:曹 江		**装帧设计**:李 飞	

出版发行:西北工业大学出版社
通信地址:西安市友谊西路 127 号　　　　邮编:710072
电　话:(029)88491757,88493844
网　址:www.nwpup.com
印 刷 者:西安五星印刷有限公司
开　本:720 mm×1 020 mm　　　1/16
印　张:30.25
字　数:592 千字
版　次:2023 年 6 月第 1 版　　　2023 年 6 月第 1 次印刷
书　号:ISBN 978 - 7 - 5612 - 8765 - 1
定　价:148.00 元

"现代制导火箭设计技术与工程"
编撰委员会

主　　　编：韩珺礼

副　主　编：杨　军　　王文平

编委会主任：张朝宏

成　　　员：(按照姓氏笔画排序)

　　　　　　王文平　　王建国　　王惠方　　刘生海　　杜红英

　　　　　　李照勇　　杨　军　　陈少松　　栗金平　　韩珺礼

学术委员会主任：杨树兴

副　主　任：樊会涛

成　　　员：(按照姓氏笔画排序)

　　　　　　上官垠黎　　马春茂　　刘生海　　刘明喜

　　　　　　汤祁忠　　　杨　军　　何　勇　　沈晓军

　　　　　　张治民　　　陈　雄　　周建平　　胡光宇

　　　　　　莫　波　　　蒋建伟　　韩珺礼　　鲍福廷

　　　　　　樊水康

《现代制导火箭发射系统设计与工程》
编撰委员会

主　任：王惠方　　贾　强

委　员：(按姓氏笔画排序)

牛天宏	代　波	朱鹏刚	刘富勇	苏　胜
李娟亚	李鹏启	杨军宁	杨　林	吴永胜
吴　旭	张鹏飞	范虎成	岳嘉为	周晋祎
柯　彪	段虎平	秦幸妮	袁毓雯	高小科
郭　晶	曹　雷	崔二巍	彭　沛	程玉振
潘　军				

前言

现代制导火箭武器系统射程远、精度高、威力大,在现代战争中的作用和地位日益突出,世界各军事强国均投入大量人力、物力对其进行研制或改进。现代制导火箭发射系统是制导火箭武器系统中的重要组成部分,是多系统、多设备、多技术高度融合的复杂系统。

现代制导火箭发射系统在传统火箭发射系统的基础上,在几代研发人员反复实践和认知的过程中,不断迭代发展和进步。随着现代战争内涵的扩展以及装备设计、工程实践技术的更新,现代制导火箭发射系统相关的新理论和新方法也相继出现。本书立足于传统火箭发射系统技术理论,将传统技术理论与现代制导火箭发射系统设计的新理论和新方法进行系统性梳理、整合,紧密围绕现代制导火箭发射系统的特点,结合多年来从事制导火箭发射系统研发的工程实践,构建了较完善的设计理论和工程研究体系。

本书体现了我国最新一代弹箭共架火箭发射系统设计理论及工程实践水平,体现了炮、弹、控制一体化设计的火箭发射系统的设计思想。全书的内容在保证技术理论的系统性、全面性的基础上,突出了制导火箭发射系统的工程实践性和特殊性。全书结构、形式新颖,理论与工程研发实践结合紧密,实用性强。

本书共 11 章,主要介绍现代制导火箭发射系统及其各分系统的组成、工作原理、特点和发展历程,并结合工程研究,重点介绍系统的工程实现过程、理论和方法。全书的主要内容如下:第 1 章介绍现代制导火箭武器系统概述、发展历程和发展趋势;第 2 章介绍制导火箭发射系统研制的程序与方法;第 3 章主要介绍制导火箭发射系统总体设计概念、流程及设计内容;第 4 章介绍火力系统设计;第 5 章介绍综合信息与控制系统设计;第 6 章介绍随动系统设计;第 7 章介绍发射动力学;第 8 章主要介绍通用质量特性设计;第 9 章介绍人-机-环境工程设计;第 10 章介绍总装调与试验、测试;第 11 章对其他制导火箭发射技术进行说明。

本书编写分工为:第 1～3 章由西北机电工程研究所王惠方、贾强编写;第 4 章由西北机电工程研究所牛天宏、刘富勇、崔二巍、朱鹏刚、段虎平、代波、吴旭、柯彪、范虎成、岳嘉为、郭晶、周晋祎等编写;第 5 章由西北机电工程研究所李娟亚、程玉振、张鹏飞、李鹏启、曹雷编写;第 6 章由西北机电工程研究所潘军、秦幸妮编写;第 7 章由西北机电工程研究所高小科编写;第 8 章由西北机电工程研究所杨军宁、柯彪、吴旭、程玉振、周晋祎、李鹏启编写;第 9 章由西安工业大学苏胜编写;第 10 章由西北机电工程研究所杨林、吴永胜、刘富勇、岳嘉为、崔二巍编写;第 11 章由西北机电工程研究所范虎成编写。全书由王惠方负责统稿,袁毓雯、彭沛、范虎成等参与了资料整理和插图处理等工作,感谢他们的辛勤付出。

在写作本书的过程中,笔者引用和参考了诸多文献资料,在此谨向其作者表示衷心的感谢!

由于笔者的水平有限,书中的不足之处在所难免,恳请广大读者批评指正。

编著者

2022 年 4 月

目录

第 1 章

绪论

|1.1 概 述|

1.1.1 现代制导火箭武器系统的定义及分类

现代制导火箭武器系统是现代战争中主要的火力突击、火力压制和对空防御作战的装备,广泛装备于世界各国陆军、海军、空军等军种,是各军种火力的骨干力量。现代制导火箭武器系统在无控火箭武器系统的技术基础上发展而来,继承了无控火箭武器系统射程远、射速快、火力猛等特点。近年来,随着现代技术和军事革命的发展,大量先进技术在火箭武器中得到应用,火箭武器制导技术得以突破。相较于传统的无控火箭武器,现代制导火箭武器系统同时具备对小幅员目标、点目标的精确打击能力,打击效能更高,优势更突出。世界多个军事强国竞相对其进行研制或改进,其地位与作用日趋突出。

现代制导火箭武器系统的分类并无统一标准,因此按不同分类标准,其分类也不相同。其中,以制导火箭发射域类型的不同进行分类最为常见。制导火箭武器系统按发射域的不同可分为地-地制导火箭武器系统、面(地面、水面)-空制导火箭武器系统、空-面制导火箭武器系统、空-空制导火箭武器系统和水下发射制导火箭武器系统等(见图1-1)。本书重点对地-地制导火箭武器系统进行介绍。

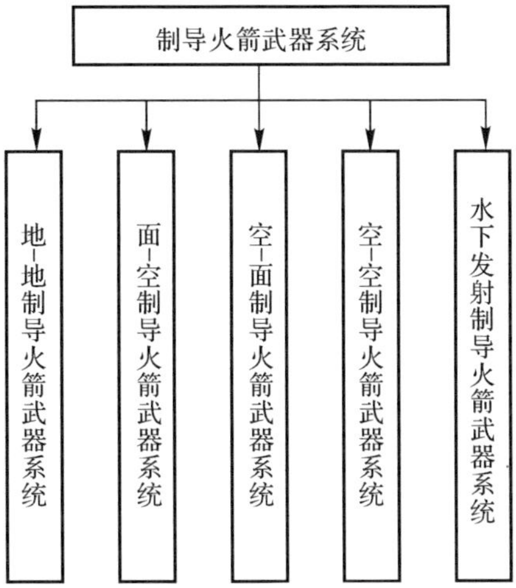

图 1-1 是一个分类框图。

制导火箭武器系统

- 地-地制导火箭武器系统
- 面-空制导火箭武器系统
- 空-面制导火箭武器系统
- 空-空制导火箭武器系统
- 水下发射制导火箭武器系统

图 1-1　制导火箭武器系统分类框图

1.1.2　现代制导火箭武器系统的任务

制导火箭武器系统的任务是该系统研制的总目标和根本依据。对于每种特定的制导火箭武器系统,用户在综合考量国家安全战略、军事战略及理论、作战任务实施条件、作战任务体系结构等多方面因素,以及国防武器装备建设总体要求下,提出具体的装备使命任务需求。一般地,制导火箭武器系统使命任务需包含的内容要素有系统拟编配的军、兵种,编配部队层级,遂行作战方式和主要作战目标等。

1.1.3　现代制导火箭武器系统的运用

武器系统运用方案是依据武器系统所承担的任务制定的,典型制导火箭武器系统寿命剖面如图1-2所示。通过对系统寿命剖面进行分析可确定系统的主要任务剖面。寿命剖面是从出厂到报废过程中武器系统经历的事件及其环境的时序描述,一般包括出厂运输、仓储、使用、维修等;任务剖面是在详细分析各种任务的基础上确定的典型剖面。

现代制导火箭武器系统典型任务剖面可分为训练任务剖面(见图1-3)、作战任务剖面(见图 1-4)两类。

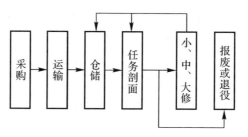

图 1-2　制导火箭武器系统寿命剖面

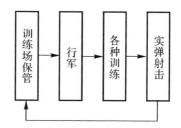

图 1-3　制导火箭武器系统训练任务剖面

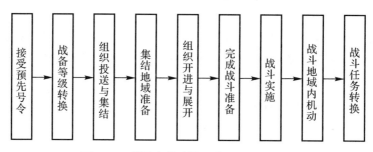

图 1-4　制导火箭武器系统作战任务剖面

1.1.4　现代制导火箭武器系统的组成

制导火箭武器系统是根据其全寿命周期内的基本任务剖面内具体使用需求进行构建的具备层次性、逻辑性和成套性的装备系统,该系统具备独立完成上级赋予的任务的能力。武器系统组成需按照系统任务剖面要求配置。一个典型的制导火箭武器系统一般需要包括以下分系统和装备:侦察、引导系统,指挥、控制、通信系统,弹药系统,发射系统,气象、测地、维修、训练等保障系统等。典型的制导火箭武器系统组成如图1-5所示。

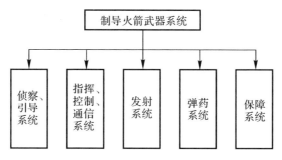

图1-5 制导火箭武器系统组成框图

一个完整的制导火箭武器系统要完成作战任务,需要保证其内部各分系统和装备有层次、有逻辑地运用,保证整个武器系统及时、统一、协调地投入战斗。典型现代制导火箭武器系统内各分系统及装备之间信息传递如图1-6所示。

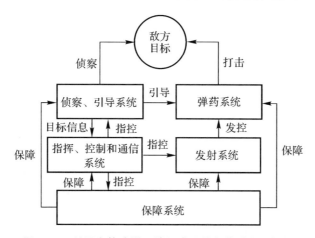

图1-6 制导火箭武器系统组成及信息传递关系框图

下面分别对武器系统内各分系统和装备进行介绍。

1. 侦察、引导系统

侦察、引导系统是制导火箭武器系统的"耳目",是武器系统发挥其火力打击能力,及时对目标遂行打击的重要装备。美军认为:"打赢战斗的第一步就是观察战场。"用于侦察的主要装备包括目视光测设备、电视/照相设备、红外探测设备、声测设备和雷达设备等,以上各种侦察设备各具特点,在实际使用时必须相互配合、彼此补充，重叠覆盖战场，对上级指定的作战区域、本级部队关注区域进行全天候、不间断侦察。武器系统内配备的侦察装备需根据系统作战任务灵活配备。

制导火箭武器系统内典型的侦察装备包括望远镜、炮对镜、电视摄像机、航空照相机、红外探测器、激光测距机、激光照射器、侦察校射雷达、活动目标侦察雷达和声测设备等。现代制导火箭武器系统为提高全系统机动能力和侦察范围，通常采用侦察车或侦察无人机等地面或空中高机动平台携带上述一种或多种侦察设备完成武器系统的侦察和引导任务。

图 1-7～图 1-10 所示分别为侦察车、侦察无人机和侦察校射雷达的照片。

图 1-7　侦察车

图 1-8　侦察无人机

图 1-9　侦察校射雷达(车载式)

图 1-10　侦察校射雷达(便携式)

2. 指挥、控制和通信系统

指挥、控制和通信系统是武器系统战术决策、兵力控制、火力控制和信息传输的核心系统，是制导火箭武器系统的"大脑"。指挥、控制和通信系统的主要设备包括指挥终端(计算机)、控制终端等核心信息处理设备、人机交互设备；交换机、路由器等网络交换设备；短波、超短波电台，散射通信设备和卫星通信设备等。以上设备一般集成安装在指挥车或通信车等机动平台上。

图1-11、图1-12所示分别为指挥车、通信中继车的照片。

图1-11 指挥车

图1-12 通信中继车

3.弹药系统

弹药系统是制导火箭武器系统执行火力打击任务的最终执行者。制导火箭弹采用火箭发动机作为弹药飞行动力设备,通过制导设备精确控制弹药的飞行弹道,保证弹药以一定的概率和落角进入目标区域,最终依靠弹药的引信触发弹药战斗部,通过战斗部的爆破、冲击波、破片杀伤、燃烧等终点效力毁伤目标。

典型的制导火箭弹由火箭发动机、制导舱、导引头、战斗部等部分组成,按照制导方式不同可分为中制导火箭弹、末制导火箭弹等。图1-13所示为某型制导火箭弹。

图1-13 某型制导火箭弹

4.发射系统

发射系统是执行火力打击任务的重要执行装备,主要用于承载运输、发射和装填制导火箭弹药。制导火箭发射系统是本书重点讲解的系统,后续章节会对其进行系统性的分析介绍。

我国SR5型多管火箭炮(见图1-14)是一款典型制导火箭发射系统。该发射系统可兼容发射多型制导火箭弹，也可发射无控火箭，可对敌 8～300 km 纵深内多型地面目标实施高效打击，通常以营或连为基本火力单位遂行作战任务，也可单炮自主作战。

图 1-14　SR5 型多管火箭炮

5.保障系统

保障系统用于完成侦察、引导系统，指挥、控制和通信系统，发射系统和弹药系统等的技术保障、后勤保障和训练保障。保障系统主要包括以下几种装备。

(1)弹药装填车、弹药运输车：用于保障发射系统的弹药装填、卸载和补给。

(2)电子/机械维修车：用于保障武器系统的维修要求和各附件运输。

(3)气象雷达车：一般可提供雷达站周围 200 km 范围内，从地面到 30 km 高空的风向、风速、温度、湿度和气压等气象要素，保障制导火箭武器系统正常作战(某些文献资料也将该装备归属于侦察、引导系统)。

(4)测地车：用于武器系统战斗队形连测、地形勘察和部队行军引导。

(5)模拟训练设备：用于制导火箭武器系统操作人员日常操作技能的训练。

|1.2　现代制导火箭发射系统|

1.2.1　定义

制导火箭发射系统是执行火力打击任务的重要执行装备，主要用于承载运输、发射和装填制导火箭弹药。

1.2.2 分类

制导火箭发射系统可按机动能力、发射角和发射动力源等标准进行分类。按发射系统是否具备机动能力为标准,它可分为固定式制导火箭发射系统和机动式制导火箭发射系统。机动式制导火箭发射系统又可根据发射系统机动平台类型的不同分为牵引式发射系统、车载发射系统、舰载发射系统、机载发射系统和潜艇发射系统等。

按制导火箭发射系统发射角的不同,它可分为倾斜制导火箭发射系统和垂直制导火箭发射系统。

按制导火箭发射时的动力源的不同,它可分为热发射系统和冷发射系统。热发射即发射时动力来自弹药系统火箭发动机,也称为自动力发射。与之相对的,需要借助制导火箭外部动力装置产生发射动力的发射方式为冷发射,也称外动力发射。其中,外动力类型包括压缩空气式、燃气动力式、燃气-蒸汽式、液压式、电磁式和复合动力式等。

图 1-15 所示为制导火箭发射系统分类示意图。

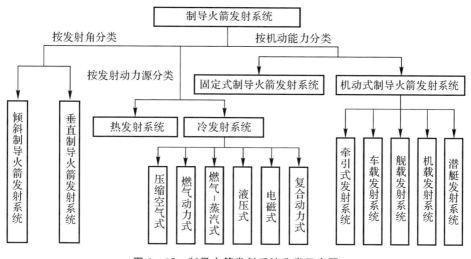

图 1-15 制导火箭发射系统分类示意图

1.2.3 要求

围绕制导火箭发射系统的主要任务,可进一步明确发射系统的需求、功能,形成系统主要战术和技术要求。具体要求需通过明确发射系统任务书。发射系统任务书一般包括功能要求、性能要求、"三化"（通用化、系列化和模块化）要求、系统简化设计要求、通用质量特性要求、人-机-环工程要求和效费比要求等。

1. 功能、性能要求

发射系统设计应以任务书、相关技术协议规定为依据，贯彻相关国家标准、国家军用标准、企业标准和设计规范等，以满足发射装置的作战使用功能、性能要求（包含工作流程、性能指标、接口、质量、尺寸及安装、外观及标志、运输等），切实保证发射系统与制导火箭弹、弹药装填系统、指挥控制系统、保障系统及其他相关系统、设备等协调。

2. "三化"要求

"三化"是提高产品综合效益的重要手段，是工程设计水平的突出体现，是便于生产，降低成本，有利于部队使用、维护和保养的重要途径，是产品研制必须遵循的原则。发射系统设计应贯彻通用化原则，并尽可能符合标准化规定。原材料、元器件、标准件的品种规格应最少，选择已经定型或经实践证明是成熟的系统或结构。对于确实无法实现通用化的组、部件，尽可能选用同系列下的产品。对于功能和性能相同的组、部件，尽可能实现模块化设计，保证产品系列之间和产品内部之间的互换和集成性能。

3. 系统简化设计要求

随着技术的进步和部队对装备使用要求的日益提升，系统功能不断增加，系统复杂度不断上升，系统性能保证日益困难，因此对装备设计人员提出更高的要求。系统简化设计是解决上述问题的有效方法和原则，也是对设计人员的基本要求，通过各种先进的优化设计方法和计算机仿真技术手段，实现各系统性能匹配、功能融合、接口协调、时序优化等，在满足系统功能、性能前提下，设计得到最简化（操作使用简化、组成简化、结构简化、电子电路简化、软件代码简化等）的系统。

4. 通用质量特性要求

通用质量特性主要包括可靠性、维修性、保障性、测试性、安全性、环境适应性和电磁兼容性等。发射系统需要保证在产品设计研发过程、生产制造过程中得到有效实现；在产品试验阶段，以上特性得到全面、充分的验证；在产品列装后的使用周期内，以上特性均能满足指标要求；在实战练兵的背景下，装备在各种极限环境、极限条件下的战术技术性能受到更加严苛的考验。因此，装备的通用质量特性的要求日益提高，科学、合理的设计和验证方法变得尤为重要。

5. 人-机-环工程要求

人-机-环工程是一门综合性学科,发射系统如何统筹协调好人员、机械、环境等 3 个基本要素是系统形成战斗力的重要环节。设计时,应该重点解决人员操作的舒适性、方便性和安全性,维修的可达性,人-机界面的可观察性,数据显示的完整性、层次性、清晰性,等等。实现发射系统的无人化、智能化是发射系统的发展趋势,在系统设计过程中尽量减少不必要的人为参与环节,实现操作和辅助操作的自动化、信息化和智能化,可使系统使用和维护更加方便,这是系统设计的一个主要原则。

6. 效费比要求

发射系统设计应从全寿命周期统筹考虑研制和使用维护费用,提高发射装置的效费比。系统全寿命周期费用包括研制费、批生产费、部队服役期间的维护保障费等。系统设计既要求系统各功能、性能满足先进武器装备要求,又要使系统全寿命周期内费用开销最小。武器装备在论证阶段就要进行顶层的优化设计,运用多变量、多目标优化的工程方法满足效费比要求。

此外,提高系统体系贡献率是近年来武器装备发展的新趋势,也是新要求。如何提高发射系统融入体系的能力,让发射系统成为体系能力的倍增器,达到"1+1>2"的效果,避免体系内各系统之间的能力掣肘甚至抵消,让系统能力在体系中得以充分发挥,这是系统研制阶段重点关注的问题。

1.2.4　系统组成

对于不同类型的制导火箭发射系统,其组成不尽相同,但只是随着搭载平台和任务有所差异,其具体结构形式、自动化程度有所差别。本节重点对车载式制导火箭系统组成进行介绍。对于基于其他平台的制导火箭系统本书不展开介绍。

车载制导火箭发射系统一般由火力系统、综合信息与控制系统、底盘系统及直属子系统组成,如图 1-16 所示。

(1)火力系统主要用途是发射弹药,赋予弹药飞行方向、初速和旋转运动,同时用于运输弹药,承受发射和运输载荷;保证系统在规定方向角以及高低角的范围内实现射击诸元装定,并与液压及火控电气系统配合完成瞄准;安全、可靠地实现行军及发射时火力系统及相关设备的定位锁紧;安装相关系统及单体。有些制导火箭发射系统的火力系统还集成了自装填系统,无须借助专用弹药装填车就可完成弹药的再装填,自动化程度高。火力系统主要由箱式定向器、发射架(摇架、上架、下架、瞄准机、弹箱锁紧机构、电连接器插接机构、行军固定器等)、装填系统和瞄准装置组成。

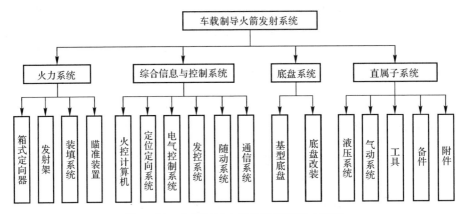

图 1-16 车载制导火箭发射系统组成框图

图 1-17 所示为火力系统结构原理示意图。

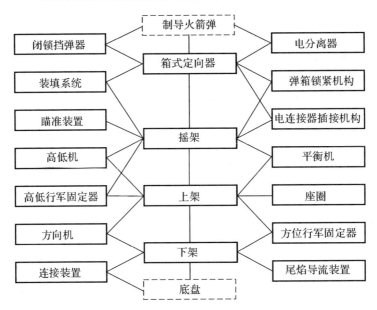

图 1-17 火力系统结构原理示意图

（2）综合信息与控制系统主要用途是：接收上级指挥系统信息；计算射击诸元、自动瞄准、弹药参数装定、发火控制；提供人-机交互界面，显示系统作战和状态信息，控制系统锁紧、插接、行军固定、弹药装填、支撑调平等机构动作等。综合信息与控制系统主要由火控计算机、定位定向系统、电气控制系统、发控系统、随动系统和通信系统组成。

图 1-18 所示为综合信息与控制系统信息流向示意图。

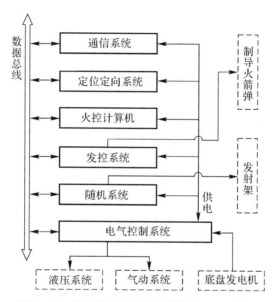

图 1-18　综合信息与控制系统信息流向示意图

（3）底盘系统主要用途是：搭载其他分系统，赋予整个发射系统机动作战能力；提供作战人员架乘、操控空间；提供其他分系统安装空间及接口；根据需求提供其他分系统所需的动力源（液压源、气源和电源）。底盘系统一般由基型底盘和底盘改装两部分组成。

（4）直属子系统主要包括液压系统、气动系统、工具、备件和附件等。其中：液压系统和气动系统主要用于驱动发射系统完成瞄准、弹药装填、弹箱锁紧/解脱、电连接器插接、行军固定器锁紧/解脱、支撑调平等动作；工具主要包括发射系统维护、保养和维修时使用的各种通用工具（扳手、螺丝刀、锤子、钳子、万用表等）；备件用于发射系统维护、保养和维修时的易损件、寿命件（垫片、垫圈、密封圈等）更换；附件是指发射系统在作战使用时用到的非标工具和设备（水准仪、象限仪、引信扳手、退弹器、炮刷等）。

1.2.5 工作原理

制导火箭发射系统工作内容主要是承载弹药系统,与指挥控制系统通信联络,完成弹药初始射角、射向解算及赋予,弹药发射前准备,弹药发射控制,等等。具备自装填的发射系统还需要完成弹药自装填。对于机动式发射系统来说,还需要承载弹药完成必要的战场机动,完成平台定位、定向等工作。

系统工作时:通常以战术电台与指挥控制系统组网实现通信联络,接受上级指令,采集目标信息;系统内部以总线网络为信息交互通道,实现系统内火控、电气、随动、发控和通信等设备之间多媒体信息共享,以多媒体信息终端作为人-机交互核心;通过卫星、惯性组合导航设备采集自身位置、姿态;通过火控解算模块完成射角、射向解算;通过随动系统控制发射架、弹药的空间指向;通过电气控制设备供给发射系统内各用电设备和弹药系统电能,完成系统支撑调平、锁紧、插接和弹药装填等机构动作安全连锁判断及控制;通过发控设备进行弹药自检、弹药参数装定、弹药发火控制。

制导火箭发射系统种类繁多,难以全面展开阐述,但基本工作原理相似。图1-19所示为以车载制导火箭发射系统为例的系统工作原理示意图。

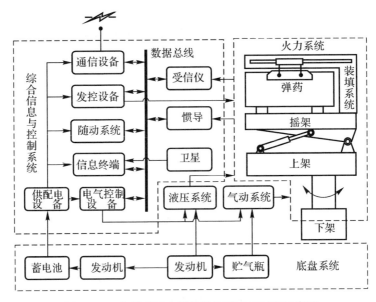

图 1-19 车载制导火箭发射系统工作原理示意图

|1.3　制导火箭发射系统的发展历程|

1.3.1　总述

现代科学技术的进步离不开前一代人的研究成果,天文学的历史可以追溯到"占星术",化学的历史可以追溯到"炼丹术",近代的原子论和古代的原子假说有联系,制导火箭发射系统也不例外。制导火箭发射系统是制导火箭系统的有机组成部分,二者相辅相成,相互促进、交替发展,要阐述清楚现代制导火箭发射系统发展脉络,就不能脱离制导火箭的发展而单独讨论。为便于读者更好地理解制导火箭发射系统的发展,下文将结合火箭武器发展进行说明。

火箭武器的历史源远流长,世界火箭武器的发展历程从 10 世纪火药弓箭的出现直到今天,其发展阶段大体可分为古代火箭武器发展阶段(10—19 世纪中叶)、近代火箭武器发展阶段(19 世纪中叶到第二次世界大战结束)和现代火箭武器发展阶段(第二次世界大战结束至今)。

1.3.2　古代火箭武器的发展阶段

1.中国古代火箭发展

提到火箭,自然令人联想到火药与弓箭。火药是我国"四大发明"之一,火药的发明极大地推动了人类社会的进步。我国也是弓箭和火箭的故乡。

弓箭,又名矢,是人类最原始的远战兵器,约在 3 万年前我国已使用弓箭。在《山海经》里有记载:"帝后赐羿彤弓素矰,以扶下国。"这里的"彤弓素矰",是指红色的弓和带有白色羽毛的箭,羿用它到人间扶助百姓。后来,《淮南子》又详细记载了关于后羿用弓箭射日的故事,同时也用弓箭射死了许多毒蛇、猛兽,使大家能够安心生产。这些神话故事,不仅歌颂了为民除害的英雄,而且赞扬了优良的弓箭和巧妙的射技。

古代人类不仅用弓箭同大自然做斗争,也将弓箭用于战争。唐太宗李世民少年时代就喜欢弓箭,并以弓箭定天下,他还以箭法的高低选拔部将。唐朝的名将薛仁贵,就是由于箭法高强,才由士卒提拔为将军。关于薛仁贵的箭法,在《中国通史简编》上有一段记载:"662 年,比粟合铁勒九姓兵拒唐军,选数十骑挑战。

薛仁贵发3箭,杀3人,余骑都下马请降。"这说明弓箭在古代战争中占有十分重要的地位。

火药不是历史上个别人的发明,而是起源于我国古代的炼丹术。东晋的炼丹家葛洪在他的著作《抱朴子·仙药》中就对炼丹时发生的爆炸现象做过详细记载。后来,唐初的炼丹家孙思邈在《孙真人丹经》里详细记载的"伏火硫黄法"就是原始火药的配方,但该说法尚有争议。目前,可以确定的是我国在唐代已经有关于火药的可信记载,火药的发明推动弓箭的发展进入了新纪元。

据《九国志》记载,唐末天佑年间(904年),郑璠攻豫章(今江西南昌)时,曾用"发机飞火"烧了豫章的龙沙门。此处的"发机飞火"就是把火药包缚在箭头上,点燃后用弓弩射出去。但这种"火箭"还只是把火药当作箭头的燃烧剂,而不是当作推进剂,因此仍属于弓箭的范畴,可以称作"火药纵火箭"(见图1-20),还不能算是真正的火箭。975年,宋朝在灭南唐的战争中就使用了这种火箭。有人描写当时作战的情景时写道:"宋军阵中但见旗幡摆,便听轰天炮响,震地锣鸣,矢箭如雨,由空而降。"南唐军队不战自溃,望风而逃。

最早利用火药燃烧反作用原理的"反作用火箭"出现的具体时间现无法精确考证,目前最早见于文字记载的"反作用火箭"是在1232年金蒙开封府战役中使用的"飞火枪",如图1-21所示。这种火箭由箭头和火药筒两部分组成。火药筒用布或纸卷成,内装火药,中间钻孔,增大火药燃烧面,药筒尾部插有引火线,火药筒制成后缚于箭头附近。使用时,先点燃引火线,再用弓弩射至敌阵,焚烧敌方人马和粮草。

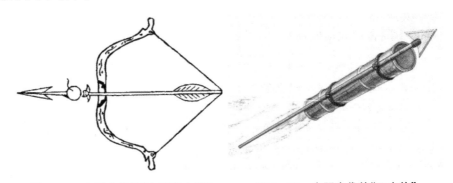

图1-20　中国古代的"火药纵火箭"　　　图1-21　中国古代的"飞火枪"

宋朝时的火箭制造管理规范、规模宏大、分工细致。国家专设军工行政机关"军器监",统一管理全国的军器制造,派"知工事"的行家负责主持,雇用良工(熟练工人)和匠师(技师),数量最多时可达4万余人。"军器监"下设火药作、青窑作、猛火油作、火作等11个大作坊,每日生产弩神机箭约7 000支、火药弓箭约

10 000支。1083年,为抵御西夏对兰州的进犯,一次就领用火箭25万支。朝廷还让曾公亮主编了一部有关武器制造的书《武经总要》,全书共40卷,记载和论述了军事组织、战略战术、武器的制造和使用及历代的用兵故事,其中就记载了用火箭来抛射炸弹和信号弹的技术。

到了明朝,火箭武器的技术水平进一步发展,先后出现了最早的齐射火箭、多级火箭和车载式火箭等,我国古代火箭武器技术水平在明朝达到了巅峰。明朝初期焦玉编写的《火龙神器阵法》、茅元仪编著的《武备志》和赵士祯编著的《神器谱》等书籍均对火箭武器制造及使用进行了详细记载,其中仅《武备志》中记载的火箭武器种类就不少于20种。具有代表性的火箭武器有"神火飞鸦"(最早的有翼火箭)(见图1-22)、"火龙出水"(最早的2级火箭,20支齐射)(见图1-23)、"一窝蜂"(32支齐射火箭)(见图1-24)"二虎追羊箭"(2支齐射)和"百虎齐奔"(100支齐射火箭)等。

图1-22　中国古代的"神火飞鸦"火箭　　　图1-23　中国古代的"火龙出水"火箭

此外,为了便于火箭武器的战场机动,还将火箭装载在战车上,名曰"架火战车"(见图1-25),这是最早车载火箭的雏形。有时,为了增大火力密度,甚至出现将6架战车并联在一起的使用方式。《武备志》中有这样的介绍:"在西北多用车战,每车可架十数桶,去敌二百步外,总线一燃,众矢齐发,势若雷霆之击,莫敢挡其锋者。"

图1-24　中国古代的"一窝蜂"火箭　　　图1-25　中国古代的"架火战车"

1598年，明末赵士祯发明了"火箭溜"，外形似短枪，发射时，用火箭溜先把一支火箭放在一个滑槽里，火箭点燃后，沿滑槽滑行一段距离，滑槽赋予火箭一个固定的射角、射向。"火箭溜"的发明解决了之前采用竹筒定向器定向精度差的问题，提高了古代火箭发射密集度。至此，我国古代火箭武器的制造和使用技术发展到最高程度。

以上事实证明：从弓箭到火箭的发明和使用，我国都早于世界各国。我们祖先不仅勤劳勇敢，而且具有高度的智慧和发明创造精神，对世界的科学发展起到了重要推动作用。英国人李约瑟在其所著《中国科学技术史》一书中指出，在1—18世纪，中国的重要发明，传入欧洲和其他地区的至少有26项，其中就包括弓、弩、火药等。他认为，火药及其使用的技术，西方比中国落后了500～600年。

2. 国外古代火箭发展

大约在1250年，我国发明的火药和火箭随蒙古军队西征时传入阿拉伯国家，当时正处于欧洲对阿拉伯国家发动十字军东征的时期，西欧封建领主和骑士以收复阿拉伯人侵占领土地的名义对地中海东岸国家发动战争，并在战争中不断接触到火箭武器技术及其在战场上的使用方法，推动了火箭武器向欧洲的快速传播。到了13世纪后期，阿拉伯人关于火药和火箭的著作被翻译成拉丁文，火箭武器引起欧洲学者的广泛关注。

1260—1270年，英国学者R.培根和德国学者A.马格努斯最先接受这方面的知识，随即许多国家便从事试验、研制工作，火箭技术在欧洲迅速传播开来。到14世纪以后，意大利、西班牙、法国、德国等已在战争中使用火箭。1529—1569年，德国人C.哈斯所著的《火箭篇》一书中，描述了一种三级火箭（见图1-26），其技术成就已超过了中国的二级火箭，是当时火箭技术的最高成就。1650年，波兰皇家炮兵司令C.西明诺维茨著《火炮技术》一书，书中系统地用文字和插图叙述了当时使用的各种火箭和他自己设计的火箭，还在书中讨论了三级火箭，并绘出了构造图。可见，16—17世纪，欧洲人为增大火箭射程而发明的三级火箭在技术上已处于世界领先地位。

从13世纪中叶开始，中国的火箭技术同时传播到亚洲的许多国家，如印度、巴基斯坦、朝鲜、日本、越南等。1783年，印度南方迈索尔苏丹国制造了火药筒为铁制的大火箭，药筒的质量为2.7～5.4 kg，固定在3 m长的竹竿上。在1783—1799年的战争中，他们用这种火箭多次袭击英军，给英军造成重大损失。这促使英国决定认真研制军用火箭，并由炮兵上校W.康格里夫主持这项工作。1805年，"康格里夫"火箭研制成功，该火箭开始英国部队。"康格里夫"火箭采用新型颗粒状黑火药并通过增加火药量提高了射程。"康格里夫"火箭的质量为

14.5 kg,弹长 1.06 m,口径 100 mm,火箭弹后部安装了 1 根 4.6 m 长的平衡杆,射程可达 1.8 km,改进型射程可达 3.5 km,火箭发射状态如图 1-27 所示。随即法国、丹麦、德国、奥地利、俄国等纷纷效法,都加强了对火箭的研制。

图 1-26 德国人 C.哈斯在《火箭篇》
中介绍的三级火箭

图 1-27 "康格里夫"火箭
发射状态

1.3.3 近代火箭武器的发展阶段

1.中国近代火箭武器

鸦片战争以后,中国一些有识之士认识到我国的军事装备已经大幅落后,在民间开始自发研制新式武器。1851 年,丁拱辰研制成功了一种"新式大火箭"。该火箭的构造原理与"康格里夫"火箭类似,是我国最早的近代火箭。

1861 年,爱新觉罗·奕䜣会同桂良、文祥上奏《通筹夷务全局酌拟章程六条》,宣告一场谋求富国强军的"洋务运动"正式开始,同时也标志着我国近代军事工业的开端,自此直到 1949 年中华人民共和国成立,清政府和民国政府先后创立各类兵工厂、局数十所,具有代表性的包括江南机器制造总局、江南金陵机器制造局、湖北枪炮厂、沈阳兵工厂和太原兵工厂等。其中,江南机器制造总局、江南金陵机器制造局先后开设火箭分厂,大量生产"康格里夫"火箭和"黑尔"火箭(详见下节)。清朝虽然已造出近代火箭,但是技术和设备上与当时先进国家相比,并没有突破。图 1-28 所示为义和团战士使用的近代火箭。

图 1-28 义和团战士使用的近代火箭

2. 国外近代火箭武器

1812 年,俄国反对拿破仑侵略的卫国战争对战场火力装备射程、机动性和威力提出了更高的要求,俄国军事专家付出巨大努力,进一步发展了火箭武器技术。俄国炮兵军官 A. D. 扎夏德科将军发明了 89 mm、130 mm 和 178 mm 3 种口径的火箭,射程达到 2.7 km,他还改用木质三脚架,增加可以调整射角的铁质定向管。世界上第一支火箭连也由扎夏德科在 1827 年组建,该连可编 6 部 6 弹式火箭发射架或 12 部单弹式火箭发射架,官兵 363 人。

1844 年,英国的化学家威廉姆·黑尔在"康格里夫"火箭的基础上,研发出了无导向杆的旋转火箭。黑尔在火箭尾部安装了 3 块倾斜的稳定螺旋板,火箭尾部喷射出来的火药气体使火箭在飞行中自旋从而达到稳定,如图 1 - 29 所示。这个新设计大大提高了火箭的准确性。"黑尔"火箭是目前能见到最早的旋转稳定火箭。

1850—1860 年,俄国火箭技术专家 K. Y. 康斯坦丁诺夫先后设计出 89 mm、111 mm 和 400 mm 火箭,并改造了火箭头部流线和发射架结构,令火箭射程达到 4 km(见图 1 - 30)。此外,他还设计了用于火箭弹道测量的仪器、加工发射架和火箭弹的机床,大幅度提升了火箭设计与制造水平,使得俄国的火箭技术达到了当时欧洲火箭技术的顶峰。

图 1 - 29　威廉姆·黑尔发明的旋转稳定火箭

图 1 - 30　K. Y. 康斯坦丁诺夫火箭

在 19 世纪中叶到 19 世纪末的这段时间里,由于新型火药、膛线加工技术、高强度钢冶炼技术和反后坐技术等方面的突破,火炮的射程、密集度和机动性均大幅提升,而火箭武器技术缺乏突破性进展,火箭性能开始落后于身管火炮,因此火箭武器在军队中的装备数量锐减。

1903 年,俄国"火箭之父"齐奥尔科夫斯基在他的《通过反作用设备进行宇宙太空探险》中发表了他的火箭与液体推进剂理论。美国的物理学家 H. 哥达特从 1915 年开始从事火箭技术方面的研究,先后制造出多发气象探测火箭,并于 1919 年出版了《达到极端高度的方法》一书。

1920 年,苏联科学家阿尔捷米耶夫与季霍米罗夫完成了 76 mm 固体燃料火箭的设计、组装和试射,并进行了飞行试验。1928 年,在季霍米罗夫的组织下,经过 3 年奋斗,项目组完成了世界上第一个采用无烟火药制成的火箭,射程达 1.3 km。它为今后火箭炮的研制奠定了基础。

1933 年,阿尔捷米耶夫完成了 82 mm 和 132 mm 口径尾翼稳定火箭弹设计,射程分别达 6.2 km 和 7.1 km,代号分别为 PC - 82 和 PC - 132。1935 年,PC - 82 火箭弹在伊尔-15 歼击机上试验成功,火箭发射导轨长 1 m,数量为 8根。PC - 132 火箭弹在伊尔-2 强击机上成功发射,发射导轨长 1.334 m,数量 8根。两型火箭弹相继参加了哈勒钦河战役及苏芬战役。1942 年,两型火箭弹进行了改型,代号分别为 M - 8 和 M - 13。

1938 年,苏联对基于 M - 13 火箭弹的发射系统开始研制。系统原理样机以吉斯-6 越野车为底盘,上装采用 24 根导轨,上、下两排交错排列,每排 12 根。导轨指向车头方向,仅能调整射角。1939 年,M - 13 的发射系统样机进行改进设计,改进样机采用 8 根导轨,弹药分别固定在导轨上、下两个面,一次最多齐射16 枚火箭弹,发射架可以进行 180°旋转,重新装填所有火箭弹需 5~10 min,样机定型代号为 BM - 13 - 16。这就是闻名天下的"喀秋莎"火箭炮,如图 1 - 31所示。

图 1 - 31　"喀秋莎"火箭炮(BM - 13 - 16)

火箭炮的发射原理与身管火炮并不相同,因为其战术使用方式与身管火炮类似,故大多数国家均将其编入炮兵序列。"喀秋莎"火箭炮就是一种多管火箭发射装置。"喀秋莎"火箭炮的射弹覆盖面积大、发射速度快、火力猛,非常适用于对大面积目标射击。它不但可以大量地消灭集结的敌军,而且可以有效地压制敌军炮兵火力,摧毁敌军占领的建筑物和野战轻型工事。它对敌进攻的坦克、装甲战斗车辆和机械化部队,也可以进行有效的射击。

第二次世界大战期间,"喀秋莎"火箭炮成为野战火炮中火力最为强大的武器。它能够连续射击,依托轮式底盘机动灵活,不论是在进攻,还是在防御作战都能发挥良好的作用。第二次世界大战期间,在攻克柏林的大会战中,"喀秋莎"火箭炮发挥了重大作用。这时苏联军队参战的火箭炮达 2 992 门。在研制"喀秋莎"火箭炮之后不久,苏联又成功研制了 BM-8-48 火箭发射系统,如图 1-32 所示。此外,在第二次世界大战期间苏联还发展了更大口径的 M-30 系列火箭弹和 BM-31-12 火箭发射系统,如图 1-33 所示。

图 1-32　BM-8-48　火箭炮

图 1-33　BM-31-12 火箭炮

在"喀秋莎"火箭炮研制的同时,德国也在同步研制能在战场上对抗"喀秋莎"火箭炮的多管火箭武器。德军最早投入战场使用的两款火箭炮于 1941 年开始列装,一种是 150 mm 41 式六联装火箭炮(见图 1-34),发射架是基于 37 mm Pak 36 型反坦克炮的炮架改进的,牵引机动,火箭炮的总质量为 770 kg,高低射界有 5°～45°,方向射界有±27°,炮口初速度为 342 m/s,最大射程为 6 900 m。另一种是 280/320 mm 41 式六联装火箭炮(见图 1-35),该炮采用六联装笼式发射架,同样安装在双轮炮架上,牵引机动,总质量为 1 600～1 630 kg,高低射界为 13.5°～45°,方向射界为±22.5°,炮口初速度为 145 m/s,发射为 280 mm 火箭弹时最大射程为 1 925 m,发射 320 mm 火箭弹时射程为 2 200 m。

图 1-34　150 mm 41 式六联装火箭炮　　　　图 1-35　280/320 mm 41 式六联装火箭炮

此外,德国人的秘密武器研制工作也正在紧锣密鼓地开展。1937 年,德国陆军拨款 2 000 万马克启动了 A-4 火箭的研制,F.布劳恩是该项目技术负责人。经过几年的努力,该火箭于 1942 年在佩内明德发射成功。试验中,导弹飞行了 190 km,距离预定目标 4 km 处成功爆炸。该型火箭于 1943 年开始装备部队,并于 1944 年正式命名为"Vergeltungswaffe-2"(复仇武器-2),简称 V-2 导弹(见图 1-36)。从 1944 年 9 月到 1945 年 3 月,德国共发射了 3 745 枚 V-2 导弹,在所有发射的 V-2 导弹中,有 74% 落在目标周围 30 km 以内,造成英国人员伤亡约 9 200 人,对建筑物的破坏相当大。尽管导弹的命中精度不够高,但它的威力已经得到充分展示。

V-2 导弹其实是枚单级液体制导火箭,弹头呈流线型,由弹头、控制设备舱、燃料仓和尾段 4 部分组成。导弹全长为 14 m,弹径为 1.65 m,翼展为 3.57 m,起飞质量约为 12.87 t,推力为 26 t,最大飞行速度为 $5Ma$,射程为 240～370 km,弹道高为 80～100 km。V-2 导弹采用垂直发射方式,发射准备时间为 4～6 h,命中精度圆概率偏差(Circle Error Probable,CEP)为 4～8 km。

图 1-36　V-2 导弹及发射架

此外,德国人在 V-2 导弹基础上还发展出"瀑布""莱茵女儿"等第一代地-空导弹。V-2、"瀑布"和"莱茵女儿"等导弹均采用火箭发动机,无线电指令制导,都属于制导火箭弹,但可靠性不高,直到德国战败,都没有投入实战使用。

V-2、"瀑布"和莱茵女儿"等导弹的研发是火箭技术发展的新起点,拉开了火箭武器制导化发展的序幕,使得火箭武器远程化、精确化目标得以实现。在该阶段,传统无控火箭正式开始向制导化方向发展。

1.3.4　现代火箭武器的发展阶段

1. 概述

在第二次世界大战期间,世界各国装备的火箭武器基本为无控火箭,主要有单兵使用的火箭筒、火箭炮和航空火箭及其弹药。第二次世界大战结束后,美国、苏联均在德国 V-2 导弹基础上开始了各自制导火箭的研发工作,同时也带动世界多国开始投入大量人力、物力发展各型火箭武器。随着电子计算机技术、半导体技术、大规模集成电路技术、高性能材料技术的不断发展和成熟,制导火箭武器的优越性日益体现,制导火箭武器开始大量应用于各军兵种,当今世界各军事强国均大量装备了各种制导火箭武器。

起初,制导火箭武器系统发展的重点集中在制导火箭弹本身,而不是其发射装置。当时的制导火箭弹急需突破火箭发动机、制导器件和战斗部等技术来满足火箭弹射程、威力和精度等要求。随着以上技术相继突破并逐步走向成熟,制导火箭武器系统发射装置成了系统发展的重要方向,并逐步发展起来。最早的制导火箭武器系统弹药质量、体积大,准备时间长,故多采用单发、裸弹发射为主要形式,发射装置均为牵引形式,机动性差,自动化程度低。

弹药技术的发展和系统战术使用方式的变化对发射装置提出了新要求。发射装置逐步从简易固定式支架发展为牵引、车载、舰载、机载等多种形式,发射姿态有垂直发射也有倾斜发射,发射动力方式有自动力发射和外动力发射,发射装置先后经过机械化、自动化、信息化,现在正向着智能化方向高速发展,各种类型发射装置层出不穷,呈现出百花齐放的局面。

自该阶段起:从战术使用的角度来看,各国军队均对制导火箭发射系统提出了明确的战术使用要求;从武器装备的角度来看,制导火箭发射系统逐步成熟,已经发展成为较为独立的装备;从工程技术的角度来看,制导火箭发射技术内涵日渐丰富,并逐步形成一门独立的军事科学技术。

各制导火箭武器使命任务的区别,打击目标的差异,使用方式的不同,导致各国对制导火箭研究方向逐步分化,制导火箭产品种类繁多,相关发射装置样式各异。本书以下内容将重点围绕国内外火箭炮进行介绍,并选其中具有代表性的型号进行说明。

2.国内现代火箭炮发射系统发展情况

我国火箭炮发展可分为中华人民共和国成立初期的研发起步阶段以及自主研制、全面发展阶段。中华人民共和国成立初期,我国国防工业研发水平不高,国内火箭炮主要发射各类无控火箭弹,并不能发射制导火箭弹药,射程也较近。随着后期弹药制导技术日渐成熟,火箭炮由最早的只发射无控火箭弹逐步发展为可兼容发射无控、制导火箭弹的通用发射平台。

(1)研发起步阶段。我国在火箭领域研究工作最早可追溯到中华人民共和国成立前。1946—1948 年,我国的钟林、徐兰如等火箭专家率先开始研究美制4.5 in(1 in=2.54 cm)M8 火箭弹和 4.5 in M16 火箭弹。1949 年 7 月,在周恩来同志的指示下,火箭研究小组在沈阳东北兵工部 52 工厂先后研制成功了 427式火箭弹(射程为 5 km)、488 式火箭弹(射程为 8 km),并研制了 M-505 和M-506 两型火箭炮,如图 1-37 所示。

图 1-37　M-505(右)火箭炮和 M-506(左)火箭炮

M-505 火箭炮采用 6 根滑膛定向管、铆接炮架、木辐条轮,依靠骡马曳引。M-506 火箭炮采用美制 M3/M3A1 战防炮炮架,橡胶轮胎,可以通过汽车牵引机动。1950 年 6 月,朝鲜战争爆发,我国自行研制的 M-506 式火箭炮(50~60门)也投入战场使用,这些火箭炮能够承担破坏敌方防御工事、袭击敌方集结地、压制敌方进攻步兵的任务,在朝鲜战场发挥了较好作用。作为中华人民共和国成立后研制的首款火箭炮,M-505和M-506两型火箭炮装备数量有限,影响力有限,因此随后不久我国购买了苏联更先进的"喀秋莎"火箭炮,M-505和M-506型火箭炮很快就退出现役。M-506型火箭炮操作训练照片如图1-38所示。

图1-38　M-506型火箭炮操作训练照片

1951年2月,解放军正式接装苏联援华的"喀秋莎"火箭炮,陆军步兵第143师在辽宁省阜新市改装为火箭炮兵第21师,将原步兵143师的3个步兵团改装为5个火箭炮团。这标志着我国第一代火箭炮兵部队诞生。"喀秋莎"火箭炮也成为我军装备的第一代野战火箭炮,如图1-39所示。

图1-39　"喀秋莎"火箭炮通过天安门广场

（2）自主研制、全面发展阶段。

在经历研究、仿制等初级阶段后,我国野战火箭发射系统研发技术水平得到极大提升。随后,经过几代科研人员的努力和攻关,我国相继自主研制成功了三代火箭炮,目前正在发展第四代火箭炮。

1）第一代火箭炮。第一代火箭炮阶段是火箭炮技术全面展开研究的阶段。与第二次世界大战时的装备相比,火箭炮的战技性能有了显著提高,典型代表为63式107 mm火箭炮（见图1-40和图1-41）、63式130 mm火箭炮（见图1-42）和71式180 mm自行火箭炮（见图1-43）。以上产品虽经不断改进,但受技术的局限,性能相对落后。第一代火箭炮主要特点如下：

A）口径系列丰富,型号众多,包括107 mm和130 mm系列,而180 mm火箭炮未能形成产品化;

B）发射装置形式多样化,基本放弃了滑轨式定向器,多改进为管式、笼式等

新型结构;

C)射程增大至 20 km,射击密集度有所提高;

D)操作方式为人工操作,采用炮兵传统作业手段。

图 1-40 63 式 107 mm 火箭炮

图 1-41 63 式 107 mm 火箭炮(牵引状态)

图 1-42 63 式 130 mm 火箭炮

图 1-43 71 式 180 mm 火箭炮

2)第二代火箭炮。较之第一代火箭炮,第二代火箭炮技术有了突飞猛进的发展,火箭炮的综合战技性能得到全面提升,至今仍是多个国家的骨干装备,我国以引进的 BM-21 火箭炮为蓝本研制的多型 122 mm 火箭炮就是典型代表(如图 1-44 所示的 81 式 122 mm 火箭炮)。其间,我国曾自主研发某外贸 273 mm 自行火箭炮(见图 1-45),该炮射程远,威力大,机动性好,但密集度水平同国外相比差距较大。第二代火箭炮主要特点如下:

A)口径系列简化,以 122 mm 为骨干口径,开始逐步淘汰 107 mm 和 130 mm 口径系列产品;

B)最大射程分别增大至 20 km 和 40 km,发射装置采用带螺旋槽的定向器,火箭弹采用卷弧翼微旋稳定,射击密集度达到无控火箭当时的最高水平;

C)以半自动操作方式为主,人工方式为辅;

D)为火箭炮研制了专用的火箭弹运输装填车,开始实现火箭弹的机械化装填。

图 1－44　81 式 122 mm 火箭炮　　　图 1－45　某外贸 273 mm 自行火箭炮

3）第三代火箭炮。第三代火箭炮技术含量和综合性能大幅超过前两代装备，其性能已达世界同类装备的先进水平。第三代火箭炮有如下特点。

A）火箭炮与指挥、侦察、维修、弹药运输、训练保障等配套装备共同构成完整的武器装备体系。

B）箱式发射成为第三代火箭炮采用的主流技术。该技术的采用使火箭炮作为通用发射平台成为可能，并简化了弹药的勤务保障，利于实现火箭弹的机械化或自动化装填。

C）射程大幅增加，精确化火箭弹得以应用。中程火箭弹射程增大至 40 km，远程火箭弹则增大至 150 km，多采用简易制导系统或制导型火箭弹，射程大幅增加的同时，其射击精度可达到身管火炮的水平，制导型火箭弹则可实现对点目标的打击。

D）采用自动控制技术，配备通信、导航等信息化设备，以自动操作方式为主，可一定程度实现单炮的自主作战。

第三代火箭炮的典型代表有某型远程箱式火箭炮（见图 1－46）。

4）第四代火箭炮（正在发展）。第四代火箭炮在第三代火箭炮的基础上，进一步完善其兼容发射性能。这一代火箭炮将完全进化成为多功能通用发射平台，系统实现高度自动化、信息化，并具备一定智能化特征，它与第三代火箭炮主要区别有以下几点。

图 1－46　某型远程箱式
火箭炮

A）可实现多域打击。该火箭炮采用全新一体化火控技术，可兼容发射"弹、箭、机、雷"等多种任务载荷；可发射无控/有控火箭弹、地-地战术导弹等实现点面结合打击；可发射防空导弹、反舰导弹，打击空中和水面目标；可发射无人机、火箭鱼雷等；等等。

B)高度自动化、信息化。该火箭炮在控制器局域网(Controller Area Network,CAN)总线基础上进一步升级,采用实时以太网信息架构,具备更快的数据传输速率、实时的数据传输能力和更高的数据传输可靠性,系统具备视频、音频、数据等多媒体信息共享能力。

C)具有智能化特征。该火箭炮通过内置各类先进传感器,系统具备更高的自我感知和对外感知能力;高性能数据处理模块具备各类信息并行处理能力;可发射各类无人机、无人机"蜂群"等信息化、智能化弹药,可实现智能化作战。

第四代火箭炮目前仍在不断发展和完善中,国内还没有形成成熟产品。目前,我国SR5型多管火箭炮在各方面处于领跑地位,而且已形成系列化发展模式,如图1-47和图1-48所示。

制导火箭弹   反舰导弹   无人机"蜂群"

图1-47 SR5型多管火箭炮及其系列化弹药

定制型   基本型   两栖型

高机动型   非自装填型   轻型

图1-48 SR5系列通用发射平台

国内典型野战火箭发射平台(火箭炮)指标汇总见表1-1。

表1-1 国内典型火箭炮指标汇总表

火箭炮名称			口径/mm	定向器形式	发射管数	最大射程/km	战斗总质量/t	装填方式	定位定向	诸元自动解算	操瞄方式	底盘类型
第一代	63式107mm火箭炮		107	集束管式	12	8.3	0.61	人工装填	测地分队	否	手动	牵引式
	81式107mm火箭炮		107	集束管式	12	8.3	3.9	人工装填	测地分队	否	手动	跃进-221 4×4
	63式130mm火箭炮		130	集束管式	19	10	4.9	人工装填	测地分队	否	手动	跃进-230 4×4
	82式130mm火箭炮		130	集束管式	30	10	8.1	人工装填	测地分队	否	手动	东风-240 4×4
	71式180mm自行火箭炮		180	笼式定向器	10	19.5	9	人工装填	测地分队	否	手动	解放-30 4×4
第二代	81式122mm火箭炮		122	集束管式	40	20	15	运输装填车	测地分队	否	半自动手动	延安250 6×6
	WM80型273mm自行火箭炮		273	金属发射箱	4+4	80	34	运输装填车	测地分队	否	半自动手动	泰安580 8×8
第三代	SR4型中程箱式火箭炮		122	金属发射箱	20+20	40	20	运输装填车	自主定位定向	是	自动/半自动/手动	陕汽2190 6×6
	AR3型远程箱式火箭炮		300	金属发射箱	5+5	130	45	运输装填车	自主定位定向	是	自动/半自动	万山2400 8×8
			370	贮运发箱	4+4	280						
			750	贮运发箱	1+1	290						
			380	贮运发箱		180						
正在发展四代	SR5型多管火箭炮	已成熟	122	金属发射箱	20+20	50	25	自装填	自主定位定向	是	自动/半自动/手动	泰安5310 6×6
			122	贮运发箱	20+20	50						
			220	贮运发箱	6+6	70						
		发展中	370	贮运发箱		150						
			610	贮运发箱	1+1	300						
			无人机/蜂群弹药									

3. 国外现代火箭炮发展情况

第二次世界大战结束后,在火箭技术领域,苏联和美国利用从德国获得的导弹技术开始了对 V‑2 导弹、"瀑布"导弹和"莱因女儿"地-空导弹的仿制和新产品开发,并逐渐成为世界上火箭武器技术最先进的国家。两国针对本国国防战略需求和工业基础,先后研制成功了多型技术先进的火箭炮。

(1)苏联时期及后来俄罗斯的发展情况。在 BM‑13、BM‑14、BM‑31 等野战火箭基础上,苏联研发了性能更优良的 BM‑21"冰雹"、BM‑27"飓风"和 BM‑30"龙卷风"三型火箭炮,分别装备于团、师、军三级,三型产品仍在不断进行改进升级。

BM‑21"冰雹"火箭炮是图拉斯普拉夫科学生产公司研制的 122 mm 多管火箭炮系统。该系统于 1958 年完成研制,1963 年开始服役,是世界装备量最大的野战多管火箭炮,出口世界多个国家。包括苏联/俄罗斯在内的各国先后多次对该火箭炮进行改进和升级,因此存在大量衍生型号。最早的型号采用"乌拉尔"‑375D 6×6 越野卡车底盘,40 管 122 mm 集束定向器,最大射程为 20 km,具备半自动瞄准和手动瞄准功能,其外形如图 1‑49 所示。

BM‑21"冰雹"火箭炮最新升级型换装了乌拉尔‑4320 底盘/卡玛兹‑5350 底盘,同时对其导航和火控等设备进行升级,具备了自主定位定向、自动瞄准等功能,自动化程度更高,反应时间更短,最新改进型外形如图 1‑50 所示。

图 1‑49　BM‑21"冰雹"火箭炮　　图 1‑50　冰雹‑G 火箭炮(乌拉尔‑4320)

BM‑27"飓风"火箭炮是 20 世纪 70 年代初,图拉斯普拉夫科学生产公司研制的 220 mm 多管火箭炮系统。该系统服役取代了老式 BM‑24 火箭炮,采用 ZIL‑135LM 8×8 越野底盘,以及 16 个 220 mm 集束管式定向器,最大射程为

35 km,具备半自动瞄准和手动瞄准功能,采用弹药装填车进行装填,其外形如图 1-51 所示。

BM-30"龙卷风"火箭炮是 20 世纪 80 年代初,图拉斯普拉夫科学生产公司研制的 300 mm 多管火箭炮系统。该系统采用 MAZ-543M 8×8 越野底盘,以及 12 个 300 mm 集束管式定向器,具备自动瞄准功能,采用弹药装填车进行装填,改进升级型具备自主定位定向、弹道自动解算能力,其外形如图 1-52 所示。

图 1-51　BM-27"飓风"火箭炮　　　　图 1-52　BM-30"龙卷风"火箭炮

Uragan-1M 是俄罗斯于 2015 年研发的火箭炮,火箭炮采用 MZKT-79308×8 越野底盘,产品摒弃了集束管式定向器而采用主流的贮运发箱式定向器,因此可以兼容发射 BM-27"飓风"火箭炮和 BM-30"龙卷风"火箭炮的系列弹药。同时,进一步对其通信、导航和火控等设备进行升级,使其自动化程度更高,反应时间更短。Uragan-1M 火箭炮(220 mm、300 mm)的外形分别如图 1-53 和图 1-54 所示。

图 1-53　Uragan-1M 火箭炮(220 mm)　　　图 1-54　Uragan-1M 火箭炮(300 mm)

以上典型火箭炮指标型号汇总见表 1-2。

表 1 - 2　典型火箭炮指标汇总

火箭炮	参数									
	口径 mm	定向器 形式	发射 管数	最大 射程 km	战斗 总质量 t	装填 方式	定位 定向	诸元自 动解算	操瞄 方式	底盘 类型
BM - 21"冰雹" 火箭炮	122	集束 管式	40	20	13.8	人工	测地 分队	否	半自动/ 手动	乌拉尔 375D 6×6
"冰雹 - G" 火箭炮	122	集束 管式	40	40	13.8	人工	自主 定位 定向	是	自动/半 自动/ 手动	乌拉尔 4320 6×6
BM - 27"飓风" 火箭炮	220	集束 管式	16	35	20	人工	测地 分队	否	半自动/ 手动	ZIL- 135LM 8×8
BM - 30 "龙卷风" 火箭炮	300	集束 管式	12	70	43.7	人工	测地 分队	否	半自动/ 手动	MAZ- 543M 8×8
Uragan - 1M	220	贮运发箱	16+16	35	40	装填运 输车	自主 定位 定向	是	自动/半 自动	MZKT 7930 8×8
	300	贮运发箱	6+6	200						

(2)美国发展情况。美国在火箭炮领域起步较晚,在 20 世纪 50—70 年代前期,苏联和其他华约国家几乎垄断了火箭炮的国际市场,美军在该领域的发展几乎处于停滞状态。

1)M270/M270A1 式多管火箭炮系统。直到 1976 年初,美国陆军导弹司令部开始通用支援火箭炮系统的可行性研究和概念构想。这种火箭炮采用与常规弹药操作方法一样但射速更高、成本更低的非制导火箭弹,用于对付部队和轻型装备、防空系统和指挥中心以弥补当时在中欧前线数量和射程均显不足的北约榴弹炮和反炮兵火力。

1978 年初,该项目重新命名为多管火箭炮系统(Multi-Launch Rocket System,MLRS)。1980 年,林特姆科沃特公司(现洛克希德·马丁公司)被选作 MLRS 的美国主承包商,签订全尺寸研制合同,开始研制 M270 式多管火箭炮(MLRS)。项目的欧洲合作伙伴根据美国分别与德国、英国、法国和意大利政府之间签订的谅解备忘录,参加联合研制和生产。此后,德国承担了制造一种可容纳 AT2 式反坦克散布雷的火箭弹战斗部任务。为使 M270 能发射这种火箭战斗部,火箭弹的口径从 210 mm 增至 227 mm。

1983 年,M270 式多管火箭炮开始装备美国陆军,该型火箭炮参加了海湾战争,共投入了军炮兵建制内的5个M270式多管火箭炮营,其中3个营用于发射227 mm火箭弹,2个营用于发射陆军战术导弹。战场上,该火箭炮展示了强大的威力,摧毁了大量伊拉克高价值目标,伊拉克士兵将该火箭炮称为"钢雨"。

图1-55　M270A1式多管火箭炮

海湾战争后,美军对火箭炮在战场上的表现进行评估,发现虽然其取得辉煌战果,但在行动中也暴露了若干不足,如反应时间太长,电子元器件容易老化,火控系统不够理想等。1992年,美陆军开始对M270式多管火箭炮进行改进,改进后的产品名称为M270A1式多管火箭炮,如图1-55所示。

M270A1式多管火箭炮改进内容有以下几点。

A)火控系统方面新增车载气象数据探测器以及自主定位、定向和导航的设备,以提高火箭弹的射击精度;火控面板进行改造,增加大容量存储装置,并首次采用了车载系统诊断装置。

B)发射架结构改进主要包括电子传感器增加和液压装置的改进。上述改进大幅缩短了调炮时间,提高了多管火箭炮的反应能力和生存能力。改进后的M270A1将M270式多管火箭炮的调炮时间从93 s缩短到13 s。

C)发射控制系统也进行了改进,软件进行了升级,进一步缩短了导弹发射准备时间,从改进前的5 min缩短到改进后的1.5 min左右。

2001年,在美国白沙靶场的演习中,M270A1式多管火箭炮成功发射了多枚M26型、M26A2型火箭弹和1枚陆军战术导弹,证实了该火箭炮能兼容发射多种无控和制导火箭。2001年9月,第4机械化步兵师首先装备该系统。

2)M142式高机动多管火箭炮系统(见图1-56)。美国M142式高机动火箭炮系统(High Mobility Artillery Rocket System,HIMARS)是美国专为其轻型师设计的火箭炮武器系统,现主要装备于美陆军轻型师属多管火箭炮营、美海军陆战队和空降部队等,继承了美M270式多管火箭炮成熟技术和部件,可完全兼容发射M270全系列弹药,能搭载C-130运输机运输,满足美国陆军轻型部队"先期

图1-56　M142式高机动多管火箭炮系统(HIMARS)

介入""快速海外投送"和"全球部署"的使用需求。

1976年,美军为了填补迫击炮和空降师师炮兵之间的火力空白,开始试制了70 mm"斯拉姆"轻型牵引火箭炮。随后进行的试验表明,该火箭炮能对目标实施快速的饱和攻击,使用方便,造价低廉,容易生产。为此美军初步将轻型多管火箭炮口径的标准定位在70 mm。此后,美国又研制出"九头蛇"通用火箭炮,主要装备于空中平台。这是美军最早研制的轻型火箭炮。

20世纪90年代,苏联解体,国际政治和军事形势开始发生变化,美军为了对付地区性突发事件和局部战争,非常重视轻型部队和特种部队的建设,反复强调要提高其快速投送能力和反应能力。据此,美陆军决定研制轻型高机动性火箭炮。此时的M270式多管火箭炮已经装备部队,基于该火箭炮的轻型版"海玛斯"多管火箭炮便进入了研制阶段。

1993年5月,美陆军向国会提交研制需求并由洛克希德·马丁公司开始研制,1994年9月在欧洲公开展示。

1996年初,美陆军与洛克希德·马丁公司签订一项制造4门HIMARS样炮、价值2 320万美元的合同,供陆军进行使用评估。该合同是根据美国陆军快速部署部队计划先进概念技术演示项目进行的。1998年7月,美国陆军成功进行了HIMARS发射陆军战术导弹系统(Army Tactical Advanced Conventional Munitions System,ATACMS)的首次发射试验。

2003年4月,洛克希德·马丁公司与美国陆军签订一项价值为9 640万美元的合同,HIMARS进行小批量生产,装备HIMARS的第一支部队是驻守北卡罗来纳州的第3-321野战炮兵营和第3-27野战炮兵营。同年,3门HIMARS系统原型样炮投入了伊拉克战争,并出色地完成了任务。

美国典型火箭炮指标汇总见表1-3。

表1-3 美国典型火箭炮指标汇总

性能名称		火箭炮名称		
		M270式多管火箭炮	M270A1式多管火箭炮	M142式高机动多管火箭炮(HIMARS)
口径/mm		227	227	227
弹箱数量		2		1
发射方式		单发、连发、齐射	单发、连发、齐射	单发、连发、齐射
射程/km	M26型战术火箭弹	10~32.5		
	M26A1型增程火箭弹	13~45		
	M30型精确制导火箭弹	15~60		

性能名称		火箭炮名称		
		M270 式多管火箭炮	M270A1 式多管火箭炮	M142 式高机动多管火箭炮（HIMARS）
射程/km	M31 型精确制导火箭弹	15～70		
	M39 型战术火箭弹	25～165		
	M39A1 型战术火箭弹	70～300		
	M39E3 型战术火箭弹	35～145		
	M39E3 改进型战术火箭弹	70～300		
	侵彻型陆军战术导弹			
	P44 型高机动战术导弹	～70		
	陆基反舰导弹	～900		
	GLSDB 小直径制导炸弹	～130		
	DEEPSTRIKE/PRSM 精确打击导弹	60～499		
齐射时间/(发·s^{-1})		12/50	不详	不详
高低射界/(°)		−2～+55	−2～+55	−2～+60
方向射界/(°)		280	280	280
战斗总质量/t		24 560	不详	13 696
行军战斗转换时间/min		5	5	不详
战斗行军转换时间/min		2	2	不详
行军状态长/mm		6 930×2 970×2 590	6 930×2 970×2 590	6 940×2 390×3 180
再装填时间/min		5	3.5	3
运动速度/(km·h^{-1})		64	64	85
最大行程/km		483	483	480
机动方式		自行	自行	自行
运载车型号		M993 型	M993 型	XM142 型
乘员/人		3	3	3

|1.4 制导火箭发射系统的发展趋势|

目前,正在发展的四代及未来制导火箭发射系统的发展呈现出以下几个特点。

1. 平台通用化

制导火箭武器发射平台通用化已成为主流发展方向,一系列精干、能够适应无控火箭弹、制导火箭弹、地-地战术导弹乃至防空导弹共架发射的通用平台是未来火箭炮的发展趋势和重要特征。

美国在此方面处于领先地位,其中 M270 系列在实现火箭弹和地-地导弹共架发射的基础上,正在发展能够同时兼容"爱国者"系列防空导弹的通用发射平台。这样的技术途径同样适用于我国的火箭炮发展。

实现发射平台通用化的技术途径包括弹药系统贮运发射箱式化、弹炮接口标准化、多弹种火控流程一体化等。其中,贮运发射箱式化需重点解决箱体结构可靠性、轻量化,箱体长贮密封性、使用安全性以及发射箱体低成本等问题。弹炮接口标准化需要重点加强对平台兼容发射的各型弹药进行通用化、系列化和模块化设计,协调弹药和发射装置之间的关系,如箱炮连接器、插头机构、弹箱锁紧机构等需实现通用化。多弹种火控流程一体化重点解决多类型弹药的发控流程一体化,发射系统的火控设备需兼容多种类弹药的弹载设备供电、弹载设备检测、导航及飞控参数装定、引信参数装定、发火控制等。

2. 自动化和信息化

发射系统的自动化可以大幅缩短系统操作时间,减少操作人员数量,减轻操作人员负担,提高系统反应能力,将操作人员从繁复具体的操作任务中解放出来,将更多精力投入装备指挥控制、战场运用以及战术决策等任务中,从而提升了发射系统总体作战效能。当前制导火箭发射系统基本为弹药多联装类型,系统需具备弹药自装填能力。

信息化是武器系统作战能力的倍增器。制导火箭发射系统既是火力平台,也是信息平台,是数字化战场的一个节点。从目标侦测、定位定向、指挥通信、信息处理、火力打击直至效能评估,发射系统作为战场信息化网络的火力执行终端,不但要纳入一体化的 C⁴ISR(指挥、控制、通信、计算机、情报与侦察)系统,而且其平台自身的信息总线网、计算机控制系统等仍需不断发展,以满足未来数字化部队建设和信息化战场的需求。

3. 轻量化和小型化

现代国际政治及军事形势对部队全域机动、快速反应能力的要求与日俱增，对满足其高机动轻型装备的需求日益迫切。发射系统的轻量化和小型化可大幅提升地面制导火箭系统全域投送、地面机动能力，对于舰载和机载的发射系统则可有效增加其运载和挂载弹药数量，提升系统作战效能。

与身管火炮相比，制导火箭武器的战斗全重受口径、射程影响较小，易于在较小的战斗全重下达到与身管火炮装备同等射程和威力，兼顾了机动性与火力，将成为各类部队火力打击的骨干力量。在中远射程以上的轻型装备中，制导火箭武器将占绝对优势。典型装备如美国 HIMARS 轻型火箭炮，弹药与 M270 通用，无论是射程还是精度都达到了与重型部队同等的打击能力。目前，俄罗斯也正在为其 BM-30 远程火箭炮研制轻量化型号。

发射系统轻量化和小型化从设计层面出发，主要通过系统一体化集成设计，采用轻质合金、非金属等材料，结构件的多功能化等途径实现；从设计手段层面讲，要综合采用现代优化设计方法、可靠性设计方法，并利用优化设计软件来实现；从工艺实现层面讲，主要通过增材制造、特种焊接和精密铸造等手段实现。

4. 智能化

智能化是制导火箭发射系统发展最终目标形态。随着人工智能领域的瓶颈技术不断突破和成熟化，发射系统在实现高度信息化的前提下，将会逐步实现平台的智能化。发射系统的智能化需借助未来高度发展的机器学习、大数据处理和高性能计算等技术得以实现。智能化的发射系统在感知、决策和执行三个阶段均具备高度的自主能力。在感知方面，系统具备对外和对内两个维度的高度认知能力。对外的认知能力，即发射系统可通过多源的传感器网络感知系统外部复杂的战场环境；对内的认知，即具备自身健康状态的感知和预判能力。在决策方面，系统具备和人协同作战能力，对人发出的指令具备理解和预判能力，同时借助自身的高性能计算硬件可具备自主决策能力。在执行方面，系统可对决策方案具备快速的响应能力，运用智能控制算法驱动执行终端实现所需的机构动作。

综上所述，制导火箭发射系统的发展趋势根本上是未来战争形态、武器系统战术运用、科学技术水平以及国家经济力量等因素综合作用的结果。发射系统研制应紧密对接研制总要求，结合现有研究基础和研究条件开展研制，以突破关键瓶颈技术，实现装备工程化为重点，尤其重视装备通用质量特性的研究和增长，做好装备平时和战时的研制和生产经济性统筹等。

第 2 章

制导火箭发射系统的研制程序与方法

|2.1　制导火箭发射系统的研制程序|

制导火箭发射系统的研制程序是指按照客观规律,指导火箭发射系统的研制工作,进行科学研制阶段的科学划分及管理。制导火箭发射系统的研制工作有其自身发展的客观规律。本章所阐述的研制程序是《中国兵器工业集团有限公司军贸新产品定型工作管理办法》中的有关要求。

通常,系统研制程序划分为可行性论证、方案、工程研制和设计定型四个研制阶段(见图2-1)。其中,工程研制一般可分为初样机、正样机两个阶段。技术成熟度高的配套设备可以直接开展正样机研制。

2.1.1　可行性论证阶段

可行性论证阶段是制导火箭发射系统研制的第一阶段,其重点工作是分析和确定研制该产品的战术技术指标需求和工程实现的可行性,包括系统性能水平、系统有效性、成本和研制周期等。论证中需要提出所采用先进技术的可行途径及组织工程研制所必须解决的关键技术问题。论证报告应包括下列内容:武器系统在未来作战中的地位、作用、任务和作战对象分析;国内外同类武器现状、发展趋势及对比分析;主要战术技术指标确定的原则和计算,以及实现可能性分析;研制周期及经费估算;装备编制设想;任务落实的措施和建议。

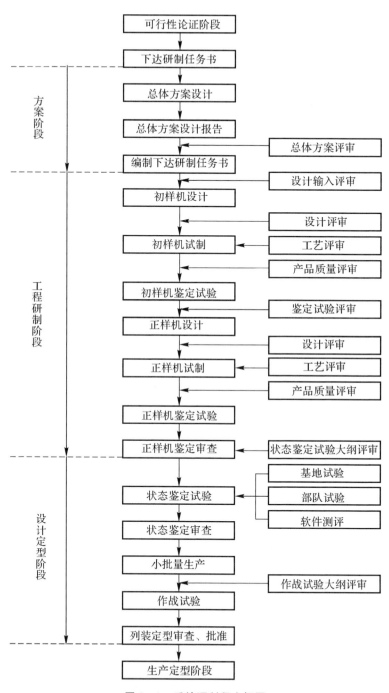

图 2-1 系统研制程序框图

2.1.2　方案阶段

在方案阶段,首先选定研制单位,然后组织研制方案论证、原理性方案研制与试验。在关键技术已解决、研制方案切实可行的基础上,编制"研制任务书"。研制任务书的主要内容包括:主要战术技术指标及使用要求;生产定点及关键材料、元器件、配套产品的安排;总进度与分进度安排;研制经费预算;产品成本与价格估算;试制、试验任务的分工和需补充的条件。研制方案论证报告的内容包括:技术方案、武器系统组成及主要战术技术指标和使用要求说明;质量及可靠性的控制措施;标准化和测试、计量措施;产品成本与价格估算。

2.1.3　工程研制阶段

在工程研制阶段,由设计和试制单位根据"研制任务书"的要求进行设计、试制及必要的科研攻关试验,确定设计方案,完成产品试制,进而组织鉴定性试验,使产品具备设计定型条件。设计定型试验申请报告由设计试制单位或主管研制部门提出,并由主管定型的部门审批。一般还应征求使用部门意见。

2.1.4　设计定型阶段

设计定型是用户对武器性能进行全面考核,确认其是否达到研制任务书要求的主要形式。由研制、使用、试验部门共同拟定设计定型试验大纲。根据大纲进行试验,并整理全套定型资料,包括基地试验报告、部队试验报告、申请设计定型报告、研制工作总结、全套设计图纸及技术文件,以及质量报告、标准化报告、成本分析报告、物资供应报告等。最后,召开设计定型会议进行鉴定,报上级领导部门批准后,即可转入批量生产。

2.1.5　生产定型阶段

生产定型是用户对武器批量生产条件进行全面考核,确认其是否符合批量生产标准的主要形式。

|2.2　制导火箭发射系统的设计理论和方法|

2.2.1　设计基础理论

制导火箭发射系统是一个组成复杂、专业覆盖全面的多学科、高技术系统。要研制这样的复杂系统,必须从系统总体进行综合研究,以全局为研究对象,开展分析论证、技术设计、技术协调和综合集成等工作。要开展如此复杂的研究工作,必须有遵循科学的研究理论作为支撑和依托,信息论、系统论、控制论就是在进入 20 世纪后逐渐发展起来的三种现代自然科学和社会科学的基础理论。

信息论、系统论、控制论是在辩证唯物主义指导下,在各门科学最新成果的基础上发展起来的一门新型综合性科学理论。目前,在自然科学和社会科学的许多领域,不论是基础理论研究方面,还是实际应用中都受到人们广泛的重视。可以说,信息论、系统论、控制论的理论和方法的广泛应用,是现代科学技术革命发展的一个重要特征。

1. 信息论

物质世界有三个最基本的方面,即材料、能量和信息。材料和能量早已受到人们的重视,分别形成专门的学科。在社会实践发展过程中,人们认识了信息,建立了信息论和信息科学。

(1)信息的概念。科学世界中充满着各种信息。凡是人和动物通过感觉器官(眼、耳、鼻、舌、身及大脑)所接受到的外界事物及其变化的一切"消息",人体肌肉系统所接受到的各种"指示",都含有信息。

人们在生活和工作中,要了解周围环境的情况,并对这些情况做出一定的反映,这些情况和反映就是信息。在军队指挥与管理中,信息包括消息、情况、情报、资料、制度、指示、汇报等内容。

(2)信息论的产生和发展。较早的时候,人类同自然斗争,主要是靠延长四肢来增强体力,从而使材料科学和能量科学得到了发展。这时,利用人体本身的能力就可以取得和利用信息,但由于对信息的研究不迫切,因此没有把信息作为专门的研究对象。随着人类认识自然和改造自然活动的进一步发展,信息的重要性逐渐显现出来。从此,发送、接受和处理信息的能力逐渐增强,手段也多样化了。纸和活字印刷术的发明,使信息的传递、储存发生了变革。望远镜、显微镜等观测工具的创造,电报、电话、广播、电影、雷达、电视的发明,使信息的加工、传送、接受在方法上发生了重大变革。而电子计算机的创造和改进,则是信息处理、利用和控制方式上的巨大革命。所有这些改变,都促使人们在不同领域,以不同的方式,从不同的角度,接触到有关信息的许多复杂问题,认识到信息是物质世界中的一个重要方面,从而自觉地把信息作为专门的科学研究对象,创立了信息论和信息科学。

(3)信息论的研究内容。信息论除了研究信息的本质以外,主要运用数学理论研究,描述和度量信息的方法,以及传送、处理信息的基本原理。

信息论分为三种不同类型:一般信息论、狭义信息论和广义信息论。一般信息论主要研究通信问题,包括噪声理论、信号滤波、调制等问题。狭义信息论是一门应用数理统计方法来研究信息和信息传递的学科,主要研究信息量化、信道容量以及信息编码等问题。广义信息论不仅包括前面两个部分的内容,而且包括所有与信息有关的领域,如心理学、语言学、计算机等。

2. 系统论

系统论是在现代工业、现代农业和现代军事急速发展,自然科学突飞猛进的情况下产生的,它是控制论和信息论的重要理论基础。系统论的发展,推动了技术科学和社会科学中系统工程的飞速前进。

(1)系统的概念。早在系统论出现之前,人们在实践中就萌生了"系统"的思想。但是,由于过去生产规模狭小,科学技术水平低下,对"系统"思想的运用不那么急迫,也不自觉。到了现代,随着科学水平的提高和工程学的发展,"系统"概念的建立才有了知识条件。而工农业的急速发展,企业的增多和扩大,国防和宇宙空间事业的扩展,加上科学研究项目越来越多,越来越复杂,生产、科研及各项活动的社会化,会出现许多需要解决的复杂问题。例如,作战指挥、新式武器等军事体系都可以当作是一个系统,因此"系统"概念的提出和运用就成了当务之急。

在国防上,军事设施、武器、装备及兵种逐渐复杂,要顺利地实施进攻和防御及保卫国家的安全,必须求解敌我双方各种国防因素的最佳组合这个复杂问题,而只有应用"系统"的观点,才能得到正确的答案。

系统论中所讲的"系统",是指一个要研究和处理的对象。系统论中的一个最基本的思想,就是把要研究和处理的任何对象当成"系统"看待,从整体上考虑问题。在注意局部的同时,还要特别注意各部分之间的有机联系,把系统内部的各个环节、各个部分,系统内部和外部环境等因素,看成是互相联系、互相影响、互相制约的,以便研究对象中各种因子的组成和变化情况,巧妙地利用各种因素之间的联系,提高整体水平。

构成一个系统,必须要有以下三个条件:第一,要有两个以上的因素;第二,各因素之间要有一定联系;第三,各因素之间的相互联系必须产生统一的功能。例如要构成一个教学系统,学员和教员两者不可缺一,同时学员和教员要进行共同的教学活动,如果两者之间没有联系,或者在一起从事非教学活动,都不能构成教学系统。

系统论主要有三个部分的内容:系统思想、系统技术及系统工程。系统思想(又称系统哲学)从哲学方法论的高度探讨系统的本质及发展变化过程,主要解决系统在概念上的认识问题。系统技术(又称系统方法)研究解决系统优化问题的基本方法和手段,主要包括运筹学、电子计算机应用软件等。系统工程用系统思想和系统方法结合有关专业知识,对某一具体系统所进行的设计、实施,以达到最佳效益的组织管理活动。系统工程可依据研究对象的不同分为许多类型,如教育系统工程、武器系统工程等。

(2)系统工程。一切工程项目都是一个系统,既包括各个具体的组成部分,又都构成一个整体。系统工程就是在系统论的思想指导下,从整体上考虑问题,把复杂问题对象作为一项工程技本来处理,协调这个工程体系的各个部分的关系,使体系达到所要求的性能,充分发挥整体的作用。

系统工程有很大的普遍性,它可以较广泛地应用于各个领域。把系统论用于各个专业领域,已经形成了各种专业的系统工程。

在军事和国防中,新式武器的试制和生产、武器的配备和使用、战略武器体系的建立、军(兵)种的配置及部队的部署和调动,都要有总体的设计和安排,这些就叫作军事系统工程。系统工程在系统概念的指导下,用数学方法对生产、科学、军事、经济、社会等领域的对象,进行系统分析、合理部署,成功地解决了规划、组织、协调、科学管理、技术预测和经济预测等方面的问题,取得了最经济、最有效的结果。

(3)系统工程的理论基础。系统工程的基本理论是系统论。系统论的产生和完善化,为系统工程的推广和应用创造了最好的理论条件。系统工程的理论基础分两个方面:定性的方面和定量的方面。定性的方面,是考虑事物即系统的变化,考虑系统内各因子的关系,注意整体性、全面性。定量的方面,是注意系统数量的精确性,进行定置管理。现代自然科学的贡献,是把"系统"概念具体化、科学化了,发现具体分析某个系统的方法,用一整套数学理论,定量地处理系统内部的关系。

系统工程中使用特殊的数学理论——运筹学,其中包括规划论、博弈论、排队论、存储论、决策论、搜索论、可靠性理论等。

推广系统工程,还要有新的技术手段和工具。电子计算机技术的发展,使其运算能力和效率迅速提高,为系统工程的实际运用提供了有效的技术手段。

3. 控制论

控制论是 20 世纪 40 年代末期出现的一门新型学科。它是在自动调节、电子计算机、通信技术和神经生理学、生物学、数学等学科相互渗透、高度融合的基础上形成的。

(1)控制论的产生和发展。现代科学技术的发展,为控制论的产生提供了物质和理论前提。维纳等人在信息论的基础上,研究了机器和生物中信息传输、变换、处理和控制的一般规律,提出了关于动物和机器中控制和通信的学科——控制论。

第二次世界大战后,特别是近年来,出现了自动跟踪、瞄准、发射、导航等一整套的自动控制系统,同时实现了生产过程的自动化。电子计算机记忆能力强,运算速度快,成为控制论的主要工具,控制论便迅速发展起来。

当前,控制论已经深入社会领域和思想领域。用控制论的方法研究社会经济和军事问题,形成了经济控制论,促进了经济管理的科学化,还形成了军事控制论,为实现军队指挥和武器系统的控制自动化提供了理论基础。

(2)控制论的内容。控制论所研究的是各种系统信息的利用和控制的共同规律。控制论创始人维纳把控制论定义为关于动物和机器中的控制和通信的科学。它将两者的某些控制机制加以类比,抓住了一切通信和控制系统所具有的特点,这个共同的特点就是信息变换过程。因此,控制论和信息论是密切联系的。

控制论中最重要的概念和原理是系统、信息和反馈原理。

1)系统。控制论中讲的系统,是指错综复杂、相互联系的事物中,作为研究对象而相对地孤立出来的那一部分事物。为了便于研究,常把这部分事物与其他事物的联系简单地概括为"输入"(外界对系统的影响)和"输出"(系统对外界的影响)。系统方法是处理复杂事物的一种科学方法,使人们在复杂事物中,找准目标,弄清各种事物之间的关系,抓住事物的主要矛盾,使问题得到解决。

2)信息。从控制论的角度研究系统时,首先必须注意其中的信息变换规律。信息论是研究信息度量的方法和传输的理论,而控制论是研究信息的处理和控制的规律。因此,信息论主要着眼于对信息的认识(描述和度量),控制论则着眼于对信息的利用(处理和控制)。在某种意义上可以认为,控制论建立在信息论的基础上,因为对一定对象的控制,都建立在反映周围环境及本身状态的种种信息的获取、传输、变换和处理的基础上。

3）反馈。在控制论中，反馈是很重要的，几乎一切控制都带有反馈。系统输送出去的信息（又称给定信息）作用于被控对象后产生的结果（真实信息）再被输送回来，并对信息的再输出产生影响。人们常把这种过程称作反馈。反馈有正反馈、负反馈两种。在一定条件下，经过反馈，输出值趋近于目标值的为负反馈，使输出值偏离目标值的则为正反馈。反馈是系统调节控制的基本形式。人类的认识过程，就是一个反馈调节过程。人们接触的现象是信息源，感官起着检测信息的作用。感官产生的反应通过神经系统传送给大脑，然后经过大脑对信息的加工和处理，做出判断和发出指令，又通过神经系统把指令信息传给执行器官，产生相应的控制作用，感官再把控制的效果作为新的信息反馈给大脑，大脑做出修正、调节的控制，经过反复多次的修正、调节控制过程，才能达到目的。

总之，控制论研究的是一个系统的调节，不可能一次反馈调节就成功，而是需要经过多次反馈调节，才能达到预期的控制目的。

（3）控制论的应用。控制论的应用极为广泛。用控制论的方法研究通信和工程中的信息转换和传送，形成了工程控制论。把它应用于国防工业，可以使武器实现全盘自动化。例如：导弹武器从基地发射、沿轨道飞行到准确地命中目标，都是自动进行的；无人驾驶侦察机，从起飞、侦察、返回基地也实现了自动化。控制论应用于图书、情报部门，可以使文献资料检索自动化。运用控制论模拟人的视觉、听觉的机能，可以研制成各种文字、图像、声音的自动识别机。同时，控制论还是空中交通管理系统、铁路自动调度系统、区域电力网的自动调度系统、反导弹系统数据处理系统、经济管理系统、农田水利系统、资源综合利用系统、环境保护系统、指挥自动化系统以及军队管理系统的理论基础。目前，工程控制论的广泛应用，已受到人们极大的重视。随着科学技术的发展，自动化水平不断提高，控制论应用的范围越来越广泛。

2.2.2　设计方法

为了完成设计任务，在每一具体设计阶段，必须采用先进的技术及相应的设计方法，以解决一系列具体问题。无论是传统方法还是现代方法只要能满足需要，行之有效即可。下述几种方法用的较普遍，可以选用。

1. 技术预测法

技术预测法是在设计前根据已知资料预测设计对象在今后某阶段内的发展动向。设计过程的第一步应采用技术预测法，以便准确地决策设计的近期、中期或长期的技术动向与需要，并取得必要的数据。

2. 科学类比法

在技术预测决策以后,收集有关信息与对象,用类比法取得有用的、可借鉴的内容。经过类比法的推理后,设计师对设计对象有了初步认识,明确了各子系统的相互依存关系,即可进行系统分析设计。

3. 系统分析设计法

在类比法以后,大致可确定设计的对象有什么样的系统与结构,然后对总系统、子系统与构成子系统的元素进行分析与综合,确定每一元素或子系统的输入(要求)与输出(功能),两者在子系统中如何转换等。在设计中,把任何系统都看作是具有特定功能的、相互有机联系的一个有序性整体,通过边界与周围系统分离,通过输入与输出信号与周围联系。

4. 逻辑设计法

逻辑设计法是用逻辑数学模型与逻辑符号模型进行系统设计的一种方法,对设计对象的各组成部分,通过逻辑分析与运算来确定相互间的依存与制约关系,形成符合总功能要求的总系统。

5. 信号分析法

信号分析法是科学地取得与确定设计参数的方法。人们在设计过程中可从不同的资料或大量试验中得到信息,这些信息互不相同,甚至有很大差别。利用信号分析法对信息进行分析,从中获得人们所需要的合理参数,使参数更接近真值的理性规律。

6. 相似设计法

相似设计法是利用同类事物间静态与动态的相似性,根据样机或模型得到新设计对象的参数的一种科学类比法。利用相似法可以求得设计参数、数学模型与动态响应。

7. 模拟设计法

模拟设计法是利用异类事物间的相似性进行设计的科学类比法,有数学模拟、物理模拟、功能模拟甚至智能模拟。

8. 优化设计法

优化设计法是指在给定方案中利用各种数学优选法进行参数计算的方法。采用优化设计可使设计参数最符合约束条件与目标函数。

9. 可靠性设计法

可靠性是指系统在规定的时间和一定使用条件下保持工作效能的一种能力。这种能力用概率来表示,即可靠度。可靠性设计所讨论的问题实际上是为了保证工程设计的可靠性而采取的一系列分析与设计技术。在设计生产阶段赋予产品固有的可靠性,使用维护阶段保证产品实际达到可靠性水平。产品设计生产阶段的工作有可靠性预测与分配、可靠性分析、可靠性试验与评估。

10. 动态分析设计法

动态分析设计法是考虑动态环境、用动态分析技术所进行的设计。动态分析技术是研究各种输入信号和在干扰作用下系统的输出规律,以实现局部优化,进而控制作用于系统上的信息和能量,校正、预测和设计研究对象的组成环节,使系统在动态情况下能顺利完成预定的功能。

上述各种设计方法,并不是任何一个系统的设计均必须采用的,也不是每一个零部件或子系统均能采用的,应当根据需求选择适合的方法。

第 3 章

制导火箭发射系统总体设计

|3.1　发射系统总体设计的概念及流程|

3.1.1　总体设计的概念

"总体"一词来源于系统工程学的一个概念,即把系统视作一个全局。系统研制的总体工作就是以研制的全局为对象进行的分析论证、研究设计和技术协调与综合集成的工作。

制导火箭发射系统作为一个复杂的高技术系统,其研制程序必须要求研制人员以系统整体和全局为对象,进行分析论证、综合集成、技术协调和研究设计。系统整体作战性能不仅与组成系统的技术状态有关,也与将这些分系统组合起来的作战指挥、发射控制、信息传输与配合效率等系统性能有关,而且还要受到实际作战条件以及操作使用时人和环境的影响,这些复杂因素在研制时都必须加以考虑,这就需要从总体上进行综合研究工作。

系统从规划研究、提出战术技术指标要求,直到定型、生产装备部队投入作战使用,要经过长期的由设备、分系统到系统的多层次反复迭代研究、设计、试制、试验和鉴定。从元器件和原材料的选择,电子电路、结构部件、设备的设计试制,生产工艺关键的研究解决,直到全系统的总装、联合调试和射击试验,涉及许多专业技术领域中众多参与研制的单位和各类人员的协作,工作环节多,协作关系复杂,各项工作环环相扣,互相影响,这就需要有对全局工作内在联系的深入了解和统筹谋划,及时做出正确的决策,进行科学的管理。因此,把制导火箭发射系统的研制工作作为一项系统工程实施,就需要有专门的总体工作,用系统工程方法进行总体技术方案的研究设计,从研制的全局层面上管理。

总体工作不单纯是技术设计工作,还具有为技术决策、组织管理提供参谋咨询、运筹谋划的职能。了解总体工作的特点与作用,熟悉其工作内容与方法,对做好研制各阶段中的总体工作有其重要意义。

3.1.2 总体工作特点

总体工作具有系统工程方法论的研究特点,国内外学者都有精辟的论述,符合制导火箭系统研制特点的首推美国学者 A. D. 霍尔的见解。霍尔提出用一种系统工程三维结构图的形式表示系统工程任务多维性的特点,如图 3-1 所示。

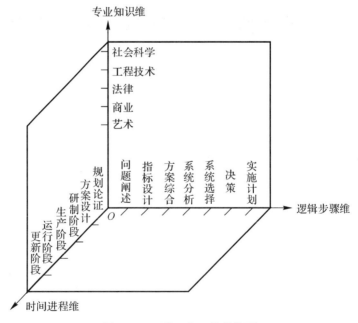

图 3-1 系统工程三维结构图

图 3-1 显示了系统工程任务多维性的特点。其中:时间进程维表示型号研制过程中所经历的不同阶段;逻辑步骤维指出系统工程各阶段工作的程序和步

骤;专业知识维包含系统工程所涉及的专业学科知识。上述三维形式的系统工程实体结构的互联关系,要求综合多方面的专业知识,在工程的各个研制阶段中,进行反复迭代式的系统分解与综合分析,以求得总体性能最佳的决策。

通过研究分析与工程实践,总体工作具有如下几个主要特点。

(1)系统的层次结构决定了不同层面总体工作的相互关系,总体工作属于最上层,着重于全局的研究,不仅要从全系统战术技术性能要求出发搞好总体设计,还要把全系统的研制过程作为一个整体规划研究,提出最好的实现研制全局目标的措施。总体工作建立在各分系统总体工作基础上,要着重于系统间联系协调关系的研究,从谋求整体的、全局的高效能出发去指导和协调各系统及分系统的总体工作,以求总体目标的实现。

(2)多学科、多专业相结合的系统综合,研究是总体工作的一个显著特点。现代制导火箭发射系统的研制涉及弹药、雷达、光电、车辆、液压气动、计算机、自动控制、通信等系统与软件系统等方面的技术,要求总体进行系统综合,研究出多种技术装备软、硬件协调工作的系统;有关系统的效费比、可靠性、维修性等作战使用性能方面的研究设计工作还要涉及现代军事运筹学、系统科学以及经济管理等方面的专门知识和方法。总体工作要求的知识面和多学科综合研究的程度远比一般专业研究广。

(3)大量的技术协调、多渠道信息反馈基础上循环迭代式系统研究设计是总体工作的又一特点。在每个研制发展阶段都需要依据工作进展情况进行在总体研究基础上的技术协调,通过"掌握信息—明确问题—制定目标—系统综合—系统分析—最佳方案选择—决策并制订行动计划—组织技术协调或者调整工作部署"这样的逻辑步骤,把总体工作与各系统的实际研制工作联系起来,推动系统研制工作前进。

(4)总体工作具有"软科学"研究工作的特点。它不仅是所采用的工作方法,在收集数据、建立数学模型基础上,进行系统综合与分析、仿真计算与试验、方案比较与最优化,而且是其研究成果与工作内容的主要服务对象在于为上级决策、组织实施提供依据和建议,类似通常的软科学研究工作。总体工作的实际效果必然要在工程实践中经受检验。因此,有关系统试验的设计与组织,对试验结果的分析,并据此检验修正理论研究模型和系统设计,也是总体工作重要的内容。

(5)总体工作本身就是一项系统工程。系统研制工作的实践表明,总体工作不仅是技术上正确决策所需要的,也是研制工作有目标的科学化组织管理的基础。按照系统工程方法进行的总体工作体现了技术与管理的结合。

3.1.3　总体工作流程

总体工作的输入是总体设计工作的依据,需要根据对敌斗争的需要,提出型号战术技术指标需求及研制工作相关要求,在进行大量可行性论证的基础上,确定研制任务书。

系统综合和系统分析是总体工作最基本的工作。系统综合的目的是对可能的各种技术路径、系统结构、设备配置方案和研制工作进行综合研究,形成发射系统的总体方案和研制工作内容。系统分析的目的是以实现总目标、满足研制任务要求为前提,利用各种系统分析的方法深入研究拟采用的系统结构、配置方案合理性,分析各部分相互匹配关系及其对全系统功能影响程度,并由此确定对系统各组成部分关键技术参数和工作性能的要求。系统综合与系统分析是相互联系的,系统分析的深入将使解决问题的途径和办法更为明朗,提供出多种可供选择的方案,以利于进一步的综合研究。

总体工作的流程,可以用流程框图来表示,如图 3-2 所示。

现代制导火箭发射系统作为一个复杂的武器系统,其总体的设计流程要根据系统是全新设计或在原有基础上升级改进,还是有重大改进来确定。总体设计的主要设计思路有"自底向上设计""自顶向下设计"和"系统综合设计"三种。通过制导火箭发射系统研制实践,表明综合设计能较好地适应复杂大系统的方案设计,适合新型制导火箭发射系统研制,而前两种设计思路更适合于系统的改型与升级改进。

在初期的系统设计阶段,如何根据研制需求特点,选用上述系统设计方法,设计出满足要求的总体方案,是总设计师的首要任务。

1. 自底向上设计思路

自底向上设计中的"底"是指组成系统的分系统、分系统的子系统或部件。

自底向上设计分析的思路是从用户对发射系统的需求出发,研究如何使用现有部件来组成系统,通过现有部件的优化组合,实现系统的基本功能,并分析其相互的参数影响关系,根据分析结果来改进或重新设计部件,从而得到满足系统要求的总体设计方案。自底向上设计流程如 3-3 所示。

2. 自顶向下设计思路

自顶向下设计与自底向上设计不同的是从相对确定的系统要求和分析这些

要求出发,通过分析形成能满足系统要求的初步设想,从而综合能提供这些功能要求的主要组成部件(分系统、子系统),组成一个初步方案系统。对这个初步形成的系统进行分析论证,确定为满足全部系统要求需做出的改进,再研究从现有组成部件提供能满足要求的部件,以及经改进或重新设计新的部件才能满足的功能和性能要求,通过多次改进综合,直到满足系统要求的总体设计。自顶向下设计流程如图3-4所示。

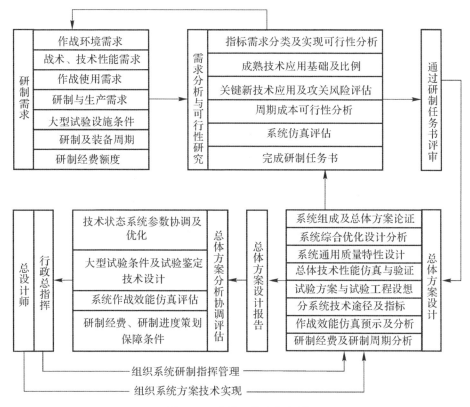

图3-2 总体工作流程框图

3.系统综合设计思路

系统综合设计与自顶向下设计一样,同样从阐述系统要求和分析这些要求出发,研究和确定满足系统要求的系统总体概貌,但是两种方法开始阐述系统功能时,采用不同的步骤。系统综合设计在初始描述系统时,包含次要的功能和附加的特性,而自顶向下设计是事后才引进这些特性。为此,总体功能一经确定,综合设计能通过分析论证确定需要怎样的部件特性和性能满足所需要的系统，其后是寻求符合部件需求或通过改进能满足的现有成熟的部件，同时进行可能实现的新部件的研究工作。通过分析来找出现有部件和新部件的各种组成方案，分析这些组成方案对实现系统所需性能特点需做的改进。由此，再从系统要求做进一步选择最适合的部件，它们单独或组合应能满足所需要的系统功能与性能要求。最后是通过它们总的应用范围，确定部件之间最优的输入、输出关系，到满足系统要求为止。系统综合设计流程示意图如图 3-5 所示。

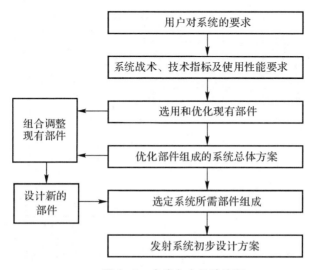

图 3-3   自底向上设计流程

通过上述三种方法比较，显然系统综合设计思路的优点在于从整体角度来设想系统，把一个复杂系统作为一个整体来考虑，根据各方面需求进行分析研究，而不是一次只考虑一个方面，这样就可以比较全面地设计出新的、可能实现的系统设计方案。显然，通过系统综合设计来指导系统总体设计具有如下优点：

（1）可以通盘考虑主要使用功能、现有分系统的组合和为改进与新研制分系统应采取的技术途径与措施；

（2）可以把重点工作集中在满足用户的作战使用要求，提高发射系统效费比上；

（3）能够最大限度地协调一致与发挥各个组成系统的潜在能力。

就制导火箭发射系统而言，上述每一个方面都会遇到一些困难，而这些不是承担分系统设计师任务的个别人或个别单位所能解决的，这要求驾驭全局的总设计师来协调解决。

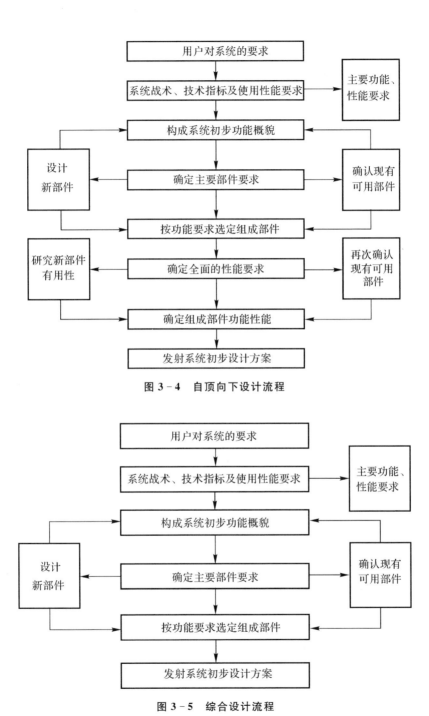

图 3 - 4　自顶向下设计流程

图 3 - 5　综合设计流程

|3.2 发射系统总体的设计内容|

3.2.1 发射基本方案确定

制导火箭发射系统总体设计前,发射系统总设计师需要与制导火箭武器系统总体进行充分沟通和协调,重点明确发射基本方案,编制制导火箭发射系统研制任务书。

1. 发射系统的发射地域和发射时状态

明确发射系统的发射地域,就是要确定发射系统的发射地点是在陆地、水面还是空中。在不同区域发射制导弹药时要求发射系统选择不同的机动发射平台。

明确制导火箭发射时状态,就是确定发射时发射系统是固定状态还是机动状态。一般来说,制导火箭发射时是处于固定状态,而且需要一定的支撑和调平机构保证姿态,而在舰船、飞行器上发射的制导火箭基本是处于机动状态的,处于机动状态的发射系统一般需要采用稳定系统保证发射时发射架的相对稳定,因此发射系统的结构较复杂。

2. 发射动力类型

明确发射系统发射动力类型也十分重要。发射系统按发射动力的不同可分为自力发射、外动力发射和复合式发射。不同的发射动力类型直接影响发射系统总体方案的制定。

就目前来看,制导火箭最常用的发射动力是自力发射,即弹药离轨动力由弹药本身动力设备提供。陆、海、空中发射的制导火箭大都用自力发射,该方式的发射装置结构简单、发射方便、成本低、可靠性比较高,也是最早使用的一种方式。自力发射需要重点解决的是燃气流场对发射装置的作用问题。高温、高压、高速的燃气流场对发射装置的迎气面、地面、舰载甲板、飞机机体等都有较大的动力冲击和热冲击(烧蚀)。因此,发射系统在设计时,必须予以重视。

外动力发射是指发射动力由弹药以外的动力提供。主要的外动力包括燃气动力、液压和气体动力、蒸汽动力、电磁动力、复合动力等。此外,各类飞行器在空中实施的弹药投放也属于外动力发射。外动力发射的优点是赋予弹药一定的初始速度,可缩小弹药初始散布,有利于提升打击精度和缩小杀伤区近界,燃气流场对发射区的影响也不大。但是这种发射方式需要发射装置提供额外的发射动力,还需设置弹药与发射系统的隔离构件,这都会导致发射系统组成复杂;发射系统承受力增大,因此直接导致系统质量增大;弹药发射后,如果点火失败,那么可能会导致重大安全事故;等等。

3. 发射系统发射弹药时姿态

发射系统发射弹药时姿态主要分为倾斜发射、垂直发射和水平发射三种。三种发射姿态各有利弊,需要系统设计人员综合考量后确定。

倾斜发射是各种战术导弹常用的发射方式,因射程较近,火箭弹道全程均在稠密大气中,采用倾斜发射有利于提高发射效率。无控火箭基本全是倾斜发射。近程末端防空导弹大多也是采用倾斜发射方案,倾斜发射时要进行瞄准,控制发射方向指向目标,这样可大幅缩小攻击区近界,提高防空导弹反应能力。

垂直发射是战略、战役战术弹道导弹常用的发射方案,现在中、远程防空导弹也大量采用了垂直发射方式。垂直发射方式的发射装置不需要高低与方位瞄准机构、随动系统等,发射系统得到大幅简化,体积和质量较小,而且有利于攻击360°全方向来袭的空中目标。采用垂直发射方案也可以有效提升系统装弹量,尤其对于舰载平台,垂直发射的弹药可垂直存于弹库中,占用的空间很小,载弹量多,可以从装载位置直接发射导弹。因此在一次作战中,能做到不需补弹而连续发射,使武器能进行饱和攻击。垂直发射的发射速率也较高。此外,倾斜发射的发射装置发射时为避免燃气流对其他设备的危害,一般需要与其他设备之间保持 200 m 以上的安全距离。而垂直发射可以缩短安全距离,这既方便了阵地选择,又有利于隐蔽、伪装。但是垂直发射的制导火箭必须解决推力矢量控制、捷联惯导及亚声速下的大攻角气动耦合等一系列关键技术中存在的问题。

3.2.2 发射系统功能、性能协调设计

根据研制任务书所提出发射系统的主要功能进行功能接口协调,包括发射系统的主要功能、机动性能、发射方式、反应时间、待机能力、承载能力、外廓尺寸、通过性、发射场地适应性、保调温要求、环境适应性、伪装要求、试验要求、可靠性要求、寿命要求等。

(1)主要功能即发射系统需要确保实现的重要能力,包括机动、待机、发射的能力,上装设备的安装,发射姿态控制以及与不同设备的兼容性等。

(2)机动性能指标主要有最高车速、最大爬坡度、最大侧坡度、最小转弯直

径、越壕宽、垂直越障高度、涉水深、满载续驶里程、最小制动距离、最大驻坡度、松软地面通过能力等。

（3）发射方式主要有发射时的支承方式、发射角度、裸弹和箱式发射、发射间隔等。

（4）反应时间主要指从发射车接受上级指挥的目标信息到首发弹药点火的发射时间，包括工作状态的转换时间、弹道解算时间、弹药准备时间等。

（5）待机能力主要有系统连续工作时间等。

（6）承载能力主要有载弹量、乘员数、满载质量等。

（7）外廓尺寸主要包括系统在各种状态下的长、宽、高。

（8）底盘道路通过性主要有等级公路和桥梁的通过性要求，外廓尺寸、质量、质心满足铁路、公路、船只、运输机的限界要求等。

（9）发射场地适应性主要有场地坡度、高差、地面强度等。

（10）保调温要求主要指发射装置保持弹药周围环境温度要求。

（11）环境适应性要求指的是运输、贮存、机动、发射准备和发射过程中所经历的自然环境和诱发环境，包括昼、夜条件下的作战使用，日照强度和时数，库房环境的温度及相对湿度，野外环境的贮存温度、工作温度、相对湿度、地面平均风速、降雨强度、降雪强度、海拔、发射区能见度等。

（12）可靠性、维修性和保障性要求主要有发射系统可靠度、平均故障间隔时间、系统维修层级、平均修复时间、系统保障方案、保障措施等。

（13）伪装要求指的是防可见光、红外及雷达的能力要求。

（14）试验要求主要有产品试验要求、系统试验要求以及参加武器系统试验要求。

（15）寿命要求指的是发射装置中主要组成部件的贮存期等。

3.2.3　发射系统接口设计

发射系统接口主要包括系统对外接口和系统内部接口两种。接口设计的重点工作是接口协调。

1. 系统对外接口

发射系统对外接口主要是指发射系统与弹药系统、侦察系统、上级指挥控制系统、保障设备、车辆等接口。

（1）箱弹接口协调主要有弹体表面尺寸公差协调、弹体与适配器接口协调、脱落插头接口协调、挡弹锁定接口协调、前/后盖接口协调等。

（2）对于贮运发箱式定向器，重点协调箱体和发射装置的结构和电气接口，包括定位平面、弹箱锁紧、连接器插接等尺寸公差，表面涂镀要求；电气接口需要确定弹药的供电、参数装定、激活和发火的芯线。

（3）对侦察、上级指控系统的协调重点是通信系统电气接口协调、通信软件接口协调、编制通信协议。

（4）装填接口协调主要针对集成装填系统的发射系统而言，主要包括发射箱吊装接口协调、吊装质量协调、吊装位置布局协调、吊幅分析、电气传感器接口、对中接口协调、锁定接口协调等。

（5）人-机-环工程协调主要是通过操作人员、发射装置及使用环境三者之间的协调，提升发射装置的效率，安全、健康以及舒适程度等。

（6）对于舰载发射系统，主要协调发射系统与舰船的结构安装接口、动力接口、指控接口、通信接口、弹药补给接口等。同时，还需要考虑公路、铁路运输时的适装性及通过性。

2. 系统内部接口

发射系统内部接口协调主要包括箱炮接口（金属发射箱）、调平接口、支撑接口、底盘接口、导流接口、管线敷设接口、电源接口、电缆接口协调、通信接口和软件等。

（1）箱炮接口协调主要有发射箱锁定和插接机构与发射系统火力结构接口协调、发射箱吊装空间协调、点火电缆布设协调等。

（2）火控、电气接口协调即根据火控、电气系统要求，通过发射装置芯线表和电缆网连接图，以及信息终端对发射装置工作状态控制等，保证与火控之间电气接口参数、程序或指令协调一致。

（3）发射架接口有架体与装填系统接口协调、架体与行军固定设备接口协调、架体与底盘接口协调、架体与瞄准机构接口协调等。此外，还需协调火控电气系统各类传感器与发射架安装接口。

（4）导流接口协调主要有导流装置收放及展开接口协调、导流装置行军锁定接口协调、导流装置与发射箱尾部的燃气排导空间协调等。

（5）调平接口协调主要有调平缸安装接口协调，满载、偏载、空载适应性协调，折叠支承盘展开与锁定接口协调等。

（6）支撑接口协调主要有支撑装置与底盘接口协调、支撑装置与舱体接口协调、支撑装置与装车设备接口协调、支撑装置上管线固定接口协调等。

（7）底盘接口协调涵盖的领域较广，主要有底盘主要功能及技术指标协调、上装设备安装接口协调、取力、取油、取气、取电等接口协调。

(8)环境控制设备接口协调主要有环控安装接口协调,环控风道与阀门接口协调,环控装置的取力、供电、供油等接口协调,环控工作模式协调等。

(9)工具备附件接口协调主要有各型辅助设备、伪装设备、备件、附件和工具箱等设备的安装接口协调。

(10)管线敷设接口协调主要有液压管路、电缆、燃油管路、高压气管路、冷却液管路在发射装置上的铺布与固定接口协调。

(11)电源接口协调主要有发电机供电接口协调、底盘取电接口协调、电池供电接口协调、二次电源之间的供配电接口协调等。

(12)电缆接口协调主要有综合显控、车控、发控、指控、温控、底盘综控、电源、电驱动系统以及各种辅助设备之间电缆接口协调。

(13)通信接口协调主要有发控与弹药通信总线、综合显控总线、车控总线、故障诊断总线、底盘总线的通信协议的协调。

(14)软件协调主要有开发环境、规范、软件测试、版本控制等。

3.2.4　车载发射系统总体布置步骤

车载发射系统总体布置的重点是统筹协调几个分系统的结构空间位置关系。发射系统在保证总体功能、性能的前提下,总体布置受全炮质量、质心、外形尺寸、气候环境、载荷环境和人机性能等多方面的约束,需从系统功能、性能指标要求着手,优化总体布局、工作模式、质量质心、结构尺寸,综合协调系统接口,兼顾人-机-环要求、可靠性和外形设计。运用系统

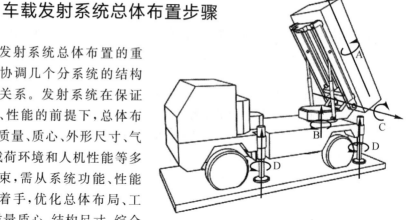

图 3-6　车载发射系统"四线"设计示意图
A—火线;B—立轴线;C—耳轴线;D—支撑线

工程学原理,在全面分析发射系统行军、运输、调炮、发射及装填等状态下的功能需求、底盘轴荷、尺寸空间包络和运动空间包络要求,对系统的"四线"(火线、立轴线、耳轴线和支撑线)进行总体规划布置,保证系统"四线"布置最优,实现总体布局紧凑、合理。车载发射系统"四线"设计如图 3-6 所示。

当然,并不是所有车载发射系统都具有"四线"。例如:对于只需要定射角发射而没有定向要求的发射系统,就不存在立轴线;对于垂直发射的发射系统,由于每次发射时火线均保持与地面垂直,因此也就没有立轴线;对于一些垂直发射

系统,系统行军时弹药单轴就处于和地面垂直状态,发射时不需要高低动作,因此也就没有耳轴线。

在完成系统"四线"总体布置后,即可按照以下步骤开展各主要分系统结构方案,车载发射系统总体布置步骤框图如图3-7所示。在以下系统总体布置的每个环节均需要充分的设计计算和仿真作为支撑。

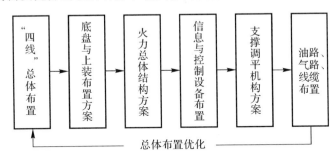

图 3-7　车载发射系统总体布置步骤框图

1. 底盘和上装布置方案

系统总体布置要在外形尺寸、质量、质心分配的合理约束下开展。根据任务书中战斗全重、乘员数量、载弹量、公路通过性、越野通过性、搭载其他运输平台适装性等要求,重点完成以下工作。

(1)底盘类型,确定采用轮式底盘还是履带式底盘,装甲底盘还是非装甲底盘。

(2)底盘承载能力能否满足要求。

(3)底盘机动能力,主要包括道路机动能力和越野机动能力两大方向,越野机动能力主要用底盘几何通过性和松软地面通过性来评价。

(4)底盘总体布置方案、驾驶室类型、发动机能力、动力总成布置、轴数、驱动方式、悬挂类型、车身类型、改装空间等。

(5)车架离地高度、上装回转轴与车桥空间位置等。

(6)驾驶室类型能否满足乘员工作及各人机交互设备要求的空间。

(7)调整回转轴空间位置,保证底盘轴荷分配合理。

当底盘和上装布置时,有两项重要的工作就是底盘的选择和全系统机动性、稳定性设计,具体内容将在后续章节分别进行介绍。

2. 火力总体结构方案

火力总体结构方案包括火力系统各主要部件(定向器、摇架、上架、下架、支撑调平系统、装填系统、瞄准机等)的布置和结构形式的选择。根据制导火箭发射极限方位、高低角度、装填状态角度,并按照火线高度最低的要求:确定火力主要结构部件空间尺寸以及位置关系;确定耳轴与回转轴空间位置,保证方向机、高低机的驱动力合理、可行;确定耳轴、高低机上支点、高低机下支点构成的支撑三角,要保证支撑过程高低机出力尽量小而平均,油缸或滚珠丝杠式支撑方案要保证行程尽可能小,减小高低机挠度,提高支撑刚度,齿轮式高低机要保证驱动力尽可能小,但齿弧尺寸又不能太大,布置时需要反复计算迭代;方向机和高低机的布置要综合考虑人机操作便捷性;要保证弹药在各射角、射向发射时尾喷火焰不影响车载设备正常工作;根据需要设置燃气导流装置。

一般地,以降低火线高为优化目标,尽量选择扁平化的火力结构方案,在保证刚度、强度的前提下,压缩各部件的高度尺寸。方向机和高低机驱动类型主要有电机驱动和液压驱动两种:

(1)电机驱动方式调速比一般比较大,在高低温环境下工作更可靠,无须增加额外的油源,抗污染性强,容易实现手动操作;

(2)液压驱动方式更适合大负载工况,可以简化瞄准机结构,易于控制总体质量。

3. 信息与控制设备布置

发射系统信息与控制设备布置之前应先将设备进行分类。分别按照有人机、无人机交互需求进行分类。

(1)有人机交互需求的设备需要有较高的人-机-环设计要求,一般布置在乘员舱(驾驶室)内,需要下车操控的设备也要布置在方便操控的位置,还要考虑显示、控制元器件的操控便利性和误操作防护。

(2)无人机交互需求的设备布置需要考虑勤务保养、维修更换时的方便性和可达性,人-机-环要求较低。

各设备布置要兼顾发射系统结构、质量、质心分配、线缆连接、防护遮盖方便,造型设计美观等因素进行布置。一般要按照集中布置原则实施,但对于复杂的系统,单体设备众多,很难实现集中布置,因此可以按照总体分散,局部集中的集散式布置原则实施,这样既便于工程实现又可以实现集中防护,方便实施检查和维修。设备安装时还要根据系统冲击、振动要求,选择合适的减震、隔振器件。按照可靠性高低排序,故障率较高的设备布置在发射车外侧,提高排故过程的可达性;防水性能高的设备布置在下部,防水性能低的设备提高布置高度,以免在涉水过程中发生故障。

4. 支撑调平机构方案

（1）支撑调平方式选择。支撑机构能提高车载发射装置的初始姿态精度以及发射稳定性，但不是所有支撑机构都具有调平功能，调平功能的取舍主要根据系统弹药发射时的射向标定、瞄准、跟踪等需求和系统作战使用要求而确定。通过增加调平机构，可以增加发射系统在倾斜地面发射时的适应性，但同时会增加系统发射准备时间，降低系统反应速度。

发射系统的支撑方式可分为全刚性支撑、刚柔混合支撑和柔性支撑：

1）全刚性支撑由不小于三个刚性支撑元件（液压缸、电动缸或千斤顶）支撑底盘车，并使得底盘车的轮胎悬空；

2）刚柔混合支撑采用刚性支撑元件和轮胎共同支撑底盘车，轮胎不完全离地；

3）柔性支撑完全依靠车轮胎和悬挂装置提供支撑力。

系统调平方式根据动力源类型不同可分为手动调平和自动调平：

1）手动调平机构常见的有螺旋千斤顶、液压千斤顶、手控电液调平和手控机电调平等；

2）自动调平可分为机电自动调平和电液自动调平，为缩短系统反应时间，现代发射系统多采用自动调平方式，同时具备手动功能，当自动系统故障时降级使用。

采用全刚性支撑方式的发射系统地面适应性较强，支撑刚度好，一般也具备调平功能。多见于各类多管火箭发射系统、发射系统与制导站分置式的防空导弹系统等。例如，巴西的 ASTROS 多管火箭炮（见图 3-8）、美国"爱国者"防空导弹发射系统（见图 3-9）。

图 3-8 巴西 ASTROS 多管火箭炮 　　图 3-9 美国"爱国者"防空导弹发射系统

刚柔混合支撑方式也称为半刚性支撑,该方式在支撑刚度和系统准备时间之间有良好的平衡,也是车载多管火箭系统主要的支撑方式。某外贸多管火箭炮采用半刚性支撑(见图3-10),车尾采用液压支撑装置,前桥与大梁之间采用板簧固定器,板簧固定器用于射击时解除底盘前桥板簧的负荷,使前桥与大梁刚性连接,增强射击稳定性。

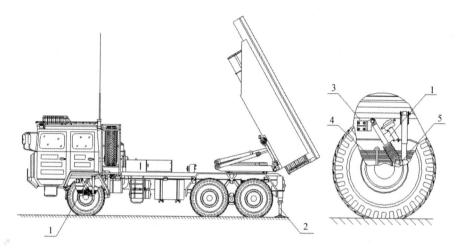

图3-10 某外贸多管火箭炮半刚性支撑示意图
1—板簧固定器;2—液压支撑装置;3—大梁;4—板簧;5—前桥

采用柔性支撑方式的发射系统最大优点是系统反应时间短,由于完全依靠车轮胎和悬挂装置提供支撑力,无须增加额外支撑调平机构,系统简单,使用方便。但该支撑方式支撑刚度较差,对于无控火箭发射系统来说,射击密集度很难提高。例如,苏联的BM-21多管火箭炮、美国的M142式多管火箭炮(HIMARS)。HIMARS主用弹药为制导火箭弹,对系统支撑刚度不敏感,为减轻系统质量,提高系统反应速度,采用了柔性支撑方案。

履带式底盘的发射系统一般采取闭锁悬挂装置的方法减小连发过程中的射击线变位。不同的支撑方式将对射击状态下全炮的刚强度、固有振动频率等产生不同影响,可综合总体结构和发射动力学分析,选择合理的支撑方式。

(2)支撑调平机构布置。在支撑调平机构布置过程中,首先根据总体指标要求确定所需采用的支撑方式。有些车载发射装置因为弹药质量小或弹药对初始姿态要求不严格而不需要进行调平;有些弹药因为垂直发射质心靠后,只需要对发射车尾端进行刚性支撑,前部主要靠轮胎支撑,从而组成刚柔混合支撑形式;有些车载发射装置因为对横倾角、俯仰角都有较高要求,因此选用全刚性支撑。支撑点的数量和位置,要结合发射时的受力特点、车体结构等要素进行选择。

支撑调平机构通常左右对称地布置在底盘车两侧,通过横梁与底盘在纵梁连接,长度方向位于相邻两桥的轮胎之间或车体尾部,需保证转向过程中轮胎不与调平支撑机构干涉、不影响底盘接近接近角和离去角。通过行军状态和瞄准、起竖到位状态的质心位置变化情况,确定调平缸的动载荷和静载荷参数指标;通过发射车越障能力,确定支撑调平缸支撑盘初始离地高度;通过坡度适应能力,确定调平缸的行程。

5. 油路、气路、线缆等管线布置

管线布置在总体结构和单体设备布置完成后开始实施。一般先进行油路和气路硬管线的布置,然后进行软管和线缆的布置。管线布置根据液压、气动系统原理图和线缆敷设原理图开展。各类管线总体走向一般按照枝干式原则实施,这样便于施工和维护。管线按照走向进行分束,确定管线长度,并在机构、结构上为管线预留出管夹安装接口。管线布置过程中需要考虑以下几方面。

(1)管线沿固定设备进行集中敷设,例如底盘纵梁、副车架、发射架等。

(2)管线在连接两个具有相对运动关系的组、部件时,需要采用软管以具备对运动副的适应能力,并确保软管长度能满足运动副的极限位置需求。

(3)液压管路接头位置集中布置于便于操作的位置。

(4)大功率液压管路在长时间工作后会出现发热现象,布置过程中需要与对温度敏感的设备保持距离。

(5)电缆端头位置需要留出电缆插头空间及安装操作空间,如有必要,还需留出电缆折弯空间。

(6)在布置电缆的过程中,应将低频信号线、射频线、动力电源线进行一定空间隔离,确保相互之间不产生电磁干扰。

(7)在有人经常进出和活动的区域不要敷设管线,如果无法避开则需要设置防护罩。

6. 总体布置优化

在发射系统整车布置完成后,需要进行质量、质心和空间布置的优化设计。

发射系统的质量优化主要是遵循“上轻下重”的总体布局原则,提高整体传力线路的合理性,轻质材料的使用,部件刚度、强度优化设计,部件一件多用等设计。布置要尽量控制全车质量,对功能重复的设备进行精简。结构设计在整体布置过程中应合理选择安全系数,使各设备的刚度和强度在的设计过程中科学、合理,基本相等,既满足使用要求,又不会因强度过度设计导致质量增加。在设计过程中遵循符合底盘轴荷,调整部分设备位置,保证底盘轴荷在空载、满载两

种工况下的合理分配。

空间布置优化主要是遵循总体"上窄下宽"的金字塔外形开展优化,尽可能降低全系统的质量、质心和火线高度,保证系统结构紧凑。全车高度方向尽可能进行优化设计,减小各设备垂直方向的间隙,在长度、宽度方向上要尽量紧凑,充分考虑系统通过性要求,同时保证系统在各工况下的稳定性。

3.2.5　车载发射系统底盘的选择

1. 发射系统对底盘的要求

底盘性能直接影响发射系统的机动性、生存能力、战斗能力及经济性,影响发射系统的结构形式与使用,是发射装置总体方案设计时要选择的重要设备。选择的基本原则是,尽量选用定型生产的基本型及发展型车辆,尽量减少对基本型车辆改装量。这有利于缩短研制周期,节约经费,便于维护保养。具体要求如下。

(1)根据发射系统总体布置的需要确定底盘的总体形式和尺寸。

(2)车身结构的强度和刚度满足发射、行军、装填和调转时的载荷要求。

(3)具有良好的远程机动、公路机动、越野机动能力,续驶里程和行驶速度满足要求。

(4)底盘质心要低,保证有良好的发射稳定性和行驶稳定性。

(5)驾驶人员和操作人员有良好的工作环境,驾驶人员有良好的视野。

(6)有良好的减震措施,能减小弹药运输过程中受到的振动和冲击载荷。

(7)车辆结构应便于采取防止燃气流冲刷和烧蚀的措施,根据总体要求考虑核武器、生物武器、化学武器的防护措施。

(8)安全可靠,操作方便,维护保养简单。

2. 底盘形式的选择

(1)轮式底盘。轮式底盘的优点是,道路机动性好、速度快、行程远、较履带式底盘成本低。一般选择越野载重汽车作为发射系统的基型底盘,并进行必要的改装。底盘选型和改装时,要注意以下几个问题:①全车的高度不能超过通过性和稳定性允许的值;②由于驾驶室的限制及燃气流的影响,射角、射向将受到限制;③全车的质心要符合底盘各桥载重分配的需要;④底盘改装的总体原则是不改变底盘大的总成(发动机、变速箱、分动器、车架、驾驶室);⑤根据需要,可加长车身、增加燃气流防护板,由分动箱驱动液压泵为液压系统提供动力源。

几种型号越野载重汽车底盘性能参数见表3-1。

表 3-1 几种型号越野载重汽车底盘性能参数

参数		型号			
		NJ221B 4×4	CTL181 6×6	SX2190 6×6	TA5310 6×6
底盘质量/kg		2 520	6 000	11 500	14 500
越野承载量/kg		1 000	4 150	7 000	16 500
总质量/kg		3 585	10 500	19 500	31 000
满载轴荷 分配/kg	前轴	1 784	4 000	6 500	不详
	(中)后轴	1 810	3 250	7 000	不详
外形尺 寸/mm	长	4 610	6 450	8 045	11 500
	宽	1 952	2 380	2 500	2 500
	高	2 250	2 125	3 081	3 000
轴距/mm		2 650	3 600+1 200	3 375+1 400	4 200+1 500
轮距/mm	前轮	1 608	不详	不详	2 000
	(中)后轮	1 608	不详	不详	2 000
接近角/(°)		不详	47	36	35
离去角/(°)		不详	40	38	45
最小离地间隙/mm		240	405	383.5	380
轮胎规格		8.5～16	335/80R20	不详	16.00R20
最高车速/(km·h^{-1})		92	120	86	80
最大爬坡角/(°)		30	31	34	31
最小转弯半径/m		不详	9.5	19	24
最大涉水深度/m		不详	1.2	1.2	1.1
制动距离/m		不大于8	不详	不详	10
最大功率/(kW·r·min^{-1})		65～3 300	220～2 700	206～2 200	276～2 200

(2)履带式底盘。履带式底盘的优点是通过性及稳定性好,转向灵活,有装甲防护,利于"三防"(防核、防化学袭击及防生物袭击);缺点是噪声大、耗油量高、成本高、寿命短。

履带车作为发射装置的载运车辆得到广泛的应用。例如,苏联 SA-6 及

SA－13 地－空导弹,德法合研的"罗兰特"地－空导弹,美国 M270 多管火箭系统、苏夫劳克－7 火箭炮等都是用履带车作为底盘。

3.2.6　车载发射系统质量、质心设计

车载发射系统在总体设计过程中需要不断地对其整个系统进行质量、质心计算,以此来评价系统总体设计是否合理。质量、质心的计算结果在系统总体设计阶段主要用于评估系统以下性能:①评估系统战斗全重是否满足要求;②用于计算发射系统结构利用系数,评估系统结构总体设计先进性;③指导底盘选型,评估底盘轴荷分配是否合理;④指导系统底盘、上装总体布置;⑤作为系统机动性、稳定性校核的输入,质量、质心特性影响显著;⑥作为系统火力结构设计输入,俯仰部分、回转部分质量、质心影响发射架类型选择并直接用于指导瞄准机、随动系统的设计。

由此看出,准确计算发射系统的质量、质心对于发射系统总体设计至关重要。

1.质量、质心计算方法

发射系统质心坐标系建立,一般以发射系统耳轴中心为坐标原点,水平指向车头方向为 x 轴,垂直与地面指向天空为 y 轴,以右手系规则确定 z 轴方向。发射系统质心坐标系如图 3－11 所示。

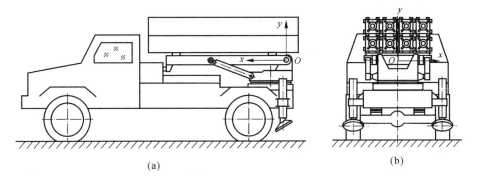

(a)　　　　　　　　　　(b)

图 3－11　发射系统质心坐标系

发射系统质心 x、y 坐标表达式为

$$x = \frac{\sum Q_i X_i}{\sum Q_i}, i = 1,2,3,\cdots \tag{3-1}$$

$$y = \frac{\sum Q_i Y_i}{\sum Q_i}, i = 1, 2, 3, \cdots \qquad (3-2)$$

式中：Q_i——发射系统各部分质量；

X_i——发射系统各部分质量相对应的质心距离坐标原点在 x 向的尺寸；

Y_i——发射系统各部分质量相对应的质心距离坐标原点在 y 向的尺寸。

2. 结构利用系数计算方法

一般地，发射系统为最大限度提高火力密度，会尽可能增大多联装数量，这会导致系统在空载与满载状态下的质量差别较大，如某型中程火箭炮空、满载火箭弹的质量相差约 2.8 t，某型远程火箭炮更甚，相差达 9.6 t。因此，在总体设计中应充分考虑两种状态下的全炮质量、质心和轴荷分布。

为评价总体结构设计先进性，引入结构利用系数 λ 来评价。设弹重为 W_R，装弹数量为 n，车体载重为 W_E，发射装置部件重量为 W_L，则剩余载重允许的装弹量为

$$n W_R \leqslant W_E - W_L \qquad (3-3)$$

令 $W_L = \dfrac{n W_R}{\lambda}$，代入式（3-3），则有

$$n \leqslant \frac{\lambda W_E}{(\lambda + 1) W_R} \qquad (3-4)$$

采用式（3-4）可估算允许的装弹数量，现有的火箭发射系统的结构利用系数 λ 一般为 0.3～0.72。

3.2.7　车载发射系统机动性设计

车载发射系统机动性是系统的重要性能，系统机动性设计包括系统依托自身底盘实现机动的能力和系统搭载其他运输设备投送的能力。系统在作战使用时实现战役、战术纵深内的机动主要依托自身底盘实现。系统要实施战略投送时则主要依托铁路机车、运输船和运输机等。

在发射系统总体设计阶段要对系统典型机动性能指标进行计算，以评估总体方案的合理性。系统机动性能参数包括动力性，通过性，制动性，铁路、海运和空运能力等，参数的计算与系统总体设计同时开展，不断迭代，实现最优化。

1. 动力性

动力性指发射车在各种运动阻力的道路上最大可能的行驶状态。动力性是

各行驶性能中最基本、最重要的一种,其标志为最大爬坡度、最高行驶速度、加速能力。

(1)最大爬坡度。最大爬坡度是指在满载发射车没有加速度的条件下,当发动机为最大牵引力(即第1挡和发动机输出最大扭矩时)时,可能向上行驶的纵向坡度角。一般来说,轮式车为 $20°\sim30°$,履带车为 $25°\sim32°$。这时,发动机的全部动力都用来克服道路阻力和重力沿坡度方向的分力,可由汽车的动力因素和道路滚动阻力系数算出。采用下式计算的前提是要保证轮胎不出现打滑。

最大爬坡角的计算公式为

$$\alpha_{\max} = \arcsin \frac{D_{1\max} - f\sqrt{1 - D_{1\max}^2 + f^2}}{1 + f^2} \tag{3-5}$$

式中: $\alpha_{\max}$ ——最大爬坡角;

$D_{1\max}$ ——1挡时的动力因素($D = \dfrac{N}{G}$,N 为最大牵引力,G 为车重力);

f ——道路滚动阻力系数(见表3-21)。

表 3 - 2 道路滚动阻力系数

路　　面	滚动阻力系数	
	低压轮胎	高压轮胎
沥青路	$0.015\sim0.020$	$0.014\sim0.018$
铺石路	$0.017\sim0.020$	$0.015\sim0.017$
圆石路	$0.020\sim0.024$	$0.016\sim0.020$
碎石路	$0.020\sim0.030$	$0.018\sim0.030$
干土路	$0.025\sim0.035$	$0.040\sim0.100$
干沙路	$0.100\sim0.150$	$0.250\sim0.300$
湿沙路	0.080	0.100
雪路	$0.025\sim0.030$	$0.030\sim0.035$
水路	0.02	0.018
雨后土路	$0.035\sim0.060$	$0.050\sim0.150$

(2)最高行驶速度。最高行驶速度是指在良好的水平路面上承载时车辆能达到的最大速度。

最高行驶速度的计算公式为

$$v_{\max} = 0.377 \frac{r_k n}{i_g i_0} \tag{3-6}$$

式中:$v_{\max}$ ——最高行驶速度；

$\qquad r_k$ ——驱动滚轮半径；

$\qquad n$ ——发动机的额定转速；

$\qquad i_g$ ——变速器的最高挡速比；

$\qquad i_0$ ——主减速器主传动比。

（3）加速能力。加速能力是指在水平道路上产生的加速度,其计算公式为

$$\frac{\mathrm{d}v}{\mathrm{d}t} = \frac{g}{\delta}(D - f) \tag{3-7}$$

式中:$\dfrac{\mathrm{d}v}{\mathrm{d}t}$ ——最高行驶加速度；

$\qquad g$ ——重力加速度；

$\qquad \delta$ ——回转质量换算系数；

$\qquad D$ ——各档的动力系数；

$\qquad f$ ——道路滚动阻力系数。

2. 通过性

系统通过性是指发射系统,以足够高的平均速度通过各种道路、无路地带和障碍的能力。通过性主要取决于底盘自身的几何参数和力学参数。发射系统通过性几何参数如图 3-12 所示。

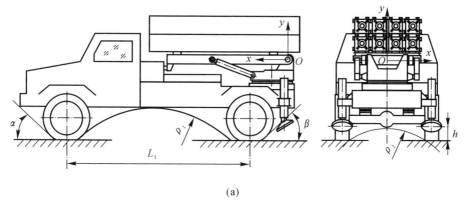

(a)

图 3-12 发射系统通过性几何参数

（1）几何参数。几何参数包括发射车外廓尺寸、离地间隙、通过角、涉水深度、纵向通过半径及横向通过半径、最小转弯半径及总轮宽。

1）发射车外廓尺寸。发射车外廓尺寸不应超过公路运输的限制,以保证车辆的

机动性能。根据中华人民共和国交通部颁布的《公路工程技术标准》(JTGB 01—2003),各种设计车辆的基本外廓尺寸见表3-3,公路建筑限界如图3-13所示。

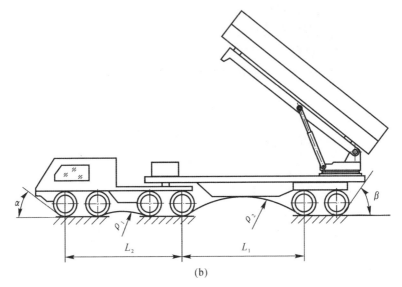

(b)

续图 3-12   发射系统通过性几何参数

表 3-3   各种设计车辆的基本外廓尺寸

车辆类型	总长/m	总宽/m	总高/m	前悬/m	轴距/m	后悬/m
载重汽车	12	2.5	4	1.5	6.5	4
鞍式汽车	16	2.5	4	1.2	4+8.8	2

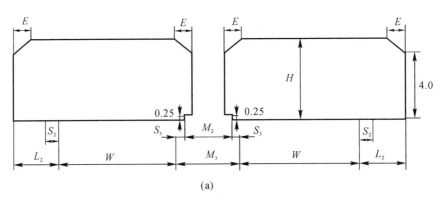

(a)

图 3-13   公路建筑限界(单位:m)

(a)高速公路一级公路(整体式)

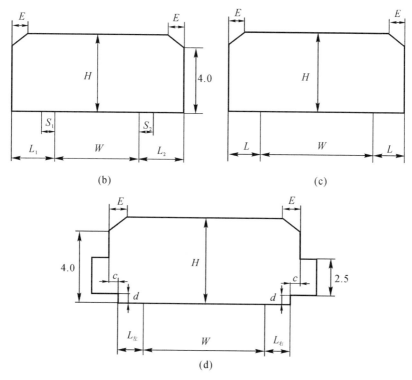

续图 3 - 13　公路建筑限界(单位:m)

(b)高速公路一级公路(分离式);(c)二、三、四级公路;(d)隧道

W—行车道宽度(见表 3-4);L_1—左侧硬路肩宽度;L_2—右侧硬路肩宽度;

S_1—左侧路缘带宽度;S_2—右侧路缘带宽度;

L—侧向宽度[高速公路一级公路的侧向宽度为硬路肩宽度(L_1 或 L_2),二至四级公路的

侧向宽度为路肩宽度减去 0.25 m,隧道内侧向宽度 $L_左$ 或 $L_右$ 应符合《公路工程技术标准》

隧道最小侧向宽度的规定];

图 3-13 中:

c——当设计速度大于 100 km/h 时为 0.5 m,当设计速度等于或小于 100

km/h 时为 0.25 m;

d——隧道内检修道或人行道高度;

E——建筑限界顶角宽度(当 $L \leqslant 1$ m 时,$E=L$;当 $L>1$ m 时,$E=1$ m);

H——净空高度。

各级公路行车道宽度见表 3-4。

表 3－4　各级公路行车道宽度　　　（单位：m）

公路等级	汽车专用公路					
	高速公路		一		二	
地形	平原微丘	山岭重丘	平原微丘	山岭重丘	平原微丘	山岭重丘
行车道宽度	2×7.5	2×7.0	2×7.5	2×7.0	8.0	7.5

公路等级	一般公路					
	一		二		四	
地形	平原微丘	山岭重丘	平原微丘	山岭重丘	平原微丘	山岭重丘
行车道宽度	9.0	7.0	7.0	6.0	3.5	3.5

各级公路最小平曲线半径见表 3－5。

表 3－5　各级公路最小平曲线半径　　　（单位：m）

公路等级	汽车专用公路					
	高速公路		一		二	
地形	平原微丘	山岭重丘	平原微丘	山岭重丘	平原微丘	山岭重丘
极限最小半径	650	125	400	125	250	60
一般最小半径	1 000	200	700	200	400	100
不设超高最小半径	5 500	1 500	4 000	1 500	2 500	600
极限最小半径	250	60	125	30	60	15
一般最小半径	400	100	200	65	100	30
不设超高最小半径	2 500	600	1 500	350	600	150

各级公路最大纵坡见表 3－6。

表 3－6　各级公路最大纵坡　　　（单位：％）

公路等级	汽车专用公路					
	高速公路		一		二	
地形	平原微丘	山岭重丘	平原微丘	山岭重丘	平原微丘	山岭重丘
最大纵坡	3	5	4	6	5	7

公路等级	一般公路					
	一		二		四	
地形	平原微丘	山岭重丘	平原微丘	山岭重丘	平原微丘	山岭重丘
最大纵坡	5	7	6	8	6	9

各级公路计算行车速度见表 3-7。

表 3-7　各级公路计算行车速度　　（单位:km/h）

公路等级	汽车专用公路					
	高速公路		一		二	
地形	平原微丘	山岭重丘	平原微丘	山岭重丘	平原微丘	山岭重丘
计算行车速度	120	60	100	60	80	40
公路等级	一般公路					
	一		二		四	
地形	平原微丘	山岭重丘	平原微丘	山岭重丘	平原微丘	山岭重丘
计算行车速度	80	40	60	30	40	30

2)离地间隙。离地间隙是发射车辆满载时底盘最低点与路面的距离,反映了发射车辆无碰撞地通过障碍物及松软土路的能力。设计时,应尽可能保证有较大的最小离地间隙。一般轮式车辆的离地间隙为 350～450 mm,履带车的离地间隙为 400～450 mm。

3)通过角。发射车前突出点到前轮切线与地面的夹角 α 叫作接近角;后突出点到后轮切线与地面的夹角 β 叫作离去角。α 和 β 反映了通过沟及障碍物的能力,接近角和离去角越大,通过性越好。一般轮式车的接近角为 20°～45°,离去角为 20°～45°;履带车的接近角为30°～45°,离去角大于 20°。

4)涉水深度。涉水深度指发射车渗水部位到地面的距离。一般轮式车的涉水深度为 0.8 m,履带车的涉水深度为 1.0 m。

5)纵向通过半径及横向通过半径。纵向通过半径 ρ_1 是前、后车轮及两轴中间最低点相切之圆的半径。它表示发射车能够无碰撞地通过小丘、拱桥等障碍物的能力,ρ_1 越小,通过性越好。横向通过半径 ρ_2 是两前轮(或两后轮)及两轮间最低点相切圆的半径。它表示横向通过的尺寸极限,ρ_2 越小,横向通过性越好。

6)最小转弯半径及总轮宽。最小转弯半径及总轮距是影响系统机动性能的重要指标。最小转弯半径取决于汽车的转向机构和轴距,一般载重汽车的最小转弯半径为 8～12 m。汽车机动性参数如图 3-14 所示。

A)转弯半径。转弯半径的计算公式为

$$R = \frac{L}{\sin\theta} \qquad\qquad (3-8)$$

式中:R ——转弯半径;

L ——轴距；

θ ——前外轮的最大转角。

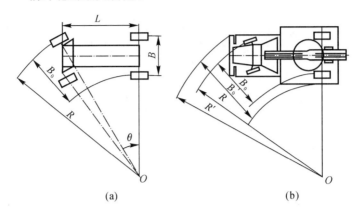

图 3 - 14　汽车机动性参数

B)总轮宽。总轮宽的计算公式为

$$B_0 = \frac{L}{\sin\theta}(1 - \cos\theta) + B \tag{3-9}$$

式中：B_0 ——总轮宽；

B ——后轮宽。

(2)力学参数。

1)比功率。比功率的计算公式为

$$N = \frac{N_{max}}{m} \tag{3-10}$$

式中：N_{max} ——发动机最大输出功率；

m ——车辆总质量。

N 值一般不小于 11 kW/t，N 越大，车辆动力性能越好。

2)路面的平均比压。路面的平均比压是车辆通过松软地段、积雪、沙漠以及沼泽的能力。平均比压的计算公式为

$$p = \frac{mg}{S} \tag{3-11}$$

式中：S ——车辆与路面接触面积；

p ——轮胎或履带接触地面的单位面积上的压力(轮式车的 p 为 0.45～0.6 MPa，履带车的 p 为 0.05～0.075 MPa)。

在松软的地面上行驶时，降低轮胎的气压，增大接地面积，可降低接地比压。增加驱动轮数目和采用中央充气轮胎调压技术是提高汽车附着质量、增加驱动

轮胎与松软地面接触面积、改善其通过性的最有效方法。

3)垂直越障高度 H 。H 与驱动轮在路面的附着系数有关。对于单轴驱动汽车，$H \approx 2/3 r_r$（r_r 车轮半径）；对于双轴驱动汽车，$H \approx r_r$。

4)越沟宽度 b 。单轴驱动时，跨越小沟的宽度 $b \approx r_r$；双轴驱动时，$b \approx 1.2 r_r$。

3. 制动性

制动性是指车辆装有发射装置后在行驶中能强制地降低行驶速度以至停车，或在下坡时维持一定速度的能力。制动性能的基本评价指标是制动距离与制动减速度。

(1)制动距离。制动距离是指驾驶员开始踩着踏板到完全停车的距离，包括制动器起作用和持续制动两个阶段中驶过的距离。其计算公式为

$$s = \frac{1}{3.6}\left(\tau'_2 + \frac{\tau''_2}{2}\right)v_{a0} + \frac{v_{a0}^2}{254\varphi} \qquad (3-12)$$

式中：s——制动距离；

τ'_2——踩下踏板到制动力起作用的时间；

τ''_2——制动力增加过程所需的时间；

v_{a0}——起始制动车速；

φ——附着系数（见表3-8）。

表 3-8　附着系数 φ

路　　面		轮　　胎		
类型	状态	高压轮胎	低压轮胎	越野轮胎
沥青或水泥路面	干燥	0.50～0.70	0.70～0.80	0.70～0.80
	潮湿	0.35～0.45	0.45～0.55	0.50～0.60
碎石路面	干燥	0.50～0.60	0.60～0.70	0.60～0.70
	潮湿	0.30～0.40	0.40～0.50	0.40～0.55
土路	干燥	0.40～0.50	0.50～0.60	0.50～0.60
	潮湿	0.20～0.40	0.30～0.45	0.30～0.50
	泥泞	0.15～0.25	0.15～0.25	0.20～0.30
沙质荒地	干燥	0.20～0.30	0.22～0.40	0.20～0.30
	潮湿	0.35～0.40	0.40～0.50	0.40～0.50

路　　面		轮　　胎		
积雪荒地	松软	0.20～0.30	0.20～0.40	0.20～0.40
	压实	0.15～0.20	0.20～0.25	0.30～0.50
结冰路面	零下气温	0.08～0.15	0.10～0.20	0.05～0.10

由于制动过程中 τ'_2 与 τ''_2 不易测定,因此用式(3-12)来计算制动距离意义不大,但式(3-12)较全面地表达了影响制动距离的几个因素,因此有助于定性地分析各种因素对制动距离的影响。此外,以式(3-12)为基础,根据试验结果,推荐参考以下民用车辆的半经验公式。

装有气压制动系的货车、客车的制动距离为

$$s = 0.14v_{a0} + 0.008\,5v_{a0}^2$$

装有液压制动系的货车、客车的制动距离为

$$s = 0.06v_{a0} + 0.008\,5v_{a0}^2$$

国家交通管理部门规定:当车速为 30 km/h 时,对于轻型货车制动距离,为 7 m 以下,中型货车不大于 8 m,重型货车不大于 12 m。

(2)制动减速度。制动减速度反映了地面制动力,它与制动器制动力及附着力有关,最大制动减速度的计算公式为

$$j_{\max} = \varphi g \tag{3-13}$$

式中:$j_{\max}$——最大制动减速度;

φ——附着系数;

g——重力加速度。

4. 铁路、海运和空运能力

除前面介绍的依靠发射系统自身动力实现机动外,发射系统还要具有铁路、空运、海运投送的能力。

(1)发射车要能用铁路远距离运输,其外形尺寸必须在《标准轨距铁路机车车辆限界》(GB 146.1—1988)中规定的限界之内。标准轨距铁路机车车辆的限界如图 3-15 所示。

(2)发射车空中运输时,其外形尺寸应满足空中运输的限制,国内和国外几种大型运输机机舱尺寸见表 3-9。

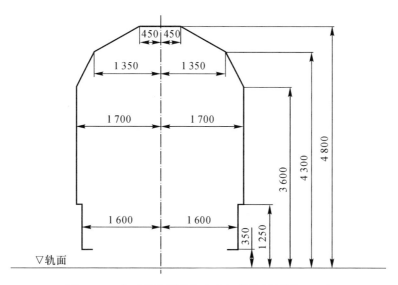

图 3 – 15　标准轨距铁路机车车辆的限界(单位:mm)

表 3 – 9　几种大型运输机机舱尺寸

参数	机种				
	运–8(中)	C–130(美)	C–141(美)	C–5(美)	安–124(苏)
长度/m	13.5	12.497	21.366	36.906	36
宽度/m	3.5	3.124	3.124	5.791	6.4
高度/m	2.6	2.769	2.769	4.115	4.4
进货口宽/m		3.302	3.124	5.791	
进货口高/m		2.692	2.769	3.2	

3.2.8　车载发射系统稳定性设计

车载发射系统稳定性设计是系统总体设计过程中的重要环节。发射系统的稳定性即发射系统在行军、发射和装填等典型工况下轮胎或支撑座盘不离地面的特性。车载发射系统的稳定性内容包括行驶稳定性、射击稳定性和装填稳定性。

发射系统稳定性设计校核贯穿发射系统总体设计阶段全过程,系统稳定性计算与系统总体设计同时开展,不断迭代,以实现最优化。

1.行驶稳定性计算

发射系统行驶稳定性是系统抵御颠覆的能力,包括纵向稳定性和横向稳定性。

(1)纵向稳定条件。车辆上坡行驶时,可能出现纵向倾翻。绕后轮撞地点翻倒的条件为

$$W_L \sin\alpha h \geqslant W_L \cos\alpha b \qquad (3-14)$$

式中:W_L——发射车重力;

  h——发射车质心离地高;

  b——发射车质心至后桥平衡轴中心线的距离;

  α——出现纵向翻倒的路面倾斜角,$\tan\alpha \geqslant \dfrac{b}{h}$。

显然,极限稳定角为$\alpha_0 = \arctan\dfrac{b}{h}$。车辆纵向稳定性如图 3-16 所示。

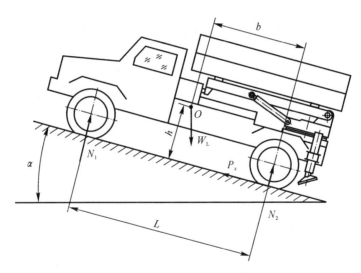

图 3-16　车辆纵向稳定性

由于路面附着力随坡度角的增加而减小,因此车辆翻倒前可能会打滑。发生滑移的条件为

$$W_L \sin\alpha_\varphi \geqslant W_L \cos\alpha_\varphi \qquad (3-15)$$

即

$$\tan\alpha_\varphi > \varphi$$

式中:φ——道路附着系数(见表 3-10 和表 3-11)。因此,纵向滑移的极限稳

定角为 $\alpha_\varphi = \arctan\varphi$。

表 3 - 10 气压式轮胎的附着系数

路　面	φ		路　面	φ	
	低压胎	高压胎		低压胎	高压胎
干沥青路	0.70～0.80	0.50～0.70	干土路	0.50～0.60	0.30～0.40
湿沥青路	0.45～0.55	0.40～0.50	湿沙路	0.40～0.50	0.60～0.70
干圆石路	0.50～0.55	0.20～0.30	雪路	0.20～0.25	0.15～0.25
湿圆石路	0.20～0.40	0.50～0.60	干沙路	0.70～0.80	0.60～0.70
干碎石路	0.60～0.70	0.30～0.40	湿沙路	0.60～0.65	0.50～0.60
湿碎石路	0.40～0.50	0.40～0.50	冰路	0.20～0.30	0.15～0.25

表 3 - 11 履带车辆的附着系数和滚动摩擦因数

路　面	φ	f	路　面	φ	f
柏油公路	0.06		潮湿沙路	0.5	0.1
干燥有黏土的土路	1.0	0.07	干燥沙路	0.4	0.15
干燥有沙土的土路	1.1	0.1	碾滚过的雪路	0.6	0.06
干燥黑土路	0.9				

设计时应当增加 b 值,减小 h 值,保证有较大的稳定角。若 $\dfrac{b}{h} > \varphi$,则滑移将发生在倾翻之前;若 $\dfrac{b}{h} < \varphi$,则倾翻将发生在滑移之前。因此,应使 $\dfrac{b}{h} > \varphi$ 的条件成立,即倾翻之前就发生滑移,限制翻倒的可能性。

拖车纵向稳定性如图 3 - 17 所示。纵向翻倒条件为

$$N_{T1}l_1 + P_T h_T \geqslant W_L(h_T - h_1)\sin\alpha + N_{T2}l_2 \qquad (3-16)$$

式中:N_{T1},N_{T2}——牵引车前、后轮的反力;

$\qquad P_T$——牵引力;

$\qquad h_T$——牵引车质心离地高;

$\qquad h_1$——牵引杆离地高。

纵向翻倒必然发生在上坡时,此时行驶速度低,空气阻力可忽略。同时,认为等速行驶,牵引力用于克服上坡阻力,即

$$P_T = (W_T + W_L)\sin\alpha \qquad (3-17)$$

式中：W_T——牵引车的重力。

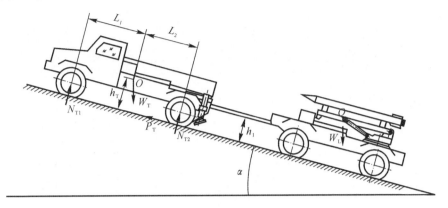

图 3 - 17　拖车纵向稳定性

当翻倒时，$N_{T1} = 0$，$N_{T2} = W_T \cos \alpha$。将这些条件代入式(3-17)中，得

$$\tan \alpha \geqslant \frac{W_T l_2}{W_T h_T + W_L h_1} \tag{3-18}$$

用式(3-18)可以确定拖车纵向翻倒的极限稳定角。

拖车的纵向打滑条件：认为上坡时，牵引车驱动轮的附着力全部用于克服爬坡阻力，即

$$(W_T + W_L) \sin \alpha = \varphi W_{TH} \cos \alpha_\varphi \tag{3-19}$$

式中：W_{TH}——牵引车驱动轮的负载。

当式(3-19)的等号左边大于等号右边，即阻力大于附着力时，牵引车发生打滑。因此，驱动轮打滑条件为

$$\tan \alpha \geqslant \frac{\varphi W_{TH}}{W_T + W_L} \tag{3-20}$$

由式(3-20)可确定打滑的极限稳定角。有牵引车的拖车，纵向稳定角应将 α 及 α_φ 比较后再定。当 $\alpha_\varphi < \alpha$ 时，打滑发生在翻倒之前，这时的最大爬坡度由纵向打滑条件决定；当 $\alpha_\varphi > \alpha$ 时，翻倒发生在打滑之前，这时的最大爬坡角由纵向翻倒条件决定。

（2）横向稳定条件。车辆横向稳定条件（见图 3-18）由在横向斜坡行驶时不发生翻倒及不出现滑移现象而定。当车辆沿横向倾斜的弯曲路面行驶时，车的重力分力及离心力可能使其翻倒。假设车辆沿着曲率不变的弯曲路面行驶，则

$$W_L h \sin \gamma + \frac{W_L v^2}{gR} h \cos \gamma \geqslant W_L \frac{B}{2} \cos \gamma - \frac{W_L v^2}{gR} \frac{B}{2} \sin \gamma \tag{3-21}$$

因此：

$$\tan\gamma = \left(\frac{B}{2} - \frac{hv^2}{gR}\right) / \left(h + \frac{Bv^2}{2gR}\right) \qquad (3-22)$$

式中：v ——行驶速度；

　　　R ——路面曲率；

　　　B ——车轮宽度。

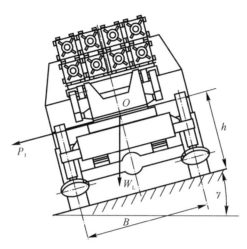

图 3 - 18　横向稳定性条件

由式(3-22)可计算横向翻倒的极限稳定角,不发生翻倒允许的最大车速为

$$v_{\max} = \sqrt{\frac{gR\left(\frac{B}{2} - h\tan\gamma\right)}{\frac{B}{2}\tan\gamma + h}} \qquad (3-23)$$

发生横向滑移的条件为

$$W_{L}h\sin\gamma + \frac{W_{L}v^2}{gR}h\cos\gamma \geqslant \left(W_{L}\cos\gamma - \frac{W_{L}v^2}{gR}\sin\gamma\right)\varphi \qquad (3-24)$$

因此：

$$\tan\gamma = \left(\varphi - \frac{hv^2}{gR}\right) / \left(1 + \frac{v^2}{gR}\varphi\right) \qquad (3-25)$$

由式(3-25)即可确定横向滑移的极限稳定角。不发生横向滑移允许的最大速
度为

$$v_{\max} = \sqrt{\frac{gR(\varphi - \tan\gamma)}{1 + \varphi\tan\gamma}} \qquad (3-26)$$

由式(3-22)和式(3-25)可以看出:若弯曲路面的弯曲质心在坡道右侧,则离心力使横向极限稳定角减小。当 $\dfrac{B}{2h} > \varphi$ 时,在翻倒之前发生侧滑;当 $\dfrac{B}{2h} < \varphi$ 时,在侧滑之前发生翻倒。发射车的稳定性还应考虑在发射准备和射击状态下的稳定性,其安全系数为

$$N = \frac{\sum M_{翻}}{\sum M_{稳}} \tag{3-27}$$

式中: $\sum M_{翻}$ ——在发射准备状态下各种翻倒力矩之和,主要是风载荷引起的翻倒力矩,在射击状态下,主要是燃气流作用在发射台上的力矩;

$\sum M_{稳}$ ——发射车的稳定力矩之和。

2. 射击稳定性计算

当发射系统射击时,制导弹药飞离定向器口,从火箭发动机尾部喷出的高速、高压燃气流对直接冲击发射系统迎气面,此时会有一个较大的冲击力作用在发射系统上,导致发射系统振动,破坏发射系统的稳定性。因此,需要对发射系统射击时的稳定性进行计算。

计算时,采用对稳定性最不利的侧向发射状态进行射击稳定性设计。由于发射系统一般采用多联装定向器,随着发射过程的延续,发射架迎气面积和系统质量质心均处于动态变化中,即火箭发动机燃气流冲击发射架迎气面造成的倾覆力矩和发射系统自身的稳定力矩始终处在变化中,因此需对第 n 发状态下的射击稳定性进行计算。

现以某型 122 mm 火箭炮为例说明射击稳定性计算方法。当该火箭炮在 90°方向角、0°射角、6°倾斜地面发射时,稳定性最差,如图 3-19 所示。

图 3-20 中: G_{r6} 和 G_{r40} 分别为减去第 6 发或第 40 发火箭弹的全炮质量; F_{r6} 和 F_{r40} 分别为第 6 发或第 40 发火箭弹燃气流对迎气面的作用力合力; L_{r6} 和 L_{r40} 分别为发射第 6 发或第 40 发火箭弹时全炮质心到左侧支撑点距离; H_{r6} 和 H_{r40} 分别为发射第 6 发或第 40 发火箭弹时燃气流作用力合力到倾斜地面的距离; h_{r6} 和 h_{r40} 分别为发射第 6 发或第 40 发火箭弹时全炮质心到倾斜地面的距离; B_z 为左侧支撑点与右侧支撑点之间的距离。

分析并计算燃气流场后得知第 6 发火箭弹发射时炮架迎气面积最大,对炮架的作用力也最大,即翻倒力矩最大,并且发射最后一发弹时稳定力矩最小,因此分别以发射第 6 发和最后一发弹时校核射击稳定性,发射弹序如图 3-20 所示。

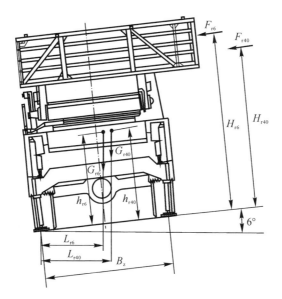

图 3-19 火箭炮侧向射击受力示意图

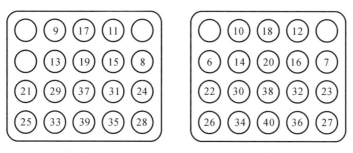

图 3-20 第 5 发后的发射弹序示意图

火箭炮满足横向稳定性的条件是:稳定力矩≥翻倒力矩。

发射第 6 发火箭弹横向稳定条件为

$$G_{r6} L_{r6} \geqslant F_{r6} H_{r6} \qquad (3-28)$$

发射第 40 发火箭弹横向稳定条件为

$$G_{r40} L_{r40} \geqslant F_{r40} H_{r40} \qquad (3-29)$$

发射时火箭炮不产生位移的条件为

$$F_{rn} \cos\theta_s \leqslant \phi_f (G_{rn} + Z_1 \sum_1^n 3k_i) \qquad (3-30)$$

式中:F_{rn} ——第 n 发火箭弹燃气流对迎气面的作用力;

θ_s——火箭炮射角；

G_{rn}——减去 n 发火箭弹的全炮质量；

Z_1——发射时轮胎的压缩量；

k_i——车体边各轮胎的刚度系数。

由试验知，射击时轮胎压缩量 Z_1 很小，可忽略不计，因此式（3 - 30）可简化为

$$F_{rn}\cos\theta_s \leqslant \Phi_f G_{rn} \qquad (3-31)$$

3. 装填稳定性计算

对于集成了自装填系统的发射系统，还需要对系统在进行弹药装填时进行稳定性计算，校核系统装填弹药时稳定性能否满足要求，同时求出轮胎和支撑装置在弹药装填时的受力情况，校核底盘轴荷和支撑装置受力能否满足要求。

现以某型火箭炮为例说明装填稳定性的计算方法。该火箭炮在发射架方向角为 180°、射角为 0°时进行弹药装填，装填状态如图 3 - 21 所示。

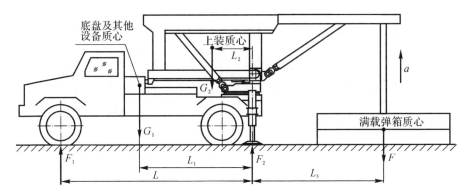

图 3 - 21　某型火箭炮装填状态受力图

假设火箭炮的质心位于车纵轴平面，则可将系统简化为平面力系进行分析。当系统装填弹药时，系统有绕着后支撑千斤顶翻倒的趋势，则

$$F_1 + F_2 = G_1 + G_2 + 1.5F \qquad (3-32)$$

$$G_1 L_1 + G_2 L_2 = 1.5FL_3 + F_1 L \qquad (3-33)$$

式中：G_1——底盘及其他设备重量；

G_2——上装重量；

F——$m(a - 9.8)g$，起饰弹箱力；

a ——火箭炮运发箱提升加速度；

L ——前桥距千斤顶支承点间距；

L_1 ——底盘质心距千斤顶支承点间距；

L_2 ——上装质心距千斤顶支承点间距；

L_3 ——弹箱吊装点距千斤顶支承点距离；

F_1 ——前桥支反力；

F_2 ——千斤顶支反力。

根据式(3-32)和式(3-33)，可以求出装填弹箱时前桥载荷 F_1 和单个千斤顶载荷 $F_2/2$。

该火箭炮在发射架方向角为左侧 $90°$、射角为 $0°$ 时进行弹药卸载，卸载状态如图 3-22 所示。

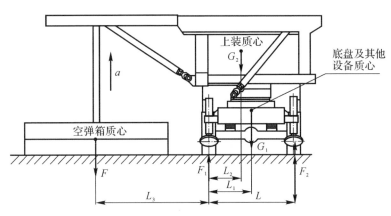

图 3-22　侧向退弹受力分析图

为简化分析，将系统简化为平面力系进行分析。当系统卸载弹药时，系统有绕着左侧后支撑千斤顶翻倒的趋势，则

$$M_F = FL_3 \tag{3-34}$$

$$M_G = G_2 L_2 + G_1 L_1 \tag{3-35}$$

$$F_1 = [G_2(L-L_1) + G_1(L-L_2) + F(L_3+L)]/L \tag{3-36}$$

$$F_2 = (G_2 L_2 + G_1 L_1 - FL_3)/L \tag{3-37}$$

式中：G_1 ——底盘及其他设备重量；

G_2 ——退弹时上装重量；

F ——空弹箱重量；

L ——千斤顶及轮胎支承点间距；

L_1——底盘质心距左支承点间距；

L_2——退弹时上装部分质心距左支承点间距；

L_3——空弹箱吊装点距左支承点间距；

F_1——左千斤顶及轮胎支反力；

F_2——右千斤顶及轮胎支反力。

如果 $M_G > M_F$，那么可判断弹箱卸载时稳定性满足要求。

此时，可分制用式(3-36)、式(3-37)计算出左千斤顶及轮胎支反力和右千斤顶及轮胎支反力，并用该值校核底盘轴荷和千斤顶受力能否满足要求。

3.2.9　车载发射系统射频和射序设计

对于多联装的无控火箭发射系统，射频和射序的设计尤为重要，科学、合理的设计射频和射序不仅能提高发射系统单位时间内向目标投送的有效战斗载荷，还能保证系统有较好的射击密集度指标，提升系统火力打击效能。此外，射频高的发射系统还能缩短发射阵地停留时间，提高系统的战场生存能力。

对于多联装制导火箭发射系统来说，虽然对射击密集度不再要求，但射频和射序的合理性直接影响发射过程中系统质心的变化和发射架扰动，不合理的射频、射序不仅会增大发射系统在阵地的停留时间，降低系统战场生存能力，而且会导致系统发射过程中质心偏离和发射架振动过大，还可能会导致弹药离轨时姿态恶化，影响弹药发射，甚至导致弹药与发射系统碰撞出现安全问题。

车载发射系统射频的确定主要取决于两个因素：一是战术使用上对火力突然性的要求，理论上要求射频尽量高；二是射频对射击密集度的影响，要求相连射序火箭弹对发射架的扰动和彼此之间的弹道影响降至尽量小，后者还需结合火箭弹药的发射顺序综合考虑。由射频确定的发射间隔时间可经过动力学仿真及振动试验确定。根据全炮固有频率和振动曲线，一般将发射间隔时间选择在起落部分振动显著衰减时间附近。

射序的确定一般遵循先上后下、左右交替的原则，其目的仍然是尽可能地保持连发过程中的射击稳定性，交替消除发射架的方向变位，提高射击密集度。为减小前一发火箭弹燃气尾流对次发火箭弹的弹道影响，相邻射序火箭弹的中心距应尽量加大。

射频射序应根据上述因素，通过动力学分析和试验验证综合确定合理的参数。几种火箭炮的发射间隔见表3-12，两种火箭炮的射序如图3-23和图3-24所示。

表 3 - 12　几种火箭炮的发射间隔

名称	BM - 24	BM - 14	BM - 21
齐射时间/s	6～8	7～10	18～20
发射间隔/s	0.5～0.7	0.5～0.7	0.45～0.5
名称	某 130 mm 火箭炮	某 300 mm 火箭炮	某火箭炮
齐射时间/s	9～11	38	20～30
发射间隔/s	0.5～0.6	3	0.5～0.75

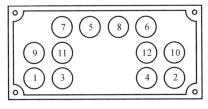

图 3 - 23　BM - 30 火箭炮射序

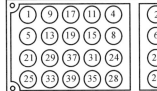

图 3 - 24　BM - 21 火箭炮射序

3.2.10　舰载发射系统总体布置

舰载发射装置的总体布置需完成发射装置整体外形尺寸及其在舰面的布置位置;确定贮运发射箱的结构布局及其多联装结构形式;确定导流器的导流结构型面以及布置位置;确定发射装置舰面配套设备的组成和布置位置,确保设备检查、维护、测试所需的空间;确定发射架与甲板安装平面的安装尺寸及精度;根据发射时甲板的受力以及燃气流的冲击影响范围,确定弹药舰面发射时的安全界限。最后,在上述设备和结构布置的基础上,完成发射装置在舰面的总体布置图。

1. 舰载发射系统装舰要求

舰载发射系统总体布置要满足弹药总体及火控系统提出的战术技术要求,并且要满足舰艇条件和设备安装的协调要求。这些要求包括以下几点。

(1)执行舰艇总体给定的布置要求和装舰要求。

(2)弹药飞行经过区域和燃气流的影响范围,不妨碍舰上设备和人员的正常工作,不破坏舰上设备。

(3)考虑弹药离轨后的下沉、低头等姿态变化以及舰艇运动带来的影响,确定舰上建筑物及其设备的安全距离与防护措施。

（4）发射系统的布置应考虑燃气流的排导问题，在不影响总体战术指标的前提下，应尽可能采取不设置导流器的布置方案。当必须设置导流器时，要通过合理的排导与防护措施，确保发射系统及周边设备不受燃气流冲击或烧蚀影响。

（5）发射系统应尽可能布置在远离舰上高振动和大功率发射天线的区域。

（6）发射系统在舰艇上的各组成部分应尽可能集中布置，并考虑使用、操作、维修的方便。

（7）应考虑在码头上吊装发射箱时必要的空间，当在码头停靠时不与相邻舰艇相碰撞。

（8）在易碎盖、爆破盖或适配器的散落范围内，应避免设置其他易损设备，必须设置的设备应加装防护措施。

（9）安装在甲板下的液压系统、电气设备应尽可能布置在发射系统下的舱室内。

（10）穿越甲板的电缆、液压管路应尽量集中（危险线路除外）。甲板上下的电缆线、管路布置应合理及有序排列。

（11）发射系统的基座应固定于舰体肋骨上，保证支承结构的刚度和强度要求。

（12）应考虑发射系统在舰上配套设备的存放及使用的便利。

（13）当舰面布置多座发射装置时，总体布置应考虑留有不小于 600 mm 的人行通道以及必要的操作空间。

2. 水面舰艇甲板要求

为了保证弹药的发射精度和发射装置的正常工作，水面舰艇甲板结构还应满足以下几点要求。

（1）在用户规定的横倾、纵倾、横摇、纵摇等环境条件下，应保证弹药发射装置安装部位具有足够的强度和刚度。

（2）主机和螺旋桨所引起的振动、海浪所引起的颠震，应与舰艇发射装置的动态特性匹配，按照国家标准、国家军用标准的要求，要经受全舰海上航行振动试验的考核，采取措施消除有害振动的干扰。

（3）应有射角限制装置和燃气排导设施，以保护其他站位的设备和人员，符合国家标准、国家军用标准的要求。

（4）发射架应尽可能安装在远离舰上高振动和大功率发射天线的区域以外，并位于舰上避雷装置保护区内。

（5）在质量、空间和经费允许条件下，应提高装置部位的装甲保护能力，以防敌人炮弹爆炸碎片的冲击。

3.2.11 机载发射系统布置

机载制导火箭发射系统是作战飞机武器系统的一个重要组成部分,用于在飞机上安装和载运弹药,并按规定的发射程序控制和实施弹药的发射。发射系统置于飞机和弹药之间,上连载机,下挂弹药,是机载火力控制系统、外挂管理系统及飞行员座舱控制机构与弹药的桥梁和纽带。飞机和弹药只有通过发射系统在电气与结构上进行连接,才能形成完整的机载弹药武器系统。因此,发射系统的性能、结构类型和接口关系都将直接影响飞机武器系统战技性能的发挥,并随着机载弹药系统的发展而协调、同步地发展。

机载发射系统布置可分为自力发射、外动力发射和投放式发射三种,每种发射方式总体布置要求不同,且各有特点,下面分别进行介绍。

1. 自力发射系统布置

自力发射是指弹药靠自身发动机的推力脱离载机,其主要特征是弹药发射时,其初始运动受到约束和引导,并在发射离轨时赋予弹药以轨道所限定的初始航向,该发射多用于轻量级弹药。美国海军航空系统司令部制定的《机载导弹导轨式发射装置设计通用准则》(MTL－STD－2156)中明确规定:质量小于160 kg 的导弹,采用导轨式发射装置发射。导轨式发射装置的大致组成包括壳体、锁制器、接口组件、脐带电缆插头支承与分离机构、导轨、气瓶组件和发控盒等。

(1)导轨式发射方式的特点。导轨发射装置结构简单、尺寸小、质量小、工作可靠性高,弹药可快速通过干扰区,初始扰动较小,对控制系统稳定工作有利。但是,弹药离载机过近,发射尾焰可能会对轮机造成一定的烧蚀和影响,燃气流可能进入飞机进气道,使飞机发动机熄火。同时,高温、高速燃气流中往往含有氧化铝、盐酸蒸气及其他侵蚀性物质,对发射装置有腐蚀作用。当发射装置受到很大气动载荷和惯性载荷时,弹药滑块与导轨间的摩擦力加大,需要增加起飞推力,会对发射装置的动态与静态强度带来不利影响,增大了弹药质量。另外,自推力发射只能外挂,从而增大了迎面阻力。导轨式发射装置特点:有一条或一组导轨,弹药依靠其自身的发动机或助推器的推力离开发射装置。由于弹药在离机前的滑行过程中,运动受到轨道的约束和引导,离轨时能确定和控制弹药的初始飞行方向,因此具有良好的初始定向性能。

(2)导轨式发射装置类型。导轨式发射装置中导轨长度范围从几厘米到几百厘米不等,轨道数量有单轨和多轨,轨道截面形状有"内 T 形"和"外 T 形"。

根据导轨的长度和配置数量,可分为长轨单轨形、长轨多轨形及短轨多轨形三种;根据导轨轨道长度(导弹滑块离轨形式),可分为顺序离轨型和同时离轨型两种。

当弹药在导轨中滑动时,弹上滑块按先后顺序依次从同一条导轨中滑离异轨,这种装置称为顺序离轨型发射装置。这种发射装置一般导轨较长,且弹药离轨时的飞行速度也较大。

当弹药在导轨中滑动时,弹上滑块从不同轨梢中同时滑离导轨,称为离轨型发射装置。这种装置可以避免发生弹药可能出现的低头现象。

(3)导轨式发射装置布置要求。

1)保证有成功发射弹药所必需的初始条件。不同的弹药要求的初始条件是不同的,有的弹药要求有一定的滑离速度和较小的初始偏差角和角速度,以保证弹药按制导系统所允许的弹道进入控制飞行。若制导系统对发射初始散布的要求并不十分严格,则无须提出过高的要求。有的弹药要求在发动机点火后,经过一定时间弹药才从定向器上滑离,使发动机在弹药滑离前能全部点火并达到稳定工作状态。这点对配置有多个助推器的弹药更为重要。要满足这一要求:导轨应当有一定的长度,保证弹药有必要的滑离速度,以增加抗初始干扰的能力;应当有适当的刚度和强度、合理的配合间隙,以减小结构引起的初始偏差;应当有良好的排导燃气流的结构外形,或专门设置导流装置,以减少燃气流的作用和避免出现反射气流。

2)保证能安全、顺利地发射弹药。要保证能安全、顺利地发射弹药,则起落部分的结构不能妨碍弹药运动,不能使弹药受到有害的作用。例如:不能给弹药突然加上或去掉一些载荷,以免产生激震,因为激层会使某些制导系统作用失常;应当能顺利投弃失效的弹药,或为了保护载机的安全,需要投弃弹药,而不管这弹药是否失效。

3)导轨式发射装置与飞机的接口应具有应急投放功能。当载机在空中遇到紧急情况时,如受到某种威胁而要做大机动飞行、增速,或者为了增大航程需减轻负担,或者为了保护载机的安全,可将弹药连同发射装置一起投放掉,或将弹药投弃。通常,翼尖安装的导轨式发射装置为不可投放的固定式装置。在设计时,往往把发射装置结构作为翼尖结构的一部分来考虑。

4)战斗勤务简单和迅速。往导轨式发射装置上方便、迅速和准确装弹后,闭锁机构将弹药固定在一定的位置上,以保证操作安全;必要的载机管路及电路做到在各种情况下。都能顺利与弹药接通,并确实保持一切联系。

5)结构紧凑,质量小。导轨式发射装置除了满足前面的要求外,其结构还应当简单、可靠、安全。

2. 外动力发射布置

外动力发射方式是指弹药靠发射装置弹射系统施加的弹射推力脱离载机，弹上发动机在弹药脱离载机一定距离后再点火。其对应的弹射发射装置是一种没有导轨，仅仅起悬挂支承作用的弹药发射装置，又称为零长式发射装置。美国海军航空系统司令部制定的《机载导弹导轨式发射装置设计通用准则》(MIL - STD - 2156)中明确规定：质量大于 360 kg 的导弹，采用弹射式发射装置发射；质量为 160～320 kg 的导弹，既可采用导轨式发射，也可采用弹射式发射。

(1)弹射发射方式特点。弹射发射方式的程序是通过点火电路点燃燃气发生器的燃爆弹，燃烧产生的气体作用于协动连锁机构，解除保险并释放弹钩，同时驱动弹射机构，火药气体的推力将弹药弹离载机，并启动延迟点火机构，在弹药达到预定的距离和姿态时再点燃弹药发动机，使弹药在推力作用下沿纵轴方向飞行。

弹射发射装置适用于"半埋"或"全埋"式挂载的弹药，弹药离机后能迅速摆脱载机干扰流的影响，燃气流不会影响飞机和发射装置，可大大降低悬挂系统和飞机的气动阻力。同时，该发射方式携带的弹药质量和类型更加广泛。但是，该发射装置结构复杂，可靠性低，对弹药姿态控制的要求高。其主要有以下特点。

1)减小气动阻力。飞机携带弹药以及弹药发射后，其气动外形、质量、质心位置和惯性矩都要发生变化，特别是在弹药较重、体积较大和离载机质心位置较远处安装时，变化更大，这些变化对载机飞行品质的影响不容忽视。为克服这些影响，必须合理调整弹药的配置位置和安装形式，如采取半埋安装或保形安装形式。当半埋安装或保形安装时，弹药部分或完全埋在载机轮廓之内。在这种安装情况下，采用弹射发射装置弹射弹药，可以较好地解决弹药搜索和跟踪目标问题，并保证弹药发射离机。

2)避免燃气流影响。飞机在空中发射弹药时，处于弹药尾喷燃气流场内的飞机和弹药发射装置均要受到燃气流不同程度的影响。例如，燃气气动力、热力和化学成分的作用将对飞机发动机的工作稳定性产生很大影响，其影响程度因发射条件、载机发动机的喘振稳定裕度，以及弹药尾喷燃气流场参数的不同而有很大差异。为削弱和防止弹药尾喷燃气流对载机的有害影响，避免飞机发动机空中熄火，除合理配置弹药安装位置、提高载机发动机的喘振稳定裕度和防止发动机燃烧室火焰中断外，最有效的技术措施就是采用弹射方式发射弹药。

3)避免载机干扰流场的影响。弹药发射离机瞬间的姿态直接影响其分离特性、载机的飞行安全和弹药的战术效果。载机发射弹药时，载机的机动效应和干扰流场效应的影响，使施加在弹药上的外力、外力矩的性质、大小和方向都发生变化,因此造成弹药航迹不稳定。而采用弹射方式发射弹药,可迅速离开载机的干扰流场,从而避免它对弹药航迹的影响如下。

(2)弹射式发射装置布置要求。弹射式发射装置必须满足下列功能、性能要求如下。

1)能实现挂弹与运输,当起飞、飞行和降落时,不会自行从弹射装置中脱落。

2)保证弹药可靠分离,并具有要求的分离参数(分离行程、垂直速度、俯仰速度、俯仰角度)。

3)保证弹药弹射时无俯仰和横向转动。

4)由于弹药分离后,弹射机构要恢复到初始位置,因此动力装置的能量不但要满足弹射的需要,而且要满足机构复位、闭锁等的需要。

5)插拔机构在弹药弹射时要能收回到壳体之内,当装弹时能够下降,保证插头能插入插座之中。

6)发射之前,载机能给弹药提供电源和信号。

7)能目视检查弹射机构的闭锁、弹药在弹射机构上的固定情况,能检查气动机构是否充气。

3.投放式发射系统布置

投放式发射是弹药靠自身重力离机后,经过一定的延时,再点燃弹药发动机。其工作过程:基座解除对弹药挂架的约束,弹药在自重和挂架摆杆的作用下呈弧线向前下方运动,在最低点时脱离挂架,抛到空中,一段时间后点火朝目标飞去。投放式发射容易受到机身和翼下紊流场的影响,弹药做不规则运动,甚至有可能与载机碰撞,造成危险。这种发射方式由于受到悬挂物自身质量的影响,其使用范围受到一定的限制。一些重型或较重型空地弹药多采用投放式发射方式。

3.2.12 弹药装填系统方案设计

1.弹药装填系统介绍

(1)作用。弹药装填系统主要作用是将弹药装填到发射装置内(也包括从发射装置退出弹药)。弹药装填速度和再装填时间是一项火箭炮重要的战技术指标,其时间直接影响到火箭炮的反应时间和生存能力,并很大程度上影响火箭炮的战术使用方式。弹药装填的方式方法直接关系到装填时间、装填时的操作使用性能及安全可靠性,影响武器的连续作战能力。

（2）弹药装填方式分类。弹药装填方式可以从不同的角度来分类：①按发射装置的装填角，可分为倾斜装填、垂直装填和水平装填；②按相对发射装置的方向，可分为前装弹、后装弹、上装弹、下装弹、侧向装弹；③按装弹动力，可分为人工装弹、半自动装弹、自动装弹；④按照装填系统与发射系统的相对关系，可分为自装填型和非自装填型。

本书为便于叙述，对装填方式按照以下三种模式进行分类介绍：①手动装填模式；②运输装填车装填模式；③火箭炮自装填模式。

（3）弹药装填系统设计要求。

制导火箭发射系统设计时，要做好与弹药装填系统之间的协调工作，确保安全、快速、方便地完成弹药装填。这些工作包括装填模式、结构方案、尺寸公差、系统接口、阵地布置等多方面的协调，具体内容如下。

1）弹药装填模式应针对发射系统的工作模式及弹药种类进行设计，满足系统总体设计要求。

2）弹药装填系统的主要定位装置的工作模式应满足系统总体设计的指标要求，满足装填质量及装填、再装填时间等核心技术指标要求，弹药装填过程应平稳、可靠，符合持续作战要求。

3）弹药装填系统应在满足火箭炮使用条件的产地可以实施装填，并确定装填阵地装填系统、火箭炮及弹药布置装填场地的标定与布置方案。

4）弹药装填系统的装填及定位接口应满足总体需求，接口尺寸应保证有互换性，并具有相应的弹药紧固锁定装置，保证弹药的行军及射击的安全性。

5）弹药装填系统工作过程应安全可控，影响安全性环节必须有联锁设计，装填过程中，不会磕碰损坏弹药。

6）弹药装填系统应满足发射系统其他通用质量特性要求。

2. 装填方式及典型系统介绍

（1）手动装填模式。手动装填模式是指炮班成员采用手动方式将火箭弹逐个向定向管内装填。在火箭炮发展前期，火箭炮主要以该模式进行弹药装填。例如，63 式 107 mm 火箭炮、BM－13 型多管火箭炮（"喀秋莎"）、BM－21 型多管火箭炮（"冰雹"）（见图 3－25）、81 式 122 mm 火箭炮（见图 3－26）等火箭弹装填均为人工手动装填。

对于小口径火箭炮而言，其弹重较轻（20～30 kg）、弹长较短（约 1 m），人工装填的速度较快，炮手装填的操作强度尚能接受，从作战效能的角度来看，不失为一种适当的装填方式。但是对于 BM－21 型多管火箭炮、81 式 122 mm 火箭炮等火箭炮，其弹重较大（约 70 kg）、弹长约 3 m，对于炮手徒手操作来讲，其装填速度明显受到制约。从人机工程角度考量，必须增加辅助动力，以减轻装填手操作负荷与强度，才能提高弹药保障效果与战斗力。

图 3 - 25　BM - 21 型多管火箭炮（"冰雹"）　　图 3 - 26　81 式 122 mm 火箭炮
　　　　　装填示意图　　　　　　　　　　　　　　　　装填示意图

（2）运输装填车装填模式。第二次世界大战后，随着火箭弹口径、弹重、弹长的不断增加，中、大口径火箭炮所使用的火箭弹质量有的已达数百千克，人工手动装填已经无法进行操作，必须依靠运输装填车来完成装填任务。

运输装填车是指同时具备火箭弹运输和装填功能的保障车辆，运输装填车装填弹药又可分为三种方式。

1）单发装填。单发装填是指运输装填车运用车上装填设备（通常为吊机）单次向火箭炮装填单发弹药。代表系统如 TOS - 1 自行火箭炮（见图 3 - 27）、BM - 27 型火箭炮系统（见图 3 - 28）、PHL - 03 型 300 mm 火箭炮，均通过运输装填车上布置的扬弹机（轻型吊机）驱动专用火箭弹吊具从火箭弹质心位置将火箭弹吊起，并调整至合适的位置，将输弹机导轨与定向器对中后，扬弹机将火箭弹落至输弹机导轨上，使用输弹机将火箭弹推入发射管中。

图 3 - 27　TOS - 1 自行火箭炮　　　　　图 3 - 28　BM - 27 型火箭炮系统弹药
　　　　　装填示意图　　　　　　　　　　　　　　　装填示意图

2）多发装填。多发装填是指运输装填车利用车上的装填机构单次向火箭炮装填多发弹药,通常运输装填车多发装填机构管数与火箭炮管数相同。

为提高火箭炮再装填速度,我国 81 式 122 mm 火箭炮(见图 3 - 29)也可利用配备的 40 发同时对中装填的装填车进行装填,装填车与炮车对好后 5 min 内可完成装填。

(a)   (b)

图 3 - 29   81 式 122 mm 火箭炮对中装填车

3)运输装填车箱式定向器装填。运输装填车箱式定向器装填是指运输装填车利用自带的装填设备将箱式定向器装填至火箭炮发射架上的固定位置。

箱式定向器是将多根定向管集成为一个定向器集束,集束框架通常为箱式结构。配备箱式定向器的火箭炮可通过吊机将箱式定向器吊装至火箭炮的发射架上,完成多枚火箭弹的整体装填,避免了人工再装填的繁重操作,并极大地提高了火箭武器的装填和再装填速度。20 世纪末 21 世纪初,弹、箱适配技术,弹药安全性技术,长贮密封技术,低成本技术等关键技术的突破,使得箱式定向器具备了贮存、运输、发射的一体化功能。箱式定向器的运用逐渐成为主流。

箱式定向器(含弹药)一般采用多联装方式,其质量通常较大,必须通过专用装填设备完成装填。通常在运输装填车上设置液压起重机来吊装箱式定向器,对火箭炮实施装填操作,这种方式由于起重机部件成熟度高,结构相对简单,成为采用箱式定向器火箭炮装填操作的主要方式。此类火箭炮以我国 SR4 型轮式自行火箭炮,巴西 ASTROS - Ⅱ 型火箭炮(见图 3 - 30),以色列 LAR160 火箭炮(见图 3 - 31)、9A53 - S"狂风 S"火箭炮为典型代表。

箱式定向器装填系统通常将车载起重机布置在车体尾部以实现在装填车侧面及尾部的弹药装填,车体中部紧固多组箱式定向器,车体底部前后布置 4 组液压支撑装置调平支撑车体。火箭武器发射架设定位导引装置,在装填手辅助操作下,将箱式定向器下落至发射架上,操作弹箱锁定装置完成箱式定向器的锁定紧固。

图 3-30　巴西 ASTROS-Ⅱ火箭炮装填示意图

图 3-31　以色列 LAR160 火箭炮装填示意图

　　(3)火箭炮自装填模式。火箭炮自装填模式是指在火箭炮上设置或在发射架上集成安装一套装填系统,实现火箭炮自主对发射架进行装填、补弹操作。其最大优点在于火箭炮平台不依赖于外部装填机构即可实现弹药自主装填,使得火箭炮平台的战术使用灵活性大大提高。在该模式下,火箭炮、弹药运输车和弹药的阵地布置相对传统火箭炮更为灵活,提高了火箭炮的火力机动性。

　　1)多发火箭弹并行装填系统。多发火箭弹并行装填系统是指装填系统和发射系统位于同一平台,装填系统可同时将多发火箭弹并行装填至发射架内,完成弹药补给。

　　89式 122 mm 自行火箭炮(见图 3-32)及 90B 式 122 mm 轮式火箭炮(见图 3-33)除发射架上装填的一组火箭弹外,在车体中部还装载了一组火箭弹,待发射架装填的火箭弹发射完毕,可实施自动实施火箭弹装填操作。

　　火箭炮定向管内火箭弹发射完毕后,将发射架调转至装填位后,多发火箭弹并行装填系统推杆推动集束的火箭弹沿定向管轴向推入定向管内部,实现一组火箭弹的同时再装填。

2)车载起重机自装填系统。车载起重机自装填系统是指火箭炮自身安装有起重机设备,通常为液压驱动,可通过该设备将箱式定向器装填至火箭炮发射架上,也可将发射架上的箱式定向器卸载。

图 3 - 32　89 式 122 mm 自行火箭炮　　图 3 - 33　90B 式 122 mm 轮式火箭炮

车载起重机自装填系统通过将车载起重机布置在火箭炮驾驶室后方、发射架前方,并且在装填前利用底盘前后安装的 4 组支撑装置将车体支稳调平,通过随车吊式起重机将火箭炮车体侧方的箱式定向器实施装填及卸载,可在 10 min 内完成火箭炮的弹药再装填。该类火箭炮以土耳其 T122 SAKARYA 火箭炮(见图 3 - 34)和中国台湾"雷霆"2000 火箭炮(见图 3 - 35)为代表。

图 3 - 34　土耳其 T122 SAKARYA 火箭炮

图 3 - 35　中国台湾"雷霆"2000 火箭炮装填示意图

3)集成式自装填系统。集成式自装填系统是指火箭炮火力系统与装填系统集成设计,完成箱式定向器的装填与卸载。

为提高火箭炮的集成化和自动化水平,精简火箭炮编制,火箭炮通过在火力系统上集成安装一套自装填系统,可进一步使得火箭炮整体布置更为紧凑,并缩短装填时间。

使用火箭炮自装填系统的总体布局将发射架布置在火箭炮的尾部,采用箱式框型摇架,摇架内部用于承载箱式定向器,将摇架上框架与装填系统输弹机导轨进行集成设计,扬弹机布置在输弹机上,发射架结构布置紧凑,可以实施不同弹长的箱式定向器的自动装填。

火箭炮实施装填时,发射架方位转至火箭炮侧方或后方,集成在发射架上的输弹机输弹车沿摇架上部的导轨伸出发射架至吊装位置,扬弹机卷扬机输弹车中部的吊具,装填手操作吊具将箱式定向器挂载至箱式定向器上,并紧固锁定,驱动扬弹机卷扬机通过钢丝绳将吊具吊起至输弹车相应位置,输弹车沿导轨缩回至发射架内,驱动扬弹机卷扬机将箱式定向器落至摇架上,再使用弹箱锁紧机构将箱式定向器固定到发射架上。卸载箱式定向器与上述过程相反。

该类火箭炮目前有 M270 型多管火箭炮(见图 3-36)、M142"海玛斯"高机动火箭炮系统(见图 3-37)、LIMAWS-R 轻型机动火箭炮系统(见图 3-38)和 SR5 型多管火箭炮系统(见图 3-39)等。该类火箭炮完成装填仅需不到 5 min,整个火箭炮通常只需 2~3 人(驾驶员、炮手、车长)操作,紧急情况下,1 人也能完成发射和再装填操作。

图 3-36　M270 型多管火箭炮　　　图 3-37　M142"海玛斯"高机动火箭炮系统
　　　　　装填示意图　　　　　　　　　　　　　装填示意图

4)舰载火箭炮自装填系统。与陆基武器不同,舰船受风浪影响,始终处于随机摇荡运动中,如果采用陆基武器相同的通过钢丝绳吊具扬弹的装填系统,就会由于晃动影响造成定位困难,甚至因碰撞导致安全性事故,因此舰载火箭炮的装填系统与箱式定向器采用半强制刚性动作方式,避免箱式定向器在装填过程中产生晃动。同时,舰载火箭炮的弹药储备也在舰船上,使得舰船上也需要布置一套补弹机构。如果将补弹机构与火箭武器集中装入一套集装箱内,就形成了集装箱式火力单元,例如舰载 SR5 型多管火箭炮(见图 3-40)即采用模块化集装箱设计实现弹药补给功能。

图 3-38 LIMAWS-R 轻型机动
火箭炮系统装填示意图

图 3-39 SR5 型多管火箭炮
系统装填示意图

图 3-40 某火力支援舰

3. 各装填模式技术特点分析

以上各种装填模式技术途径各异,适用范围不同,均有各自独特的使用特点。

(1)手动装填模式。如前文所述,手动装填模式适用于管数较少、弹重较小、弹长较短的中小口径的火箭炮。由于人工装填速度快,因此可以获得较好的火力压制效果。

手动装填模式对于 122 mm 及以上口径的火箭炮基本已不再适用。

(2)运输装填车装填模式。运输装填车装填模式,从根本上解决了装填动力问题,使得中大口径火箭弹的装填任务得以解决。

1)单发装填。单发装填方式,是通过装填车上布置钢丝绳扬弹机构及专用火箭弹吊具执行扬弹动作,使用链条式输弹机执行输弹动作。单发装填方式的机构简单、成熟,但是在火箭弹吊装过程中对中操作复杂,需要多人协同,火箭弹的装填时间长。

2)多发装填。多发火箭弹并行装填方式使第二组火箭弹的补弹速度大幅提升,但是对发射架集束的发射管与装填系统的火箭弹储存管提出了多管同时对中要求,管间平行度和位置度要求也相应提升,加工调试成本高。另外,在火箭炮上的火箭弹全部发射完毕后,火箭炮的补弹操作仍需炮班成员手动进行,补弹速度慢,劳动强度大。RM70式火箭炮补弹过程如图3-41所示。

图3-41 RM70式火箭炮补弹过程

3)运输装填车箱式定向器装填方式。由于装填车装备有车载液压起重机,具有结构简单,加工制造成本低,易于展开大批量生产的技术优点,并且技术成熟,可靠性也高,因此武器系统整体成熟度高。

运输装填车装填模式下,无论采用以上哪种方式,火箭炮的装填必须使用装填车才能完成,弹药装填车必须伴随火箭武器执行战斗任务,使得武器系统编配庞大,操作人员众多,存在人工干预环节较多的缺陷,在恶劣的战场环境下人为出错的可能性较大,并且装填时间长。

(3)火箭炮自装填模式。火箭炮自装填模式是根据实战需求而演化形成的一种高效装填模式,它极大地提高了火箭炮的自我弹药保障能力,使得武器系统的综合作战能力进一步增强。

1)多发火箭弹并行装填方式。多发火箭弹并行装填方式的最大优点是火箭炮自身可以携带两组弹药,发射架上的弹药发射后,通过多发并行自装填系统,完成第二组弹药的装填,无须弹药车跟随保障,机动灵活性较好。其缺点是整车质量较大,车长略有增加,机动性有所降低。随着箱式定向器的广泛运用,这种方式不再适用。

2)车载起重机自装填方式。车载液压起重机自装填系统通过将车载起重机布置在火箭炮上的形式,实现火箭武器的自装填,车载起重机为成熟工业产品,火箭炮设计改装难度和成本均大幅降低。为满足火箭炮射角范围需求,装填系统通常布置在车体中部,火箭炮可对布置在车体两侧的箱式定向器实施自主装填。最主要的是,这种方式不涉及火力系统(发射架)的改变,全炮总体设计简单。

车载起重机自装填方式虽无须借助弹药装填车即可完成装填,但在火箭武器上搭载随车起重机的形式增加了炮车的无效载荷,一定程度上抵消了发射架结构简单的优点,同时,增加了火箭武器总长度,影响了火箭武器的机动性,还存在人工干预环节较多的缺陷。

3)发射架集成式自装填方式。火箭炮发射架自装填系统总体布局与发射架集成设计,结构布置紧凑,可以实施不同类型的箱式定向器的自动装填;输弹结构形式灵活,可采用伸缩缸、丝杠螺母和齿轮齿条等多种方式实现;装填装置可整体拆装,维护使用方便;装填时仅有箱式定向器与吊具结合过程采用人工手动操作,其余装填动作均可自动化完成;装填一个箱式定向器仅需不到 90 s,装填速度快。

为解决装载不同长度、口径和质量的火箭弹的箱式定向器的自装填难题,M270 型多管火箭炮使用单点式吊钩实施箱式定向器的吊装,使得其吊具只能吊装在箱式定向器质心上方附近,所有不同口径的箱式定向器与外部机械结构的接口保持一致,即吊装接口相对定向器定位接口长度尺寸固定,通过配重调整质心位置到吊装接口附近以满足要求。SR5 型多管火箭炮采用多点式吊具解决该问题,只要箱式定向器质心位于吊装接口内部较大区域范围内即可完成装填,这样使得 SR5 型多管火箭炮可以装填从 3 m 到 4.5 m 的各类箱式定向器,大幅提升了火箭炮的火力适应性。

但是相对来说,装填系统整体结构复杂,自动控制流程节点环节多,在一定程度上影响了火箭炮的可靠性实现。另外,使用钢丝绳的扬弹机使用维护较为复杂,对部队整体勤务水平也提出了较高的要求。

4)舰载火箭炮自装填方式。舰载火箭炮自装填方式是专用于舰载火箭武器的装填。它根据舰船航行工作特点,采用半强制刚性运动的输弹机、扬弹机实现了随机摇荡环境下的火箭炮自装填,具有装填速度快、载弹量大和环境适应性强的技术优点,但同时带来了质量庞大、结构复杂的技术特点。这种方式只适用于定制型的火箭发射系统。

4.装填系统方案选择

火箭炮系统的战略战术使用方式直接决定了装填系统方案的选择,装填系统的类型在武器系统方案确定初期即由总体决定其基本形式。

人工手动装填火箭弹模式考虑到火箭炮带弹行军的闭锁安全性和避免行军过程中对火箭弹弹体的碰撞污染,火箭弹在发射前都封装在专用的运输包装箱内。火箭弹装填只能在发射阵地进行,从包装箱取出后,需进行检测、擦拭和引信安装等多项操作,才能具备装填条件,使得火箭武器在发射阵地需要至少一个班的人员,准备数个小时才能够进入待发状态。火箭炮发射时定向管后部的燃气流对地面的冲刷较为严重,在火箭武器设计中,其火线高度相对于身管炮要高许多,使得直接装填火箭弹时炮手的劳动强度大,火箭炮的射击准备过程复杂,准备时间长。目前,仅用于不超过 20 kg 的小口径火箭弹的装填操作。

火箭弹对中装填系统对装填装置多组集束管与定向器的同轴度、火箭炮刚度提出很高的要求,加工、装配和调试周期长,成本高。虽然其再装填速度很快,但是在两组火箭弹都发射完成后,装填系统和发射架内的火箭弹同样需要人工手动装填,弹药补充时间长,炮班成员劳动强度仍然较高。另外,由于要额外携带一组火箭弹,火箭炮的质量和总长度均大幅增加,影响了其机动性,同时火箭弹的运输安全性问题难以解决,因此以目前技术水平该方案不具有先进性。

在现代战争中,要求火箭炮必须在尽可能短的时间内,快速发射大量火箭弹,对敌目标进行毁灭性打击,然后迅速转移阵地,进行弹药的补给,组织实施再次打击。可见,再装填时间和自动化程度成为影响火箭炮生存能力的重要因素。随着箱式发射技术的发展,火箭炮的弹药补给实现了模块化操作,其最大优点在于更加适合机械化装填,并为火箭炮通用化奠定了坚实的基础,部分箱式定向器集长储、运输、发射功能于一体,极大地提高了火力机动性,因此目前各型箱式定向器成为火箭炮装填系统的主要设计对象。

装填系统方案选择主要根据武器系统总体设计的优先性原则进行选择。如果优先考虑火箭炮机动性水平、火箭炮系统整体成本、火箭炮组成结构复杂程度、系统运行可靠性因素,并且火箭炮没有在其上设置装填系统的质量和空间,就应优先选择运输装填车箱式定向器装填方式,采用该装填方式可简化武器系统配置,武器系统整体成熟度高,加工制造成本低,易于展开大批量生产的技术优点,适于使用。另外,对于大口径火箭弹,由于其箱式定向器的尺寸较长、质量较大,通常也采用该装填方案进行装填。

如果在考虑火箭炮成本的基础上,对火箭炮越野机动性要求不高,但对武器装备火力机动性较为看重,同时火箭炮空间充裕,有简化弹药保障车辆配置的需求,就应选用车载起重机自装填系统,使得火箭炮具有一定的自装填能力。该方案虽无须借助运输装填车,自身即可完成装填,但存在人工干预环节较多的缺陷。另外,由于该方案的起重机自装填系统大部分布置在火箭炮车体的中部,占用空间较大,对火箭炮配备的箱式定向器长度有一定的限制,故适合于中、近程携带多箱的中型火箭炮系统。

如果综合考虑火箭炮技术先进性,弹药补给快速性、自主保障适应性、武器系统复杂性,就应选用火箭炮自装填系统。该系统无须专用运输装填车保障即可独立完成弹箱的再装填,具有良好的自主保障能力和快速反应能力。自动化程度高,在战斗减员或紧急情况下,1 人即可完成再装填,大幅度降低了炮班勤务保障强度。该装填方式是目前火箭炮装填系统发展的主要方向。

第 4 章

火力系统设计

|4.1 概　　述|

4.1.1　火力系统组成

　　火力系统一般的组成包括定向器、摇架（起落架）、上架（回转机）、下架（底架）、瞄准机（高低机、方向机）、平衡机、装填装置（具备自装填功能的火箭炮）、行军固定器、瞄准装置等部组件。在以上组成中，具体到不同制导火箭发射系统的火力系统，由于其作战任务的差异，因此功能要求不尽相同，包含的组件也各有不同。

　　某火箭炮火力系统的组成如图4-1所示。

　　定向器传统上属于火力系统，但是在火力系统应用箱式定向器模式之后，具有贮、运、发功能的箱式定向器与弹药在出厂时就已经完成了合装，因此一般将这种箱式定向器与弹药的组合单元称为弹箱。这种装有弹药的箱式定向器便不再是火力系统的组成部分。关于箱式定向器的内容，在本章中有专门的章节叙述。

4.1.2　火力系统功能

　　火力系统的功能主要包括以下几点。

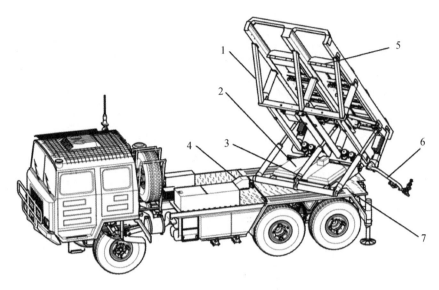

图 4－1　某火箭炮火力系统的组成示意图

1—摇架；2—上架；3—高低机；4—行军固定器；5—装填装置；6—瞄准装置；7—下架

1.承载制导火箭弹

火力系统的定向器用于承载制导火箭弹，如果采用箱式定向器模式，那么承载含弹药的箱式定向器。

2.赋予定向器射角、射向

火力系统的瞄准机赋予定向器（箱式定向器）一定的射角、射向，如果采用带螺旋槽的定向器，那么还赋予火箭弹起始旋转速度和旋转方向。

3.装填弹药

当火力系统组成中包含装填装置时，火力系统还具有向定向器补充装填弹药的功能；当采用箱式定向器时，则具有向火力系统的摇架内补充装填弹箱的功能。

4.1.3　火力系统结构设计的主要原则

火力系统的结构设计，要紧紧围绕武器系统总体要求，实现火力系统的功能、性能指标要求，这主要包括以下指标：口径、定向器管数、射界、质量、质心、外廓尺寸等。

火力系统设计的主要任务是根据战技指标要求,结合用户要求与当前技术水平的实际情况,综合考虑,提出总体方案,确定各组成部件的类型及相互间的组成关系,指导和协调各部件设计实现总体方案。

总体设计时,一般应注意以下几方面。

1. 火力系统应具有的功能要求

战术、技术要求是火力系统设计的依据,火力系统设计就是要将战术、技术要求具体化,并达到相应的指标及实现操作使用的功能。

2. 操作使用条件

火力系统设计必须考虑操作使用条件,包括物质条件、环境条件、可靠性、维修性、保障性、可操作性、使用者的技术水平及其他特殊要求。

3. 生产条件要求

综合考虑产品的质量、成本、工艺性及生产的批量和制造生产设备的保障能力。努力提高产品的零件标准化、部件通用化、产品系列化及结构模块化可简化生产,提高工效,保证产品质量,降低生产成本,方便维修保障。

火力系统的结构设计指导各部件设计又决定于各部件设计,基于各局部又高于各局部,要兼顾设计、制造和使用等方面。设计应紧紧围绕威力、机动性、可靠性、勤务性、经济性等方面展开,主要包含以下几个方面:①依据战技指标和作战使用要求,初步确定总体技术途径;②分解战术、技术指标;③确定总体方案;④确定各分系统、子系统技术途径;⑤系统参数匹配及优化;⑥总体技术设计。

|4.2　定向器设计|

定向器数量是反映火箭炮威力的重要指标,它决定了装弹的数量,继而决定终点的毁伤效能。定向器的数量一般通过终点毁伤效果的计算、运行体的承载能力和运动性能等综合因素确定。定向器数量确定以后,要采用隔板或框架将多管定向器"加固"成定向器集束,形成固定式集束定向器或箱式定向器,因此定向器设计对火箭炮总体性能将起到重要作用。

4.2.1 定向器的作用及分类

1. 定向器的作用

定向器作为火箭炮的主要组成部分,其作用是在发射前承载、固定火箭弹,并保证火箭弹装填后在定向器内的正确位置。发射时,点燃火箭发动机,赋予火箭弹起始运动方向和合适的离轨运动速度及转速,使火箭弹按预定的初始弹道飞行。同时,定向器还要保证火箭弹在装填(对箱式定向器而言)、调炮和带弹行军过程中的安全。

2. 定向器的组成

定向器主要由定向管和挡弹闭锁机构、导电触头等组成,具有贮存功能的定向器还有前密封盖、后密封盖、电气组件以及脱插组件等部件。

3. 定向器的分类

按结构形式分类,定向器主要分为筒式、笼式和滑轨式三类,其示例如图 4 - 2 所示。

(a)   (b)

(c)   (d)

图 4 - 2　采用各式定向器的火箭炮

(a)俄罗斯 BM - 21 火箭炮(筒式定向器);(b)中国 63 式 107 mm 火箭炮(筒式定向器);

(c)俄罗斯 BM - 24 火箭炮(笼式定向器);(d)俄罗斯 BM - 13 火箭炮(滑轨式定向器)

（1）筒式定向器。筒式定向器又分为金属定向器和非金属定向器。金属定向器一般由无缝钢管制成或用钢板卷压焊接而成，也可采用整体旋压和冷压、冷拔等方式生成毛坯，然后精加工而成。非金属定向器管体一般由玻璃纤维和环氧树脂采用螺旋和环向相结合的成形工艺缠绕而成。筒式定向器的壁厚一般为2~4 mm，长度由火箭弹的外形尺寸和射击密集度等因素综合确定。

筒式定向器可做成光滑的内腔或带有一定缠角的螺旋槽的内腔，前者常用于发射高速旋转或不旋转的火箭弹，而后者常用于发射带有导向钮和折叠式尾翼的火箭弹，以便使火箭弹低速旋转保持飞行稳定。筒式定向器难以用来发射不可折叠的超弹径的尾翼弹，因此若要采用筒式定向器来发射尾翼式火箭弹，通常将火箭弹的尾翼设计成可折叠式或同口径尾翼。

由于筒式定向器具有闭合的圆柱面，故导流性能好，同时还可以保证火箭弹不受外界物体的损害。几种筒式定向器的主要诸元见表4-1。

表4-1　几种筒式定向器的主要诸元

诸　　元	发射装置			
	某107 mm 火箭炮	某300 mm 火箭炮	BM-21 火箭炮	BM-24T 火箭炮
定向器特征	内表面导引	内表面导引	内表面导引	内表面导引
火箭弹类型	涡轮式	尾翼式	尾翼式	涡轮式
弹重/kg	18.9	780~800	66	113.25
弹长/mm	834~840	7 600	2 870	1 224
定向器导引面直径/mm	$107^{+0.35}_{+0.15}$	$300^{+0.3}$	$122.4^{+0.3}$	$240.9^{+0.3}$
定向器内径/mm	$107^{+0.35}_{+0.15}$	$300^{+0.3}$	$122.4^{+0.3}$	$240.9^{+0.3}$
定向器壁厚/mm	3.5	3.8	2	4.5
定向器长度/mm	900	8 000	3 000	1 398
定向器质量/kg	8.5		23.4	51.0

（2）笼式定向器。笼式定向器一般用导杆和套箍焊接加工而成，既适合发射固定尾翼火箭弹，也适合发射涡轮式火箭弹。其优点是刚度好，但它占用空间尺寸大，火箭炮上可布置的定向器数量相应较少，因而一次齐射的弹数就较少。

笼式定向器焊缝分布复杂，生产率低，并且笼式定向器的自身结构强度较差，机械加工不易达到较高精度。与筒式定向器比较，其便于发射尾翼弹且单位长度质量小，因此笼式定向器通常用来发射大口径（200~400 mm）火箭弹。几种笼式定向器的主要诸元见表4-2。

表 4-2　几种笼式定向器的主要诸元

诸　　元	发射装置		
	BM-24 火箭炮	BM-31 火箭炮	NUST-1 火箭炮
定向器特征	直导杆	直导杆	直导杆
火箭弹类型	涡轮式	尾翼式	尾翼式
弹重/kg	113.25	93.4	150
弹长/mm	1 224	1 760	2 000
定向器导引面直径/mm	$240.9^{+0.3}_{0}$	$306^{+0.2}_{0}$	$394^{+0.057}_{0}$
定向器长度/mm	2 000	3 000	2 200
定向器质量/kg	30.5	31	120

（3）滑轨式定向器。滑轨式定向器一般用普通热轧型钢加工而成,可分为单轨、多轨和螺旋导轨。火箭炮发展初期多采用此种结构,例如苏联"喀秋莎"火箭炮,这种结构形式现已逐步被淘汰。

4. 箱式定向器

定向器按集束分为固定式集束定向器和箱式定向器。其中,固定式集束定向器通常与发射架固联在一起,是发射装置的重要组成部分,如俄罗斯的 BM-30 火箭炮("龙卷风")、BM-21 火箭炮("冰雹")的定向器均为固定式集束定向器。而箱式定向器是将一组定向器按照一定的排列规则进行集束并形成箱型模块化单元,可与发射架快速进行连接、定位并锁紧,如美国的 M270 火箭炮、巴西 ASTROS 火箭炮、土耳其 T-122 火箭炮均采用箱式定向器。

箱式定向器是目前的主流发展趋势,按使用功能分为金属发射箱和贮运发箱。其中:金属发射箱只具备火箭弹的发射功能,可多次重复使用,通常用于发射单线制的老式弹药;贮运发箱既是火箭弹长期贮存的包装箱,又是火箭弹的运输载体,发射时即作为定向器,集贮存、运输、发射功能于一体。箱式定向器与发射架连接后,如何保证各定向器与发射架的射角、射向一致性是箱式定向器在设计及制造过程中需重点解决的问题。

贮运发箱具有众多优点:一是便于火箭炮实现快速机械化装填,大大缩短了阵地准备时间,简化了炮班的人员编制;二是利于实现一炮多用,增强了战术使用灵活性;三是勤务保障好,极大地简化了部队平时和战时的勤务操作工作。

4.2.2　定向器设计的一般要求

根据火箭弹的类型和结构尺寸等选择最为合适的定向器结构形式,例如固定尾翼火箭弹宜采用笼式或滑轨式定向器,折叠式尾翼火箭弹及涡轮火箭弹宜采用筒式定向器等。

从有利于提高射击密集度来考虑定向器的结构,主要包括以下几个方面。

(1)定向器应具有足够的强度和刚度,合理的结构参数(如定向器长度、壁厚、弹炮间隙、缠角、闭锁力等),以减小火箭炮振动所引起的起始扰动,并保证火箭弹具有合适的离轨速度及转速。

(2)定向器导引面应有一定的加工精度(如定向器全长直线度、同轴度、圆度等),以降低火箭弹在滑行时产生的动力载荷,从而减小火箭弹的起始扰动。

(3)定向器零部件应尽量设计成有导流外形或较小迎气面积,以减小火箭弹燃气流对定向器的作用,同时燃气流冲击定向器后的反射气流也不能影响下一发火箭弹的正常飞行。

定向器在保证一定刚度和强度的条件下,质量应尽可能轻。目前,逐步采用轻质合金或增强塑料等轻质材料来减轻定向器的质量,例如玻璃钢已被广泛应用于单兵火箭武器和箱式发射武器系统中。

定向器的结构应保证在射击和带弹行军过程中的安全性;应具有良好的加工工艺性和经济性,材料来源广泛,以便进行大批量生产;应充分考虑勤务性能(如装退弹操作方便、维护保养方便等)。

4.2.3　定向器长度的确定

定向器长度应结合火箭弹类型及结构尺寸、火箭炮总体布置、射击密集度等因素综合考虑,目前主要是根据射击密集度这一因素来确定。

定向器长度是影响火箭弹起始扰动的重要因素,其长度增加后可提高火箭弹离轨速度和旋转速度,有利于提高射击密集度,但同时也会增加火箭弹的起始扰动,不利于提高射击密集度。因此,定向器长度在理论上存在一个"最佳"值,它使火箭弹角散布最小,射击密集度最高。

为求得上述定向器长度最佳值,需先求出有效定向器长度的最佳值。

1. 有效定向器长度的确定

假定有一理想火箭弹,其推力加速度在定向器内外完全相等,并与真实火箭弹离轨后的加速度相等,同时其离轨时的初速度也与真实火箭弹相等。由假设易知在扰动相同的条件下,理想火箭弹与真实火箭弹离轨后的运动情况应相同,即具有相同的攻角和偏角,则此理想火箭弹的定向器长度称为有效定向器长度。

如用有效定向器长度 s_0 来代替真实火箭弹的定向器长度,不但不会影响主动段内的运动规律,而且会给设计带来很大方便,其计算公式为

$$s_0 = \frac{v_0^2}{2a_p} \qquad (4-1)$$

式中: v_0 ——火箭弹离轨时的运行速度;

a_p ——火箭弹在定向器外的平均推力加速度。

为确定有效定向器长度 s_0 的最佳值,必须全面考虑起始扰动、推力偏心、阵风和动不均衡等因素引起的方向角散布的影响。

下面以非旋和低旋尾翼式火箭弹为分析对象,给出各有关因素引起的偏角特征函数 ψ^* 及方向角散布(方向偏角的中间偏差) $E(\psi_2)$ 的计算公式。

(1)起始扰动引起的偏角特征函数 $\psi_{\varphi_0}^*$ 和方向角散布 $E(\psi_{2\varphi_0})$ 的计算公式为

$$\psi_{\varphi_0}^* = \frac{1}{\sqrt{2a_p k_z}} N_I(u_0, u) \qquad (4-2)$$

$$E(\psi_{2\varphi_0}) = E_{\varphi_{20}} \psi_{\varphi_0}^* \qquad (4-3)$$

其中, $N_I(u_0, u) = \int_{u_0}^{u} \frac{\sin(u - u_0)}{2u\sqrt{u}} du$, $u_0 = k_z s_0$, $u = k_z s$ 。

式中: k_z ——火箭弹的圆波数;

$E_{\varphi_{20}}$ ——火箭弹的几何纵轴在方向上起始摆动角速度的中间偏差;

s ——弹道弧长。

(2)推力偏心引起的偏角特征函数 ψ_L^* 和方向角散布 $E(\psi_{2L})$ 的计算。

1)非旋尾翼式火箭弹。偏角特征函数 ψ_L^* 为

$$\psi_L^* = \frac{1}{k_z R_A^2} R_L(u_0, u) \qquad (4-4)$$

$$E(\psi_{2L}) = E_L \psi_L^* \qquad (4-5)$$

其中, $R_L(u_0, u) = \int_{u_0}^{u} \frac{1}{2\sqrt{u_n}} N_I(u_n, u) du_n$ 。

式中: E_L ——复推力偏心分量的中间偏差;

R_A ——火箭弹的赤道回转半径。

对于普通野战火箭弹,一般有 $0.06 \leqslant u_0 \leqslant 1.0$,此时主动段末偏角的特征函数中的 $R_L(u_0, u)$ 近似为

$$E(\psi_{2\varphi_0}) = E_{\varphi_{20}} \psi_{\varphi_0}^*$$

$$R_L(u_0, u) = \frac{0.195}{u_0 + 0.322}$$

其值仅取决于 u_0 而与 u 无关。

2)低旋尾翼式火箭弹。等效起始扰动 $\dot{\varphi}_L$ 为

$$\dot{\varphi}_L = -\frac{iLa_p}{R_A^2\omega_0} \tag{4-6}$$

式中：L——复推力偏心；

i——虚数（$i^2 = -1$）；

ω_0——火箭弹的炮口自转角速度。

方向角散布为

$$E(\psi_{2L}) = E_L \frac{a_p}{R_A^2\omega_0}\psi_{\varphi}^* \tag{4-7}$$

(3)阵风引起的偏角特征函数 ψ_w^* 和方向角散布 $E(\psi_{2w})$ 的计算公式为

$$\psi_w^* = \frac{\psi_{\varphi_0}-1}{\nu_0} + \frac{1}{\nu} \tag{4-8}$$

$$E(\psi_{2w}) = E_{w2}|\psi_w^*| \tag{4-9}$$

其中，$\psi_{\varphi_0} = \sqrt{u_0}\,N_R(u_0,u)$，$N_R(u_0,u) = \int_{u_0}^{u}\frac{\cos(u-u_0)}{2u\sqrt{u}}du$。

式中：v——火箭弹的飞行速度；

E_{w2}——阵风分量的中间偏差。

(4)动不均衡引起的方向角散布 $E(\psi_{2\beta_D})$ 的计算公式。

等效起始扰动 $\dot{\varphi}_{\beta_D}$ 为

$$\dot{\varphi}_{\beta_D} = i\omega_0\beta_D(1-\frac{1}{n_I}) \tag{4-10}$$

式中：β_D——火箭弹的复动不均衡角；

n_I——火箭弹的赤道转动惯量与极转动惯量之比。

方向角散布为

$$E(\psi_{2\beta_D}) = E_{\beta_D}\omega_0(1-\frac{1}{n_I})\psi_{\varphi_0}^* \approx E_{\beta_D}\omega_0\psi_{\varphi_0}^* \tag{4-11}$$

式中：E_{β_D}——火箭弹的复动不均衡角分量的中间偏差。

对于非旋尾翼式火箭弹，因 $\omega_0 = 0$，故 $E(\psi_{2\beta_D}) = 0$。

(5)有效定向器长度的确定。方向密集度是火箭炮的重要指标，而方向角散布是影响方向密集度的主要因素，因此应求出使方向散布最小的有效定向器长度。在求出各扰动因素引起的主动段终点方向角散布之后，就可求出火箭弹主动段终点总的方向角散布 $E(\psi_{2\Sigma})$。

$$E(\psi_{2\Sigma}) = \sqrt{E^2(\psi_{2\varphi0}) + E^2(\psi_{2L}) + E^2(\psi_{2w}) + E^2(\psi_{2\beta_D})} \tag{4-12}$$

对于非旋尾翼式火箭弹，一般推力偏心引起的方向角散布是主要的，起始扰

动引起的方向角散布很小,而动不均衡不引起方向角散布,故其方向角散布曲线如图 4 - 3 所示。由图 4 - 3 可知:在 s_0 增大到一定值后,$E(\psi_{2\Sigma})$ 的减小就很缓慢,此时再增大 s_0 对减小 $E(\psi_{2\Sigma})$ 的效果就很小。因此,可在保证 $E(\psi_{2\Sigma})$ 值小于指标所允许的 $E_j(\psi_{2\Sigma})$ 值条件下,按尽量缩短定向器长度的要求来合理选择 s_0 值。

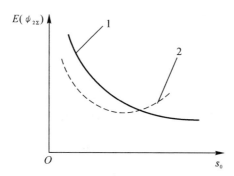

图 4 - 3 非旋尾翼式火箭弹方向角散布曲线
1—非旋尾翼式火箭弹;2—涡轮式火箭弹

对于低旋尾翼式火箭弹,其方向角散布曲线介于涡轮式火箭弹与非旋尾翼式火箭弹曲线之间,可按上文所述相同的原则来合理选择 s_0 值。

2. 不发生炮口撞击校核

火箭弹离轨时的运行速度 v_0 与有效定向器长度 s_0 之间的关系为

$$v_0 = \sqrt{2a_p s_0}$$

上文所述确定合适的有效定向器长度 s_0 的方法,本质上是为了确定合适的火箭弹离轨时的运行速度 v_0(在 a_p 一定的条件下)。如果所确定的有效定向器长度较短,那么所对应的火箭弹离轨时的运行速度也较小,必然使火箭弹滑离定向器的半约束期时间增长,因而弹轴在此期间内绕后定心部中心点的摆动角较大,可能会发生弹体与定向器口部的撞击,使起始扰动增大,对射击密集度不利。因此,当确定有效定向器长度时,还应考虑炮口撞击的问题。

在半约束期不发生炮口撞击的条件为

$$s_R |\Phi| < h_B \tag{4-13}$$

式中:s_R ——火箭弹后定心部中心至炮口端面的距离;

Φ ——重力矩引起的弹轴摆动角;

h_B ——火箭弹后定心部高度。

在半约束期内 s_R 和 Φ 是不断变化的,当校核是否发生炮口撞击时,可选取几个时刻求出相应的 s_R 和 Φ,再将它们代入式(4-13)即可判断。为保证所有情况下都不会发生炮口撞击,应以低温状态(通常选-40℃)校核,因为此时火箭弹离轨速度和在定向器内的平均加速度最小。

3. 定向器实际长度的确定

在确定了有效定向器长度或火箭弹离轨时的速度以后,就可求得火箭弹后定心部在定向器上的真实滑行距离 s_1:

$$s_1 = \frac{v_0{}^2}{2a_1} = \frac{a_p}{a_1}s_0 \qquad (4-14)$$

式中: a_1——火箭弹在定向器内的平均加速度。

求出 s_1 后可根据下式来确定定向器的实际长度 L_d:

$$L_d = s_1 + s_2 \qquad (4-15)$$

式中: s_2——装填状态下火箭弹后定心部至定向器后端面的距离。

如果所确定的定向器长度小于火箭弹的长度,为了保证火箭弹及引信的安全,有时要求定向器比火箭弹长 50~200 mm。

前文所述确定定向器长度时仅考虑其对射击密集度的影响,而未考虑其对火箭炮总体布置、机动性和加工工艺性等方面的影响。如果定向器过长,那么会给火箭炮总体布置带来困难:可能使发射装置高低射界和方向射界达不到要求;在最大射角射击时,由于定向器后端距地面太近,因此燃气流冲击地面产生的反射波可能会影响射击密集度,也可能使发射装置质心提高,从而使射击稳定性变差。同时,定向器过长会使起落架的质量增加,从而降低火箭炮的机动性能。

综上所述,当确定定向器长度时,必须在保证射击密集度这一主要指标的前提下,权衡利弊,综合考虑,尽可能缩短定向器的长度。如条件许可,也可以根据计算选定 2~3 种不同的定向器长度,通过对比试验验证确定其最佳值。表4-3列出了几种火箭炮的定向器长度值。

表 4-3　几种火箭炮的定向器长度

名称	弹种	口径 mm	定向器长度 mm	弹长 mm	离轨速度 m·s⁻¹
BM-21 火箭炮	低旋弹	122	3 000	2 870	49
BM-20 火箭炮	低旋弹	200	3 160	3 040	22~34
BM-8 火箭炮	尾翼弹	132	2 000	714	50
BM-31 火箭炮	尾翼弹	300	3 000	1 760	35

4.2.4 定向器与制导火箭弹的间隙设计

火箭弹定心部外径和筒式定向器导引面之间的配合间隙简称弹炮间隙。理论分析和射击试验表明:弹炮间隙的大小对射击密集度有一定影响,如果间隙太大,那么火箭弹在推力偏心引起的质量不均衡以及定向器导引面微弯曲等引起的横向动力载荷的作用下,将产生跳动和歪斜,从而增大起始扰动,不利于提高射击密集度;如果间隙太小,那么定向器对火箭弹的约束过大,在横向动力载荷作用下定向器振动加剧,也会使起始扰动增大,不利于提高射击密集度。尤其对于长径比较大的火箭弹,弹炮间隙对起始扰动的影响更大。因此,合理的弹炮间隙有利于提高射击密集度。

1. 弹炮间隙的确定

射击时,火箭发动机在高温、高压下产生径向膨胀变形,定心部直径将会增大,使火箭弹在定向器内滑行时有可能被卡住,或为挣脱约束强制滑行而产生较大振动和初始扰动。因此,当设计定向器时,需要计算最小弹炮间隙。

假设火箭弹燃烧室为等壁厚且较长的通口圆筒,其内表面受均布的燃气压力,则燃烧室径向压力膨胀量 Δ_B 计算为

$$\Delta_B = \frac{2p_0 R_B r_B^2}{E_R(R_B^2 - r_B^2)} \tag{4-16}$$

式中:p_0 ——火箭弹离炮口前燃烧室平均压力;

R_B ——火箭弹定心部外半径;

r_B ——火箭弹定心部内半径;

E_R ——燃烧室材料的弹性模量。

为使火箭弹能在定向器内正常滑行,最小弹炮间隙 Δ_{min} 应大于或等于 Δ_B。当 $\Delta_B \leqslant 0.3\ mm$ 时,取 $\Delta_{min} = 0.3\ mm$。几种火箭炮定向器的弹炮间隙见表 4-4,可作为设计时的参考。

表 4-4 几种火箭炮定向器的弹炮间隙

型 号	火箭弹定心部外径 mm	定向器导引面直径 mm	最小弹炮间隙 mm	最大弹炮间隙 mm
某 107 mm 火箭炮	$107^{\ 0}_{-0.23}$	$107^{+0.35}_{+0.15}$	0.15	0.58
BM-21 火箭炮	$122^{\ 0}_{-0.26}$	$122.4^{+0.8}_{0}$	0.4	1.46
BM-24 火箭炮	$240.6^{\ 0}_{-0.3}$	$240.9^{+0.3}_{0}$	0.3	0.9
BM-20 火箭炮	$200^{+0.2}_{-0.3}$	$201^{+0.2}_{0}$	0.8	1.5

2. 定向器导引面直径最小和最大极限尺寸的确定

在确定了最小弹炮间隙 $\Delta_{\min}$、定向器导引面内径公差 B_p 和火箭弹定心部最大外径 $d_{\max}$ 后，便可得出定向器导引面最小直径 $D_{\min}$ 和最大直径 $D_{\max}$ 分别为

$$\left.\begin{array}{l} D_{\min} = \Delta_{\min} + d_{\max} \\ D_{\max} = D_{\min} + B_p \end{array}\right\} \qquad (4-17)$$

4.2.5　螺旋定向器的设计计算

非旋尾翼式火箭弹由于受推力偏心的影响严重，射击密集度较差。而低速旋转尾翼火箭弹由于采用尾翼稳定，弹长不受限制，因此可以达到较大的射程。低速旋转能有效减小推力偏心的影响，使射击密集度得到显著提高，因此低速旋转尾翼火箭弹得到了广泛的应用。目前，通常采用螺旋定向器来提高火箭弹离轨时的旋转速度，如我国研制的某 300 mm 和 122 mm 火箭炮等就采用了螺旋定向器。

1. 螺旋角的确定

螺旋定向器的螺旋角 α 一般很小，其变化对火箭弹离轨时的运行速度 v_0 影响很小。例如，当 $\alpha = 3.5°$ 时，由于只对 v_0 产生 1% 左右的影响，所以在初步估算时可认为 v_0 不随螺旋角 α 而变化，只有炮口角速度 ω_0 随螺旋角 α 变化而变化，所以确定螺旋角 α 就变成确定炮口角速度 ω_0 的问题。

(1) 螺旋角计算。由火箭弹在螺旋定向器中纵向运动和旋转运动的相互关系，可得出 α 的表达式。设火箭弹在沿定向器轴线方向前进 x 的同时，转动角度 γ，则火箭弹导转钮在圆周上转过的弧长 (见图 4-4，L_d 为定向器全长) 为

$$R_n \gamma = x \tan\alpha \qquad (4-18)$$

式中：R_n——导转钮与螺旋槽接触线中点的运动半径 [一般取 $R_n = (D_B + h_n)/2$]；

$\quad\quad D_B$——火箭弹定心部直径；

$\quad\quad h_n$——导转钮与螺旋槽接触线长度 (近似等于导转钮高度)。

因螺旋定向器的螺旋角 α (也称缠角) 不随 x 变化而变化，故称等螺旋角。

将式 (4-18) 对时间求导，可得

$$R_n \dot{\gamma} = \dot{x} \tan\alpha$$

即

$$R_n \omega = \nu \tan\alpha \tag{4-19a}$$

式中：ω ——火箭弹的飞行自转角速度；

$\quad\quad v$ ——火箭弹的飞行速度。

则在火箭弹滑离炮口瞬时，有

$$\tan\alpha = \frac{R_n \omega_0}{v_0} \tag{4-19b}$$

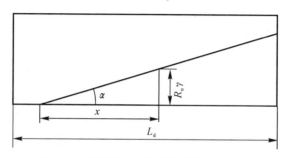

图 4-4　半径为 R_n 的圆柱面展开平面图

（2）最佳炮口角速度的确定。炮口角速度 ω_0 的增加，推力偏心引起的方向角散布将减小，而动不均衡和起始扰动引起的方向角散布将增大；ω_0 增加对阵风引起的方向角散布不产生影响，可不考虑。因此，ω_0 必存在一最佳值使主动段终点的总方向角散布最小。具体计算时，在已知其他参量（包括有效定向器长度）的条件下，可给定若干个 ω_0 值，分别求出与其相对应的主动段终点总的方向角散布，然后做出 $E(\psi_{2\Sigma})$ - ω_0 曲线，如图 4-5 所示。

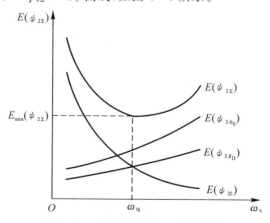

图 4-5　方向角散布随 ω_0 变化曲线

$$E(\psi_{2\Sigma}) = \sqrt{E^2(\psi_{2\varphi 0}) + E^2(\psi_{2L}) + E^2(\psi_{2\beta_D})} \qquad (4-20)$$

图 4-5 中,主动段终点总方向角散布曲线最低点对应的 ω_0 值即为最佳炮口角速度 ω_{0j},该曲线最低点之值 $E_{\min}(\psi_{2\Sigma})$ 与阵风引起的主动段终点方向角散布 $E(\psi_{2w})$ 的合成结果,需小于指标所允许的 $E_j(\psi_{2\Sigma})$ 值,否则要采取其他措施调整设计方案。

在确定了炮口角速度 ω_0 之后,由式(4-19b)可确定螺旋角 α:

$$\alpha = \arctan \frac{R_n \omega_0}{v_0}$$

2. 螺旋定向器导转侧压力的计算

对等缠角的螺旋定向器,将式(4-18)对时间二次求导并整理后,可得

$$\ddot{\gamma} = \frac{\tan\alpha}{R_n}\ddot{x} = \frac{\tan\alpha}{R_n}\alpha_1 \qquad (4-21)$$

在忽略摩擦的条件下,与火箭弹自转运动和纵向运动有关的力和力矩如图 4-6 所示。图 4-6 中各符号的含义:x_1 为定向器轴线,x 为水平轴线(与轴 x_1 位于同一铅垂面内),θ_0 为定向器轴线的仰角,N 为任一瞬时导转钮与螺旋槽接触线的中点,α 为螺旋角,F_N 为螺旋槽对导转钮的侧压力(其过点 N 垂直于螺旋线切线和上述接触线),F_{N1} 为 F_N 在火箭弹横截面内的分量,G 为火箭弹的重力,F 为推力,M_{xF} 为火箭弹发动机导转力矩矢,o' 为火箭弹质心。

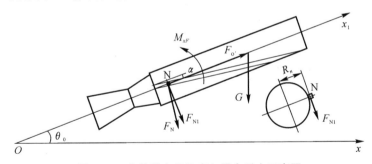

图 4-6 火箭弹在螺旋定向器内受力示意图

$$\left.\begin{array}{l} m\alpha_1 = F - G\sin\theta_0 - F_N\sin\alpha \\ I_C\ddot{\gamma} = M_{xF} + F_{N1}R_n = M_{xF} + F_N\cos\alpha R_n \end{array}\right\} \qquad (4-22a)$$

式中:m ——火箭弹质量;

$\quad I_C$ ——火箭弹极转动惯量。

因 F 一般远大于 $G\sin\theta_0$ 和 $F_N\sin\alpha$,且 $\cos\alpha \approx 1$,故式(4-22a)可简化为

$$\left.\begin{aligned}
\alpha_1 &= F/m \\
\ddot{\gamma} &= \frac{M_{xF} + F_N R_n}{I_C} = \frac{M_{xF} + F_N R_n}{m R_C{}^2}
\end{aligned}\right\} \qquad (4-22\mathrm{b})$$

式中：R_C——火箭弹极回转半径。

将式(4-22b)代入式(4-21)可得螺旋定向器导转侧压力的计算公式为

$$F_N = \frac{R_C{}^2}{R_n{}^2} F \tan\alpha - \frac{M_{xF}}{R_n} \qquad (4-23)$$

4.2.6　定向器强度校核

1. 发射时定向器所受的力和力矩

发射前定向器只承受弹重及结构自重等载荷，对定向器强度影响不大。带弹行军时，由于道路的高低不平，因此定向器会产生振动，但又因定向器和炮架的连接支架一般位于火箭弹前、后定心部的下方或附近，所以行军时产生的动载荷对定向器的强度影响也是不大的。

发射时定向器所受的力和力矩主要有闭锁力、火箭弹的推力偏心力偶矩、火箭弹定心部对定向器表面的摩擦力、火箭弹沿定向器运动时由定向器波纹度所产生的动载荷、燃气流作用力和火箭弹质量不均衡所产生的离心力和力矩等。上述各力和力矩，对定向器的最大作用并非同时出现，且影响的程度也不相同。

(1)火箭弹点火起动后，定向器突然承受闭锁力的作用，由于火箭发动机所产生的推力远大于闭锁力，可以认为发动机开始燃烧瞬间，火箭弹已挣脱了闭锁机构，而闭锁力也随之消失。由于校核的是悬臂段的强度，而闭锁力是轴向力，因此对定向器强度的影响不大。

(2)火箭弹对定向器内表面的摩擦力和摩擦力矩很小，可不考虑。

(3)燃气流作用力是沿定向器轴向作用的，定向器迎气面较小，其力是以分布载荷形式作用在定向器上，对定向器强度影响不大，可不考虑。

2. 力和力矩的分析与计算

为计算火箭弹沿定向器运动时所产生的动载荷 P_{g1}，进行如下假设：

(1)定向器为绝对刚性；

(2)定向器对火箭弹呈双面约束且无间隙；

(3)定向器内表面自然波纹度 y_b 形状为

$$y_b = \frac{j_{\max}}{2}\left[1 - \cos\frac{2\pi f(x)}{\lambda}\right] \qquad (4-24)$$

式中：　$j_{\max}$——波段的最大高度（由当前的加工水平和图纸确定）；

　　　　λ——波长；

　　$f(x)$——由坐标原点测量的沿水平轴线的火箭弹运动行程。

　　因火箭弹后定心部滑离定向器的瞬时，火箭弹的推力加速度、速度及转速等均为最大值，故定向器承受的力和力矩值也最大。同时，力的作用点在定向器口部，悬臂也达最长，定向器受力处于最恶劣状态，因此选择此时刻来校核定向器强度。

$$P_{g1} = G\left[1 + \frac{j_{\max}v_0^2}{2g}\left(\frac{2\pi}{\lambda}\right)^2\right] \qquad (4-25)$$

式中：g——重力加速度。

　　火箭弹的推力偏心力偶矩 M_p 表达式为

$$M_p = F_p\Delta_p \qquad (4-26)$$

式中：F_p——火箭弹平均推力；

　　　Δ_p——推力偏心距。

　　火箭弹质心偏离几何弹轴而产生的离心力 P_{g2} 表达式为

$$P_{g2} = mR_s\omega_0^2 \qquad (4-27)$$

式中：R_s——质量偏心距。

　　由于火箭弹旋转时偏心的位置是不断变化的，所以离心力的方向也是不确定的。

3. 定向器的强度校核

　　以上分析的各力和力矩，均作用于火箭弹的质心。当火箭弹后定心部滑离定向器时，若以上诸力均作用在同一平面内且在同一方向上，此时定向器的受力达到最大值，如图 4-7 所示，图 4-7 中 l_0 为火箭弹质心距定向器端口的距离。

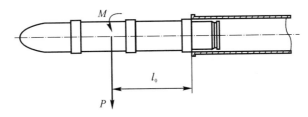

图 4-7　火箭弹后定心部滑离定向器时受力示意图

将作用在火箭弹上的动力负荷移到定向器口部,则定向器受力为

$$P = P_{g1} + P_{g2}$$
$$M = M_p + Pl_0$$

以上所述火箭弹后定心部卡于定向器口部现象是不允许的,在多数情况下该现象也不会发生,但从定向器受力最坏的情况来校核是可以的。

用弯曲和扭转组合公式及第三强度理论计算可得

$$\delta = \sqrt{{\delta_w}^2 + 4{\tau_n}^2} \tag{4-28}$$

式中: δ ——应力;

δ_w ——主应力;

τ_n ——剪切应力。

δ_w 和 τ_n 的计算详见材料力学,求得 δ 最大值 δ_{max} 应小于材料的许用应力 $[\delta]$。

一般情况下,中小口径定向器的强度容易得到保证,对其重点考虑的还是刚度和保证火箭弹具有良好的密集度问题。而对于大口径发射装置和较长定向器来说,强度校核是很重要的环节。

4. 定向钮和定向槽的接触强度校核

1)定向钮和定向槽的最大接触应力 σ_{jmax}:

$$\sigma_{jmax} = 0.418 \sqrt{\frac{p_n E}{B\rho}} \tag{4-29}$$

式中: p_n ——定向钮和定向槽之间的正压力;

B ——定向钮和定向槽接触长度;

E ——定向钮和定向槽的综合弹性模数, $E = \dfrac{2E_1 E_2}{E_1 + E_2}$;

ρ ——定向钮和定向槽接触处的综合弯曲半径, $\rho = \dfrac{\rho_1 \rho_2}{\rho_1 + \rho_2}$;

E_1 和 E_2 ——定向钮和定向槽的弹性模数;

ρ_1 和 ρ_2 ——定向钮和定向槽的曲率半径。

因为定向槽的曲率半径 ρ_2 趋于无穷大,所以 ρ 近似等于 ρ_1。

2)定向钮和定向槽的许用接触应力 $[\sigma_j]$:

$$[\sigma_j] = K_j C_j [\sigma_j]' \tag{4-30}$$

式中: K_j ——许用接触应力的折算系数, $K_j = 7\sqrt{\dfrac{10^7}{N_x}}$;

C_j ——常数,取 2.5;

$[\sigma_j]'$——材料的布氏硬度;

$\quad N_x$——循环系数即发射的次数。

3)接触强度条件:

$$[\sigma_{jmax}] \leqslant [\sigma_j]$$

4.2.7　闭锁机构设计与计算

闭锁机构是指产生闭锁力和阻止火箭弹脱落的机构,通常包含两部分功能:一是给火箭弹提供性能稳定的闭锁挡弹力,使多发火箭弹具有相同的起始运动条件;二是在发射前及带弹行军时,将火箭弹可靠地固定在定向器的一定位置上,以防止出现火箭弹由于受到燃气流作用力、振动惯性力等作用而发生移动、跳动甚至脱落掉弹现象。

1. 闭锁机构的结构形式

首先应根据火箭弹的类型和结构尺寸来选择合适的闭锁机构形式,目前定向器常用的主要有摩擦式、弹簧式、杠杆式和剪切销式等 4 种形式。

(1)摩擦式闭锁机构是利用火箭弹和定向器之间的摩擦来提供闭锁力,该闭锁机构定位不准确,易发生火箭弹与电点火装置接触不良,且磨损后闭锁力不稳定,因此该结构形式已逐步被淘汰。

(2)弹簧式闭锁机构结构简单,装弹和发射闭锁及开启均无须人工操作,定位准确、可靠,能保证点火装置接触良好,因此应用广泛。弹簧式闭锁机构的基本形式有以下两种:一种是利用弹簧能量将火箭弹锁住,另一种是利用闭锁机构本身的弹性将火箭弹锁住。

(3)杠杆式闭锁机构是用杠杆机构刚性闭锁火箭弹,适用于大口径火箭弹。它能承受行军时产生的较大的惯性力,能可靠地将火箭弹固定在定向器内,但其必须有保险机构,以防止在行军状态(闭锁机构处于关闭状态)时误发射。此外,发射时必须由人工解脱闭锁机构。

(4)剪切销式闭锁机构是利用材料的剪切效应来提供一定范围内的闭锁力,其适用于目前发展比较活跃的单兵一次性使用武器和贮运发射箱式火力系统等。

2. 闭锁力的确定

闭锁机构设计主要是确定闭锁力的大小,因为闭锁力直接影响火箭弹射击密集度、行军和射击安全性等。因发射邻近火箭弹时产生的作用力远小于行军制动时的惯性力,因此通常以火箭炮行军时的受力情况来进行闭锁机构的设计与计算。

假设火箭炮行驶在坡度角为零的道路上,在有铅垂线振动和纵向角振动存在的情况下进行制动,以发射装置纵对称面内的火箭弹为研究对象,受力如图4-8所示。

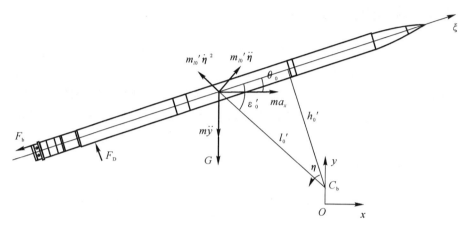

图4-8 确定闭锁力示意图

图4-8中各符号的定义:m 为火箭弹质量;o' 为火箭弹质心;C_b 为被缓冲部分质心;F_b 为闭锁力,平行于火箭弹轴 ξ;F_D 为定向器对火箭弹定心部的支反力的合力,垂直于火箭弹轴 ξ;θ_0 为定向器轴线的仰角;h_0' 为火箭炮被缓冲部分质心至定向器轴线的垂线高;l_0' 为火箭炮被缓冲部分质心到火箭弹质心的距离;ε_0' 为 l_0' 与火箭弹轴线 ξ 的夹角;a_x 为制动所引起的加速度;ma_x 为制动所引起的惯性力;$m\ddot{y}$ 为铅垂线振动惯性力;$ml_0''\ddot{\eta}$ 为纵向角振动引起的切向惯性力;I_A 为火箭弹的赤道转动惯量;$ml_0'\dot{\eta}$ 为纵向角振动引起的法向惯性力。

应用动静法可得诸力在火箭弹轴 ξ 上投影的平衡方程:

$$ml_0''\ddot{\eta}\sin\varepsilon_0' + ma_x\cos\theta_0 - ml_0'\dot{\eta}^2\cos\varepsilon_0' - m\ddot{y}\sin\theta_0 - G\sin\theta_0 - F_b = 0$$

$$(4-31a)$$

一般纵向角振动引起的法向惯性力 $ml_0'\dot{\eta}^2$ 值较小可忽略不计,而行军时定向器仰角 θ_0 一般在 $10°$ 以内,故可近似视火箭弹轴 ξ 呈水平状态,即 $\cos\theta_0 = 1$,$\sin\theta_0 = 0$,于是式(4-31a)可简化为

$$ml_0''\ddot{\eta}\sin\varepsilon_0' + ma_x - F_b = 0 \qquad (4-31b)$$

由图4-8可知:$h_0' = l_0'\sin\varepsilon_0'$,代入(4-31b)中可得

$$F_b = m\ddot{\eta}h_0' + ma_x \qquad (4-32)$$

因为行军时视整个被缓冲部分为刚体，故 h_0' 为定值(设计时已确定)。对于轮式自行火箭炮，$\ddot{\eta}$ 的经验值为 $9\sim13\ \mathrm{rad/s^2}$，在坡度角为零的情况下，$a_x$ 的最大值为 $0.8g$，因此在所假设情况下出现最大惯性力时，保证火箭弹在定向器内不发生移动所需的闭锁力 F_b 为

$$F_b=\left[(9\sim13)\frac{h_0'}{g}+0.8\right]G=[(0.92\sim1.33)h_0'+0.8]G \quad (4-33)$$

几种火箭炮采用的闭锁力值见表 4-5，可作设计时的参考。

表 4-5　几种火箭炮闭锁力值

名称	闭锁机构形式	闭锁力 F_b/N	火箭弹重力 G/N	F_b/G
BM-13 火箭炮	摩擦式	1 472～1 962	417	3.5～4.7
BM-24 火箭炮	弹簧式	3 924～5 886	1 099	3.6～5.4
BM-24r 火箭炮	弹簧式	3 924～5 886	1 099	3.6～5.4
BM-21 火箭炮	弹簧式	5 886～7 848	647	9.1～12.1
某火箭炮	弹簧式	5 884～7 845	655	9.0～12.0

注:G 为火箭弹的重力。

3.弹簧式闭锁机构的设计计算

在闭锁力 F_b 确定以后，便可进行相应闭锁机构的设计。现以图 4-9(a)为例说明弹簧式闭锁机构的设计过程，其中各符号的含义：F_4 为手柄对闭锁体的作用力，作用线近似为闭锁体轴线；F_5 为弹簧力；l_4 为闭锁体轴线至手槽转动中心的距离；l_5 为弹簧轴线(其垂直于弹轴 ξ)至手槽转动中心的距离。

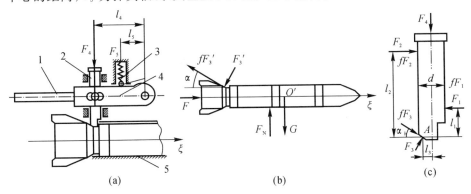

图 4-9　弹簧式闭锁机构示意图

(a)闭锁机构；(b)火箭弹受力；(c)闭锁体受力

1—手柄；2—闭锁体；3—弹簧；4—顶头；5—火箭弹

弹簧式闭锁机构依靠圆柱弹簧产生的力,经过手柄的传递使闭锁体下端的斜面压紧火箭弹闭锁槽的斜面,从而产生所需的闭锁力 F_b。设计时,首先要解决的问题是,当给予火箭弹一个沿弹轴 ξ(呈水平状态)的作用力 $F = -F_b$ 时,弹簧需要提供多大的弹簧力 F_5 才能使火箭弹处于临界平衡状态。

以火箭弹为研究对象,忽略定向器对定心部的摩擦,其受力如图 $4-9(b)$ 所示,图中各符号的含义:F 为沿火箭弹轴的作用力,等于闭锁力 F_b;$F_3{}'$ 为闭锁体对闭锁槽斜面的正压力;$fF_3{}'$ 为正压力 $F_3{}'$ 对应的临界摩擦力;G 为火箭弹重力;F_N 为定向器对火箭弹的支撑力;α_b 为闭锁槽斜面角。

各力在弹轴 ξ 方向上的平衡方程为

$$F - F_3{}'\sin\alpha_b - fF_3{}'\cos\alpha_b = 0$$

整理可得

$$F_3{}' = \frac{F}{\sin\alpha_b + f\cos\alpha_b} = \frac{F_b}{\sin\alpha_b + f\cos\alpha_b} = F_3 \qquad (4-34)$$

再取闭锁体(其轴线垂直于弹轴 ξ,其直径为 d)为研究对象,忽略重力,受力图如图 $4-9(c)$ 所示,图中各符号的含义:F_3 为闭锁槽对闭锁体斜面的正压力,作用点在 A 点,与闭锁体轴线之距为 l_3;fF_3 为正压力 F_3 对应的临界摩擦力;F_1 和 F_2 分别为闭锁器座对闭锁体的正压力,与 A 点的距离分别为 l_1、l_2;f_{F1} 和 f_{F2} 分别为与正压力 F_1 和 F_2 对应的临界摩擦力。

各力沿闭锁体轴线和垂直该轴线的平衡方程以及对 A 点的力矩平衡方程为

$$\left. \begin{aligned} &F_3\cos\alpha_b - f_{F3}\sin\alpha_b - f_{F1} - f_{F2} - F_4 = 0 \\ &F_3\sin\alpha_b + f_{F3}\cos\alpha_b - F_1 + F_2 = 0 \\ &F_3 l_3 - F_1 l_1 + f_{F1}\left(\frac{d}{2} + l_3\right) + F_2 l_2 - f_{F2}\left(\frac{d}{2} - l_3\right) = 0 \end{aligned} \right\} \qquad (4-35)$$

联解方程组$(4-35)$,并略去 f^2 和 f^3 项,可得手柄对闭锁体的作用力 F_4 为

$$F_4 = \frac{(l_2 - l_1 + 2l_3 f)\cos\alpha_b - 2l_2 f\sin\alpha_b}{l_2 - l_1} F_3 \qquad (4-36)$$

最后,不计手柄所受摩擦力及手柄与顶头的重力,得

$$F_5 = \frac{l_4}{l_5} F_4 \qquad (4-37a)$$

将式$(4-34)$、式$(4-36)$代入式$(4-37a)$得

$$F_5 = \frac{(l_2 - l_1 + 2l_3 f)\cos\alpha_b - 2l_2 f\sin\alpha_b}{(l_2 - l_1)(\sin\alpha_b + f\cos\alpha_b)l_5} l_4 F_b \qquad (4-37b)$$

这就是欲提供所需闭锁力 F_b,弹簧所应有的弹簧力计算公式。

设弹簧的刚度系数为 k，压缩量为 y_h，则弹簧力为

$$F_5 = ky_h \tag{4-38}$$

闭锁机构在实际工作时，其闭锁力并不等于所预定的闭锁力，这是因为闭锁力允许有一个公差范围，在闭锁机构装配时，可通过调整弹簧的压缩量 y_h 来保证闭锁力在其允许范围内的取值。

弹簧式闭锁机构的闭锁力对摩擦因数的影响很敏感，将式（4-37b）改写成

$$F_b = \frac{(l_2 - l_1)(\sin\alpha_b + f\cos\alpha_b)l_5 F_5}{[(l_2 - l_1 + 2l_3 f)\cos\alpha_b - 2l_2 f\sin\alpha_b]l_4} \tag{4-39}$$

摩擦因数 f 取不同的值而其他各量不变，算出对应的闭锁力 F_b 值，得曲线如图4-10所示。由图4-10可知摩擦因数增大则闭锁力明显增大。在行军和射击后，由于灰尘和火药残渣的影响，闭锁机构与火箭弹之间的摩擦因数将增大，从而引起闭锁力增大甚至超过允许的

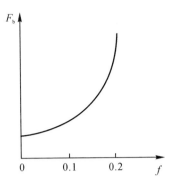

图4-10　闭锁力与摩擦因数曲线

范围，因此设计时要采取相应的措施使闭锁机构性能稳定，例如加装防尘罩或使闭锁机构便于擦拭、清洗等。

4. 卡簧式闭锁机构的设计计算

苏联 BM-21 火箭炮和我国某 300 mm 火箭炮采用了卡簧式闭锁机构，如图4-11所示。

两片卡簧具有闭锁体和弹性元件的作用，其左右两端形状对称，左端被固定在定向器上的定位环挡住，右端锁住火箭弹定向钮。两个卡簧的中间用

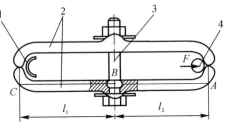

图4-11　卡簧式闭锁机构示意图
1—定位环；2—卡簧；3—螺栓；4—定向钮

带球形部的螺栓连接，当定向钮在力 $F = -F_b$ 作用下向右移动时，卡簧右端在定向钮作用下被迫张开，而左端由于定位环外径大于定向钮半径因而闭锁机构不会脱离定位环。当卡簧右端张开时，卡簧的弯曲变形发生在卡簧的全长上。由于卡簧两端的弯头部分相对于平直段长度很小，故可不计弯头部分的变形，从而把卡簧当成一直梁来考虑其变形。该直梁的纵对称轴为 ABC（其与螺栓的交点为 B），根据其工作情况可视为一外伸梁。

两片卡簧受力对称,受力分析如图 4-12 所示,图中各符号的含义:O_1 和 O_2 分别为卡簧与定向钮相接触的工作面圆弧和定向钮的圆心;r_1 和 r_2 分别为卡簧与定向钮相接触的工作面圆弧和定向钮的半径;D 为卡簧工作面与定向钮接触点;Z 为卡簧工作面顶点;A 为 Z 点在梁纵对称轴上的垂足;l_D 和 h_D 分别为 D 点到 B 点的水平距离和垂直距离;l_Z 和 h_Z 分别为 Z 点到 B 点的水平距离和垂直距离;h_k 为卡簧厚度;β 为楔入角,等于 $\angle ZO_1O_2$;y_0 和 y_e 分别为预紧挠度和工作挠度;y_A 为总挠度,$y_A = y_0 + y_e$;F_R、f_{F_R} 分别为定向钮对卡簧的正压力和临界摩擦力,作用在 D 点。

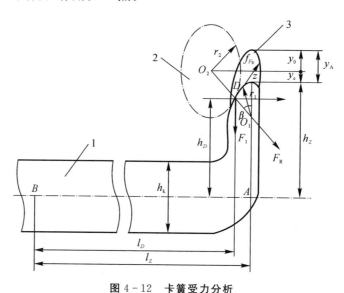

图 4-12　卡簧受力分析

1—卡簧;2—定向钮;3—卡簧自由状态

为方便起见,作 F_1 和 F_2 分别垂直和平行于梁的纵对称轴 AB,使得 $F_R + f_{F_R} = F_1 + F_2$。这样,即可认为在 D 点只有力 F_1 和 F_2 作用。

由受力分析(见图 4-12)可得

$$F_1 = F_R \cos\beta - f_{F_R} \sin\beta$$
$$F_2 = F_R \sin\beta + f_{F_R} \cos\beta$$

下面通过 BM-21 火箭炮闭锁机构的计算实例简要说明卡簧式闭锁机构的计算过程。

BM-21 火箭炮闭锁机构参数见表 4-6。

表 4 - 6　BM - 21 火箭炮闭锁机构参数

F_{bmax} / N	r_2 /mm	r_1 /mm	l_Z /mm	h_Z /mm	b_B /mm	α_j	E_k/(N · mm^{-2})
7 848	5	4.5	92	13.5	26.3	4°46′	2.06×10^5

注:b_B 为卡簧 B 截面之宽度;α_j 为卡簧型面角;E_k 为卡簧的弹性模量。

楔入角 β 由下式确定:

$$\beta = \arccos \frac{r_1 + y_e}{r_1 + r_2} \qquad (4-40)$$

起始瞬间 $y_e = 0$,工作结束(D 点与 E 点重合)瞬间 $y_e = r_2$,由式(4 - 40)可知楔入角 β 在 0 到 β_0 之间变化,其中起始瞬时楔入角 β_0 为

$$\beta_0 = \arccos \frac{r_1}{r_1 + r_2} = 61°43′$$

由图 4 - 12 易知,D 点到 B 点的水平距离和垂直距离分别为

$$l_D = l_Z - r_1 \sin\beta \qquad (4-41)$$

$$h_D = h_Z - r_1(1 - \cos\beta) \qquad (4-42)$$

为使设计计算简便,可用一常量来近似代替变量 l_D 。因 $r_1 \ll l_Z$,故 l_D 的变化量相对于 l_Z 是很微小的,因此可用平均值 l_{av} 或 l_Z 来近似代替 l_D 。

$$l_{av} = l_Z - \frac{r_1 \sin\beta_0}{2} = 90 \text{ (mm)}$$

$$h_D = h_Z - r_1(1 - \cos\beta_0) = 11.1 \text{ (mm)}$$

假设卡簧为一等厚度、变宽度的梁,如图 4 - 13 所示。图 4 - 13 中各符号的含义:$b(i)$ 为距卡簧 A 截面距离为 i 处的截面宽度;b_A 为卡簧 A 与 C 截面之宽度。

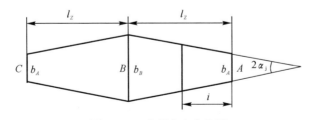

图 4 - 13　卡簧宽度变化图

由图 4 - 13 得出 $b(i)$ 为

$$b(i) = \begin{cases} b_B \dfrac{l_A + i}{l_A + l_Z}, & 0 \leqslant i \leqslant l_Z \\ b_B \dfrac{l_A + (2l_Z - i)}{l_A + l_Z}, & l_Z \leqslant i \leqslant 2l_Z \end{cases} \qquad (4-43)$$

$$b_A = b_B - 2l_Z \tan\alpha_j \approx b_B - 2l_{av}\tan\alpha_j = 11.3 \ (\text{mm})$$

$$l_A = \frac{l_Z b_A}{b_B - b_A} \approx \frac{l_{av} b_A}{b_B - b_A} = 67.8 \ (\text{mm})$$

由莫耳变位积分可得到总挠度 y_A 与闭锁力 F_b 及闭锁器结构参数关系如下：

$$y_A = \frac{H_k h_D + B_k k_e}{h_k^3} F_b \qquad (4-44a)$$

其中，$H_k = \dfrac{12(l_A + l_Z)}{E_k b_B}(l_Z - l_A \ln\dfrac{b_B}{b_A})$, $B_k = \dfrac{12(l_A + l_Z)}{E_k b_B}(l_A^2 \ln\dfrac{b_B}{b_A} + \dfrac{1}{2}l_Z^2 - l_Z l_A)$ 。

式中：k_e —— F_1 和 F_2 的比值，$k_e = \dfrac{1 - f\tan\beta}{\tan\beta + f}$ ；

f —— 摩擦因数，取 $f = 0.15$ 。

计算可得：$H_k = 0.011\ 4\ \text{mm}^3/\text{N}$ ；$B_k = 0.64\ \text{mm}^4/\text{N}$ 。

由式（4-44a）变换可得

$$F_b = \frac{y_A h_k^3}{H_k h_D + B_k k_e} = \frac{(y_0 + y_e)h_k^3}{H_k\left(h_Z - r_1 \dfrac{r_2 - y_e}{r_1 + r_2}\right) + B_k \dfrac{1 - f\tan\beta}{\tan\beta + f}}$$

$$(4-44b)$$

由式（4-44b）可知，卡簧闭锁器在工作过程中提供的闭锁力 F_b 随工作挠度 y_e 的变化而变化。分析和计算表明，y_e 增大则 F_b 减小，因此 $y_e = 0$ 时 $F_b = F_{bmax}$ ，则由式（4-44b）可得

$$h_k = \sqrt[3]{\frac{\left[H_k\left(h_Z - r_1 \dfrac{r_2}{r_1 + r_2}\right) + B_k \dfrac{1 - f\tan\beta_0}{\tan\beta_0 + f}\right]F_{bmax}}{y_0}}$$

给定 $y_0 = 5.5\ \text{mm}$（实际结构所能实现的最大预紧量为 6 mm），$f = 0.15$ ，则可得到 $h_k = 7.99\ \text{mm}$ 。

在取定 h_k 后，若要求 $F_{bmax} = 5\ 886\ \text{N}$ ，则只需调整螺栓预紧量 y_0 ：

$$y_0 = \frac{\left[H_k\left(h_Z - r_1 \dfrac{r_2}{r_1 + r_2}\right) + B_k \dfrac{1 - f\tan\beta_0}{\tan\beta_0 + f}\right]F_{bmax}}{h_k^3} \approx 4.1\ \text{mm}$$

由以上计算可知,BM-21火箭炮闭锁机构只要螺栓预紧量 y_0 为 $4.1\sim5.5$ mm,就可满足 $5\,886\sim7\,848$ N 的闭锁力要求。

卡簧平直段任一截面受拉又受弯(受剪作用可忽略),工作过程中拉力和弯矩均随工作挠度而变化,且它们的最大值不是同时出现的。从安全保险和计算简便方面考虑,假定拉力和弯矩的最大值同时出现,并以此刻受力校核卡簧平直段,计算公式为

$$b(i) \geqslant \frac{2h_k h_z f J + F_{bmax}}{2[\sigma_k]h_k} + \frac{J}{[\sigma_k]}i = b'(i)\ , 0 \leqslant i \leqslant l_z \qquad (4-45)$$

其中,$J = \dfrac{3(y_0 + r_2)h_k}{fH_k h_z + B_k}$。

式中:$[\sigma_k]$——卡簧的许用应力。

当取 $F_{bmax} = 7\,848$ N 时,计算可得:$J = 380$ N/mm²。

$$[\sigma_k] = \frac{\sigma_p}{n} = \frac{1\,765}{1.3} = 1\,358\ (\text{N/mm}^2)$$

式中:σ_p——比列极限(板弹簧钢 $\sigma_p = 981\sim1\,865$ N/mm²);

n——安全系数,取 $n = 1.3$。

计算结果:$b'(0) = 0.93$ mm,$b'(l_{av}) = 26.1$ mm。

实际宽度:$b(0) = b_A = 11.3$ mm,$b(l_{av}) \approx b_B = 26.3$ mm。

计算结果表明强度满足要求,危险断面在卡簧中部,为弥补此断面螺栓孔对卡簧强度的削弱,实际结构已将此断面的厚度加大。

4.2.8 贮运发箱用定向器简介

1. 贮运发箱的作用

贮运发箱是指将一定数量的非金属定向器"捆绑"集束成箱型结构,集贮存、运输、发射功能于一体,其最大优点在于适合机械化装填,并为发射平台通用化奠定了坚实基础。因此,在现代火箭炮的发展中得到越来越广泛的应用,例如我国研制的某火箭炮就采用贮运发射箱。贮运发射箱一次性使用。

贮运发箱一般由玻璃钢定向器、箱体、定位及锁紧接口、起吊及装填接口、电连接器插座等组成,如图4-14所示。

箱体是贮运发箱的主要承力部件,并在其上安装定向器、各类机械与电气接

口等,要求框架体积小、质量轻,设计时要考虑与全炮的总体布局、定向器密封贮存、快速定位与锁紧、弹箱与箱炮之间的电气接口等问题,需合理布置、紧凑排列,在满足运输、吊装、发射等各工况使用要求的前提下,尽量提高载弹数。箱体制造的关键技术在于成形工艺、结构尺寸的精度保证,以保证在大批量生产状态下的质量一致性。

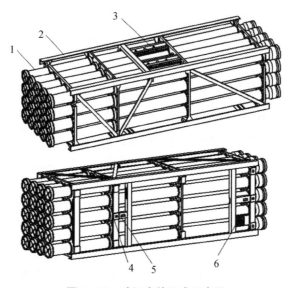

图 4-14 贮运发箱组成示意图

1—定向器;2—箱体;3—起吊及装填接口;4—定位接口;5—锁紧接口;6—电连接器插座

2. 贮运发箱设计

贮运发箱设计时应注意以下几点要求:

(1)贮运发箱的刚强度应能满足运输、短途行军、起吊、发射等的要求,并保证在各个环节中火箭弹在箱内的固定安全可靠;

(2)贮运发箱基准管轴线与定位基准的平行度应满足总体指标要求;

(3)贮运发箱各定向器的管间平行度应满足总体指标要求;

(4)应设置吊装及码垛接口,箱体强度应满足码垛两层时运输和储存的要求;

(5)应设置便于在发射架上快速定位、锁紧的接口;

(6)应设置便于火箭炮或装填车的装填系统快速吊装的接口,并确保弹箱空

载状态及带弹满载状态质心应匹配尽量接近,保证弹箱起吊平稳;

(7)设置的电气接口应采取防尘、防水等措施,确保弹箱在码垛或着地时插座不受损;

(8)工艺性良好,接口尺寸精度高,质量一致性好。

玻璃钢定向器是贮运发箱的重要组成部分,主要由玻璃钢定向管、前密封盖和后密封盖等组成,如图4-15所示。

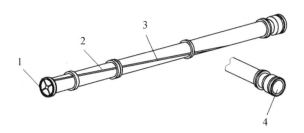

图4-15 贮运发箱玻璃钢定向管结构示意图
1—前密封盖;2—玻璃钢定向管;3—螺旋导槽;4—后密封盖

玻璃钢定向管一般采用E玻璃纤维、S玻璃纤维作为增强材料,双酚A型环氧树脂酸酐树脂体系作为基本树脂,采用螺旋缠绕和环向缠绕相结合的成形工艺;后密封盖采用和玻璃钢定向管同类型的玻璃钢材料,为易碎盖式结构;前密封盖平时可靠密封,使用时可快速打开或撞击打开,采用金属基体和具有优良的耐高温性能、耐老化性能的硅橡胶材料,采用抛投盖式结构,从性能上满足长期贮存、耐老化等性能要求。

玻璃钢定向器设计时,应注意以下几点要求。

(1)强度、刚度等性能应满足火箭弹一次正常发射和运输的要求,同时还应承受住火箭弹发射时燃气流的烧蚀及冲刷。

(2)闭锁挡弹机构应保证运输、行军、吊装、射击等各环节火箭弹在定向器内的可靠锁紧。

(3)密封性能应满足贮存要求,如我国研制的某火箭炮玻璃钢定向器用前、后密封盖密封后,充气至(31 ± 3) kPa,恒温状态下保压1 h后压降不得大于1.1 kPa。

(4)前、后密封盖应能承受一次齐射时火箭弹尾焰及燃气流的冲击,前发密封盖的散落轨迹及残片不得影响后发火箭弹的正常发射。

(5)制造成本低,工艺性良好,便于大批量生产。

|4.3 摇架设计|

4.3.1 摇架功能及结构形式

摇架用于安装火箭炮的定向器,由高低机驱动绕耳轴俯仰运动,赋予火箭炮一定的射角,同时为安装在摇架上的相关系统及单体提供安装空间和机械及电气接口。

采用集束定向器的火箭炮,摇架上集成多个金属定向器;采用箱式定向器的火箭炮,摇架上设置箱式定向器的安装接口、锁箱机构和电连接器插接机构;采用箱式自装填的火箭炮,其摇架上不仅设置箱式定向器的安装接口、锁箱机构和电连接器插接机构,还集成导轨和装填装置。各种形式火箭炮如图 4 - 16 所示。

(a)　　　　　　　　　　　(b)

图 4 - 16　几种火箭炮的摇架结构示意图

(a)采用集束定向器火箭炮;(b)箱式自装填火箭炮

为了安装多组定向器,火箭炮摇架相对于身管炮的摇架,幅面较宽,横向受力大,摇架设计时应根据火箭炮总体布置要求确定结构方案。根据定向器的结构形式初步确定摇架外形尺寸、耳轴位置、高低机支点或高低齿弧位置、平衡机位置等。

摇架本体多为焊接框架结构,设计时应保证有足够的刚度,以减小炮口扰动,提高火箭炮密集度水平。某火箭炮摇架典型结构如图 4 - 17 所示,其定向器形式为贮运发箱式,摇架上安装有平衡机、高低齿弧、行军固定器支座、水平台、贮运发箱快速定位装置、贮运发箱锁紧和定位机构、导航装置安装平台、瞄准具支臂、电连接器机构和发射线路等。

(1)定位销的作用是使两套贮运发箱与摇架能够精确定位并限制其前后、左右窜动。为满足定位要求,贮运发箱安装面与摇架水平台有平行度要求,成组的两个定位销连线与摇架纵向基准面有平行度要求,两定位销中心距及销的圆公差与贮运发箱两定位孔有配合精度要求,上述这些形位公差需要综合计算,进行精度分配,以满足贮运发箱与摇架之间的平行度要求。

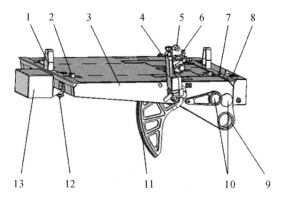

图 4 - 17　某火箭炮摇架及相关部件安装示意图

1—定位块;2—锁箱机构;3—本体;4—水平台;5—瞄准具支臂;6—后定位块;7—定位销;
8—电连接器插拔机构;9—耳轴筒;10—平衡机;11—高低齿弧;12—行军固定器支座;13—惯导安装平台

(2)装填定位块的作用是使贮运发箱在装填时能够快速定位。两个横向定位块位于摇架前、后中部,吊装弹箱时,起到左右概略定位作用。

(3)锁箱机构的作用是限制贮运发箱相对于摇架上平面窜动,向下拉紧贮运发箱,使其贴紧安装面。

(4)两套电连接器插拔机构的作用是使火箭炮上的电插头与弹箱上的电插座可靠连接,从而使火控系统对火箭弹进行操作(检弹、选弹、引信装定、发火等)。首先,这种电连接器插拔机构首先需要高可靠性,这在设计中尤为重要;其次,由于摇架和箱体的加工装配误差,需要其可浮动插接,具有一定的容差能力;最后,还需具备防尘、防水功能,以保证插接到位,通电可靠。

4.3.2　耳轴受力分析与强度计算

摇架的不同工况(行军、调炮、射击、装填)会引起耳轴的受力状态发生变化,现对射击状态下耳轴受力进行分析与强度计算。

1.射击时起落部分受力分析

某火箭炮射击时起落部分受力示意图如图 4 - 18 所示。

图 4 - 18 中各符号含义:θ_s 为火箭炮射角;θ_P 为平衡机力方向与水平夹角,

是与 θ_s 相关的函数；θ_G 为高低机作用力与水平夹角，是与 θ_s 相关的函数；G_Q 为起落部分重力；F_G 和 F_P 分别为高低机力和平衡机力；F_X 和 F_Y 分别为耳轴水平和垂直受力；F_{Mmax} 为射击时火箭弹燃气流对起落部分的最大作用力；L_M 为 F_{Mmax} 力臂；L_Q 为起落部分重力臂；L_G 和 L_P 分别为高低机和平衡机力臂。

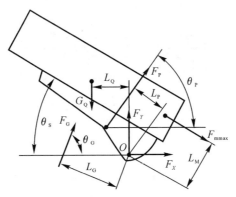

图 4 - 18　某火箭炮射击时起落部分受力示意图

假设火箭炮横向水平，只对射面内进行受力分析，并忽略耳轴轴承摩擦力矩。其中，θ_s、θ_P、θ_G、G_Q、F_P、F_{Mmax}、L_G、L_Q、L_P、L_M 为已知量。以耳轴 O 为坐标原点，给出平衡方程组：

$$\left.\begin{aligned}
F_X + F_P\cos\theta_P + F_{Mmax}\cos\theta_s + F_G\cos\theta_G &= 0 \\
F_Y + F_G\sin\theta_G + F_P\sin\theta_P - G_Q - F_{Mmax}\sin\theta_s &= 0 \\
F_G L_G + F_P L_P + F_{Mmax}L_M - G_Q L_Q &= 0
\end{aligned}\right\} \quad (4-46)$$

由式(4-46)得

$$\begin{cases}
F_X = -F_P\cos\theta_P - F_{Mmax}\cos\theta_s - F_G\cos\theta_G \\
F_Y = -F_G\sin\theta_G - F_P\sin\theta_P + G_Q + F_{Mmax}\sin\theta_s \\
F_G = (-F_P L_P - F_{Mmax}L_M + G_Q L_Q)/L_G
\end{cases}$$

则耳轴受力 F_{rz} 的大小为 $F_{rz} = \sqrt{F_X{}^2 + F_Y{}^2}$。

有些火箭炮在摇架上集成了装填装置(如美国 M270 火箭炮、我国 SR5 火箭炮)，由于装填行程较长，所以贮运发箱重力臂(相对于耳轴)也较大，从而使高低机力 F_G 和耳轴力 F_{rz} 受力增大。如果空间和结构允许，那么在摇架的前端增加支撑点，可以减小装填和卸载过程中高低机和耳轴的受力。

2. 耳轴强度计算

分别计算出耳轴在各种工况下的受力，经比较后取最大值进行耳轴强度计算。给出耳轴受力示意图，如图 4 - 19 所示，图中 D_R 为耳轴直径，单位为 mm。

注意，当对摇架进行受力分析时，算出的耳轴力为两个耳轴的合力。出于安全考虑，通常用 $K_n F_{rz}/2$ 来校核单个耳轴的强度，其中 K_n 为可靠性系数，通常取 $1.2 \sim 1.3$。

对耳轴进行剪切应力 τ' 计算：

$$\tau' = \frac{\dfrac{1.3}{4}F_{rz}}{\dfrac{\pi D_R^2}{4}} = \frac{1.3F_{rz}}{\pi D_R^2} \qquad (4-47)$$

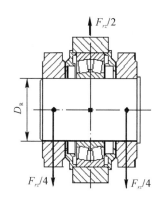

图 4 - 19　耳轴受力示意图

若 $\tau' < [\tau] = (0.6 \sim 0.8)\sigma_b$（$\sigma_b$ 为材料抗拉强度，$[\tau]$ 为材料许用剪切强度），则判断耳轴强度满足使用要求；反之需调整耳轴直径或材料。

|4.4　上架设计|

上架为火力系统的中部构件，连接起落部分和下架，也称作回转机。火力系统的起落部分通过耳轴安装在上架上，在高低机的作用下赋予起落部分高低射角。起落部分连通上架等部件组成火力系统的回转部分，回转部分通过转盘轴承安装于下架上，通过方向机的作用，赋予方位射向。

4.4.1　上架功能及结构形式

火力系统的上架以焊接结构最为常见。根据运载平台和作战形式的不同，火力系统的架体结构形式多样，上架耳轴的相对位置不同，最终形成不同的架体结构。下面分别以某外贸型火箭炮和舰载型火箭炮的上架进行说明。

某外贸 122 mm 火箭炮上架为扁平箱式焊接结构，上架及相关主要单体安装示意如图 4 - 20 所示。

耳轴室位于上架尾部两侧，通过耳轴与摇架连接，下部的回转座圈与下架连接，同时为上架上的相关系统及单体提供安装空间和机械接口。上架内部安装有方向传动装置、方位受信仪、电气、液压、气动等设备，并敷设有电缆、油管及气管。

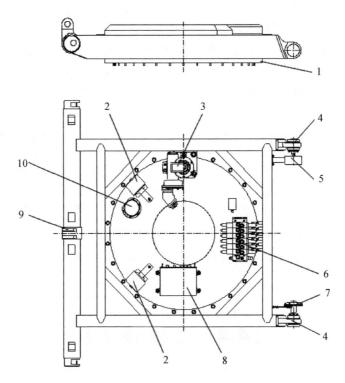

图 4-20 某外贸 122 mm 火箭炮上架及相关部件安装示意图

1—座圈;2—气动元件;3—方向传动装置;4—耳轴;5—高低受信仪;
6—液压元件;7—高低射角限制器;8—电气箱;9—高低机支座;10—方位受信仪

  某舰载型火箭炮上架本体为叉形焊接结构,上架底部采用辐射状筋板以增强底部刚度和强度,上架下端安装转盘轴承,以转盘轴承为中心回转。耳轴位于上架两侧立梁的顶端,通过耳轴与摇架相连,共同组成火力系统的回转部分。上架内部安装有高低机、航行固定器、液压元器件、电气箱体等设备。上架前端安装方向机。上架及在其上安装的主要单体布置如图 4-21 所示。

4.4.2　上架设计的一般要求

  上架为火力系统的主要承载部件,为确保其功能的实现,在上架设计中应重点关注以下内容。

  (1)上架的结构形式和具体尺寸受总体方案限制,应当满足总体布置要求和技术指标要求。上架作为起落部分和运载体的连接部件,与之连接或在其上安装的部件较多,一般有转盘轴承、高低机、方向机、平衡机、行军固定器等部件及其他机械电气设备和各种电缆和管路。当进行结构设计时,要充分考虑这些因素的影响。

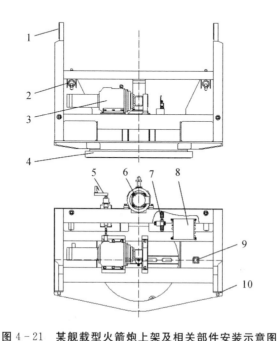

图 4-21　某舰载型火箭炮上架及相关部件安装示意图

1—耳轴室;2—航行固定器;3—高低机;4—转盘轴承;5—高低手动装置;
6—方向机;7—液压阀组;8—电气箱体;9—电气单体;10—缓冲器

(2)上架结构设计要保证足够的刚度和强度,以满足行军和射击工况下架体承受的冲击载荷,避免架体发生破坏和变形,影响射击精度。

(3)为保证射击精度要求,上架要保证足够的加工及装配精度。例如,两个耳轴的同轴度要求,耳轴轴线与回转轴线的垂直度要求,上架与转盘轴承安装面的平面度,转盘轴承的游隙和配合面的跳动等。

(4)上架应具备良好的工艺性,便于焊接、机加、装配和调整。设计中,应设置合理的调整环节,以实现工艺性要求和精度要求的均衡。

(5)上架上安装的部件、设备及敷设的电缆、管路较多,设计中,要考虑其布置和敷设的位置与空间,以满足火箭炮的维修性和保障性要求。

4.4.3　上架受力分析

火力系统上架结构多样,判别危险截面困难,因此常采用有限元仿真软件进行受力分析,实现对上架的强度校核。以下以某舰载型火箭炮上架为例,简述其计算过程。

建立上架三维模型,导入有限元分析软件中,定义材料属性,划分网格后,添加约束和受力,如图4-22所示。火力系统中转盘轴承安全系数很高,因此将上架与转盘轴承的配合面施加固定约束。高低机安装面施加高低机作用力,方向机安装面施加方向机作用力,两耳轴室施加摇架耳轴支反力。其余高低机、方向机和上架的重力相对于上述载荷较小,可忽略不计。

对上架的有限元模型进行求解,可得到上架的应力云图,如图4-23所示。通过应力云图可以观测上架的应力情况,查看危险截区域的应力值,对比上架材料的许用应力,以确定上架的强度能否满足要求。同时,结合上架的计算结果,对上架结构进行优化。对应力较大的位置结构加强,应力较小位置结构减弱,使得上架结构强度分布合理。

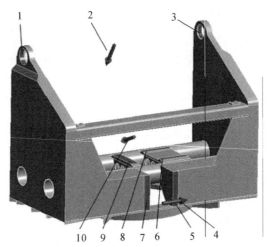

图4-22　某舰载型火箭炮上架有限元计算载荷施加示意图

1—右耳轴室;2—摇架作用力;3—左耳轴室;4—方向机作用力;5—方向机安装面 A;

6—高低机安装面 A;7—方向机安装面 B;8—高低机安装面 B;

9—高低机安装面 C;10—高低机作用力

图 4 - 23　某舰载型火箭炮上架有限元计算应力云图

|4.5　下架设计|

4.5.1　下架功能及结构形式

下架是运载体承载和连接火力系统的重要部件。根据制导火箭炮的总体使用要求,下架本体的结构形式可分为一体式副车架结构、箱型焊接结构和扁平化平板结构。一体式副车架结构简单,由不同规格矩管组焊而成;箱型焊接结构由多块不同厚度钢板拼焊而成的箱式结构组成,质量较轻,可承载重型发射系统;扁平化平板结构主要用于轻量化的发射系统的承载,同时可以显著降低火线高度,可由高强度的硬质航空铝合金板料整体铣削加工而成。

下架与运载体的连接方式按照需要可以分为整体焊接、铰接、螺接等结构形式。

图 4 - 24 所示为某外贸 122 mm 火箭炮下架及相关安装接口示意图,图 4 - 25 所示为某外贸远程制导火箭炮下架及相关安装接口示意图。图 4 - 25 中,下架通过座圈安装座与火力系统回转部分连接,本体之上设有行军固定器安装座和方位限制器安装座,用于火力系统行军时的必要固定和回转时的方位限制,同时座圈安装座底部设有承载火力系统的相关电缆和油管。

4.5.2　下架设计的一般要求

火力系统下架设计与身管火炮基本相同,下架设计主要注意以下事项。

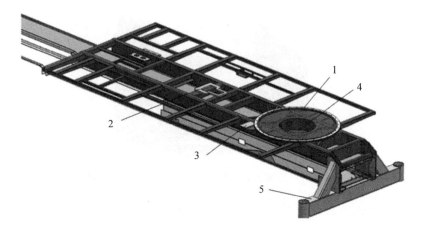

图 4-24　某外贸 122 mm 火箭炮下架及相关安装接口示意图

1—座圈安装座；2—行军固定器安装；3—方位限制器安装座；

4—电缆和油路承载罩；5—尾部支撑装置

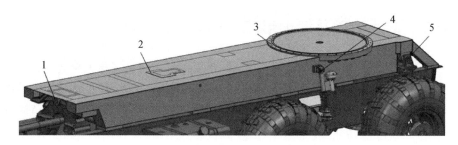

图 4-25　某外贸远程制导火箭炮下架及相关安装接口示意图

1—前铰接座；2—行军固定器安装；3—座圈安装座；4—侧向铰接座；5—后铰接座

(1)下架的结构形式、具体尺寸及与运载体的连接形式受总体方案限制,应当满足总体布置要求和技术指标要求。

(2)下架结构设计要保证足够的刚度和强度,能适应不同射角和射向时,发射不同口径制导火箭弹的最大射击载荷要求,或具有自装填系统的火力系统在装填时所产生的最大扭矩要求,同时还需满足行军或空投时产生的过载抗冲击要求。

(3)下架在设计时根据需要协调运载体提供必要的安装承载点,并要综合考虑运载体各部件的布置,以满足运载体和火箭炮的维修性和保障性要求。

4.5.3 下架分析计算

根据总体的设计要求,下架的结构形式不尽相同。当进行下架刚度和强度设计计算时,需结合具体结构和多种使用工况进行综合考虑。

常规设计计算是选取危险截面,进行强度校核计算,这样由于不同工况下的危险截面也不同,同时危险截面划分存在不准确的问题,分析计算的准确度和效率均较低。随着计算机辅助设计计算技术的快速发展,可以采用主流的有限元分析方法计算下架的刚度和强度,其分析计算的准确程度和效率均得到大大提高。

下面以某轻型制导火箭为例,给出发射某制导弹时下架的 ANSYS 有限元分析计算方法。

在进行有限元分析计算前,需明确此工况下下架的受力。以发射发射箱顶排中间管束制导弹为例,以下架轴承座圈安装平面的回转中心为坐标原点 O,过 O 点平行车大梁并指向车头方向为 x 轴正向,过 O 点垂直车体向上为 y 轴正向,过 O 点垂直大梁并指向驾驶员一侧为 z 轴正向,建立笛卡尔空间坐标系 $Oxyz$,对主射向下、射角为 θ 时下架进行受力分析,其受力如图 4-26 所示。

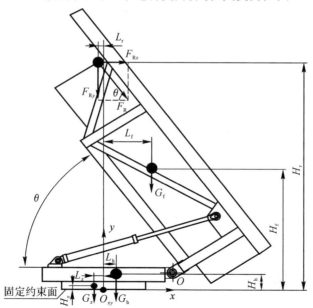

图 4-26 某轻型制导火箭发射时下架受力示意图

在 ANSYS Workbench 有限元分析软件中,为简化计算而不考虑运载体,按照一般静力结构分析计算步骤进行计算,包括网格划分、约束(下架与大梁的接触面施加固定约束)及载荷等。按受力分析结果施加相应载荷,见表 4 - 7。

表 4 - 7   ANSYS 中下架施加载荷类型、大小及作用点位置

序号	载荷类型	名称	大小/N			作用点位置/mm			备注
			x	y	z	x	y	z	
1	远端作用力	燃气流冲击力	F_{Rx}	$-F_{Ry}$	0	L_r	H_r	0	
2	远端作用力	起落部分重力	0	$-G_f$	0	L_f	H_f	0	
3	远端作用力	除起落部分外的回转部分重力	0	$-G_h$	0	L_h	H_h	0	
4	标准重力加速度	下架自身重力							根据材料和模型自动计算得到

某轻型制导火箭炮下架在大射角下射击时的应力云图如图 4 - 27 所示。根据应力云图所反映出的应力水平和变化趋势,可判断结构的强度是否满足设计要求。

图 4 - 27   某轻型制导火箭炮下架在大射角下射击时的应力云图

|4.6   瞄准机设计|

4.6.1   瞄准与瞄准机

火力系统在射击前必须先进行瞄准。所谓瞄准就是赋予定向器轴线以射击所必需的正确位置。完成瞄准操作的装置称为瞄准机。瞄准机分为高低机与方向机。通过高低机操纵起落部分绕耳轴旋转赋予定向器轴线的高低角,称为高低瞄准;通过方向机操纵回转部分绕立轴或座圈旋转赋予定向器轴线的方位角,称为方位瞄准。

设计瞄准机的依据是战术、技术要求,例如火力机动性能、射击精度、瞄准速度、射界范围、质量、功率等。另外,还有一些是设计要求中没有明确提及,但是在设计中亦需考虑的问题。

瞄准机的基本结构形式有螺杆式、齿弧式、液压/电动缸式。

早期的火箭炮主要采用手动方式进行瞄准,现代的火箭炮随着口径增大、管数增多,手动方式已经不能满足战斗需要,因而多采用随动系统,实现自动瞄准。手动方式虽仍有保留,但逐渐变为维护与应急使用手段。

4.6.2　高低机

高低机用于驱动起落部分绕耳轴转动,赋予并保持定向器一定的射角。通常由手轮、传动链、自锁器及相关辅助元器件等组成。高低机设置在起落部分和上架之间,其传动链末端构件中的一部分与摇架连接,一部分与上架连接。射击时,承受起落部分的重力和火箭弹燃气流对起落部分的作用力;当行军时,承受起落部分的重力和行军过载;调炮时,承受起落部分的重力和调炮过载。

1. 高低机分类

根据传动链末端驱动起落部分的构件不同,高低机可分为螺杆式高低机、齿弧式高低机、直线电动缸式高低机和液压式高低机。

(1)螺杆式高低机的优点是结构简单,工作可靠性好,传动平稳,加工制造容易,成本较低,有自锁性;缺点是传速比不是常数,对反转动有自锁作用时传动效率低,运动副间磨损严重,运动精度降低较快,瞄准速度慢,射界较小。

(2)齿弧式高低机的优点是瞄准速度较快,射界大,传动效率高,传动平稳,工作可靠性好,在良好工况下寿命较长;缺点是结构复杂,制造成本较高,安装调试困难,外廓尺寸大,布置不方便,抗冲击性能差。

(3)直线电动缸式高低机的优点是结构紧凑,质量较轻,可以实现闭环控制,传动定位精度好,适合于在中、小功率负载条件下使用。

(4)液压式高低机的优点是承载能力大,结构紧凑,质量较小,无级调速等;缺点是高压下系统难以密封,易漏油。

一般而言,螺杆式高低机适用于瞄准角度范围较小和瞄准速度低的系统,制导火箭应用较少,这里不再赘述;中、小口径火箭炮一般采用齿弧式高低机;大口径火箭炮一般采用液压式高低机。

（1）齿弧式高低机。齿弧式高低机一般由电机或液压马达通过减速器驱动高低齿弧绕耳轴旋转，赋予定向器射角。

下面以某自行火箭炮的高低机为例介绍齿弧式高低机的结构及工作原理。

该型火箭炮的齿弧式高低机为电机驱动，安装在回转机中部，主要由行星减速器、高低齿弧、安全离合器、电磁离合器和手摇传动装置等部分组成。行星减速器用于将执行电机或手摇传动装置的转速变换为高低传动所需的转速，带动高低齿弧绕耳轴转动，实现高低调炮。安全离合器用于减小传动装置在非稳定状态时惯性力对高低机的负载，并防止受到意外阻力或传动装置瞬间停车产生过载而损坏。电磁离合器一方面用于电传动装置和手摇传动装置的工作转换，另一方面是当操作停止时，对高低机起制动作用。

齿弧式高低机有电传动和手摇传动两种工作方式。电传动工作时，电磁离合器的两摩擦盘处于脱开状态，从而使手摇传动装置与电传动部分脱开，执行电机输出扭矩通过安全离合器、行星减速器，传递到高低齿弧上使起落部分绕耳轴转动；执行电机断电时，电磁离合器的两摩擦盘处于结合状态，对高低机起制动作用。手摇传动工作时，手轮力通过链传动装置、电磁离合器、行星减速器，传递至高低齿弧。手摇传动工作过程中执行电机跟随转动。

该型火箭炮的齿弧式高低机传动示意图和手摇传动装置结构示意图分别如图 4-28 和图 4-29 所示。

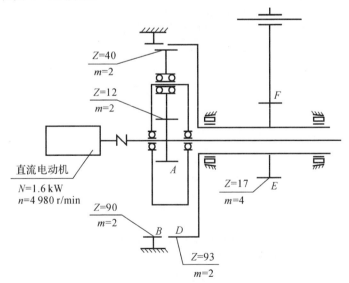

图 4-28　齿弧式高低机传动示意图

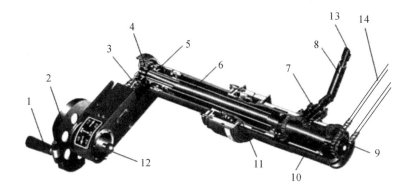

图 4 - 29　手摇传动装置结构示意图

1—手柄;2—转轮;3—链条;4—高低传动链轮;5—方向传动链轮;6—高低传动轴;7—齿轮轴;8—方向传动轴;
9—回转体;10—耳轴;11—方向转动轴;12—转换钮;13—接方向电磁离合器;14—接高低电磁离合器

（2）直线电动缸式高低机。直线电动缸式高低机是以直线电动缸驱动火箭炮起落部分俯仰,赋予起落部分一定的射角,主要由伺服电机、行星减速器、齿轮副、轴承组、滚珠丝杠副、缸筒、推杆等组成。

某火箭炮采用的电动缸高低机布置图如图 4 - 30 所示,电动缸筒端与上架铰接,推杆端与摇架铰接;由驱动器控制伺服电机转动,实现电动缸推杆伸缩控制,从而驱动火箭炮起落部分俯仰运动。电动丝杠上设置手传接口与手传动装置连接,可实现火箭炮高低手动调炮。

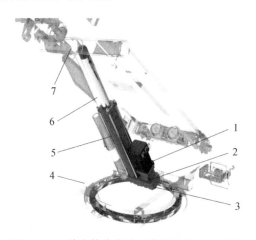

图 4 - 30　某火箭炮电动缸高低机布置示意图

1—伺服电机;2—行星减速器;3—齿轮副;4—上架;5—缸筒;6—推杆;7—摇架

高低机工作原理：伺服电机输出的扭矩通过行星减速器和齿轮副传递到滚珠丝杠副，滚珠丝杠通过轴承支撑旋转，丝杠螺母在导向键约束下带动推杆做直线运动。伺服电机设置失电制动器，可使电动丝杠在全行程任意位置锁定，实现火箭炮射角保持，并承受调炮和射击时各种载荷。

（3）液压式高低机。液压式高低机是以液压缸驱动火箭炮起落部分俯仰，赋予起落部分一定的射角，主要由液压缸、液压阀、液压泵、油箱及管路组成。液压式高低机的分类如图4-31所示。

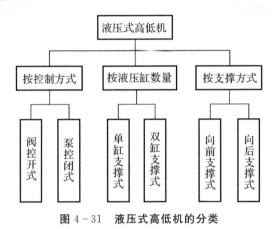

图4-31 液压式高低机的分类

下面以某型多管火箭炮的高低机为例介绍液压式高低机的结构及工作原理。

该型火箭炮的高低机为单缸向后支撑阀控液压高低机，液压缸居中布置，两边为辅助支撑装置。

液压缸的缸筒端铰接在上架上，活塞杆端铰接在摇架上。液压控制阀布置在上架的内部，由于液压控制阀由全炮的液压系统供油，故没有单独配液压泵和油箱。

该型火箭炮高低机的液压原理图如图4-32所示。平衡阀用以平衡液压缸收回时起落部分施加给液压缸的负载，便于控制液压缸的收回速度。液压锁为双向内控式液压锁，在高低调炮时自动打开，高低调炮到位后，自动关闭，以保持定向器的射角不发生变化。液压控制阀为三位四通电液比例换向阀，通过控制比例电磁铁a和b的通断实现油缸的伸缩控制：初始状态比例电磁铁a和b都不得电，液压缸不动作，由液压锁保持射角不发生变化；比例电磁铁b通电，液压缸伸出，火箭炮起落部分绕耳轴向上运动；比例电磁铁a通电时，液压缸缩回，火箭炮起落部分绕耳轴向下运动；通过比例电磁铁a和b的电流越大，液压缸运动速度越快,火箭炮的高低调炮速度也就越快。通过操作手柄也可以实现高低调炮的手动功能。由于液压缸运动时同时发生摆动,因此用高压软管连接液压控制阀和液压锁,为了提高系统的刚度和频响,高压软管应尽量短,在空间允许的情况下可以将液压控制阀直接固定在液压缸上,用高压软管连接液压控制阀的P和T油路。

该型火箭炮的高低机液压缸结构示意图如图4-33所示,该液压缸为单杆双作用拉杆式油缸。出于安全原因,将平衡阀直接铰接在液压缸大腔油口上,防止因管路爆裂,起落部分下跌造成的安全事故。液压锁通过安装板固定在缸体上。

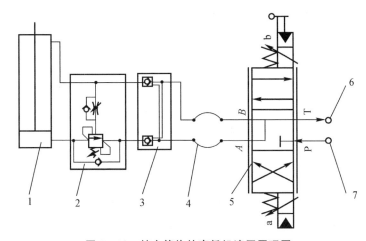

图4-32　某火箭炮的高低机液压原理图

1—液压缸;2—平衡阀;3—液压锁;4—高压软管;5—液压控制阀;6—回系统油箱;7—高压油源

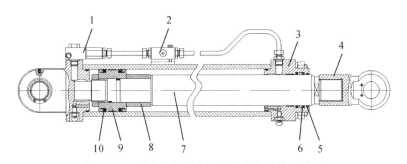

图4-33　某火箭炮的高低机液压缸结构示意图

1—平衡阀;2—液压锁;3—液压缸;4—前耳环;5—防尘圈;6—活塞杆密封圈;7—活塞杆;
8—缓冲套;9—活塞;10—活塞密封圈

大口径火箭炮由于起落部分质量大,且在射击前后,起落部分质量变化很大,因此采用平衡机设计难以达到理想的平衡效果。如果采用液压式高低机,那么可以不设平衡机,直接由液压系统来适应负载变化情况。

2. 高低机设计

螺杆式、齿弧式高低机在其他书中介绍较多,本书不再赘述。下面主要介绍直线电动缸式高低机和液压式高低机的设计方法。

(1)液压式高低机。火箭炮总体给出的已知条件:液压缸在上架和摇架上的支点 A 和 B 相对于耳轴 O 的位置,如图 4-34 所示;高低角度范围(最小极限角和最大极限角);高低机的受力 F_{yg};全炮液压系统工作压力 p_{yg};高低调炮速度(最大速度 ω_{max});高低调炮精度等参数。

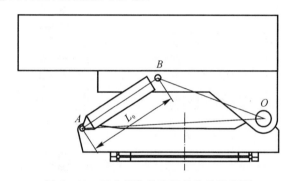

图 4-34　某火箭炮的高低机传动示意图

1)确定液压缸初始安装长度 L_0 和最大行程 L_z。在最小极限射角时支点 A 和 B 的距离为液压缸的初始安装长度 L_0;在最大极限射角时支点 A 和 B 的距离为 L_z,则液压缸行程 $X = L_z L_0$。

2)确定液压缸的缸径 D_{yg} 和杆径 d_{yg}。

$$p_{yg} = \frac{F_{yg}}{A_{hs}} \tag{4-48}$$

式中:A_{hs} ——液压缸活塞作用面积,即 $A_{hs} = \dfrac{\pi D_{yg}^2}{4}$。

则液压缸的缸径 D_{yg} 为

$$D_{yg} = \sqrt{\frac{4F_{yg}}{p_{yg}\pi}} \tag{4-49}$$

同理,液压缸的杆径 d_{yg} 为

$$d_{yg} = \sqrt{D_{yg}^2 - \frac{4F_{yg}}{p_{yg}\pi}} \qquad (4-50)$$

3)确定液压缸的种类和安装方式。综合考虑液压缸的工作压力、行程、工作环境等因素,选择液压缸类型。一般地,当行程小于 1.5 m,缸径小于 250 mm,工作压力低于 20 MPa 时,可选拉杆型液压缸;当工作环境恶劣,缸径小于 200 mm,工作压力低于 25 MPa 时,可选焊接型液压缸;当工作环境恶劣且存在较大的冲击负荷,缸径大于 100 mm,工作压力为 25～40 MPa 时,可选法兰型液压缸。火箭炮上一般选用焊接型液压缸。

依据液压缸的类型、缸径、杆径、初始安装长度和行程等参数,选择标准的液压缸。如果标准液压缸不能满足要求,则可采用非标液压缸。

4)液压缸强度及压杆稳定性校核。对液压缸的缸筒壁厚、活塞杆强度和液压缸伸出时的压杆稳定性进行校核,如果结果均满足要求,则可确定缸径 D_{yg} 和杆径 d_{yg} ,以及液压缸的安装方式。

5)液压阀选型。液压控制阀类型选择:对于大口径火箭炮,因其固有频率低,一般比例阀的频响和精度均可满足其使用要求,对于要求反应迅速或者需要跟踪瞄准的火箭炮(如舰载火箭炮),则需采用伺服阀才能满足使用要求。

6)最大工作流量 Q_{max} 。根据高低调炮最大速度 ω_{max} ,折算出液压缸最大线速度 v_{max} ,由于 ω_{max} 与 v_{max} 成非线性关系,求解比较烦琐,所以一般以高低最大极限角附近的平均速度 v_p 代替 v_{max} 。

$$Q_{max} = \frac{6v_p A_{hs}}{10^5} \qquad (4-51)$$

根据最大额定流量 Q_{max} ,确定液压阀的额定流量 Q_e ,一般取 $Q_e = (1\sim 1.2)Q_{max}$ 。

7)额定压力 p_e 。已知液压缸的工作压力 p_{yg} ,为了保证工作可靠以及提高液压阀的寿命,液压阀额定压力 p_e 一般取 $p_e = 1.5 p_{yg}$ 。

根据 Q_e 和 p_e 来选择液压控制阀、平衡阀和液压锁的规格,再查相关手册及产品样本确定液压阀的型号。

此外,可以通过 AMESim 和 MATLAB 软件联合仿真的方式对液压系统和高低机进行仿真分析,优化液压系统和高低机参数,确保系统设计最优。

(2)直线电动缸式高低机。直线电动缸式高低机与液压缸式高低机的结构布置原理一致,设计分析方法类似。

1)确定初始安装长度 L_0 和最大行程 L_z 。与油缸式高低机方法相同,由布置几何关系,确定初始安装长度 L_0 ;按照最大射角要求,确定最大长度 L_{max} ,则最大行程 $L_z = L_{max} - L_0$ 。

2)确定传动速比 i。根据总体要求的调炮速度 θ，由布置几何关系，折算电动缸的直线输出速度 θ_D，这里需要取最大伸出速度。电动缸的直线伸出速度与速比的关系为

$$\theta_D = \frac{\frac{n}{i}L}{60} \qquad (4-52)$$

式中：n ——电机转速；

$\quad i$ ——传动比；

$\quad L$ ——丝杠导程。

则传动比 i 为

$$i = \frac{nL}{60\theta_D} \qquad (4-53)$$

3)输出推力 F。电动缸推力 F 与电机输出扭矩 T 的关系为

$$F = T\eta 2\pi \frac{i}{L} \qquad (4-54)$$

式中：η ——传动效率；

$\quad i$ ——传动比；

$\quad L$ ——丝杠导程。

电动缸能够输出的推力应该比实际需要的推力大，且留有一定的余量。

4)强度校核。主要根据电动缸推杆的结构尺寸，进行推杆伸出时的压杆稳定性校核。

5)其他参数。其他参数包括电动缸的电机类型、供电体制、总功率、控制方式等，需要结合全炮随动控制系统的设计要求，共同确定。

4.6.3 方向机

方向机是用于驱动回转部分绕立轴或座圈旋转，赋予定向器轴线方位角的机械传动装置。方向机组成与高低机类似，由手轮、传动链、自锁器及相关辅助元器件等组成。在有外能源驱动的情况下，还设有手动与机动切换装置等。

1. 方向机分类

方向机一般布置在回转部分，根据环境及使用要求，也有布置在下架上的。根据传动链末端驱动回转部分的构件不同，方向机可分为螺杆式方向机、齿弧式方向机和齿圈式方向机。

（1）螺杆式方向机。螺杆式方向机是一种利用螺杆、螺筒相对转动而带动回

转部分转动的机构,是方向机中最简单的一种结构形式,其工作原理如图4-35所示。

螺杆以叉形接头与下架本体 B 点铰接,螺筒以球形轴装在上架支臂 C 点上。螺杆与螺筒啮合,A 点是回转部分立轴的中心,转动手轮时带动螺筒旋转,螺杆不转,只能绕着 B 点做方向摆动,螺筒在螺杆上轴向移动,使 BC 间的距离变化,迫使上架的 C 点以 A 点为圆心,AC 为半径做弧形运动,从而带动回转部分绕 A 点在水平面上转动,获得所需要的方位角。

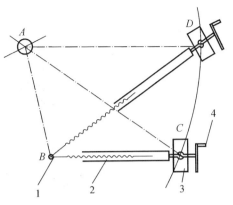

图 4-35　螺杆式方向机原理图
1—螺杆;2—螺筒;3—上架;4—手轮

螺杆式方向机广泛适用于中、小口径地面火炮上,且方向射界不能太大,63式 107 mm 火箭炮就采用了螺杆式方向机,其组成结构如图 4-36 所示。

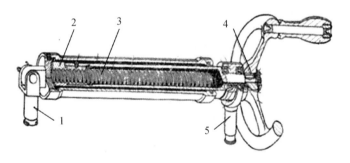

图 4-36　螺杆式方向机结构图
1—前连接轴;2—螺筒;3—螺杆;4—手轮;5—后连接轴

(2)齿弧式方向机。齿弧式方向机的传动原理与齿弧式高低机相似。它的最大特点是方向射界不受限制,因此在方向射界要求较大的火炮上使用较多。齿弧式方向机的缺点是结构复杂。

齿弧式方向机的齿弧一般安装在下架上,其余部分装在上架上随上架转动。手轮通过锥齿轮、蜗轮、蜗杆到主齿轮,齿弧不动,主齿轮沿齿弧滚动,带动上架(回转部分)转动,实现方向瞄准(见图 4-37)。如果将齿弧延长成一个齿圈,则方向射界可达 $360°$。

(3)齿圈式方向机。齿圈式方向机用在具有 $360°$ 方向射界的火炮上,如图

4-38所示。方向机中的主齿轮围绕齿圈滚动,带动托架上部做方向回转。火箭炮为满足大方向界要求,常采用齿圈式方向机。齿圈式方向机一般都采用随动系统控制,实现自动瞄准,驱动方式有电机驱动和液压马达驱动。

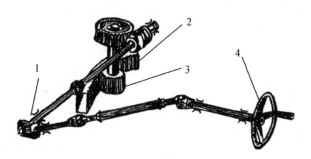

图 4-37　齿弧式方向机结构图
1—锥齿轮;2—齿弧;3—主齿轮;4—手轮

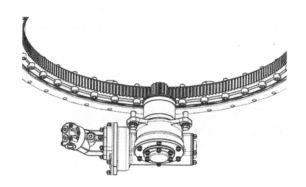

图 4-38　齿圈式方向机结构图

2. 方向机设计

下面以某自行火箭炮的方向机为例介绍齿圈式方向机工作原理和设计过程。

该自行火箭炮的方向机采用液压马达驱动,经前级减速和蜗轮、蜗杆减速后,由主齿轮与座圈啮合进行动力传递,主要由方向机壳体、内啮合齿轮副、蜗轮和蜗杆副、主齿轮副、摩擦片和液压马达等组成,传动原理如图 4-39 所示。

液压马达输出先经内啮合直齿轮进行初级减速,再通过蜗轮、蜗杆进行次级减速和传动换向,在蜗轮与主齿轮中间装有摩擦片起过载保护作用。方向机壳体通过法兰与架体连接可承担传动与射击载荷。方向机安装法兰与架体之间设计偏心套,可调节主齿轮与座圈啮合间隙,以保证传动精度。该自行火箭炮的方向机结构图如图 4 - 40 所示。

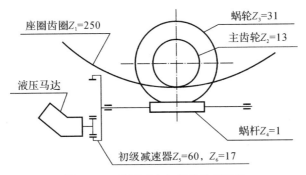

图 4 - 39　齿圈式方向机传动原理图

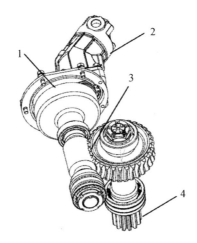

图 4 - 40　齿圈式方向机结构图

1—内啮合齿轮;2—液压马达;3—蜗轮、蜗杆副;4—主齿轮

火箭炮总体给出的已知条件有方向回转要满足的方向射界,方向回转速度,回转部分重力 G,回转部分转动惯量 J 等参数。

(1)确定回转力矩。

1)根据已知的方向回转速度,计算出理论回转加速度。

2)对回转部分进行受力分析,计算水平状态下克服转动惯量所需的回转力矩 T、座圈摩擦阻力矩 M_c 以及倾斜时上装质量引起的回转力矩 M_g,得出方位调炮时最大回转力矩 M,该力矩将作为马达输出力矩计算的依据。

3)根据火箭弹推力及燃气流冲击最大合力,计算射击时回转力矩 $M_弹$,用于计算蜗杆副自锁时的强度校核。

4)对调炮突然停止时的情况进行分析,若回转部分冲击力矩超过摩擦片的制动力矩,回转部分将继续转动,直至转动部分的能量被摩擦功耗尽为止,计算出摩擦片所需力矩 M_m。

(2)确定方位传动系各参数。对主齿轮副 i_1、蜗轮和蜗杆副 i_2 以及内啮合齿轮副 i_3 进行传动比分配,得到总传动比 i;根据内啮合齿轮传动效率 η_1、滚动轴承传动效率 η_2、止推轴承传动效率 η_3、座圈传动效率 η_4 以及蜗轮和蜗杆副传动效率 η_5,计算总传动效率 η。

(3)确定马达参数。计算马达输出力矩:

$$M_{马达} = \frac{M}{i\eta} \qquad (4-55)$$

式中:M——方位调炮时的最大回转力矩;

i ——总传动比;

η ——总传动效率。

根据马达输出力矩、方向回转理论加速度以及马达转速等参数,选取合适的马达型号。

(4)确定蜗杆副参数。根据传动比及现有空间,确定蜗杆副蜗杆轴向齿形角、齿顶高系数、模数、蜗杆头数、蜗轮齿数、变位系数、分度圆直径、节圆直径、啮合角、中心距、蜗杆导程角、材料以及热处理方法等。

对蜗杆副接触强度进行校核:

$$\sigma_H = \frac{14\,783}{d_2}\sqrt{\frac{KT_2}{d_1}} \leqslant \sigma_{Hp} \qquad (4-56)$$

式中:σ_{Hp} ——许用接触应力;

K ——载荷系数;

T_2 ——蜗轮传递的扭矩;

d_1 ——蜗杆分度圆直径;

d_2 ——蜗轮分度圆直径。

对蜗杆副弯曲强度进行校核:

$$\sigma_F = \frac{2\,000T_2K}{d'_2 d'_1 m Y_2 \cos\gamma} \leqslant \sigma_{Fp} \qquad (4-57)$$

式中:σ_{Fp} ——许用弯曲应力;

Y_2 ——蜗轮齿形系数;

γ ——蜗杆分度圆导程角。

(5)确定摩擦缓冲器。通过分析,摩擦缓冲器最小摩擦力矩应满足射击火箭弹时摩擦离合器不打滑：

$$M_{\min} > \frac{\eta_4 M_{弹}}{i_1} \qquad (4-58)$$

式中：$M_{弹}$——射击时回转力矩；

η_4——座圈传动效率；

i_1——主齿轮副传动比。

经分析，火箭炮方位回转过程急停产生的冲击力，经座圈反向传递至蜗轮、蜗杆处，由于方向机蜗轮、蜗杆的自锁，冲击力由蜗轮、蜗杆承受。为了对蜗轮起到保护作用，摩擦缓冲器最大摩擦力矩应该小于蜗轮、蜗杆能承受的最大力矩（即满足弯曲强度时的力矩）：

$$M_{\max} \leqslant \frac{\sigma_{Fp} d'_2 d'_1 m Y_2 \cos\gamma}{2\,000\ K} \qquad (4-59)$$

通过上述分析，选定一个中间值为摩擦缓冲器力矩，从而确定摩擦片数、摩擦盘材料及弹簧压紧力：

$$M_0 = \frac{2}{3} f Z Q \frac{R_2^3 - R_1^3}{R_2^2 - R_1^2} \qquad (4-60)$$

式中：f——各摩擦片间的摩擦因数；

Z——摩擦片工作面数；

R_1——摩擦片工作面的内半径；

R_2——摩擦片工作面的外半径；

Q——弹簧的压力；

p——摩擦盘的比压。

（6）确定主齿轮副参数。

1）根据传动比及现有空间，确定主齿轮副齿形角、模数、齿数、齿顶高系数、变位系数、分度圆直径、啮合角、中心距、齿宽、材料以及热处理方法等。

2）根据座圈齿轮与主齿轮实际使用特点，对齿面接触强度进行校核，安全系数均应达到高可靠度最小安全系数 $S_{H\min}$ 的要求；再对主齿轮副弯曲强度进行校核，使得安全系数 S_{F1} 和 S_{F2} 均达到高可靠度最小安全系数 $S_{F\min}$ 的要求。

3）前述火箭炮射击时或方位回转过程急停时均会产生冲击力，对主齿轮副静强度进行校核计算，使得 $S_{H\min}$ 达到一般可靠度最小安全系数的要求，则轮齿静强度齿面接触强度校核满足要求。若 $S_{F\min 1}$ 和 $S_{F\min 2}$ 均达到较高可靠度最小安全系数 $S_{F\min}$ 的要求，则轮齿静强度弯曲强度校核满足要求。

4）当火箭炮行军时，方向机所受冲击在方向机的轴向并且全部作用在方向机外壳上的固定支脚上，因此需要对其进行强度校核。

5)通过建模仿真的方式对方向机进行分析,优化方向机参数,确保系统设计最优。

4.7 平衡机设计

现代制导火箭武器,尤其是自行火箭炮,为降低火线高,避免回转干涉和火箭弹燃气流烧蚀车体,火箭炮起落部分耳轴布置一般都尽量靠后,这就造成起落部分质心远离耳轴中心,产生较大的重力矩 M_q,高低机受力 U 值较大。为减小高低机受力,降低随动系统功率,为此配置平衡机,其作用是对起落部分提供一个作用力 K(推力或拉力),K 对耳轴的力矩称为平衡力矩 M_p,其值与重力矩 M_q 大小相近,方向相反,平衡力矩 M_p 与重力矩 M_q 的差值称为不平衡力矩 ΔM_p,即

$$\Delta M_p = M_p - M_q \qquad (4-61)$$

平衡机的作用就是减小或者消除起落部分的不平衡力矩,但是由于火箭炮使用的特殊性,发射前满载时起落部分的重力矩 M_q,火箭弹完全发射后空载时起落部分的重力矩 M_k,两者相差很大,故火箭炮平衡机必须兼顾空载和满载的两种工况,不可能完全消除不平衡力矩,只能尽量减小不平衡力矩。

平衡机按力的类型的不同,可分为推式平衡机和拉式平衡机。推式平衡机结构简单,布置容易,布置较暴露,易受战斗损伤或燃气流烧蚀;拉式平衡机布置较隐蔽,结构紧凑,防护性较好,但是布置不方便。

平衡机按产生平衡力的弹性元件的不同,可分为弹簧式平衡机和气压式平衡机。弹簧式平衡机可分为普通圆柱螺栓弹簧式平衡机和扭力式平衡机,其中扭力式平衡机可分为扭杆式平衡机和叠板式平衡机。

弹簧式平衡机结构简单,工作性能不受气温变化影响,便于维修,但是其质量较大,且弹簧易产生疲劳。弹簧式平衡机在地面身管火炮和火箭炮上的应用广泛。气压式平衡机是利用气体作为弹性元件,一般为氮气。气压式平衡机一般是推式平衡机,利用高压气体产生推力。与弹簧式平衡机相比,体积小,质量轻,推力大,性能调整方便,但是其平衡性能受外界温度影响大,需要经常调整气压。同时,气压式平衡机对加工精度要求高,制造成本高,高压气体密封困难,常用液压来密封气体,容易出现漏气和漏液现象。在早期野战火炮和火箭炮上气压式平衡机应用较少,但是随着现代火炮及火箭炮起落部分的质量越来越大,要

求平衡机推力更大,质量更轻,同时制造技术和密封技术的成熟,气压式平衡机已在大口径火炮及火箭炮上应用。

设计火箭炮平衡机时,应使起落部分的不平衡力矩满足高低机功率以及手轮力的要求,并且在瞄准过程中要平稳顺畅,不允许出现跳动。平衡机机构要求结构简单,质量小,具有良好的可靠性、维修性、保障性、安全性和工艺性。

4.7.1 弹簧式平衡机设计

弹簧式平衡机常用的是圆柱螺旋弹簧,断面有圆形、矩形和梯形三种。其中,圆形断面弹簧工艺性好,设计时应该优选。当平衡机行程较长时,可将由多段弹簧串联组合使用。当平衡力较大时,为了减小平衡机结构尺寸,可采用两个相同平衡机对称并列安装在上架和摇架之间。

1. 推式弹簧平衡机

推式弹簧平衡机作用在摇架耳轴前方,平衡力 K 向上推动起落部分,多用于地面火炮。典型的运用如苏联 BM-24 火箭炮和 BM-14 火箭炮。

图 4-41 所示为推式弹簧平衡机工作位置图和结构图。推式弹簧平衡机由内筒、外筒、螺杆、弹簧等组成。弹簧两端顶于内、外筒的盖上,外筒装在上架的支臂上,内筒上的螺杆与摇架连接。射角增大时,弹簧伸长,推力减小;射角减小时,弹簧压缩,平衡机推力增大。通过旋转内筒盖上的调整螺母,可调整弹簧的初始力。

推式弹簧平衡机在身管火炮中应用很多,在各种火炮设计书籍中,对其设计分析过程有详尽的分析,此处不做详细介绍。

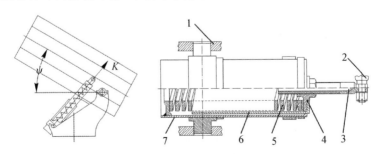

图 4-41 推式弹簧平衡机工作位置图和结构图

1—上架;2—摇架;3—螺杆;4—调整螺帽;5—弹簧;6—内筒;7—外筒

2. 拉式弹簧平衡机

拉式弹簧平衡机作用于炮耳轴后方,平衡力 K 向下拉着起落部分。图 4 - 42 所示为拉式弹簧平衡机工作位置示意图。

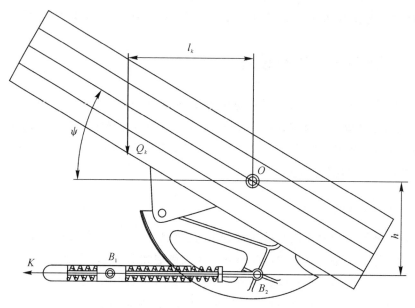

图 4 - 42　拉式弹簧平衡机工作位置示意图

现代火箭炮起落部分的耳轴位置均靠后,耳轴后面没有足够的空间安装拉式平衡机的作用点,而且平衡机有效力臂很小,会造成平衡机拉力巨大,平衡机体积和质量都会增加,故拉式平衡机在现代火箭炮上应用较少,此处不作详细介绍和分析计算。

4.7.2　扭力式平衡机设计

1. 扭力式平衡机的工作原理

扭力平衡机(也称扭杆平衡机)是利用扭转杆件的弹性来作平衡机的弹性元件的。扭杆扭矩与扭角大小和扭转刚度成正比,而与扭杆长度成反比。当扭杆材料和尺寸已确定时,扭矩大小则随扭角的大小而改变。扭力式平衡机的工作原理就是将扭杆的扭矩通过传动件转化为平衡力矩。这个平衡力矩的大小则随起落部分高低角不同而变化,以减少高低机工作时所承受的负载。扭力式平衡机工作原理如图4-43所示。

扭力式平衡机主要由扭杆和传动机组成。扭杆的一端固定在回转体上,而另一端可转动并装有传动件。传动件作用在起落部分耳轴的前方,作用力K的方向向上,K的值取决于扭矩和扭力臂的长度,其关系式为

$$K = \frac{M_\mathrm{T}}{h_\mathrm{T}} \qquad (4-62)$$

式中：K——扭力;

M_T——扭矩;

h_T——扭力臂长度。

扭力K就是平衡力,其实质也是弹簧力,其平衡力矩M_p为

$$M_\mathrm{p} = Kh \qquad (4-63)$$

式中:h——平衡力臂(由耳轴中心到扭力K作用线的垂直距离)。

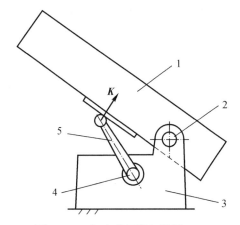

图4-43　扭力式平衡机简图

1—起落部分;2—耳轴;3—回转体;

4—扭杆;5—传动件

平衡力臂h的变化规律和大小取决于平衡力K的作用点和方向,K值则取决于起落部分高低角的大小。

当扭转杆件采用扭杆或扭杆-扭筒时,称为扭杆式(扭杆-扭筒式)平衡机,当采用叠板扭杆时称为叠板扭杆式平衡机。扭杆式平衡机是71式180 mm火箭炮所采用的平衡机,叠板扭杆式平衡机是苏联BM-21火箭炮所采用的平衡机。

扭力式平衡机与圆柱螺旋弹簧式平衡机相比的主要优点如下。

1)配置容易。因为扭力式平衡机的扭杆是横卧配置的,这对于宽度较大的火箭炮火力系统来说是很合适的。它可以配置在耳轴内、起落架上、耳轴支臂上或回转体内,因而结构相当紧凑,防护性能好。

2)制造成本低、拆装容易。

扭力式平衡机的缺点如下。

1)当采用双平衡机时,要实现对称配置较为困难。

2)扭杆的热处理工艺要求也较高。

3)扭筒的机加精度要求也较高。

2.扭杆式平衡机设计分析

对于扭杆与扭筒的组合结构,无论是扭杆还是扭筒,均可视为圆截面面积相同的直杆,且两端仅受扭转力矩的作用,因而符合"平面变形假设",即圆杆在扭转时仅有各截面绕杆轴的转角不同引起的截面间互相错动的变形,而无其他变

形;截面上仅有剪应力,而无正应力,属于"纯扭转"或"自由扭转"。因此,可以应用等直圆杆扭转计算,其公式为

$$M_n = \frac{GI_p}{l}\varphi_n \tag{4-64}$$

$$\tau_{max} = \frac{M_{nmax}}{W_p} \leqslant [\tau] \tag{4-65}$$

式中:G——剪切弹性模量;

l——扭杆长度;

I_p——扭杆截面极惯性矩;

W_p——抗扭截面模量;

$[\tau]$——许用剪切应力。

对于直径为 d_1 的圆扭杆,记 $I_p = I_{p_1}$,$W_p = W_{p_1}$,则

$$I_{p1} = \frac{\pi}{32}d_1^4 \approx 0.1d_1^4 \tag{4-66}$$

$$W_{p1} = \frac{\pi}{16}d_1^3 \approx 0.2d_1^3 \tag{4-67}$$

对于内、外径分别为 d_2 和 D_2 的圆扭筒,记 $I_p = I_{p_2}$,$W_p = W_{p_2}$,并令 $d_2/D_2 = k_2$,则

$$I_{p_2} = \frac{\pi}{32}D_2^4(1-k_2^4) \approx 0.1D_2^4(1-k_2^4) \tag{4-68}$$

$$W_{p_2} = \frac{\pi}{16}D_2^3(1-k_2^4) \approx 0.2D_2^3(1-k_2^4) \tag{4-69}$$

扭杆与扭筒的组合有两种情况:一是串联结构;二是并联结构。由于串联结构的扭件组合柔性好,可得到较大扭角,且可充分利用空间,结构紧凑,因此应用较多,例如 H-221 和 H-215 均是扭杆与扭筒串联(见图 4-44)。并联结构的极限情况即为实心圆杆,应用较少。下面主要讨论扭杆与扭筒串联的计算公式。

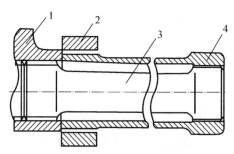

图 4-44 H-221 平衡机结构简图
1—平齿弧;2—平衡机座;3—扭杆;4—扭筒

　　扭杆与扭筒串联时,组合件的扭角等于扭杆和扭筒的扭角之和,组合件的扭矩等于扭杆的扭矩,也等于扭筒的扭矩,即

$$\varphi_n = \varphi_{1n} + \varphi_{2n} \tag{4-70}$$

$$M_n = -M_{1n} = M_{2n} \tag{4-71}$$

式中:下标 1 和 2 分别代表扭杆和扭筒。

　　将扭转公式[见式(4-64)]代入式(4-70)可得

$$\varphi_n = M_n \left(\frac{l_1}{G_1 I_{P_1}} + \frac{l_2}{G_2 I_{P_2}} \right) \tag{4-72a}$$

因此,扭杆与扭筒串联组合的扭矩公式为

$$M_n = \frac{\varphi_n}{\dfrac{l_1}{G_1 I_{P_1}} + \dfrac{l_2}{G_2 I_{P_2}}} \tag{4-72b}$$

　　假设扭杆和扭筒的受扭长度相同,所用材料亦相同,即

$$l_1 = l_2 = l$$

$$G_1 = G_2 = G$$

故式(4-72b)成为

$$M_n = \frac{G\varphi_n}{l \left(\dfrac{1}{I_{P_1}} + \dfrac{1}{I_{P_2}} \right)} = \frac{G I_p}{l} \varphi_n \tag{4-73}$$

其中, $\dfrac{1}{I_p} = \dfrac{1}{I_{P_1}} + \dfrac{1}{I_{P_1}}$ 。

　　同时认为,扭杆和扭筒是按等强度设计的,即两者同时达到最大剪应力:

$$\tau_{\max} = \frac{M_{n\max}}{W_{P_1}} = \frac{M_{n\max}}{W_{P_2}} \leqslant [\tau] \tag{4-74}$$

即 $W_{P_1} = W_{P_2}$ 或 $\dfrac{\pi}{16} d_1^3 = \dfrac{\pi}{16} D_2^3 (1 - k_2^4)$ 。

　　由此得

$$I_p = I_{P_1} \frac{1}{1 + f(k_2)} \tag{4-75}$$

其中, $f(k_2) = \sqrt[3]{1 - k_2^4}$ 。

　　因此,扭转计算公式[见式(4-73)]可写为

$$M_n = \frac{G I_p}{l} \varphi_n = \frac{G I_{p1}}{l} \frac{1}{1 + f(k_2)} \varphi \tag{4-76}$$

$$\tau_{\max} = \frac{M_{n\max}}{W_{P_1}} = \frac{M_{n\max} d_1}{2 I_{p_1}} = \frac{G d_1}{2l [1 + f(k_2)]} \varphi_{n\max} \leqslant [\tau] \tag{4-77}$$

式中：φ_{nmax}——扭杆与扭筒组合件的最大扭角，系指扭力实验时的扭角。

如果设平衡机工作时，扭杆-扭筒组合件的最大扭角为 φ_N，则

$$\varphi_{nmax} = \varepsilon\varphi_N \qquad (4-78)$$

式中：ε——扭角的储备系数（$\varepsilon = 1.1\sim1.4$）。

3.叠板扭杆式平衡机设计分析

图 4-45 和图 4-46 所示分别为 BM-21 火箭炮平衡机的叠板扭杆和端部结构图。扭杆的六片叠板是用埋头螺钉组装，在中间四片叠板的孔与埋头螺钉之间有间隙，埋头螺钉只起连接作用，不提供较大的力。套筒的方孔通过垫片与叠板上、下面接触，与叠板侧面有间隙，这样可使叠板扭杆在扭转时，每片叠板之间可有相对错动。这种端头约束视为松约束，因此可认为叠板扭杆扭转属于自由扭转。

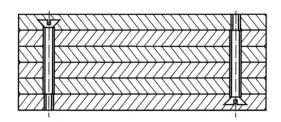

图 4-45　BM-21 **火箭炮平衡机的叠板扭杆**

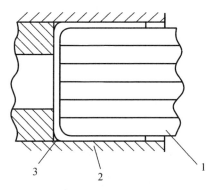

图 4-46　BM-21 **火箭炮平衡机的端部结构**

1—叠板；2—固定套筒；3—垫片

当矩形截面的叠板扭杆在自由扭转时,横截面将发生翘曲,变形的"平面假设"不再成立,等直圆截面杆的扭转公式就不能应用。矩形截面的单个叠板自由扭转时的扭转公式由弹性理论解出,该扭转公式在形式上与圆截面杆件的公式相似,即

$$M_{ni} = \frac{GI_{K_i}}{l}\varphi_n \tag{4-79}$$

$$\tau_{max} = \frac{M_{nimax}}{W_{K_i}} \leqslant [\tau] \tag{4-80}$$

式中: W_{K_i} ——横截面的抗扭截面模量;

　　GI_{K_i} ——抗扭刚度。

式(4-79)中的 I_{K_i} 虽仍可称为横截面的惯性矩,但 I_{K_i} 并非横截面的极惯性矩, W_{K_i} 与 I_{K_i} 之间也没有简单的几何关系。

矩形截面 I_{K_i} 和 W_{K_i} 之值由弹性理论近似解可得到以下公式:

$$I_{K_i} = \eta_1 a_1^4 \tag{4-81}$$

$$W_{K_i} = \xi_1 a_1^3 \tag{4-82}$$

式中: ξ_1, η_1 ——随矩形假面长边(宽度) b_1 与短边(厚度) a_1 之比值(宽厚比)

　　　　$k_1 = b_1/a_1$ 变化的系数(通常 $k_1 > 4$,此时 $\xi_1 = \eta_1$)。

叠板扭杆的组合属于多个叠板并联。对于由横截面相同的叠板并联而成的扭杆,其扭角等于单个叠板的扭角,扭杆的扭矩等于叠板片数与单个叠板的扭矩乘积,即

$$\varphi_n = \varphi_i \tag{4-83}$$

$$M_n = z_1 M_i \tag{4-84}$$

式中: z_1 ——叠板片数;

　　M_i ——单个叠板的扭矩;

　　φ_i ——单个叠板的扭角。

于是,叠板扭杆的扭转计算公式为

$$M_n = \frac{z_1 G \eta_1 a_1^4}{l}\varphi_n \tag{4-85}$$

$$\tau_{max} = \frac{M_{nmax}}{z_1 W_{K_i}} = \frac{Ga_1}{l}\varphi_{nmax} \leqslant [\tau] \tag{4-86}$$

式中: φ_{nmax} ——扭杆的最大扭角(扭力实验时的扭角,它同样等于扭杆工作时的

　　　　　　最大扭角 φ_N 的 ε 倍, $\varphi_{nmax} = \varepsilon\varphi_N$,其中 ε 为扭角的储备系数)。

4.7.3　气压式平衡机设计

1. 气压式平衡机

气压式平衡机一般用作推式平衡机，以气体作为弹性元件，压缩气体而产生平衡力矩。某轻型火箭炮的平衡机结构如图 4 - 47 所示。

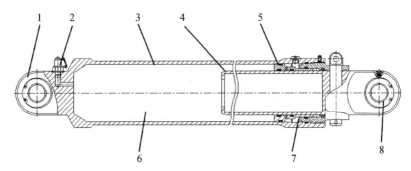

图 4 - 47　某轻型火箭炮的平衡机结构示意

1—缸筒耳环；2—测压接头；3—缸筒；4—柱塞；5—导向套；6—气体；7—液体；8—柱塞耳环

该型火箭炮的平衡机由缸筒、柱塞、导向套、螺环、插销等元件组成。在外筒上端焊接耳环，安装于摇架安装座。柱塞下端焊有耳环，安装于上架安装座。平衡机内腔装有压缩气体和液压油。平衡机在高压气体的作用下，向下推柱塞，作用于上架，向上推缸筒，作用于摇架。当射角变化时，平衡机内的气体随之膨胀或压缩，平衡机推力随之变化，以平衡起落部分的重力矩。

平衡机的气体是用通过缸筒、柱塞、导向套和螺环组成腔体内的液体来密封的。因为导向套两侧容腔介质分别为气体和液体，导向套两侧的面积也不同，气体侧的面积大于液体腔的面积，所以液体腔的压力大于气体腔压力，构成增压密封。因此，可确保任意工况下平衡机内高压气体的可靠密封。

平衡机的缸筒安装测压接头，实现高压气体充放，通过测压接头安装孔加注液体以调整平衡机的初始容积，螺堵处加注液体实现增压密封。因火力系统的起落部分不同工况下的负载变化很大，不能做到身管火炮的两点平衡，仅能做到单点平衡，因此需兼顾满载和空载状态下不平衡力矩极值。

2.气压平衡机设计计算

以某轻型火箭炮的气压式平衡机为例,平衡机对起落部分的推力作用在耳轴前方,其传动示意如图 4-48 所示。

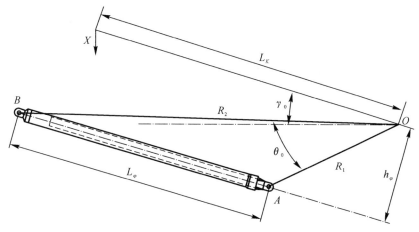

图 4-48　平衡机传动简图

图 4-48 中,O 为耳轴中心;A 为点为平衡机在上架上的支点;B 为点为平衡机在摇架上的支点;X 为点起落部分质心;Q_k 为满载起落部分质量;γ_0 为射角 $\varphi = 0°$ 时,OX 与水平线的夹角;θ_0 为射角 $\varphi = 0°$ 时,OA 与 OB 夹角;R_1 为 A 点至 O 点的距离;R_2 为 B 点至 O 点的距离;L_k 为起落部分质心距耳轴中心距离。φ 为起落部分射角值。

1)重力矩 M_k:

$$M_k(\varphi) = Q_k L_k \cos(\varphi + \gamma_0) \qquad (4-87)$$

2)平衡机支点距离 L_φ 及行程 F_φ。由余弦定理:$L_\varphi^2 = R_1^2 + R_2^2 - 2R_1 R_2 \cos\theta$,可得

$$L_\varphi = \sqrt{R_1^2 + R_2^2 - 2R_1 R_2 \cos(\theta_0 + \varphi)} \qquad (4-88)$$

则 φ 时平衡机压缩行程 F_φ 为

$$F_\varphi = L_{\varphi max} - L_\varphi \qquad (4-89)$$

3)平衡机力臂 h_φ:

$$h_\varphi = \frac{R_1 R_2 \sin(\theta_0 + \varphi)}{L_\varphi} \qquad (4-90)$$

4)平衡机压力 p_φ 及推力 K_φ:

$$p_\varphi = p_0 \left(\frac{S_0}{S_0 - F_\varphi} \right)^n \tag{4-91}$$

$$K_\varphi = p_\varphi A = p_0 \left(\frac{S_0}{S_0 - F_\varphi} \right)^n A \tag{4-92}$$

式中：p_0——平衡机的初始压力（对于野战火箭装备而言，考虑到高压气体的加注等勤务情况，一般 p_0 为 4～7 MPa）；

    S_0——平衡机初容等效长度，$S_0 = \dfrac{W_0}{A}$ ；

    W_0——平衡机的初始容积；

    A——平衡机的柱塞工作面积；

    n——气体多变指数。

气压式平衡机作为蓄能器，其内部气体的压缩和膨胀是根据理想气体状态变化定律进行的，实际使用过程中，可参照图 4-49 的曲线，n 为膨胀时间或者压缩时间的函数，应根据平衡机的工作实际选择。

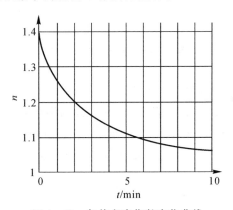

图 4-49　气体多变指数变化曲线

5）平衡机力矩 M_y：

$$M_y = K_\varphi h_\varphi \tag{4-93}$$

6）平衡机不平衡力矩 ΔM 。对于火力系统，起落部分重力矩在满载和空载状态下变化很大，平衡机密封结构的摩擦力矩影响很小，可忽略不计，则不平衡力矩 ΔM 为

$$\Delta M = M_k - M_y \tag{4-94}$$

某轻型火箭炮火力系统的平衡机计算结果如图 4-50 和图 4-51 所示。图 4-50 为重力矩和平衡机力矩随射角变化的曲线，图 4-51 为满载和空载工况下的不平衡力矩随射角的变化曲线。实际设计中，发射系统的不平衡力矩仅为

设计的中间过程值,最终体现在火箭炮的高低机的受力情况,因此应结合发射系统中高低机的受力计算,合理选取平衡机的参数(W_0、p_0、A),兼顾不同负载下高低机的受力的最大值,便于减小高低机的额定载荷。

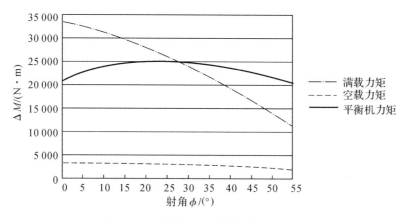

图 4-50　平衡机力矩随射角的变化曲线

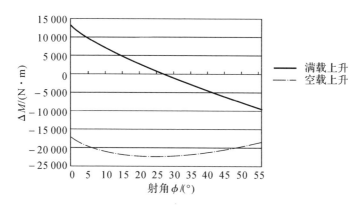

图 4-51　平衡机不平衡力矩随射角的变化曲线

第 5 章

综合信息与控制系统设计

|5.1 概 述|

综合信息与控制系统是火箭炮系统信息处理与控制核心,是火箭炮功能、性能指标的重要保障。综合信息与控制系统主要由人-机交互终端、综合信息处理设备、供配电设备、电气控制设备、发射控制设备、定位定向导航设备、通信设备等组成,主要完成上级指挥系统信息接收,射击诸元计算、自主定位定向、弹药参数装定和发火控制,同时实现全炮供配电、自动和半自动装填、机构动作和安全联锁控制,并具有行军导航、全炮信息管理和指示功能。

5.1.1 设计要求

依据火箭炮作战需求,其信息与控制系统设计有如下内容。

1. 人-机操控设计

火箭炮人-机操控一般包括自动和半自动两种方式,操控内容主要包括系统供配电、自装填、支撑装置以及定位定向、行军导航、操瞄调炮、弹药发射流程控制等,操控面板可依据操控方便性进行配置。

2. 信息交互

依据划分功能不同,火箭炮火控计算机、操控终端以及各嵌入式设备间需进行控制信息及状态信息交互。在进行系统设计时,应依据交互信息内容、实时性要求等选取适当的通信方式,确保信息交互满足操控需求。

3.控制功能划分

依据火箭炮总体控制要求,综合信息与控制系统一般划分为火力控制、电气控制和随动控制三部分。火力控制实现指挥通信、自主定位定向、行军导航、弹道解算和弹药发射控制;电气控制完成全炮设备供配电控制以及自装填、支撑装置及箱炮连接机构动作控制和系统安全联锁控制;随动系统完成高低机和方向机调炮驱动,火箭炮可依据此划分进行设备功能设计。

4.总体操控

基于快速反应及撤离时间要求,除技术准备阵地弹药装填外,火箭炮操控基于人员不下车原则进行设计,由炮长和瞄准手在驾驶内完成所有射击实施相关操作。

5.1.2　弹炮信息接口方式

1.无控火箭弹弹炮信息接口

早期火箭炮主要以发射无控火箭弹为主,多采用金属发射箱。火箭弹在飞行末端通过瞬发、近炸和电子时间等不同引信控制引爆战斗部,实现对不同目标的高效毁伤。无控火箭弹发射控制信号主要包括引信装定和点火两种形式。金属发射箱采用触头单线方式与火箭弹连接,弹壳体为地,故火箭弹引信装定多采用电源线调制通信方式,且通过引信装定信号与发火信号共线,使金属弹箱仅通过发火和地线即可完成引信装定和发火功能。

2.制导火箭弹弹炮信息接口

制导火箭弹通常采用贮运发箱发射。相比无控火箭弹,制导火箭弹由于增加飞行状态检测和控制装置,其发射控制相对复杂。火箭弹在发射前一般通过地面供电方式,完成弹上控制设备上电自检、飞行控制参数和星历参数装定及惯导初始对准(激光未制导火箭弹还需完成弹上导引头激光编码设定),在弹上设备工作正常后,顺序完成弹上热电池激活、地面电源断开和点火控制。

无控和制导火箭弹弹炮信号电气连接是通过定制的箱炮连接器完成的,插接控制由火箭炮上自动插接机构完成。一般情况下,火箭炮安装插头,弹箱安装插座,插座中设计有专用短路机构,当未插接时实现发火线路与地线短接,实现火箭弹在未插接时的安全保护,插接后接地保护应可靠断开。

早期无控火箭弹箱炮连接器芯数较少,各火箭弹接口信号主要包括引信装定信号和发火信号两种。制导火箭弹接口信号包括电源信号、通信信号、激活点火信号和时间零点等。箱炮连接时,还应考虑弹箱药温传感器信号和连接器插接到位判断信号。由于制导火箭弹炮箱对接信号较多,因此火箭炮设计时可依据需求扩充连接器芯脚数量,也可通过弹箱适配器方式以减少箱炮对接信号,通过各弹箱配置信号适配器方式,接收炮上控制信息,再完成与各火箭弹通信和信号控制,同时可通过信号复用方式实现无控火箭弹和制导火箭弹兼容发射。

5.1.3 系统基本组成

综合信息与控制系统按功能一般划分为电气控制系统、随动系统、通信系统和火控系统4个分系统。电气控制系统主要完成设备供配电、装填和箱炮机构的自动与半自动控制以及装填、调炮安全联锁。随动系统在电气控制安全联锁条件下实现自动用炮和收炮及操瞄调炮控制。火控系统完成自主定位定向和电子地图行军导航显示、通信管理、火箭弹弹道解算以及弹上设备自检、参数装定和惯导对准以及热电池激活等发射流程控制,同时具备击发和点火控制功能。通信系统完成与上级指挥信息系统指挥报文的收发处理。火控计算机作为火力控制和人机操控中心,具有全炮信息管理、数据记录和简易在线故障诊断功能。

某火箭炮的综合信息与控制系统组成框图如图5-1所示,随动系统设计详见第6章。

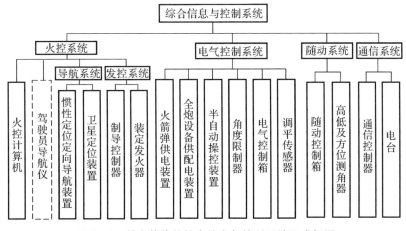

图5-1 某火箭炮的综合信息与控制系统组成框图

5.1.4 系统功能

依据火箭炮控制需求,其综合信息与控制系统的主要功能、性能有如下要求。

(1)火控系统:具有人-机交互功能,可实现单体自检结果显示、弹道解算、发射流程控制、指挥报文管理、信息综合管理等操作;具有导航设置功能,可实现电子地图导航;具有制导火箭弹发射控制功能,可完成制导火箭弹上电控制及弹上设备自检和参数装定及惯导对准信息交互;具有惯导定位定向功能,可完成定向管俯仰、横滚和北向角及位置信息测量;具有卫星定位功能,可接收、处理卫星系统信号,输出当前星历、坐标数据。

(2)电气控制系统:具有供配电功能,可完成全炮设备、制导火箭弹弹上供电控制;具有自动和半自动装填、支撑机构撤收和调平、气动机构控制及半自动调炮、装填和调炮安全联锁功能;具有车体调平功能,可完成车体纵向和横向倾斜角度的测量和调平控制;具有调炮限位功能,可完成车体坐标下,调炮高低和方向限位角度测量和限位控制;具有自动和半自动操控功能,可通过操控设备如装填控制盒、半自动操控台和调炮手柄等,实现装填、调炮和支撑装置的人-机操控。

(3)随动系统:完成定向管高低方位驱动控制,使其空间指向准确。

(4)通信系统:用于实现与上级指挥报文交互。

5.1.5 设计任务

依据火箭炮控制要求,综合信息与控制系统主要完成以下设计任务。

(1)依据控制信号要求,确定单体设备功能、性能和接口要求,完成单体设备设计。

(2)依据控制信息流和数据交互实时性要求,确定系统通信总线,实现各设备间数据交互。

(3)确定通信协议,通过信息交互,实现系统行战和战行转换、自动装填、自动瞄准调炮流程控制。

(4)通过与火箭弹信息交互和接口信号控制,实现弹药发射流程控制与状态指示。

(5)性能良好的综合信息与控制系统具有交互简单、信息实时性好、反应时间短等特点。

|5.2　火箭炮总线网络|

5.2.1　现场总线技术概述

现场总线是电气工程及自动化领域发展起来的一种数据总线，于 20 世纪 80 年代末至 90 年代初在国际上发展形成，用于解决工业现场及军、民用飞机，武器装备上的智能化仪器仪表、控制器、执行机构等现场设备间的数字通信以及这些现场控制设备和高级控制系统之间的信息传递问题。

现场总线作为数字通信网络的基础，沟通了生产过程现场及控制设备之间及其与更高级控制管理层之间的联系。它不仅是一个基层网络，而且还是一种开放式、新型全分布控制系统。现场总线设备的工作环境处于过程设备的底层，作为设备级基础通信网络，要求具有协议简单、容错能力强、安全性好、成本低的特点，具有一定的时间确定性和较高的实时性要求，还具有网络负载稳定，短帧传送、信息交换频繁等特点。基于上述特点，现场总线系统从网络结构到通信技术，都具有不同于上层高速数据通信网的特色。

5.2.2　现场总线技术的特点

现场总线技术具有以下特点。

（1）系统的开放性：开放系统是指通信协议公开。一个具有总线功能的现场总线网络系统必须是开放的，用户可按自己的需要和对象把来自不同供应商的产品组成大小随意的系统。

（2）互可操作性与互用性：这里的互可操作性，是指实现互联设备间、系统间的信息传送与沟通，可实行点对点，一点对多点的数字通信。而互用性是指不同厂家生产的性能类似的设备可进行互换而实现互用。

（3）智能化与功能自治性：传感测量、补偿计算、工程量处理与控制等功能分散到现场设备中完成，仅靠现场设备即可完成自动控制的基本功能，并可随时诊断设备的运行状态。

（4）对现场环境的适应性：作为工厂网络底层的现场总线，工作在现场设备前端,是专为在现场环境工作而设计的,可支持双绞线、同轴电缆、光缆、射频、红外线、电力线等,具有较强的抗干扰能力,可采用两线制实现送电与通信,并可满足安全防爆等要求。

(5)准确性与可靠性:由于现场总线设备的智能化、数字化,与模拟信号相比,它从根本上提高了测量与控制的准确度,减小了传送误差。同时,由于系统的结构简化,设备与连线减少,现场仪表内部功能加强,减少了信号的往返传输,提高了系统的工作可靠性。此外,由于它的设备标准化和功能模块化,因此还具有设计简单,易于重构等优点。

5.2.3　常见现场总线介绍

国际上有40多种现场总线,但没有任何一种现场总线能覆盖所有的应用面,现行主流且比较有影响的工业现场总线有基金会现场总线(Foundation Fieldbus,FF)、LonWorks、Profibus、CAN、HART、RS-485,以及基于以太网的 EtherCAT、PROFINET、Powerlink、Modbus-IDA 等,上述总线凭借自身优势在工业自动化控制领域具有一定影响力。军民用飞机及武器装备中具有代表性的现场总线形式包括 MIL - STD - 1553B,ARINC429,MIL - STD - 1773,ARINC629,STANAG3910,RS - 485 及 CAN 总线,其中前 5 项多用于航空航天、记载设备等,系统复杂且价格昂贵。本书重点介绍陆装常用的 CAN 和 RS - 485 等现场总线,以及基于以太网的具有应用前景的 PowerLink 实时以太网总线技术。

1. CAN 总线技术

控制网络(Control Area Network,CAN),最早由德国 BOSCH 公司推出,用于汽车内部测量与执行部件之间的数据通信。CAN 协议也是建立在国际标准组织的开放系统互连模型基础上的。不过,其模型结构只有 3 层,只取 OSI 底层的物理层、数据链路层和应用层。OSI 模型与 CAN 总线的对应关系如图 5 - 2 所示。

CAN 信号传输介质为双绞线,通信速率最高可达 1 MB/s,直接传输距离最远可达10 km,可挂接设备最多可达 110 个。

CAN 的信号传输采用短帧结构,每一帧的有效字节数为 8 个,因而传输时间短,受干扰的概率低。当节点严重错误时,具有自动关闭的功能以切断该节点与总线的联系,使总线上的其他节点及其通信不受影响,具有较强的抗干扰能力。

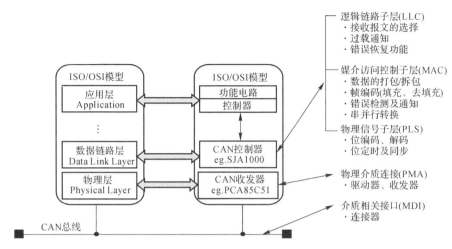

图 5 - 2　OSI 模型与 CAN 总线的对应关系

　　CAN 支持多主工作方式，网络上任何节点均在任意时刻主动向其他节点发送信息，支持点对点、一点对多点和全局广播方式接收、发送数据。它采用总线仲裁技术，当出现几个节点同时在网络上传输信息时，优先级高的节点可继续传输数据，而优先级低的节点则主动停止发送，从而避免了总线冲突。

2. CANopen 技术

　　CANopen 由 CiA（CAN-in-Automation）组织在 CAN 总线应用层（CAN Application Layer，CAL）的基础上发展而来的。凭借可靠性、实时性、抗干扰性、成本、兼容能力等方面的优势，基于 CAN 总线网络的 CANopen 普遍应用于所有的可移动设备，例如船舶、舰艇、客车、火车、升降电梯、重载车辆、工程机械、运动系统、分布式控制网络等。几乎所有的通用 I/O（输入/输出）模块、驱动器、智能传感器、PLC（可编程逻辑控制器）及 MMI（多媒体交互系统）设备的生产厂商都支持 CAN 总线与 CANopen 标准产品。

　　CANopen 设备结构如图 5 - 3 所示。CANopen 协议通常分为通信、对象字典以及用户应用层三部分。其中：对象字典是核心；通信是关键，通信定义了 CANopen 协议通信规则以及 CAN 控制器驱动之间的对应关系；用户应用层则是用户根据实际的需求编写的应用对象。

　　CANopen 建立在设备对象描述的基础上，设备对象描述规定了基本的通信机制和相关参数。CANopen 可通过总线对设备进行在线配置，支持网络设备的即插即用(Plug and Play)。CANopen 支撑两类基本数据传输机制:PDO 实现高实时性的过程数据交互;SDO 实现低实时性的对象字典项的访问,也用于传输配置参数或长数据域。

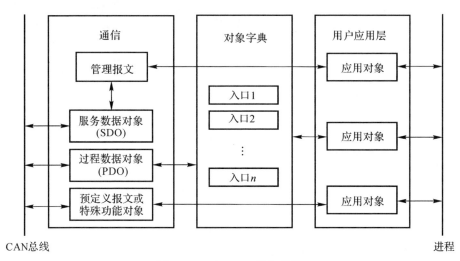

图 5-3　CANopen 设备结构

CANopen 标准作为 CAN 总线的应用协议之一,除了支持服务类型外,还支持客户端-服务器模型。客户端设备通常称为"CANopen 主站",而服务器端设备称为"CANopen 从站"。

3. RS-485 总线技术

RS-485 严格意义上讲并非现场总线,但是作为现场总线的雏形,还有许多设备继续沿用这种通信协议。RS-485 总线是串行数据接口标准,由 EIA 电子工业协会(Electronic Industries Alliance,EIA)制定并发布,它是在 RS-422 基础上制定的标准。采用 RS-485 通信具有设备简单、低成本等优势。以 RS-485 为基础的 OPTO-22 命令集等也在许多系统中得到了广泛的应用。

RS-485 接口采用平衡驱动器和差分接收器的组合,抗共模干扰能力增强,即抗噪声干扰性好。RS-485 最大的通信距离约为 1 219 m,最大传输速率为 10 MB/s,传输速率与传输距离成反比,在 100 KB/s 的传输速率下,才可以达到最大的通信距离,如果需传输更长的距离,需要加 485 中继器。RS-485 总线一般最大支持 32 个节点,如果使用特制的 485 芯片,那么可以达到 128 个或 256 个节点,最大的可以支持到 400 个节点。

4. PowerLink

PowerLink 是一项在标准以太网介质上，用于解决工业控制及数据采集领域数据传输实时性的最新技术。鉴于以太网的蓬勃发展和 CANopen 在自动化领域的广阔应用基础，PowerLink 融合了两项技术的优点和缺点，即拥有了以太网的高速、开放性接口，以及 CANopen 在工业领域良好的 SDO 和 PDO 数据定义。在某种意义上，PowerLink 就是以太网上的 CANopen，物理层、数据链路层使用了以太网介质，而应用层则保留了原有的 SDO 和 PDO 对象字典的结构。

PowerLink 遵循 ISO 模型（见图 5 - 4），其 MAC 层和 PHY 均是标准的以太网，在数据链路层修改和调整，并在处理器中运行了 PowerLink SCNM 循环控制的协议栈，由 NMT 对网络状态进行管理，PowerLink 状态包括启动、运行、停止、等待多个状态，NMT 负责对网络设备进行管理，SDO 和 PDO 分别作为网络配置和实时数据的接口，由应用软件提供与之匹配的数据接口，此依据 CANopen 的 SDO 和 PDO 对象字典来实现。

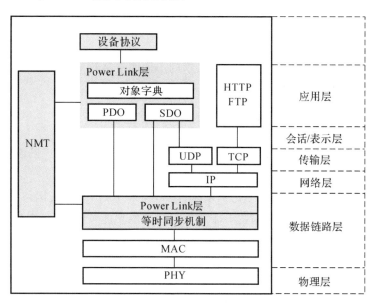

图 5 - 4　PowerLink 的 ISO 模型

PowerLink 采用了 SCNM 时间槽通信管理机制，由此能够准确预测数据通信的时间，从而实现了实时通信的确定性。PowerLink 除了 SCNM 机制外，还采用了多路复用机制和轮询序列技术，增强其多种通信实时性。

PowerLink 在具有实时通信能力的同时，可以实现直接交叉通信，控制节点之间可以交换数据，而无须通过主站；PowerLinkSafety 满足 IEC61508 的 SIL3 和 PLe 等级的机器安全网络；PowerLink 可以使用开放的以太网诊断工具和 CANopen 配置工具，无须额外的开发特殊的配置与诊断工具；PowerLink 具有多主冗余和介质冗余能力。

采用 PowerLink 技术的以太网可实现 100 MB/s 的传输速率，其刷新周期最小可达 100 μs，抖动时间小于 1 μs，最大传输距离达 100 m/节点距离，且支持任意网络拓扑结构，支持光纤连接，最大每个网络支持 253 个节点。

5.2.4　火箭炮总线网络设计

1. 总线网络设计原则

总线作为一种通用标准，需要根据项目实际需求进行选取，并按照特定的拓扑结构，进行应用层设计。总线网络设计必须综合考虑总体需求、总体方案设计、工程设计及综合测试等各个环节，否则会带来较大的风险。

火箭炮武器总线网络根据武器的设备组成、通信内容优先级、实时性要求、通信流量、网络节点数量和电磁环境要求的不同而复杂程度不同，但其设计过程是基本相同的。

2. 典型总线网络拓扑结构

本节内容选择某型火箭炮的总线网络的设计作为例程，简述陆装武器总线网络的设计过程。

我国近年新研和改进研制的火箭炮武器，均采用 CAN 总线网络技术，不仅提高了系统信息化能力，同时提升了火箭炮武器的功能及性能，足够满足火箭炮作战和使用要求，并在其他陆装武器上也得到广泛应用。但是，随着新研武器装备的功能性能要求的提高，武器装备中设备数量的增加，通信数据量和实时性要求也随之增加、增强，CAN 作为单一的总线网络已不能满足上述要求。因此，该外贸型火箭炮在设计初期，考虑各种综合因素，对总线网络进行了全方位的设计提升，有效地解决了现有的问题，并预留了发展空间。

该外贸型火箭炮兼备无控和制导火箭弹的发射功能，采用"主干网络＋子网络"的复合型总线网络，提高总线网络数据传输的实时性，解决节点多、数据流量大、发送频率不一致等问题，实现数据共享、数据专享。该外贸型火箭炮的总线网络架构如图 5-5 所示。

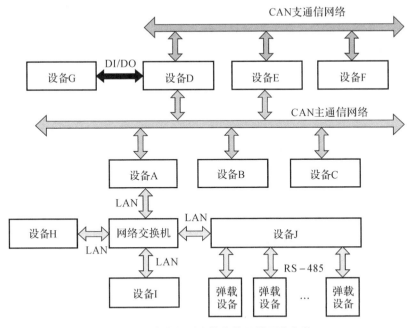

图 5-5 某外贸型火箭炮的总线网络架构

该信息系统共采用 CAN 总线、LAN 和 RS485 三种通信方式。依据设备通信接口处理性能和交互的数据实时性需求、数据量大小、数据共享需求,以及总线网络的负载能力,对设备数据传输方式、总线节点设置以及数据传输频率等进行严格的限制。

3.总线网络设计分析

该外贸型火箭炮采用两条 CAN 总线作为信息交互的主要实现方式,CAN 主通信总线以传输火控信息为主。该网络的节点为与火力控制相关的设备,实现重要度和实时性要求高的火力控制信息传输,总线遵循 CAN2.0B 通信协议,并依据指令信息、数据特性对传输协议进行优化,以使传输信息最简化。该总线传输的火力控制指令主要包括调炮指令、引信装定指令、制导弹加载数据、发火指令等非周期指令。CAN 主通信网络所有节点分配和数据 ID 按照火控总体要求的优先级进行排序,以达到最优的数据传输效果,做到数据低延时。

CAN 支通信网络传输数据为与控制相关的机构位置数据和状态数据,主要以数据量小、传输频率较高和较低的位置数据为主。该总线采用 CANopen 协议,所传输数据主要是周期性发送的火力机构位置传感器数据,包括受信仪、限制器、车体调平传感器等数据,以及火力机构状态数据等单向数据,不存在数据交互的情况,时间片段分配相对固定,数据冲突可能性小。

CAN 支通信网络上的个别设备同时为 CAN 主通信网络的设备,作为网关将有关火控的状态数据上传至 CAN 主通信网络,起到总线数据桥梁的作用。

LAN 网络主要解决数据量大且数据在某一时刻传输较为密集的问题,同时为日后续新增网络设备包括新研制导弹弹载设备提供数据预留接口,方便功能扩展。

5.2.5　总线技术的发展趋势

火箭炮总线网络系统主要功能是完成全炮控制设备、探测设备、信息处理设备、弹载设备等的数据交换,随着技术发展和数据交换量需求的不断变化,总线网络已逐渐由共享介质的总线型向实时、高速的网络交换型发展。

1. CAN FD 技术

CAN 总线作为一个成熟的现场总线形式,凭借其可靠、实时、经济和灵活的特点,成为陆装武器总线应用的主要力量。但传统的 CAN 总线技术只能支持最高 1 MB/s 的传输速率,随着武器装备的设备数量、通信数据量大大增加,已无法满足实际需求。

CAN FD 是近年来出现的新兴总线技术,原有 CAN2.0 在硬件和软件协议层有了很大的改动和提升。CAN FD 的最高数据传输速率为 8 MB/s、单帧最高传输 64 字节数据,相对 CAN2.0 的 1 MB/s 及 8 字节数据其优势明显。CAN FD 技术需要支持 CAN FD 协议的控制器和收发器,除此之外与传统的 CAN 在实际使用中并没有大的差异,线缆的选型、拓扑的选择、总线的布设等均大同小异,同时向下兼容 CAN2.0 标准。可以预见,CAN FD 总线技术在陆装武器上具有代替现有 CAN 技术的可能性。

2. 实时以太网技术

基于以太网的总线技术,可以解决大数据量传输的问题,但其实时性有待提高。近年来,具有实时性的以太网总线技术同样得到长足的发展,以以太网、数据分发服务技术(Data Distribution Service,DDS)以及 PowerLink 为代表的实时性以太网总线,在工业现场总线方面具有很强的影响力,DDS 更是成为美国国防部的强制标准,在国防、银行、工业控制等领域,成为分布式实时系统中数据发布、订阅的标准解决方案。

实时以太网总线技术在火箭炮上的应用处于起步阶段,还未有大规模的应用,这其中既具有需求迫切性问题,也有技术成熟度问题。随着实时以太网技术的不断进步,以及火箭炮武器的持续发展,其设备之间的数据交换量以及数据的实时性要求与日俱增,实时以太网技术的优势将会逐步显现。

|5.3 火箭炮信息综合管理|

火箭炮信息综合管理主要完成火箭炮作战流程控制、全炮信息处理与显示,并实现对上级指挥信息的收发管理、系统自检、惯导与随动特征参数设置、数据库管理等功能。火箭炮信息综合管理以总线技术为基础,结合通信技术、嵌入式、数据库和人-机交互等技术,实现了全炮信息实时交互、流程自动控制和信息存储与显示。

5.3.1 综合信息管理与显示设计

火箭炮系统信息的外部来源主要包括无线信息(上级指挥信息、卫星定位信息)、人-机操控信息和检测装置信号输入,相关装置对操控信号、检测信号进行采集处理,结合控制及流程要求完成信号输出控制、信息交互及存储,并将相关结果信息通过指示灯或软件界面方式进行显示。信息综合管理主要包括输入信号采集、信息交互控制、信号输出控制、存储及显示等内容。

火箭炮操控一般由炮长、装填手和驾驶员三人完成。驾驶员完成炮车驾驶,并配合装填手完成弹箱装填与卸载,装填手完成电气和装填机构操控,炮长主要完成指挥信息交互和弹药发射相关操控。

下面从操控、控制需求角度对综合信息管理进行介绍。

5.3.2 综合信息操控设计

火箭炮操控可划分为电气操控和火力操控。

1.电气操控设计

电气操控主要完成火力和装填机构控制,一般设置为自动与半自动两种操控方式,可依据操作便利性设计不同的操控面板完成。装填操控一般采用便携式装填操控盒,完成装填与卸载的自动和半自动操控及状态指示。火力机构操控包括支撑装置和调炮半自动操控,可依据操作便利设置不同半自动操控台。火力机构自动控制流程主要包括行战转换、战行转换,其自动控制一般集成于炮长操控面板。

半自动操控主要用于完成火箭炮降级操作及调试与维修模式下的调炮、放列、调平和机构动作控制,以及降级模式下的装定与发火控制。其主要设备一般包括半自动操控台、降级发火控制装置等。

装填操控盒集成自动与半自动操控开关、装填机构和锁箱机构控制开关及机构状态指示灯,完成半自动和自动装填与卸载相关控制及指示。为操作方便,装填操控盒可集成半自动调炮控制开关,装填操控盒在使用时连接,装填结束后可拆除并固定放置。

半自动调炮操控一般布设于瞄准支臂,调炮控制采用手柄或阻尼手轮。调炮信号可由电气控制或随动控制设备其采集,调炮控制信号需与锁相机构行军固定型机构信号进行联锁,在其输出调炮允许信号以进行调炮。角度限制器可采用旋转变压器或编码器进行高低、方位调炮角度测量,通过设置调炮极限角度保护,确保自动与半自动调炮的安全性。

支撑操控装置可布设于炮车左后部,支撑操控装置包括放列/收列控制开关、行军固定器锁紧/解脱控制开关和状态指示灯,为操作方便也可设置调炮归零按钮,方便使用完毕后快速回归零位。

2. 火力操控设计

在发射阵地完成战行转换后,即可进行射击实施,其操控流程主要包括接收射击口令后进行药温采集,完成弹道解算、自动瞄准,并在瞄准后完成箱炮连接器插接控制,进行弹药发射准备。

弹药发射控制涉及的指挥通信、定位定向、弹道解算、自动瞄准和弹药发射控制流程等均可由炮长操控火控计算机完成,也可按需求划分为指挥终端、瞄准手两个操控终端。引信装定和发火的半自动操作一般也在驾驶室内完成,可通过操控降级发射装置完成引信装定和发火选弹,降级操作发射保险和击发按钮可与火控计算机共用。一般情况下,为适应无控火箭弹急发射需求,还应设置应急发射按钮,在紧急状况下,实现火箭弹一键发射控制需求。降级发射是为了满足火箭炮火控计算机失效后,无控火箭弹的发射需求而设计的,制导火箭弹由于发射控制相对复杂,一般不设置降级发射操作。

依据弹药发射操控设计要求,火控计算机操控面板除功能按键外,一般集成设计有自动和半自动方式选择、保险钥匙和击发按钮等开关与指示灯,其他操控开关如自动用炮和收炮按钮、箱炮插接机构控制、禁射区指示等可设置独立操控面板,也可与火控计算机面板进行集成设计,以方便炮长在不下车的情况下完成用炮—解算—自动瞄准—插接—弹药准备—击发发射—收炮撤离的基本控制需求。

在具备车内和车外发射需求的情况下,操控面板还应集成有车内、车外发射转换控制开关。

5.3.3　综合信息管理与控制设计

火箭炮综合信息管理与控制主要包括火力信息控制和电气信息控制两部分。

1. 火力信息管理与控制

火力信息管理与控制以火控计算机为中心,结合通信系统、导航系统、发控和随动系统共同完成指挥通信、定位定向、行军导航、弹道解算、自动瞄准调炮、弹药发射控制和参数管理等功能。

(1)指挥通信可采用电台或数据链路完成,火控计算机通过数据库对收发报文、射击口令等信息进行自动存储和查询。

(2)火箭炮定位定向导航功能由惯导和卫星定位装置共同完成,惯导初始对准采用校正坐标和卫星定位坐标两种方式。火控计算机可采用惯导定位、卫星定位或组合定位三种方式进行电子地图行军导航。

(3)自动瞄准调炮流程控制由火控计算机完成。当无控弹射击时,在接收到射击诸元或自主弹道解算完毕后,火控软件发送调炮请求至电气控制设备,在电气控制设备判断安全联锁条件满足后,输出调炮使能信号,并返回调炮允许信息至火控计算机。火控发送射击诸元至随动控制设备,随动判断调炮范围允许,采集当前惯导测量定向管角度信息,并结合调炮诸元,完成调炮策略计算并输出调炮控制信号,判断调炮到位后停止调炮并上报到位信息。在自动瞄准调炮流程结束后,即可进行弹药发射控制。

(4)火箭炮弹药发射控制分无控火箭弹和制导火箭弹两种,主要由发射控制系统完成。

1)无控火箭弹发射主要包括引信装定和查询及点火发射两部分。引信装定/查询依据火箭弹配装引信、引信开舱时间、远距离接电时间、电子引信近炸引信和作用模式(机电着发引信)的装定控制,点火发射控制完成点火回路通断检测、发火选弹和点火脉冲信号输出控制功能。点火脉冲电流应符合弹药点火具最小电流要求,对于兼容多弹种通用发射平台,点火电流可按适配弹种点火具要求进行统一或分挡控制,连续发射时点火脉冲输出间隔时间应可精确控制。无控火箭弹一般设置降级发射控制功能。降级发射操控与火控系统基本相同,用于降级使用时代替火控计算机完成引信装定和点火控制。

2)制导火箭弹发射控制主要包括弹上供电、弹上设备自检、参数装定、惯导对准和热电池激活、断电及点火控制。除点火功能(点火通路要求与无控火箭弹相同)外,增加了弹上供电、通信和热电池通路控制功能。弹上供电和通信功能依据弹药要求进行设计,热电池通路实现回路通断检测、激活信号输出控制。激活信号要求与点火信号相类似,发火和热电池回路检测结果可作为发射选弹弹号的确认依据,在选弹完毕后,即可自动对选弹弹号进行弹上上电、弹上设备自检、参数装定和对准流程控制。火控计算机可对火箭弹上报的准备状态信息进行实时显示。

(5)火箭炮参数管理功能由火控计算机通过与惯导、随动系统、供配电系统信息交互,实现相关配置参数的修改和保存。火控计算机可自动生成电子履历,记录每次射击发射时间、发射弹种、弹数、弹号、目标和阵地坐标、射击诸元、引信装定时间及总发射弹数等数据信息。气象、校正点、遮蔽顶数据以及系统配置参数、指挥报文等数据库管理也均由火控计算机完成。

2. 电气信息控制

电气信息控制主要包括行战和战行转换流程、自动装填和卸载流程以及调炮和全炮机构动作安全联锁等功能。一般情况下,电气信息控制由电气控制设备、随动控制设备、角度传感器、行程开关及相关软件完成。

(1)行战和战行转换流程。行战转换用于火箭炮进入发射阵地后快速完成战斗准备。控制信息主要包括打开行军固定器、自动放列调平和调炮至主射向(方位 $45°$、高低 $30°$)。战行转换流程与行战转换相反,主要包括自动收列、收炮至零位和锁定行军固定器,完成行军准备。行战转换时间应满足火箭炮战技指标要求,一般不大于 3 min。为提高火箭炮射击适应性,支撑装置在自动放列时可进行发射架横向调平,调平范围一般为 $3°$ 以内,精度为不大于 $1°$,调平传感器依据测量范围和调平精度进行选型。在流程执行过程中,电气控制设备采集行战和战行转换开关信号,控制和判断相关机构联锁状态,在行军固器打开、弹箱锁紧且箱炮连接器处于未连接状态下,发送行战和战行转换调炮指令至随动控制设备并输出允许调炮信号,随动控制设备采集角度传感器信号,计算角度差值并依据控制策略输出调炮驱动信号,完成行战和战行转换调炮控制。上报调炮到位信息,电气控制设备按转换流程要求完成相关机构动作控制,完成并上报流程执行结果信息。

（2）自动装填和卸载流程。自动装填和卸载流程控制只涉及箱炮锁紧机构和装填机构控制。装填机构包括扬弹机和输弹机两部分，扬弹机完成弹箱上下运动控制，输弹机完成弹箱在摇架上前后运动控制。装填操控由装填操控盒完成。自动装填时，先将弹箱竖向放置于炮车左侧，连接装填操控盒，手动调炮至装填位，控制输弹机伸出和扬弹机下降，人工完成弹箱吊装锁定，将工作模式转换为自动，操控自动装填开关，电气控制设备依据扬弹机上升到位、输弹机缩回到位、扬弹机下降（弹箱到位）、弹箱锁紧流程完成自动装填。自动卸弹流程与装填相反。

（3）全炮机构动作安全联锁设计。综合信息与控制系统通过软件逻辑实现火箭炮机构动作之间的安全联锁功能。为确保装填和调炮安全性，在自动和半自动装填、调炮控制中，需执行以下安全联锁判断。

1）禁射区安全保护功能：禁射区内禁止插接箱炮电连接器。

2）装填安全联锁功能：电连接器插接状态、弹箱锁紧状态和行军固定器锁紧时禁止装填。输弹机未伸出、缩回到位时，禁止扬弹机动作；扬弹机未上升到位时，禁止输弹机动作。

3）紧急停止功能：在紧急停止状态下，可禁止一切机构动作。

4）调炮安全联锁功能：行军固定器锁紧、弹箱锁紧机构解脱状态下，禁止调炮；输弹机未缩回到位且扬弹机未上升到位时，禁止调炮。

5）自动和半自动极限射角调炮保护功能：调炮极限位置时，只允许反方向调炮。

5.3.4 信息接口设计

当进行信息综合管理系统通信总线选择时，要综合考虑火箭炮控制及交互信息数据量、实时性要求，以及管理信息要求进行设计。现有的新122火箭炮、SR5型和远程火箭炮均采用了CAN总线通信方式。实际设计中，可依据交互数据需求，采用隔离的多条总线方式，也可依据实际需求结合采用RS422/485和LAN总线等通信形式，既要满足数据共享、实时性需求，又要考虑传输数据量的大小、总线传输效率，结合优先级设计，采用适合的总线和通信方式，实现数据的高效、可靠传输。

5.3.5 信息综合管理功能、性能

火箭炮信息综合管理主要功能、性能的要求如下：

（1）完成火箭炮支撑和调平、调炮、行军固定器等机构半自动操控与指示；

（2）完成火箭炮惯导和随动调炮等特性参数管理；

（3）完成降级操作时，火箭弹引信装定和发火选弹的半自动操控；

（4）完成火箭炮支撑和调平、自动瞄准、行战和战行转换及弹药发射控制流程的自动控制；

（5）自动装填时间不大于 5 min；

（6）车体调平精度不大于 1°；

（7）行战转换时间不大于 3 min，战行转换时间不大于 1 min；

（8）点火信号参考相关国家军用标准要求。

5.4 火箭炮发射控制流程设计

随着弹药技术的不断发展，火箭炮已从传统无控火箭弹发射平台逐渐发展为无控火箭弹和制导弹火箭兼容的发射平台。实现无控弹和制导弹药在火箭炮上兼容发射已成为火箭炮发射控制技术发展的重点方向。本节重点介绍制导火箭弹的发射控制流程设计。

5.4.1 制导火箭弹发射控制设计需求

制导火箭弹是一种在无控火箭弹内部加装姿态测量和控制装置，从而完成火箭弹飞行弹道修正，控制和导引火箭弹飞向目标点的新型火箭弹。制导火箭弹一般由引信、制导舱、杀爆战斗部、火箭发动机和稳定装置等组成（见图 5 -6）。不同类型制导火箭弹其结构稍有不同。制导舱是火箭弹通信、导航、飞行、安保等功能的控制中心，主要由电动舵机、惯性导航系统、热电池组、弹载计算机、卫星定位装置、电缆及机械结构件等组成。末制导火箭弹还包含导引头及通信控制器、导引头热电池等。

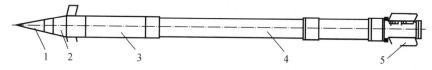

图 5 - 6 制导火箭弹组成示意图

1—引信；2—制导舱；3—杀爆战斗部；4—火箭发动机；5—稳定装置

弹载计算机是制导舱的计算、控制中心,弹载计算机在发射前与火箭炮进行信息交互,完成弹上设备自检、飞控及星历数据装定和惯导对准信息交互。在发射飞行后,实时检测弹药飞行位置及姿态信息,生成飞行控制指令,并在飞行末端,按时序给出导引头控制信号和引信控制信号,启动导引头和引信工作。惯性导航系统、卫星定位装置(包括卫星接收机和卫星天线)实现组合导航功能,实时测量并解算弹体的位置、速度和姿态等信息;电动舵机带动舵片偏转产生控制力;导引头通信控制器实现导引头的电气配置及弹载计算机与导引头之间的数据交互;热电池组为弹内设备供电。

制导火箭弹是具有制导控制功能的火箭弹,其基本任务是确定制导火箭与目标的相对位置,在一定的准确度下,控制制导火箭弹沿预定的弹道飞向目标。制导火箭弹与火箭炮接口包括供电信号、通信信号、热电池激活信号和点火信号,在发射准备阶段,火箭炮需通过通信接口向火箭弹提供弹道参数、卫星星历及引信等参数。

5.4.2　制导火箭弹发射控制流程设计

制导火箭弹弹炮接口需增加电源、通信和激活信号。某型火箭炮弹炮接口连接关系如图 5 - 7 所示。制导火箭弹发射时,其供电、通信和激活及发火控制分别由弹上供电装置、制导控制器和装定发火器控制完成,火箭炮通过火控计算机人机操控界面完成火箭弹发射控制和状态监测。其发射控制流程主要包括弹道解算、发射回路检测、发射选弹、弹上设备上电和自检、飞控参数和星历数据装定、弹上惯导对准和发射点火等几个步骤。

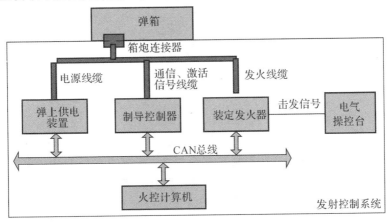

图 5 - 7　某外贸火箭炮箱炮对接原理

由于制导火箭弹具有弹道控制特性,因此在同一射击诸元下,其可对一定机动范围内的多个目标同时实施打击。火箭炮弹道解算模块可完成多目标射击诸元解算,并获取不同目标对应的弹道参数。在发射控制流程中参数装定时依据目标-弹号分配关系完成对应飞控参数装定。

火箭炮可以实现制导火箭弹单发或多发连射控制,通过人-机操控界面,完成发射箱管号-目标分配和发射顺序设定,并对发射时间间隔进行控制。在弹药参数装定、惯导对准完成后,输出热电池激活信号,完成弹载设备热电池自供电控制。在热电池供电正常后,输出发动机点火信号,完成火箭弹发射。发控系统信息交互流程如图 5-8 所示。

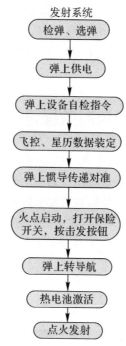

图 5-8 某型火箭炮制导火箭弹发射准备流程

制导火箭弹典型发射控制流程有以下几步。

(1)回路检测。火箭炮在箱炮信号连接后,自动进行弹种识别,在确认弹种正确后,由装定发火器和制导控制器对各制导火箭弹点火回路和热电池激活回路进行检测,依据检测到的回路电阻值确定当前各弹回路通断状态。

(2)发射选弹。在检弹结束后,通过人工选择要发射的弹号,设定发射顺序,并发送发射弹号信息至制导控制器。

（3）上电和自检。火箭炮按发射弹序依次给选定火箭弹弹载设备上电，在确认上电正常后，发送自检命令，弹载计算机进行弹上设备状态检查并上报自检结果信息。

（4）参数装定。在所有选弹自检完毕后，即自动开始弹落准备。火箭炮通过制导控制器向弹载计算机依次发送飞行控制参数（初始姿态角、经度、纬度、高程、目标位置等）和卫星星历数据，弹载计算机接收数据转发至相关设备，检查并上报装定结果信息。

（5）惯导对准。弹上惯导对准可采用静态对准或传递对准两种方式。静态对准方式时，弹上惯导通过装定的坐标数据完成初始校正，火箭炮在解算完成后需先进行操瞄调炮，自动调炮至射击诸元。传递对准时，采用动态调炮过程，炮载惯导实时发送姿态角信息，弹上惯导对比炮载主惯导姿态角信息，消除弹载子惯导初始误差。当传递对准方式时，火箭炮在惯导对准调炮过程中完成自动瞄准调炮。

（6）发射点火。弹上惯导对准完毕后，即可进行点火发射。火箭炮先发送转导航指令，指令弹上设备进行发射导航准备，再输出热电池激活信号，在弹上热电池工作正常后即可断开地面供电、输出点火脉冲。制导火箭弹发射可采用全部激活后依次点火方式，也可依据发射弹序依次单发进行转导航、激活和点火控制。

火箭炮人-机操控界面可对火箭弹发射状态进行实时监测显示，对各弹故障信息进行指示，并在发射准备流程中，自动剔除故障火箭弹弹号，停止故障火箭弹发控流程。

5.4.3　制导火箭弹行进间发射控制流程设计

1. 行进间发射特点

行进间发射时，除发射点坐标位置变化外，由于定向管动态特性，因此需进行随动稳定控制。另外，动态发射时，火箭弹在出炮口时会额外附加一定的速度值，因为弹药出炮口速度相对较低，对角速度影响较为敏感，所以在设计中需对身管动态角速度进行分析计算，附加角速度应在弹药控制范畴之内，否则无法进行行进间发射。

2. 行进间发射注意事项

（1）基于车体运行特性，需结合行进速度对发射点坐标变化情况进行分析计算,并在连续射击时进行实时解算更新。

(2)结合制导火箭弹飞控参数装定要求,在更新解算的基础上,并在一定时间间隔内更新弹上飞控参数。

(3)应对瞄准误差进行检测和实时判断,当误差超限时进行提示或停止射击控制。

(4)由于定向管姿态变化,因此在发射过程中,必要时需对车体纵倾、横倾角度进行实时判断,当倾角超限时停止射击。

|5.5 火箭炮供配电设计|

火箭炮供配电,是指由一个或几个在监控之下运行的电源及与之相连的配电网络组成的、以向负载供电的整体,是系统内电能产生、传输、分配和消耗等全部装置和网络的总称。

5.5.1 供配电系统的设计任务

供配电系统主要包括初级供电设备、配电设备和储能设备。电源是指提供电力供应的设备;电能转换设备实现交、直流转换和直流电压等级转换;配电设备实现电能的输入、分配、管理和保护,并将电能输送至用电设备;储能设备实现电能的存储和后备供电。

(1)初级供电设备包括外接电源和内部电源。外接电源一般包括市电或移动电站电源等;内部电源一般包括车载发电机、辅助发电机组、蓄电池组等。

(2)配电设备主要包括配电箱、配电监控面板、电源分线盒和转接盒。配电箱实现多路电源输入、自动切换、供电管理、用电安全监控和保护,并具备辅助设备电源控制功能。配电监控面板作为供配电系统的人-机界面,实现供电状态监控,也可与其他人-机界面合并设计,或者提供相应通信接口实现远程监控。电源分线盒和转接盒将电源分配至各用电设备,根据实际用电设备分布情况,可与配电箱一体设计。

(3)储能设备用于电能的存储和后备供电。直流供电体制中储能设备是指蓄电池组,交流供电体制中储能设备是指 UPS(不间断电源)。

在车载发射平台中,如果采用车载电源(车载发电机和蓄电池组)供电,可能需要配置额外的蓄能设备并与车载电源单向隔离,用于补偿车辆发动机启动造成的电源扰动。

供配电系统主要的设计任务:①确定火箭炮用电需求;②选择初级供电设备和储能设备;③设计配电设备。

5.5.2 供配电系统的设计步骤

1.设计输入

供配电设备设计输入包括以下内容:①用电设备组成;②用电设备的用电体制、功耗、品质等用电需求;③用电设备工作模式和结构布局;④安全性、可靠性、维修性、测试性、环境适应性、电磁兼容性、经济性等要求。

2.设计步骤

供配电系统的设计步骤包括以下内容:①根据火箭炮总体方案和各用电设备的组成及用电需求,统计并计算系统用电需求;②根据系统用电需求选择初级供电设备;③根据用电设备工作模式和结构布局设计配电设备;④根据用电设备工作模式选择储能设备。

3.设计输出

供配电系统设计输出包括以下内容:①用电功耗分类统计表;②用电功耗、峰值功耗、平均功耗计算;③供配电系统组成、框图和布置图;④供配电系统设计图纸;⑤供配电系统设计指标与研制要求规定内容的符合程度及相关分析。

5.5.3 供配电系统设计原则

供配电系统设计原则如下。

(1)尽量采用成熟技术,设计上采用模块化、标准化、系列化的系统结构,合理划分功能模块。

(2)在满足用电需求的同时,考虑系统安全性、可靠性、维修性、测试性、环境适应性、经济性等要求。

（3）需遵循装备电磁兼容性、人-机-环工程、工艺等要求。

5.5.4　供配电系统设计方法

1. 确定供电体制

根据用电设备组成和用电需求，确定系统供电体制。

（1）火控计算机、随动控制、机构动作控制、通信系统、导航系统、环境探测系统等控制电源用电设备功耗较小且有不间断用电需求，一般以蓄电池组作为储能和后备电源，采用 DC 28 V 供电体制。

（2）伺服驱动、空调系统、辅助液压源、辅助气源驱动等动力电源用电设备一般功耗较大，可根据承载平台和使用环境采用与控制电源相同的供电体制，或者采用其他供电体制。

2. 功率需求分析

对用电设备额定功耗、峰值功耗、常态或待机功耗和特殊工况下的功耗进行复测或审核与分类统计，并分别计算以下功耗。

（1）计算系统峰值功耗。其中，分时工作类设备应单独分组统计并每组仅取一个峰值功耗最大值，其他设备取峰值功耗进行计算。一般动力电源用电设备采用分时工作方式，系统峰值功率取动力电源用电设备一个峰值功耗最大值加上其他同时工作设备峰值功耗总和即为系统峰值功耗。

（2）计算系统平均功耗。为简化计算过程，分时工作类设备应单独统计并仅取一个平均功耗最大值，其他设备根据其工作方式逐个统计平均功耗并相加，上述两项相加即为系统平均功耗。

3. 主要设备的选型和设计

（1）初级供电设备选型。当系统采用 DC 28 V 一种供电体制时，一般选用车载发电机加车载蓄电池组的组合作为内部电源，选用市电或者移动电站加直流稳压电源作为外部电源。车载发电机额定输出功率应不小于系统平均功耗。

如果动力电源采用其他供电体制，那么需要增加发动机取力发电机或者辅助发电机组作为动力电源。

（2）储能设备选型。在供配电系统中，车载蓄电池组作为承载平台发动机启动电源,同时作为 DC 28 V 控制电源储能装置和不间断供电装置。如果系统没有蓄电池组应急供电需求时,承载平台标配蓄电池组一般能够满足使用要求。如果当其他供电设备失效时,系统有蓄电池组应急供电需求,需对承载平台标配蓄电池组容量进行适当增加。电池容量计算公式为

$$Q = \frac{Pt}{KU\eta} \qquad (5-1)$$

式中:Q——电池容量;

　　P——负载功率;

　　t——放电时间;

　　K——电池放电系数(铅酸蓄电池常温状态一般取 0.55);

　　U——电池电压;

　　η——电池效率(铅酸蓄电池常温状态下一般取 0.8)。

由于车载发电机和车载蓄电池组是初级供电设备与承载平台共用电源,因此当承载平台发动机启动时,会有较大的电源电压扰动,有可能造成火箭炮用电设备工作异常。为保证初级供电稳定,需再增加蓄能装置补偿电源电压扰动。一般增加一组辅助蓄电池组或者超级电容组并用二极管与初级供电设备单向隔离,用于补偿电源电压扰动。电源补偿装置原理图如图 5-9 所示。

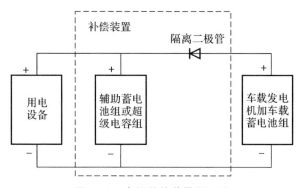

图 5-9　电源补偿装置原理图

(3)配电设备的设计。配电设备主要包括配电箱、配电监控面板、电源分线盒和转接盒。配电箱主要包括电源控制开关、检测电路、安全保护电路等,实现多路电源输入、自动切换、供电管理、用电安全监控和保护功能。配电监控面板包括供电操控开关和指示报警器件,实现供配电的监控。电源分线盒和转接盒用于供电线路的转接和分配。

火箭炮配电设备可采用传统配电系统,基本能够满足使用要求。但随着系统对后级设备用电状况的信息越来越重视,整车配电系统的安全性和智能化管理的要求也越来越高,传统的配电系统已经不能满足系统操作的需求。另外,模块化与智能化的配电设备设计是目前配电系统装置发展的主流方向。相较于传统的配电设备,智能型配电有着监控保护功能完备、器件量少、可靠性高、维修维护方便等优点。因此,配电设备也可选用智能配电系统。典型智能配电系统原理框图如图 5-10 所示。

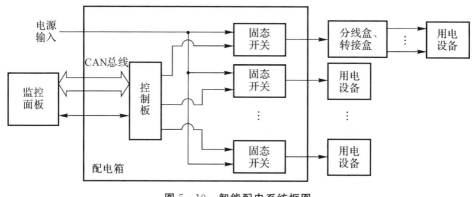

图 5-10   智能配电系统框图

|5.6 火箭炮制导装定设计|

制导装定主要用于提供制导火箭弹通信、热电池回路接口信号。通过通信和热电池通路,完成对制导火箭弹弹载设备参数装定和弹上热电池回路检测、激活控制功能。

本节以某型火箭炮的制导控制器为例说明制导装定的设计方法和要求。

5.6.1 工作原理及功能、性能

1. 工作原理

某型火箭炮的发射控制组成原理如图 5-11 所示。

制导控制器通过 CAN 总线接收火控计算机发送的发射控制流程指令,依

次完成弹上供断电控制、弹载设备发射准备信息交互和热电池回路检测、激活信号输出控制,并完成实现制导火箭弹准备状态信息的实时监测。

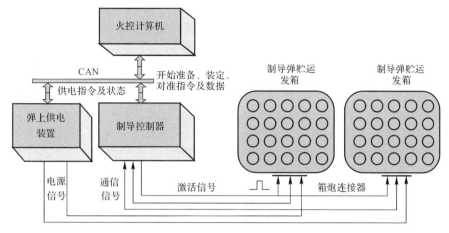

图 5-11 某型火箭炮的发射控制组成原理图

2.功能、性能要求

制导控制器主要由通信组件与激活组件等组成,主要功能包括:①弹种信息检测功能;②制导火箭弹弹上热电池回路电阻值测量功能;③制导火箭弹通信功能,可将火控计算机发送的目标信息、GNSS(全球导航卫星)星历、飞行控制参数等数据发送给制导火箭弹,接收制导火箭弹返回的状态信息转发给火控计算机进行显示;④制导火箭弹地面供电控制功能;⑤制导火箭弹弹上热电池激活控制功能;⑥在发射准备过程中,可对制导火箭弹返回状态信息进行判断,终止异常状态火箭弹发射流程。

5.6.2 制导装定设计原则

1.设计原则

由于火箭联装发射特性,火箭炮载弹数量较多,因此,为缩短系统反应时间,制导装定设备需要具有较强的数字信号处理能力和多路通信接口数据的并行处理能力。同时,在软/硬件设计中应采用模块化、标准化、组合化思想及先进性原则,尽量采用成熟的系统架构,减少非标准件使用数量。

2. 设计要点

根据设计原则,制导装定设备设计时应具备以下要点。

(1)多路通信接口控制:应具备多路通信接口并行管理和控制的能力,实现多发制导火箭弹通信数据并发实时控制和处理。

(2)高定时精度:定时精度应尽可能高,以满足发控流程对时序的精确要求,并且能够满足总线通信中对时钟周期的精度要求,从而保证通信数据的准确性和实时性。

(3)测试完备性:应具备对自身各组成单元完备性测试的能力,当某个单元发生故障时应能够及时发现并上报给火控计算机。

(4)通用性:应能根据不同型号制导火箭弹的接口需求适配其发射控制流程,应具备配置总线服务器和各通信物理接口与实际发射弹号间的映射关系,从而提高系统的通用性。

(5)数据完整性:对每路通信接口发送和接收的数据应保证正确性和完整性,并具备对数据进行记录和保存的能力,以便于后续故障排查和数据分析。

5.6.3　制导装定硬件设计

1. 接口设计

制导装定器硬件根据功能划分主要由主控模块、数据通信模块、脉冲输出模块、存储模块等组成。

(1)外部数据总线通信接口,目前广泛采用的数据通信总线包括 CAN 总线、RS485/422 总线以及 LAN 总线等,各接口均应可配置,输入/输出物理隔离。

(2)具有热电池回路脉冲信号和检测信号输出控制功能,实现热电池激活回路电阻检测、热电池激活脉冲信号输出控制。

(3)激活信号安全保护功能:当未进行激活信号输出时,所有的激活信号默认接地。

(4)具有接口防静电能力。

2. CPU 选型

目前,主流的嵌入式主控芯片有 DSP(数字信号处理),ARM 和 POWERPC。制导装定设备需要 CPU(中央处理器)工作稳定,低功耗,具有丰富的外设模块,最主要的是能够针对接收到的数据进行快速解析、并行装定。这就要求所选的 CPU 必须具有很强的数字信号处理能力,快速中断响应及处理机制,多任务并行处理能力,并要求 CPU 外围接口丰富,可扩展能力强,以便于后续功能的升级扩展。

根据以上介绍的系统性能要求和硬件配置,建议选择具有丰富外设资源、运算速度快的 DSP 处理器作为主控芯片。DSP 具有以下特点。

(1)改进的哈佛结构。在这种结构中,程序存储器和数据存储器存储空间是相互独立的,采用分离的总线控制,读取和执行指令可以同时进行,并且数据可以在程序和数据空间进行传送,减少了访问冲突,从而提高了运算能力。

(2)流水线设计提高运行速度。所谓流水线设计,是指在运行时取指令和执行指令是重叠进行的,在一个时钟周期内,同时有两条指令运行在其工作的不同阶段,并且每条指令都是自动执行的。在很大程度上,提高了数据处理速度。

(3)专用的 DSP 指令。其内部有一些专用的指令,可以代替多个程序语句。利用硬件乘法器,可以在一个周期内完成数据的相乘和累加运算,提高运算速度。

(4)片内具有快速 RAM(随机存取存储器)。当在处理循环或重复执行指令时,采用的是片内寄存器,运行速度要比外部存储型更快。

5.6.4　制导装定软件设计

1. 软件功能要求

制导装定设备的软件功能应满足如下要求。

(1)自检功能:可接收自检查询指令并上报自检结果至火控计算机。

(2)装弹检测功能:可接收装弹检测(检弹)指令,控制电路进行弹种和热电池回路检测,并上报检测结果。

(3)选弹功能:可接收选弹指令,并返回选弹确认信息。

(4)发射准备控制功能:可接收火控计算机开始准备指令,输出各选弹供电控制指令,并在弹上上电、自检正常后,接收火控计算机流程控制指令和装定数量,完成与火箭弹信息交互,将弹上回复状态信息上报火控计算机进行显示。

(5)发火流程控制功能:依据弹种、弹号信息和点火流程,完成弹上转导航、热电池激活、断电和点火控制。

(6)取消发射功能:在发射准备过程中,可依据指令,完成弹上断电和流程取消控制。

（7）故障判断处理功能。

2. 软件功能需求分析

通过对制导装定设备软件功能需求分析，可以将软件的功能逻辑划分为上行业务逻辑和下行业务逻辑。

（1）上行业务逻辑是指在作为数据发送端时与制导火箭弹进行数据交互的传输流程。作为发送端时，软件根据接收到的炮车相关指令和数据，按照通信协议进行解析和组合，然后发送到指定的制导火箭弹。

（2）下行业务逻辑是指制导装定设备作为接收方时，从底层通信接口接收来自制导火箭弹的状态信息，根据通信协议解析出数据中包含的弹上设备各阶段状态。在制导火箭弹执行发射控制流程时，制导装定设备各通信端口周期性地接收制导火箭弹发送的数据。因此，制导装定设备软件应该具备从底层接口实时读取数据的能力。

在接收方，制导装定设备软件需要实时监控底层接口是否已经有数据被接收到，如果有，那么读取数据进行处理。根据事先约定好的数据类型判断规则，然后根据具体情况执行相应的操作。

综上所述，制导装定设备软件需要同时具备实时监控上层应用程序接口和底层接口的能力，能够在发送或接收的数据到来之后读取数据、按照规定的协议进行解析，并调用相关的功能模块进行操作。因此，制导装定设备软件需要使用多线程设计方式来满足系统中下行逻辑和上行逻辑并行处理的需求。

3. 软件性能需求分析

根据以上对软件功能的需求分析，确定了制导装定设备软件的设计需要采用嵌入式多线程技术。另外，基于数据传输的数据量大、速率高、实时性强等特点，在程序设计的过程中需要使用一些特定的方法提高数据传输质量。

多线程程序的运行，以及大量数据在系统中传输可能会占用较多的系统资源，如处理器资源、内存等，如果出现多线程不同步、共享资源控制不当等问题，则会引起程序运行出错，甚至影响整个系统的性能。由于多线程程序各线程间的交错顺序不确定，因此，要保证程序按照设计的顺序执行，需要软件开发人员具有丰富的多线程编程经验，要考虑所有可能发生的情况，在程序中要进行严格的同步控制。

|5.7　火箭炮发火设计|

　　火箭炮的发火设备用于提供无控火箭弹引信装定接口和火箭弹点火回路接口。其主要功能对于无控火箭弹而言,应依据设定时间间隔和发射弹序,控制输出点火脉冲信号,引燃发动机点火具炸药,实现火箭弹离轨飞行,同时完成弹上引信装定控制。对于制导火箭弹,其在弹药准备完毕后,接收点火启动和点火弹号信息,完成点火脉冲输出控制。

　　本节以某型火箭炮装定发火器为例说明发火设备的设计方法和要求。

5.7.1　工作原理

　　某型火箭炮的发火原理如图 5-12 所示。该系统将发火功能和无控火箭弹引信装定功能进行了一体化设计,由装定发火器统一完成,装定控制器作为降级操控设备完成无控火箭弹降级发射控制操作。火控计算机、装定控制器、制导控制器与装定发火器通过 CAN 总线进行指令和数据交互。装定发火器接收火控计算机、装定控制器发送的引信装定指令和发火选弹弹号、时间间隔信息,在引信装定完成后,依据设定弹序和间隔时间,依次完成点火信号输出。制导火箭弹在激活、弹上断电结束后,由制导控制器发送点火弹号,装定发火器完成点火。当进行发射控制设计时,可按上述采用一体化装定发火器完成引信装定和发火功能,也可采用独立设备分别实现引信装定和发火控制。

　　早期火箭炮进行无控火箭弹发控设计时,为确保火箭炮完成射击任务,一般有降级和应急发控要求,即当火控计算机无法正常工作时,在指挥系统下达射击诸元后,可半自动调炮至射击诸元,通过降级操控设备进行引信装定和发火选弹操作,实现无控火箭弹降级发控功能,或者在紧急情况下,不进行引信装定,直接由装定发火设备按默认弹序和时间间隔进行点火。

　　发火系统的击发方式分为车外击发、车内击发、应急击发三种工作方式。车外击发实现操作人员远距离击发,车内击发操作则可在火控计算机上完成。

5.7.2　无控火箭弹发射流程

　　无控火箭弹发射主要操作包括装弹检测、引信装定(引信种类识别)和发火选弹,其发射控制流程如图 5-13 所示。在发射准备好后,打开射击保险,按下击发按钮,装定发火设备即可按设定弹序输出点火脉冲,完成火箭弹发射。

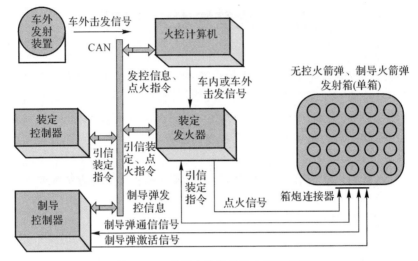

图 5-12　某型火箭炮的发火原理框图

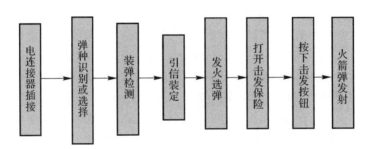

图 5-13　无控火箭弹发射流程图

5.7.3　装定发火设备的基本功能

装定发火设备的基本功能及要求有以下几点。

(1)引信识别:可正确识别当前引信类别。

(2)引信装定:可完成火箭弹引信参数装定,火箭弹常用引信包括电子时间引信、近炸引信、触发引信。其中,电子时间引信装定参数为开舱时间,近炸引信装定参数为近炸模式和远距离接电时间,触发引信装定触发或短延时、长延时触发模式。

(3)引信查询:可对引信参数进行查询。

（4）装弹或留腔检测。

（5）发射控制：可依据发火选弹弹号，按设定时间间隔输出点火信号，实现单发、多发无控火箭弹和制导火箭弹的发射控制。

（6）自检：该功能满足系统测试性要求，装定发火设备可进行板卡级的故障自检，提高系统维修性。

5.7.4　装定发火设计

装定发火设备是无控火箭弹引信通信接口、火箭弹点火具通路接口控制单体。某型火箭炮的装定发火设备原理如图 5-14 所示。该装定发火设备主要由箱体、电源板、通信板、主控板、发火板和母板组成。发火控制板发火信号在未进行点火脉冲输出时，通过电阻连接至发火地线，实现点火具的接地保护。装定发火设备通过回路检测电路完成火箭弹点火通路电阻值采集计算，阻值结果上报火控计算机，进行检弹结果显示。

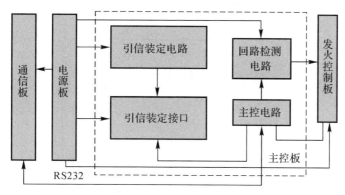

图 5-14　某型火箭炮的装定发火设备原理框图

装定发火设备通信板通过 CAN 总线接收火控计算机发送的检弹、引信装定或发火选弹指令，再通过内部 RS232 接口将指令信息发送至主控板。主控板依据指令及引信类别，控制回路检测及点火电路或引信装定接口电路接通，完成回路检测或引信的装定、查询。在接收到发射信号后，主控板依据时间间隔要求和设定弹序控制发火接口板输出点火脉冲信号。

（1）电源板采用 DC-DC 模块将 28 V 电源转化为所需二次电源分别给主控板、通信板、发火接口板提供工作电压。

（2）主控板是装定发火设备的核心部件，其电路包括引信装定电路、回路检测及点火电路、引信装定接口驱动电路及 RS232 接口电路，完成发火通路检测和引信装定控制。

(3)发火接口板采用大功率三极管,在主控板控制下完成对弹药点火脉冲输出。

(4)母板用于将电源板、主控板、发火接口板、通信板的输入/输出信号相互连接,并实现功能板块化,便于维修、换件。

5.7.5 降级发控设计

降级发控设备用于完成无控火箭弹降级发射操控和应急发射控制,其可取代火控计算机完成引信装定和发火设置,是引信装定、装弹检测及发射控制的备用操控设备。

图5-15所示为某火箭炮的降级操控设备的面板布置。降级操控设备组成应包括显示屏、操作按键,以及用于击发的保险钥匙开关、击发按钮等。降级操控设备设计需要根据操作习惯考虑面板布置,由于显示屏幕较小、显示内容多,因此当设计时需要对软件界面分级显示,界面设计应布局合理、紧凑。

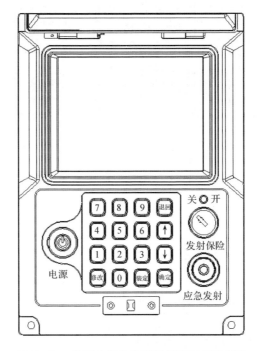

图5-15 某型火箭炮的降级操控面板布局图

应急发射控制是在火控计算机、降级操控设备均无法正常工作或紧急状况下进行紧急发射的功能。此时,仅需要打开击发保险,按下面板上的应急发射按钮,装定发火设备即可按照预设的时间间隔将火箭弹按预定弹序进行发射。

5.7.6 车外发射装置

车外发射装置用于远距离车外发射控制。其组成包括操作面板、收线器、线缆等。其中,操作面板设有发射保险和击发按钮,收线器用于线缆的敷设和撤收,击发线缆依据使用需求设定为 30 m 或 60 m。射击前,操作人员将击发电缆插头与车上外接插座连接,通过火控计算机或降级操控设备完成引信装定和发火时序设置。当选择车外发射时,打开车内和车外发射装置保险开关,按下击发按钮即可完成车外发射控制。某火箭炮的车外发射装置外形结构如图 5-16 所示。

图 5-16 某型火箭炮的车外发射装置外形结构

5.7.7 发火安全设计

发火设备的可靠性和安全性对于作战使用及日常训练非常重要。在研制的过程中,应贯彻可靠性、维修性、安全性同步设计原则。

(1)发火回路检测电路应具有必要的限流措施。

(2)发火回路阻值必须在规定的范围内,否则不能保证有足够的能量作用在点火具上,容易造成发射失败故障。

(3)为避免非发射状态下,由静电等引发的误触发意外,连接器未插接状态下,要求弹箱连接器插座发火线与地线短接形成同电位,确保安全。

(4)采取适当措施,避免在操作使用中人为差错所导致的风险(如插接件的防插错措施)。

(5)火箭炮插接机构应保证和炮连接型插头与插座的可靠对中,并有足够的插接、分离力,避免出现插接不到位、不可靠的现象发生。

(6)为把不能消除的风险降低到最低程度,应采取安全联锁、故障安全保护设计、系统防护等补偿措施。

(7)发火设备的操作界面应具有安全性提示,重要操作部位应设有安全操作警示牌。

|5.8 系统软件总体设计|

5.8.1 软件开发文档要求

依据军用软件产品管理办法,火箭炮软件开发过程主要包括系统需求分析和设计、软件研制任务书评审、软件需求分析、软件需求评审、软件设计、软件设计评审、软件实现、软件测试、软件测评、软件产品的使用和维护。软件开发过程中各文档的形成时期参见表 5-1。

表 5-1 软件开发过程中各文档的形成时期

开发文档	开发阶段								备注
	开发计划	系统需求分析	系统设计	软件需求分析	软件设计	软件编码实现	软件测试	软件测评	
软件开发计划	—→								系统软件文档
软件配置管理计划	—→								
软件质量保证计划	—→								
系统规格说明		—→							
系统设计说明			—→						
软件研制任务书		—————→							配置项软件文档
软件开发计划		—————→							
软件需求规格说明				—→					
软件配置管理计划				—→					
软件质量保证计划				—→					
软件设计说明					—→				
软件测试计划				——————————→					配置项软件文档
软件测试说明					————————→				
软件测试报告					————————→				
软件用户手册				——————————→					
软件研制总结报告							—→		

续表

开发文档	开发阶段								备注
	开发计划	系统需求分析	系统设计	软件需求分析	软件设计	软件编码实现	软件测试	软件测评	
软件研制总结报告							——→		
系统测试大纲								——→	
系统测试报告								——→	
管理控制过程	计划评审	规格说明评审	设计评审	需求评审	设计评审			大纲评审	

注:"——→"软件开发文档形成时期。

依据项目研制要求不同,软件开发文档可作适当裁减。

5.8.2 系统软件需求分析与设计

在火箭炮硬件技术方案设计同时,系统软件需求分析与设计同步开展。

系统软件需求分析中,应首先确定火箭炮使用模式,明确软件运行状态。对于实装训练发射系统,若训练装置状态与实际战斗不同,软件运行状态可分为模拟训练、战斗两种状态。对于非实装训练火箭炮,或者训练与战斗状态完全相同的,其软件只有一种运行状态。

系统软件需求分析与设计是在火箭炮硬件技术方案的基础上,明确系统软件配置项组成、重要度等级、开发模式、版本号等信息,对于定型和选型软件应确定其定型和产品状态,明确各新研软件的硬件平台、资源和软件运行环境、编码环境、开发语言,梳理出各配置项软件接口连接关系,标识出软件外部接口和配置项间内部接口,例如某型火箭炮的软件接口如图5-17所示。

依据作战流程和战术、技术指标要求,结合软件连接关系,从操作角度对系统控制流程和交互信息进行约定,明确软件关系和数据信息流,对软件配置项的组成及功能、性能进行划分和分解,确定各配置项主要功能、性能、内部和外部接口关系及各配置项之间指令流、数据流、时序关系和接口类别、信息协议等,以及各配置项软件接口信号处理方式、显示方式、信息交互和安全设计要求,对各软件信息处理时间要求、弹种适配要求、引信类别要求、引信装定时间要求、发射间隔时间要求、行战和战行转换流程时间分解、信息和数据存储方式、坐标投影方式和导航地图标绘方式等进行约定,以方便配置项设计和系统显示的统一。某型火箭炮的软件数据信息流如图 5 - 18 所示。

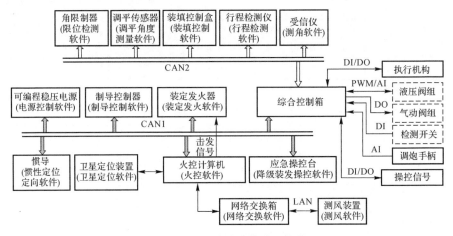

图 5 - 17　某型火箭炮的软件连接关系图

注：→为 IO/A/PWM/DO/DI 或脉冲控制信号，↔为通信号（RS422/LAN/RS232）。

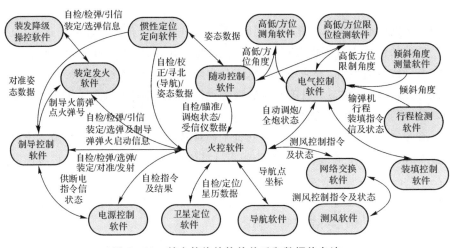

图 5 - 18　某火箭炮的软件关系和数据信息流

　　系统软件需求分析与设计完成后，即可形成各配置项软件研制任务书，对各配置项软件技术要求、接口关系和交付时间、验收准则等提出设计要求。

5.8.3　软件需求分析与设计

　　在软件研制任务书下发后，软件人员对研制任务书技术要求进行分解、细化,明确软件功能、性能指标、配置项内部和外部接口要求及接口数据类别、数值范围和处理要求,明确各配置项通信协议,并对软件的安全性、可靠性、质量因素、人员等要求进行需求分析,形成软件需求规格说明。

需求分析结束后,即可进行软件设计说明编写,对软件结构、逻辑、数据和功能模块进行设计,明确各模块间接口和数据要求,并对各软件模块接口数据处理方式、处理流程进行约定,相关人-机界面软件对界面显示内容、操作处理进行设计。测试人员同期开展软件测试设计,编写测试计划,明确软件测试内容、时间,并结合软件接口和运行平台的特点确定测试所需的环境需求。

5.8.4　软件实现与测试

软件进入代码编写实现阶段,项目组人员搭建相关计算机硬件和软件调试环境,按照软件设计文档和通信协议要求进行代码设计和单体调试、系统联调。测试人员同期开展软件测试,编写软件单元测试说明,在软件功能、性能调试完毕后,建立测试环境并开展软件单元和集成测试工作,验证软件的功能、性能,对软件输入/输出、数据处理、接口、关键性等方面实施考核,并最终形成软件测试报告,记录确认测试结果并分析是否满足软件需求规格说明相关要求。

5.8.5　软件测评

软件在系统调试结束、完成火箭炮出所交验和质量评审后,即可结合鉴定试验大纲准备进行软件测评。按测评要求提交相关文档,第三方测评单位依据研制任务书和软件需求规格说明编制软件测评大纲并实施软件测评。

软件测评分为文档审查和代码审查两部分。文档审查对各配置项提交文档的齐套性、完整性、准确性和一致性等方面进行审查,形成问题报告单和更改单。代码审查又分为动态测试和静态代码检查两部分。代码动态测试由各软件配置项依据搭建测试环境,对其功能、性能、接口、边界、安全性、余量及人-机交互、安装性等进行测试,在首轮测试后形成问题报告单和更改单,并对更改后软件进行回归测试。配置项测试完毕后,结合火箭炮进行系统测试,对测试问题更改后执行回归测试。静态代码检查用于对软件注释率、圈复杂度等进行定量检查,一般软件注释率要求不低于 20%,圈复杂度一般不大于 10。在所有测试完毕后,形成软件测评报告,软件即可随火箭炮进行定型和归档。

|5.9 其他主要系统介绍|

5.9.1 通信系统

火箭炮是地面火力的一个重要组成部分,通信系统是其遂行作战任务的基础,火箭炮的火力打击能力依托于可靠、快速和安全的通信系统。火箭炮通信系统主要完成上级连、营指挥车射击指挥指令的接收和火力执行结果上报。

1.指挥通信功能

武器系统连指挥车通信功能一般划分为侦察情报网和火力网。侦察情报网用于侦察系统和指挥车通信,完成侦察指挥和目标情报信息传输。火力网完成与火箭炮、综合保障系统(弹药车、气象车、维修车等)通信,可完成对连属配套车辆指挥和对火箭炮下发目标分配信息,完成射击指挥,并获取火箭炮的实时状态及命令执行情况。连指挥车还具有上级指挥通信功能,可接收上级情报指挥系统的情报和指挥命令,向上级指挥系统汇报命令执行情况和命令请求、向上级情报系统提供目标情报的能力,从而构建一个可以参与体作战的武器系统。

火箭炮隶属于火力网,主要完成射击指挥指令接收和射击执行结果、状态信息上报。某火箭炮的指挥交互信息内容见表5-2。

表5-2 某火箭炮的指挥交互信息汇总

类　别	交互指令		数据内容
指挥指令	对时指令		年/月/日/时/分/秒
	气象通报	探测信息	编码/探测日期时间/有效时间/气象站海拔高度
		地面气象	气温/风向/风速/气压
		高空气象	按气象层数发送,主要包括层号/层高/风向/风速/虚温/气压
		中心坐标/半径	
	遮蔽顶数据		目标编码/目标坐标(X,Y,H)/弹种弹数/引信时间
	射击口令		各炮表尺、方向
	射击诸元		当前坐标(X,Y,H)
	坐标信息		各炮的状态信息(准备好、瞄准好等)

2. 通信系统组成及功能

火箭发射系统通信一般由通信控制器、电台和车通组成。

通信控制器是通信系统核心,实现有线无线通信网络控制、设备管理、语音终端接入等功能,完成发射系统与指挥车之间无线和有线通信,接收火控计算机发来状态信息,处理后通过无线和有线通信方式转发给指挥车,或接收指挥车下达的有关命令,处理后转发给火控计算机。通信控制器通过与车通主控制器接口,实现车内语音对外有线和无线通话。通信系统接线原理如图5-19所示。

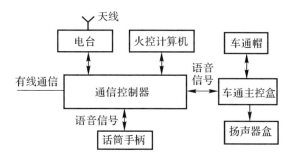

图5-19 通信系统接线原理框图

电台用于实现无线通信功能,其功能、性能要求主要包括以下几点。

(1)无线通信工作方式:具有定频模拟明话、定频数字密话、跳频数字密话及定频数据、跳频数据等通信模式。

(2)具有定频模拟信道扫描功能。

(3)可直接与计算机或数据终端连接,传输数据信号,可进行点对点数据通信。

(4)具有分组无线网功能。

车通系统是车内用户接入设备,主要提供车内话音和数据通信、车间话音和数据通信。

3. 通信系统设计要求

通信系统主要分为有线和无线两种方式。无线通信系统传输速率快、传输距离远,可通过加密确保传输安全性,其弱点是易于受到电子噪声干扰和敌方电子战攻击,敌方可通过无线探测发现武器装备地理位置而受到攻击。有线通信系统在电子战中的易损性小,但机动性差,架设前需周密计划,且架设时需要较大的人力、物力和时间,在防御战中多采用有线通信系统。

火箭炮的通信设计要求主要包括:①具有数传、话传和数话同传三种工作模式;②无线通信距离大于或等于 35 km(静止状态);③无线通信误码率小于或等于 1×10^{-6};④有线通信最大距离大于或等于 10 km。

5.9.2 定位定向系统

1.定位、定向功能和性能

卫星定位系统具有高精度、全天候、操作简便、精度不会随时间和距离发散等优点,但其对使用环境有一定要求,其电磁波传输易受环境遮挡、电磁波干扰而使信号衰减,从而使定位精度降低。因此,卫星定位导航系统应用具有一定的局限性。

目前,世界上有四个正在运行或正在建设的全球卫星定位导航系统,分别为美国全球定位系统(GPS)、中国的北斗卫星导航系统(BD)、俄罗斯的格林纳斯卫星导航系统(GLONASS)以及欧盟的伽利略(GALILEO)系统。当前,卫星定位技术的发展方向为通过各定位系统卫星信号组合来获得较强的抗干扰能力,提高卫星定位多系统兼容及互操作性,改进自身的精度和可靠性;通过多系统兼容,使得用户能够获得更好的几何布局,改善了在复杂环境下用户使用效果。在卫星信号状态良好的情况下,多系统兼容单点水平精度最高可达 2 m。

惯性导航是将载体加速度二次积分以计算出载体位置的自主设备。惯性导航装置一般由三轴一体光纤陀螺、加速度计和相关电子、电路与导航软件组成。通过陀螺和加速度计,测量出载体的三维运动角速度和加速度,实时捷联解算载体装备的方位角 ψ、俯仰角 θ 和横倾角 γ,以及位置坐标,完成自主惯性定位定向。

惯性导航不对外发射信息,也不接受外界信息,可在任何介质中工作,水下、太空等都可以成为其应用场合,测量精度高,轨迹追踪能力强,可提供全方位导航信息。但受到陀螺仪和加速度计的零位漂移等影响,其定位误差会随着时间而积累。

火箭炮一般采用惯性导航和卫星定位设备组合应用实现自主定位定向功能。由惯性导航系统实时提供载体北向、姿态以及所在位置的经纬度、高程等导航信息,卫星定位系统提供定时经纬度、高程信息,并在必要时对惯导进行校正。

早期由于全球定位系统使用限制,惯导在使用时通过标准校正点完成初始对准,火箭炮在作战准备时,需由测地分队提供高精度校正点坐标。由于北斗定位系统日益完善,单点卫星定位精度已有较大提高,现除标准校正点之外,也可采用卫星定位校正方式完成惯导校正。

惯性定位定向导航系统性能指标如下。

(1)方位角精度≤1 mil(1σ)。

(2)横倾角和俯仰角≤0.5 mil (1σ)。

(3)水平定位精度≤0.2%D(CEP,D 为行驶里程),高程精度≤10 m(PE)。

(4)寻北时间≤5 min。

2. 行军导航功能

行军导航功能用于完成指挥作战时队列展开或占领发射阵地时的路径导航。火箭炮可通过火控计算机集成电子地图导航或独立的驾驶员导航仪实现行军导航功能。

行军导航中电子地图一般可兼容处理 MapInfo,ArcGIS,Mbtiles 等多种格式地图数据。可实现电子地图配置、显示和地图上下、左右移动及放大、缩小、漫游功能,可在惯导、卫星定位及组合导航三种方式下实现火箭炮技术阵地、保障点、射击阵地标绘,可实现火箭炮当前点位置、预定行驶路线、本炮行驶轨迹、基准射向标绘,完成当前坐标、目的地坐标、行驶里程实时显示。可编辑本车行驶路线进行导航路线规划、设置偏航告警线并进行导航告警提示。

5.9.3 气象探测系统

气象探测系统主要用于提供实时地面和高空大气数据资料,利用弹道气象学理论成果对射击诸元进行修正计算,提高射击精度。研究表明,气象因素对火箭炮射击精度的影响占 50% 以上,气象数据主要应用于无控火箭弹发射控制,部分制导火箭弹解算时也进行气象数据修正。

1. 气象探测

气象探测主要包括地面气象探测、低空气象探测和高空气象探测三部分。

(1)地面气象探测。地面气象探测通常配备于指挥车,由其携带的便携式气象仪完成地面气象数据探测并发送至火箭炮。便携式气象仪主要由传感器单元、主机(数据采集与显示单元)和三脚支架、交流适配器及有关电缆组成。气象仪一般预留三个安装位置(高度分别为 1.5 m,3.5 m 和 10 m),由传感器单元完成气温、相对湿度、风向、风速等测量并传输至指挥终端,地面气象探测可根据射击时刻择机进行。地面气象探测装置也可配装于火箭发射装置,完成火箭弹炮口高度气象实时探测。

地面气象探测装置的主要技术性能参数有以下几种。

1)风速:测量范围为 0~60 m/s;测量精度(1σ):当风速≤5 m/s 时,测量精度≤0.4 m/s;当风速>5 m/s 时,测量精度≤实际值的 3%。

2)风向精度(1σ)≤100 密位。

3)气温测量范围:−50~70℃;精度(1σ)≤0.6℃。

4)湿度测量范围:0~100% RH;精度(1σ)≤4% RH。

5)气压测量范围:10~1 100 hPa(1 hPa=100 Pa);精度(1σ)≤1 hPa。

(2)低空气象探测。低空气象探测装置完成 200 m 以下高度气象的分层探测,用于当火箭弹主动段飞行速度较低时低空气象数据修正计算。

低空气象探测装置可由激光多普勒测风雷达完成,主要由激光发射模块、相干探测接收模块、光学收发及扫描模块、信号处理模块、控制模块以及辅助模块组成,其外形如图 5-20 所示。可通过分层完成不同高度风速和风向测量,低空气象探测装置主要配装于火箭炮。

激光多普勒测风雷达的主要技术指标有以下几项。

1)探测高度(以激光雷达的光学窗口中心算起):最小探测高度≤6 m,最大探测高度≥200 m。

2)测风范围:风向为 0~6 000 密位,风速为 1~30 m/s。

3)测量误差(均方差):当与标准测风塔对比测量时,风向≤89 密位,风速≤0.8 m/s;当用实验室条件测量时,径向风速≤0.2 m/s。

图 5-20　某型激光多普勒测风雷达外形

(3)高空气象探测。高空气象探测一般采用车载高空气象雷达完成,探测高度可为 20 1000~30 000 m。遂行保障任务期间,通常每隔4~6 h 进行一次综合气象探测。两次综合探测之间,每隔2 h 进行一次补充探测,主要进行地面气温、气压、湿度观测和高空不同层高虚温、气压、风向、风速探测,按照规定的格式编写炮兵气象通报。气象数据保障半径在天气较为稳定的情况下,通常为 30 km 左右,保障时效一般为 2~2.5 h。

目前,炮兵气象保障半径通常为 30 km 左右,对于远程火箭弹而言,气象数据只能代表炮兵阵地的气象信息,对于弹道中途以及目标区域,气象要素偏离探测值实际上已经很大,特别是炮兵阵地处于目标点的下风方向。为了保证射击精度,在弹道区域内实现多点气象保障势在必行。这也是外弹道气象保障理论发展的一个重要方向。

2. 气象数据应用

气象数据主要用于弹道方程射击诸元修正解算。

高空气象通报计算方法一般有两种:第一种是把实际气象诸元经过弹道处理,变换为等效的气象诸元,再计算修正量和射击诸元,即射表法确定射击诸元;另一种是把实际气象数据与弹道微分方程组联解,求出射击诸元,即解弹道方程确定射击诸元。

现弹道方程解算中高空气象数据应用是把各大气层高中间点的气象诸元作为该层的气象诸元代表值,这种取法决定射击诸元的精度并不是最高的。另外,弹道分层对解算精度也有影响,弹道气象通报中,常按弹道高进行分层。实际应用时,若分层多则气象数据精度高,但计算时间较长;若分层较少则气象数据精度低,但节省时间。

华约气象数据分层及对应层高见表 5−3。

表 5−3　华约气象数据分层及对应层高

层号	层高/m	气象数据实际高度/m	层号	层高/m	气象数据实际高度/m
0	00	00	12	8 000	7 500
1	500	250	13	9 000	8 500
2	1 000	750	14	10 000	9 500
3	1 500	1 250	15	12 000	1 100
4	2 000	1 750	16	14 000	1 300
5	2 500	2 250	17	16 000	1 500
6	3 000	2 750	18	18 000	17 00
7	3 500	3 250	19	20 000	1 900
8	4 000	3 750	20	22 000	2 100
9	5 000	4 500	21	24 000	2 300
10	6 000	5 500	22	26 000	2 500
11	7 000	6 500	23	28 000	2 700

第 6 章

随动系统设计

随动系统也称作伺服系统,系统的被控制量(输出量)是负载机械空间位置的角位移,当位置给定量(输入量)发生任意变化时,系统的主要任务是使输出量快速而准确地复现给定量的变化。随动系统是一种典型的位置反馈控制系统,即通过对输出量和给定量的比较,实现位置闭环控制。系统性能主要分为稳态性能和动态性能,稳态强调稳定性、稳态精度,动态突出快速响应能力,强调跟随准确性、抗扰性。

火箭炮随动系统的主要用途是接收火控系统输出的位置主令,驱动火箭炮回转、俯仰机构运动,使火箭炮精确指向目标点。在动基座条件下,随动系统要隔离基座摇摆对射击线的扰动,保持射击线的空间稳定性。随动系统根据调速系统类型一般分为全电随动系统和液压随动系统。液压调速系统一般与火力部件一体化设计,因此液压随动系统组成较为简单。

6.1　液压随动系统概述

6.1.1　液压随动系统的定义

液压随动系统(也称液压伺服系统)是以液压动力元件作驱动装置所组成的反馈控制系统,其输出量(机械位移、速度、加速度或力)能以一定的精度,自动按照输入信号的变化规律进行变化。与此同时,还起到功率放大作用,故又是一个功率放大装置。

6.1.2 液压随动系统的组成

典型的液压随动系统的组成如图 6-1 所示,包括给定元件、反馈元件、比较元件、放大变换元件、执行元件及校正元件等。给定元件主要用于产生给定信号或输入信号;反馈元件用于测量被控制量或输出量,产生主反馈信号;比较元件用来比较输入信号和反馈信号之间的偏差,可以通过电路实现或嵌入式软件实现,也称比较环节;放大变换元件用于对偏差信号进行信号放大和功率放大,例如伺服阀、比例阀;执行元件用于直接对控制对象进行操作,例如液压缸、液压马达等;控制对象用于控制所要操纵的对象,它的输出量为系统的被控制量,如火炮高低起落部分、炮塔等;校正元件又称为校正装置,用以稳定控制系统,提高性能。

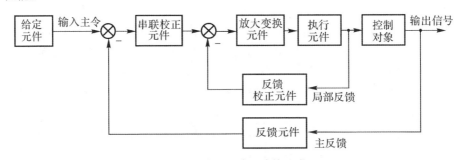

图 6-1 液压随动系统的组成

6.1.3 液压随动系统的优、缺点

1.液压随动系统的优点

(1)单位功率的质量轻,力矩-惯量比大。和全电随动系统相比,液压元件的功率-质量比和力矩-惯量比大,可以组成结构紧凑、体积小、质量轻、加速性好的控制系统。对于中、大功率的控制系统,这一优点尤为突出。电气功率元件、执行元件的最小尺寸取决于最大的有效磁通密度、电流密度和发热量散发要求,因此电气功率元件、执行元件的结构尺寸一般较大,功率-质量比和力矩-惯量比相对较小。液压元件功率损耗所产生的热量可由油液带到散热器散发,其尺寸主要取决于最大工作压力。而液压元件最大工作压力一般均比较高,因此液压元

件的体积小、质量轻,输出的力矩却很大。统计资料表明,液压马达的功率-质量比一般为相当容量电动机的 10 倍,而力矩-惯量比为电动机的 10～20 倍。

(2)负载的刚度大,精度高。液压控制系统的输出角位移受负载变化影响小,即有较大的速度-负载刚度,定位准确,控制精度高。由于液压固有频率高,允许液压控制系统特别是电液伺服系统有较大的开环放大系数,因此可以获得较高的精度和响应速度。液压马达的开环速度刚度约为电动机的 5 倍,电动机的位置刚度与液压马达相比则更低。

(3)液压控制系统响应快。由于液压动力元件的力矩-惯量比大,因此可以安全、可靠并快速地带负载启动、制动与反向,而且具有很大的调速范围。例如,加速中等功率的电动机约需 1 s,而加速同功率的液压马达的时间只需电动机的 1/10 左右。由于液压系统中油液的体积弹性规模很大,由油液压缩性形成的液压弹簧刚度很大,而液压动力元件的惯量又比较小,因此系统响应速度快。与具有相同压力和负载的气动系统相比,液压系统的响应速度是气动系统的 50 倍。

2. 液压控制系统的缺点

(1)传动效率偏低。液压传动过程中,需经两次转换,有较大的能量损失,因此传动效率偏低。

(2)工作稳定性易受温度影响。液压系统的性能对温度较为敏感,不宜在过高或过低温度下工作,采用石油基液压油作传动介质时还需考虑防火问题。

(3)对工作油液的清洁度管理要求高。污染的油液会使阀磨损而降低性能,甚至被堵塞而不能正常工作。这是液压伺服系统发生故障的主要原因。因此,液压伺服必须采用精细过滤器。

(4)油液的体积弹性模量随油温和混入油中的空气含量而变化。油液的黏度也随油温变化而变化,因此油温变化对系统的性能有较大的影响。

(5)容易引起油液外漏,造成环境污染。油液外漏还可能引起火灾,因此有些场合不适用。

(6)液压元件制造精度要求高,成本高。

(7)由于液压系统中的很多环节具有非线性特性,因此系统的分析和设计较电气系统复杂。以液压方式进行信号的传输、检测和处理也不及电气方式便利。

6.1.4　液压控制技术的发展概况

17 世纪中叶,法国帕斯卡提出著名的液体静压力传递定律,奠定了液压技术的理论基础。早在第一次世界大战前,液压伺服控制作为操舵装置已开始应用于海军舰艇中。第二次世界大战期间,1940年底在飞机上首先出现了电液伺服系统,其滑阀由伺服电动机拖动,伺服电动机惯量很大,成了限制系统动态特性的主要环节。20世纪50年代,液压技术转入民用工业,得到了广泛的发展应用。20世纪50年代后期,出现了以喷嘴挡板阀作为先导级的电液伺服阀,使电液伺服系统成为当时响应最快、控制精度最高的伺服系统。20世纪60年代,各种结构的电液伺服阀相继问世,特别是以摩格为代表的采用干式力矩马达和级间力反馈的电液伺服阀的出现和各类电反馈技术的应用,进一步提高了电液伺服阀的性能。20世纪60年代以后,出现了可靠、廉价、性能满足工程需要的比例阀。20世纪70年代,采用各种内反馈原理的比例元件大量问世,耐高压比例电磁铁和比例放大器在技术上也日趋成熟,不仅用于开环控制也被用于闭环控制。20世纪八九十年代,比例元件的设计原理进一步完善,电液比例技术形成了集成化趋势。21世纪,电液伺服技术向智能化、机电一体集成化方向发展,基于数字控制技术的高精度、高频响比例伺服阀已得到应用,将液压控制技术的发展推进到更高的水平。

6.2 全电随动系统的技术特点及组成

6.2.1 全电随动系统的技术特点

1. 全电随动系统的性能特点

全电随动系统的核心作用是使输出快速而准确地复现输入主令,其性能特点有以下几点。

(1)稳定性。随动系统接收给定主令或施加扰动后,经过短暂的过渡过程,快速达到平衡状态。

(2)准确性。随动系统输出量跟随给定主令的精确程度,火箭炮对定位精度要求很高。

(3)快速性。随动系统的动态响应性能,要求系统对给定主令的跟随速度快、超调小。

(4)抗扰性。在内、外部扰动作用下,要求系统输出动态变化小,恢复时间短,振荡次数少。

2. 全电随动系统的其他技术特点

(1)系统具备高精度传感器,能准确测量各级输出信号。

(2)系统调速范围宽,低速平稳性好。

(3)系统控制线性度好,无较大时滞环节和弹性环节。

(4)系统控制器、功率放大器和执行元件都是可逆的。

6.2.2 全电随动系统的组成

本节主要介绍全电随动系统(以下简称"随动系统")。随动系统由随动控制器、伺服驱动器、伺服电机、传感器和设备总线五大部分组成,如图 6-2 所示。

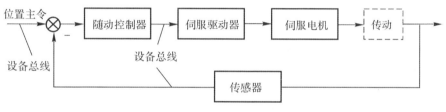

图 6-2 随动系统组成图

1. 随动控制器

随动控制器是随动系统的"大脑",系统的控制策略由控制器实现。控制器根据位置误差大小,经过匹配的控制算法,生成伺服驱动器的控制信号。随动系统经历了由模拟控制向数字控制的发展过程。早期随动系统采用模拟电路的控制器和位置传感器,系统精度和性能不够理想。随着计算机控制技术发展,现在计算机数字控制的随动系统已占据主导地位。数字电路控制具有模拟电路控制难以实现的数据通信、复杂逻辑和数据处理、故障诊断等功能,配合高精度数字传感器,可提高随动系统控制精度,改善动态性能。

2. 伺服驱动器

伺服驱动器是通过控制伺服电机的电压、电流、频率等电量,改变转矩、速度和位移等机械量,使机构按期望要求高精度运行的功率放大器。由于伺服电机需要四象限运行,故伺服驱动器必须是可逆的。伺服驱动器主要用于火炮随动系统、稳定系统,驱动火炮快速、精确跟踪瞄准目标,是控制系统的"心脏",还可用于电机驱动的自动装填、外能源射控和液压稳速等系统。伺服驱动器技术主要发展方向是快响应、高精度、强抗扰和大功率。按照驱动电机类型分为直流伺服驱动器和交流伺服驱动器。

3. 伺服电机

伺服电机是随动系统的执行元件。在小功率系统中多用永磁式伺服电机，如永磁式直流伺服电机、永磁同步电机、直流无刷电机等，在较大功率情况下也可采用电励磁伺服电机。从电机结构和数学模型方面，伺服电机与调速电机无本质区别，但伺服电机相比调速电机转动惯量小，低速和零速带载性能好。由于直流伺服电机具有机械换向器，应用场合受限，维护成本高，因此目前常用交流伺服电机。其中，永磁同步电机因为转矩脉动小、控制特性好等优点，应用更为广泛。

4. 传感器

随动系统的被控制量（输出量）是负载机械空间位置的角位移。为实现高性能控制，需要准确测量系统电压、电流、速度和位移等各级输出量的电信号，因此随动系统常用的传感器有角位置传感器、电压传感器、电流传感器、测速机和速率陀螺等。若需要随动系统控制火炮在大地空间指向，还需要配置安装在摇架上的捷联式惯导系统测量大地坐标系下的火炮指向。

5. 设备总线

设备总线是随动系统内外部件之间传送信息的通信总线。它是由导线组成的传输线束，设备通过相应的接口电路与总线相连接。随动系统的设备总线经历了由并行总线、低速串行总线向高速串行总线的发展过程。随动系统常用的设备级串行总线有 CAN 总线、RS422 总线等，也有一些工程师尝试使用实时以太网传送信息。

基于模块化要求，随动系统在设计中，一般由随动控制箱实现随动控制器功能，随动驱动箱实现伺服驱动器功能，测角器实现角位置传感器功能。

6.2.3　随动控制箱

1. 用途与组成

随动控制箱用于实现随动控制器功能，是随动系统的核心部件，外形如图 6-3 所示。随动控制箱通过 CAN 总线接收火控系统发送的调炮诸元，采集火炮方位角和高低角作为位置反馈,实施随动系统位置闭环算法,使火炮精确调炮到位。随动控制器还需完成自动用、收炮流程中的随动调炮控制、随动自检、随动安全连锁、总线通信等功能。机箱内安装有随动控制板、控制电源板和接口适配板等电路板。

随动控制板采用基于数字信号处理(DSP)的数字控制技术,选用美国 TI 公司 TMS320F28335 作为核心控制器。控制板主要由 DSP 单元、电压变换单元、通信单元及轴角转换单元组成,实现随动调炮控制、轴角转换、通信及自检等功能,采用 4 层板设计,对电源层和地层大面积敷铜,控制板元器件布局合理,连线方便、美观,随动控制板如图 6 - 4 所示。

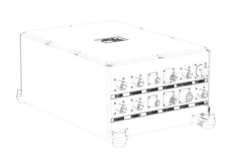 

图 6 - 3 随动控制箱外形　　　　　图 6 - 4 随动控制板

2. 数字信号处理器 TMS320F28335

TI 公司推出的浮点型数字信号处理器 TMS320F28335,在已有的 DSP 平台上增加了浮点运算内核,在保持了原有 DSP 芯片优点的同时,能够执行复杂的浮点运算,可以节省代码执行时间和存储空间,具有精度高,成本低,功耗小,外设集成度高,数据及程序存储量大,A/D(模拟/数字)转换更精确、快速等优点,为嵌入式工业应用提供更加优秀的硬件性能和更加简便的软件设计条件。

(1)高速处理能力。TMS320,F28335 具有 150 MHz 的高速处理能力,具备 32 位的浮点处理单元,6 个 DMA 通道支持 ADC,McBCP 和 EMIF,具有多达 18 路的 PWM 输出。其中,有 6 路为更高精度的 PWM 输出(HRPWM),12 位 16 通道 ADC。因为其具有的浮点运算单元,用户可快速编写控制算法,节约了在小数据处理操作上的时间和精力。同之前的定点 DSP 比较,平均性能可以达到 150%。其中,快速傅里叶转换(FFT)算法运算速度是之前的 200%。

(2)片内 Flash,SARAM 存储器。处理器包含 256 KB×16 位的片内 Flash 存储器,分为 8 个 32 KB×16 位的扇区。每个芯片在地址 0x380400 ～

0x3807FF 都有一个 1 KB×16 位的片内 OTP 存储器,用户可以单独对其中任意一段进行擦写、编程和验证程序,而不必更改其他段。处理器包含 2 块 1 KB×16 位的 SARAM(单口 RAM)。复位时,堆栈指针指向 M1 起始处。M0 和 M1 可以映射为数据存储器或程序存储器,因此可以用 M0 和 M1 存储程序代码或存放数据变量。

(3)32 位高性能 CPU 处理器。软件采用 CCS 环境,支持 C 语言、C++语言和汇编语言的嵌入使用。这样编程,生成代码效率高。还可以兼容定点 C28X 控制器软件,可实现简化软件开发、缩短开发周期、降低开发成本的目的。程序空间多达 4 MB,数据地址空间多达 4 MB,具备快速的中断响应和中断处理能力。

(4)外围串口设备丰富。有多通道缓冲的串行接口和外围接口模式,还有 eCAN 增强式 CAN 模块,两个串行通信接口和串行外围 SPI 接口。

6.2.4　随动驱动箱

1.用途与组成

交流电机变频调速需要电压与频率均可调的交流电,常用的交流可调电源是由电力电子器件构成的静止式功率变换器,一般称为变频器。驱动伺服电机的变频器也称为伺服驱动器。随动系统由随动驱动箱实现伺服驱动器功能,随动驱动箱外形及内部结构如图 6-5 所示。

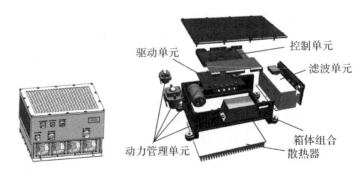

图 6-5　随动驱动箱外形及内部结构

随动系统设计中,遵循"ALL IN ONE"高度集成化一体化设计理念,将驱动单元、控制单元和动力管理单元等集成于驱动箱内,实现了高功率密度集成化设计。采用分舱式设计,将随动驱动箱设计为三舱结构,由滤波舱、动力舱和控制舱构成。

（1）滤波舱内合理布局一体化动力滤波器、电机输出滤波器和控制滤波器，对输入的动力电源和控制电源进行滤波，滤波完成后进入动力舱，同时对电机动力输出线进行滤波，以满足电磁兼容性指标要求。

（2）动力舱包括驱动板、功率模块、传感器板和动力电源管理单元。驱动板插接在功率单元上，接收控制板的控制信号并进行功率放大，控制功率管的通断，完成对直流动力电源的逆变，驱动电机转动；传感器板采集电流和电压信号隔离处理后输送到控制板；动力电源管理单元完成三相交流输入整流、缓启动和安全联锁管理。

（3）控制舱内放置控制板，采集电机的位置信号和传感器板的电流信号及电压信号，并接收上位机速度主令信号，完成位置环、速度环、电流环控制算法，并输出控制信号到驱动板。

2. 工作原理

随动驱动箱根据交流或直流供电体制，一般采用交－直－交变频或直－交变频的变流方式。交－直－交变频先将恒压、恒频的交流电整成直流电，再将直流电逆变成电压与频率均为可调的交流电。随动驱动箱的原理框图如图6－6所示。这种主回路只有一套可控功率系统，具有结构、控制方便的优点，采用脉宽调制的方法，输出谐波分量小；缺点是能量不能回馈至电网，当电机负载工作在回馈制动状态时，造成直流侧电压泵升。

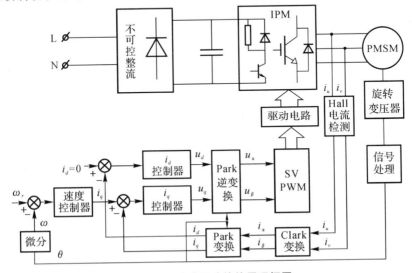

图6－6　随动驱动箱的原理框图

早期的驱动箱采用晶闸管（Silicon Controlled Rectifier，SCR），SCR属于半控型器件，通过门极只能使其开通而不能关断，需强迫换流才能关断SCR，故主回路结构复杂。另外，晶闸管开关速度慢，驱动器的开关频率低，输出电压谐波分量大。全控型器件通过门极既可使其开通又可使其关断，此类器件的开关速度普遍高于晶闸管，常用的全控型器件有电力场效应管（Power-MOSFET）、绝缘栅极双极型晶体管（Insulated Gate Bipolar Transistor，IGBT）、智能功率模块（Intelligent Power Module，IPM）等。

驱动箱中用得最多的控制技术是脉冲宽度调制（Pulse Width Modulation，PWM）技术，其基本原理是控制驱动箱中逆变器电力电子器件的开通或关断，输出高度相等、宽度按一定规律变化的电压脉冲序列，用此高频脉冲序列代替期望的输出电压。传统的交流PWM技术是用正弦波来调制等腰三角形，称为正弦脉冲宽度调制（SPWM）。随着控制技术的发展，产生了电流跟踪PWM（CFPWM）控制技术和电压空间矢量PWM（SVPWM）控制技术。

驱动箱中一般采用电流传感器、电压传感器和旋转变压器。电流传感器用于测量相电流和直流母线电流，电压传感器用于测量直流母线电压，旋转变压器用于测量电机转子位置和计算电机转速。驱动箱具有两个控制环路：①是电流环，实现交、直轴电流控制，由直轴（d 轴）电流环和交轴（q 轴）电流环两部分组成，包括电流检测、Clark变换、Park变换、控制器、Park逆变换、SVPWM控制等环节；②速度环，实现速度控制，包括旋变信号处理、微分和控制器等环节。有些驱动箱还有位置环，可以进行位置控制。

6.2.5　永磁同步电机

1. 基本概念

永磁同步电机是高性能交流伺服电机，按照永磁体磁链在电枢绕组中感应出的反电动势的形状将永磁同步电机分为两类：①正弦波永磁同步电机，它的反电动势为正弦波，电枢绕组一般采用分布短距绕组的形式，同时为实现输出稳定的电磁转矩，需要采用三相对称正弦波电流供电；②无刷直流电机，也可以称为方波永磁同步电机，它的反电动势为梯形波，

图 6-7　永磁同步电机的外形

电枢绕组一般采用整距集中绕组的形式，而为保证输出转矩的平稳性，一般采用

三相对称的方波电流供电。永磁同步电机的外形如图 6-7 所示。

此外，根据永磁材料安装位置的不同，电机学常将永磁同步电机分为表面式和内埋式两种，其基本结构如图 6-8 和图 6-9 所示。

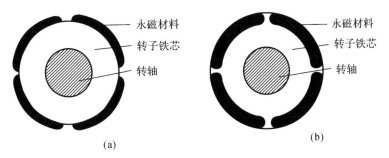

图 6-8　表面式永磁同步电机转子结构

(a)凸出式；(b) 插入式

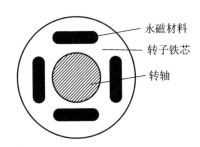

图 6-9　内埋式永磁同步电机转子结构

从图 6-8 可知，表面式转子结构中的永磁材料一般呈瓦片状安装于转子铁芯的外表面，根据在转子外表面安装位置的不同又可分为凸出式和插入式。图 6-9 所示为内埋式结构，永磁材料位于转子内部，在结构上与表面式有较大不同。由于永磁同步电机在结构上有多种形式，因此电磁转矩的形成机理和控制策略有不同形式。

若根据电磁转矩的形成机理分类，正弦波永磁同步电机可分为两大类，一类为隐极式永磁同步电机，另一类为凸极式永磁同步电机。隐极式永磁同步电机的特点是，转子磁路结构对称，又由于永磁材料的磁导率与气隙的磁导率相接近，因此定子直轴电感 L_d 等于交轴电感 L_q，即 $L_d = L_q$。表面式永磁同步电机中的插入式电机属于此类。根据电机学的推导，其电磁转矩 T_e 的表达式为

$$T_e = \frac{mpE_0U_s}{\omega X_d}\sin\theta \tag{6-1}$$

由于气隙磁场、定子电枢反应磁场分别和电机反电动势 E_0、电机端电压 U_s

有直接关系,因此隐极式永磁同步电机的转矩是由气隙磁场与定子电枢反应磁场相互作用产生的"基本电磁转矩",又称"永磁转矩",没有其他的成分如磁阻转矩等成分混入,因此控制比较简单。

凸极式永磁同步电机的特点是,转子磁路不对称,导致定子直轴电感 L_d 不等于交轴电感 L_q,即 $L_d \neq L_q$。表面式永磁同步电机中的凸出式电机和内埋式永磁同步电机都属此类。其电磁转矩 T_e 的表达式为

$$T_e = \frac{mpE_0U_s}{\omega X_d}\sin\theta + \frac{mpU_s^2(X_d - X_q)}{2\omega X_d X_q}\sin2\theta \qquad (6-2)$$

凸极式永磁同步电机的转矩包含两种成分:一是和隐极式永磁同步电机完全一样,为由气隙磁场与定子电枢反应磁场相互作用产生的"基本电磁转矩";二是由于电机直轴和交轴的磁路不对称而产生的"磁阻转矩"。显然,此类凸极式永磁同步电机的电磁转矩的形成机理要比前者复杂得多,控制也复杂。

对于方波永磁同步电机,反电势为梯形波的无刷直流电动机,它的电磁转矩的形成机理则更有特殊性。该电机的电流会出现断流现象,和正弦波永磁同步电机电流始终连续的现象完全不同。电流断流将会对定子磁链、电磁转矩产生巨大影响,无刷直流电机的控制策略也必然和正弦波永磁同步电机的控制策略有较大区别。

2. 正弦波永磁同步电机常用的坐标系和坐标变换

随动系统常用正弦波永磁同步电机,该类电机内部电磁关系十分复杂,建立精确的数学模型比较困难,为简化分析,做如下假设。

(1)忽略磁路饱和、涡流和磁滞损耗。

(2)三相定子绕组完全对称,且各相绕组轴线在空间上互差120°,转子上无阻尼绕组。

3)定子电流在气隙中产生正弦分布的磁势,忽略磁场高次谐波的影响,电机反电动势正弦。

在描述和分析正弦波永磁同步电机过程中常用到如下四种坐标系。

(1)$a-b-c$ 三相静止坐标系。$a-b-c$ 三相静止坐标系下,a,b,c 轴线分别为电机三相绕组轴线,电机电压、电流和磁链在该坐标轴上的分量即为电机三相实际分量,在该坐标系中,电机方程为一组变系数的微分方程,求解比较复杂。

(2)$\alpha-\beta$ 两相静止坐标系。在 $\alpha-\beta$ 两相静止坐标系中,α 轴和 a 相绕组轴线重合,β 轴超前 α 轴90°。

(3)x,y 两相定子磁链同步旋转坐标系。$x-y$ 坐标系是和定子磁链矢量保持同步旋转的两相旋转坐标系,其中 x 轴方向为定子磁链矢量方向,y 轴超前 x

轴 $90°$，x 轴和 a 相绕组轴线之间的夹角为 θ_s。

(4) $d-q$ 两相转子磁链同步旋转坐标系。在 $d-q$ 坐标系中，d 轴方向为转子永磁体磁链方向，q 轴超前 d 轴 $90°$，$d-q$ 坐标系和转子永磁体磁链保持同步旋转，d 轴和 a 相绕组轴线之间的夹角为 θ_r。不同坐标系之间的关系如图 $6-10$ 所示，图中 $\boldsymbol{\psi}_s$ 为定子磁链矢量，$\boldsymbol{\psi}_r$ 为转子永磁体磁链矢量，δ 为定子磁链和转子永磁体磁链之间的夹角，其值等于 θ_s 与 θ_r 之差，即 $\delta=\theta_s-\theta_r$。

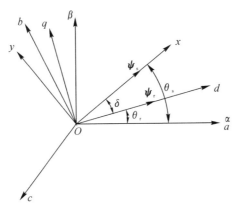

图 $6-10$　不同坐标系之间的关系

上述四类坐标系之间的变换包括两个类型：三相静止坐标系和两相坐标系之间的变换、两相坐标系和两相坐标系之间的变换。三相静止坐标系和两相坐标系之间变换的基本思想是，将一个三相静止坐标系里的矢量，通过坐标变换用一个两相静止坐标系或两相旋转坐标系里的矢量表示。常用的变换方式有两种：一种是恒功率变换，即仅保持变换前后功率不变；另一种是横幅值变换，即仅保持变换前后综合矢量幅值不变。而两相坐标系和两相坐标系之间的变换比较简单，可以直接变换。

下面介绍永磁同步电机控制系统中常用的几种坐标变换。

(1) 三相 $a-b-c$ 静止坐标系和 $\alpha-\beta$ 两相静止坐标系之间的变换。设电机相关变量（电压、电流和磁链等）在三相 abc 静止坐标下的分量分别为 x_a，x_b，x_c，在 x_β 坐标系中的分量分别为 x_a，x_β，则两个坐标系之间有如下变换关系：

$$\begin{bmatrix} x_a \\ x_\beta \end{bmatrix}=C_{3s/2s}\begin{bmatrix} 1 & -\dfrac{1}{2} & -\dfrac{1}{2} \\ 0 & \dfrac{\sqrt{3}}{2} & -\dfrac{\sqrt{3}}{2} \end{bmatrix}\begin{bmatrix} x_a \\ x_b \\ x_c \end{bmatrix} \qquad (6-3a)$$

$$
\begin{bmatrix} x_a \\ x_b \\ x_c \end{bmatrix} = C_{2s/3s} \begin{bmatrix} 1 & 0 \\ -\dfrac{1}{2} & \dfrac{\sqrt{3}}{2} \\ -\dfrac{1}{2} & -\dfrac{\sqrt{3}}{2} \end{bmatrix} \begin{bmatrix} x_\alpha \\ x_\beta \end{bmatrix}
\tag{6-3b}
$$

式中：$C_{3s/2s}$，$C_{2s/3s}$——变换前、后系数。

当采用恒功率变换时，$C_{3s/2s} = \sqrt{\dfrac{2}{3}}$，$C_{2s/3s} = \sqrt{\dfrac{2}{3}}$；当采用恒幅值变换时，$C_{3s/2s} = \dfrac{2}{3}$，$C_{2s/3s} = 1$。

2)$\alpha - \beta$ 两相静止坐标系和 $x - y$ 两相定子磁链同步旋转坐标系之间的变换。设电机相关变量在 $x - y$ 两相旋转坐标系中的分量分别为 x_x，x_y，两个两相坐标系之间的变换关系为

$$
\begin{bmatrix} x_x \\ x_y \end{bmatrix} = \begin{bmatrix} \cos\theta_s & \sin\theta_s \\ -\sin\theta_s & \cos\theta_s \end{bmatrix} \begin{bmatrix} x_\alpha \\ x_\beta \end{bmatrix}
\tag{6-4a}
$$

$$
\begin{bmatrix} x_\alpha \\ x_\beta \end{bmatrix} = \begin{bmatrix} \cos\theta_s & -\sin\theta_s \\ \sin\theta_s & \cos\theta_s \end{bmatrix} \begin{bmatrix} x_x \\ x_y \end{bmatrix}
\tag{6-4b}
$$

式中：θ_s——定子磁链和 α 轴之间的夹角。

（3)$\alpha - \beta$ 两相静止坐标系和 $d - q$ 两相转子磁链同步旋转坐标系之间的变换。设电机相关变量在 dq 两相旋转坐标系中的分量分别为 x_d，x_q，两个两相坐标系之间的变换关系为

$$
\begin{bmatrix} x_d \\ x_q \end{bmatrix} = \begin{bmatrix} \cos\theta_r & \sin\theta_r \\ -\sin\theta_r & \cos\theta_r \end{bmatrix} \begin{bmatrix} x_\alpha \\ x_\beta \end{bmatrix}
\tag{6-5a}
$$

$$
\begin{bmatrix} x_\alpha \\ x_\beta \end{bmatrix} = \begin{bmatrix} \cos\theta_r & -\sin\theta_r \\ \sin\theta_r & \cos\theta_r \end{bmatrix} \begin{bmatrix} x_d \\ x_q \end{bmatrix}
\tag{6-5b}
$$

式中：θ_r——转子磁链和 α 轴之间的夹角。

（4)三相 $a - b - c$ 静止坐标系和 $d - q$ 两相转子磁链同步旋转坐标系之间的变换。

$$\begin{bmatrix} x_d \\ x_q \end{bmatrix} = C_{3s/2r} \begin{bmatrix} \cos\theta_r & \cos(\theta_r - 120°) & \cos(\theta_r + 120°) \\ -\sin\theta_r & -\sin(\theta_r - 120°) & -\sin(\theta_r + 120°) \end{bmatrix} \begin{bmatrix} x_a \\ x_b \\ x_c \end{bmatrix}$$

$$(6-6a)$$

$$\begin{bmatrix} x_a \\ x_b \\ x_c \end{bmatrix} = C_{2r/3s} \begin{bmatrix} \cos\theta_r & -\sin\theta_r \\ \cos(\theta_r - 120°) & -\sin(\theta_r - 120°) \\ \cos(\theta_r + 120°) & -\sin(\theta_r + 120°) \end{bmatrix} \begin{bmatrix} x_d \\ x_q \end{bmatrix} \quad (6-6b)$$

（5）$d-q$ 两相转子磁链同步旋转坐标系和 $x-y$ 两相定子磁链同步旋转坐标系之间的变换。两个两相旋转坐标系之间的变换关系为

$$\begin{bmatrix} x_x \\ x_y \end{bmatrix} = \begin{bmatrix} \cos\delta & \sin\delta \\ -\sin\delta & \cos\delta \end{bmatrix} \begin{bmatrix} x_d \\ x_q \end{bmatrix} \quad (6-7a)$$

$$\begin{bmatrix} x_d \\ x_q \end{bmatrix} = \begin{bmatrix} \cos\delta & -\sin\delta \\ \sin\delta & \cos\delta \end{bmatrix} \begin{bmatrix} x_x \\ x_y \end{bmatrix} \quad (6-7b)$$

式中：δ——定子磁链矢量和转子永磁体磁链之间的夹角。

3. 正弦波永磁同步电机数学模型

（1）三相 $a-b-c$ 静止坐标系中正弦波永磁同步电机的电压方程为

$$\begin{bmatrix} u_a \\ u_b \\ u_c \end{bmatrix} = \begin{bmatrix} R_s & 0 & 0 \\ 0 & R_s & 0 \\ 0 & 0 & R_s \end{bmatrix} \begin{bmatrix} i_a \\ i_b \\ i_c \end{bmatrix} + \frac{d}{dt} \begin{bmatrix} \psi_a \\ \psi_b \\ \psi_c \end{bmatrix} \quad (6-8)$$

式中：$\begin{bmatrix} u_a & u_b & u_c \end{bmatrix}^T$——定子相电压向量；

$\qquad R_s$——定子绕组相电阻；

$\qquad \begin{bmatrix} i_a & i_b & i_c \end{bmatrix}^T$——定子相电流向量；

$\qquad \begin{bmatrix} \psi_a & \psi_b & \psi_c \end{bmatrix}^T$——定子绕组各相磁链向量。

电机磁链、电流和电感之间的关系复杂，正弦波永磁同步电机在 $a-b-c$ 三相静止坐标下的数学模型是一个多变量、非线性、强耦合的系统，直接在该坐标系下求解和分析十分复杂。

（2）$\alpha-\beta$ 静止两相坐标系下的数学模型。定子电压在 $\alpha-\beta$ 坐标系下的表达式为

$$\begin{bmatrix} u_{s\alpha} \\ u_{s\beta} \end{bmatrix} = \begin{bmatrix} R_s & 0 \\ 0 & R_s \end{bmatrix} \begin{bmatrix} i_{s\alpha} \\ i_{s\beta} \end{bmatrix} + \frac{\mathrm{d}}{\mathrm{d}t} \begin{bmatrix} \psi_{s\alpha} \\ \psi_{s\beta} \end{bmatrix} \qquad (6-9)$$

式中：R_s——定子电阻；

$[u_{s\alpha} \quad u_{s\beta}]^\mathrm{T}$，$[i_{s\alpha} \quad i_{s\beta}]^\mathrm{T}$，$[\psi_{s\alpha} \quad \psi_{s\beta}]^\mathrm{T}$——电机定子电压、定子电流、定子磁链在 $\alpha-\beta$ 坐标系下的分量。

在两相静止坐标系下电机电磁转矩为

$$T_e = \frac{3}{2} p (\psi_{s\alpha} i_{s\beta} - \psi_{s\beta} i_{s\alpha}) \qquad (6-10)$$

(3) $d-q$ 两相转子同步旋转坐标系下的数学模型为

$$\begin{bmatrix} u_{sd} \\ u_{sq} \end{bmatrix} = \begin{bmatrix} R_s & 0 \\ 0 & R_s \end{bmatrix} \begin{bmatrix} i_{sd} \\ i_{sq} \end{bmatrix} + \frac{\mathrm{d}}{\mathrm{d}t} \begin{bmatrix} \psi_{sd} \\ \psi_{sq} \end{bmatrix} + \omega_r \begin{bmatrix} -\psi_{sq} \\ \psi_{sd} \end{bmatrix} \qquad (6-11)$$

式中：$[u_{sd} \quad u_{sq}]^\mathrm{T}$，$[i_{sd} \quad i_{sq}]^\mathrm{T}$，$[\psi_{sd} \quad \psi_{sq}]^\mathrm{T}$——电机定子电压、定子电流、定子磁链在 $d-q$ 坐标系下的直轴分量和交轴分量；

ω_r——转子磁链旋转电角速度。

定子磁链 $[\psi_{sd} \quad \psi_{sq}]^\mathrm{T}$ 可以表示为

$$\begin{bmatrix} \psi_{sd} \\ \psi_{sq} \end{bmatrix} = \begin{bmatrix} L_d & 0 \\ 0 & L_q \end{bmatrix} \begin{bmatrix} i_{sd} \\ i_{sq} \end{bmatrix} + \begin{bmatrix} \psi_f \\ 0 \end{bmatrix} \qquad (6-12)$$

式中：L_d，L_q——正弦波永磁同步电机的直轴电感和交轴电感；

ψ_f——转子永磁体磁链。

在 $d-q$ 两相转子同步旋转坐标下，电机转矩方程为

$$T_e = \frac{3}{2} p (\psi_{sd} i_{sq} - \psi_{sq} i_{sd}) =$$

$$\frac{3}{2} p [\psi_f i_{sq} + (L_d - L_q) i_{sd} i_{sq}]$$

$$(6-13)$$

当电机 $L_d = L_q$ 时，电机转矩方程为

$$T_e = \frac{3}{2} p \psi_f i_{sq} \qquad (6-14)$$

电机运动方程为

$$T_e - T_L = J \frac{\mathrm{d}\Omega_r}{\mathrm{d}t} \tag{6-15}$$

式中：T_L——负载转矩；

J——转动惯量；

Ω_r——转子机械转速。

6.2.6 位置传感器

随动系统输出角度的测量精度是影响系统静态精度最直接、最重要的因素。常用的位置传感器有自整角机和旋转变压器。随着技术的发展，机电编码器以其良好的电气性能及比光电编码器更强的抗冲击振动能力在随动系统上得到广泛应用。除对输出角度进行高精度测量外，随动系统还要进行电气射角限位控制，使用微动开关或接近开关作为位置传感器。本节主要介绍机电编码器和接近开关。

1. 机电编码器

(1)安装形式。安装形式分为实心轴型编码器、轴套型编码器(包括半空轴和空心轴)，其外形分别如图6-11和图6-12所示。实心轴型编码器配置了一个结实的轴，通过柔性联轴器连接到驱动轴上。柔性联轴器用来连接两个机械轴并且补偿两轴水平偏差，其他还可以使用皮带、小齿轮、测量轮和缆绳牵引等方案。轴套型编码器的轴为连续的通孔空心轴或者半空轴套形式。编码器和驱动轴可以用编码器的轴套和弹簧连接片连接。轴套型编码器集成了定子簧片，用来补偿编码器与驱动装置的水平误差，不必额外做一个补偿联轴器。

图6-11 实心轴型编码器的外形　图6-12 轴套型编码器的外形

(2)工作原理。常用的编码器分为光电编码器和机电编码器。光电编码器采用光电检测技术，将实际的机械位移量转换为电气信号，由光源、光栅、光电信息转换器件、电路和机械结构组成。光栅通过光刻方法在玻璃上形成透明和不透明码区,经过狭缝使光电接收器输出二进制代码信号,实现角度数字编码,通过适当的译码电路和计数电路,进行轴角的数字测量。其原理决定了此类产品抗冲击振动能力弱,对使用环境要求高。

机电编码器采用旋转变压器信号处理技术,将机械角度转换为数字角度,由旋转变压器、解算电路和接口电路组成。该类产品寿命长,环境适应性强,抗冲击振动能力强,多极旋转变压器方式的编码器精度高。单极旋转变压器和多极旋转变压器的原理如图 6-13 和图 6-14 所示。

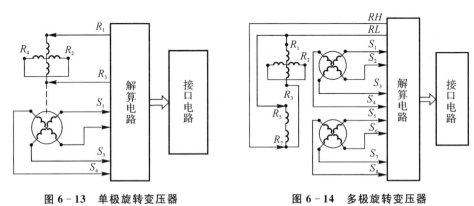

图 6-13　单极旋转变压器　　　　图 6-14　多极旋转变压器

当旋转变压器转过机械角 θ 时,旋转变压器两个转子绕组输出正弦信号 Vsin 和余弦信号 Vcos,通过解算电路实现数字量转换,由接口电路输出数字角度。编码器的前端传感器分为单极旋转变压器和多极旋转变压器两种。

(3)测量范围。编码器按测量范围可分为单圈绝对值编码器和多圈绝对值编码器。单圈绝对值编码器的码值只反映一圈值,即把 360° 等分为 2^n 个测量步。这种编码器转完一圈后,代码又开始重现。因此,这种编码器无法区别到底转了多少圈。多圈绝对值编码器是在单圈绝对值编码器上配置一个齿轮,这个齿轮可以检测到编码器旋转的圈数。因此,多圈绝对值编码器是由总的分辨率与圈数分辨率之和来确定,例如对于 16 位单圈,14 位圈数来说,就一共有 2^{30} 个位置可以读取。这种编码器可以把非常长的距离等分为非常小的测量步。

(4)接口类型。

1)并行接口。并行接口的特点是快速数据传输。

2)同步串行接口。同步串行接口(SSI 接口)是专门为从绝对值编码器到控制设备的数据传输而开发,控制设备发送一串脉冲链,绝对值编码器响应相应的位置数据值。编码器输出数据采用格雷码或自然二进制方式,以 RS422 标准输出,其工作原理如图 6-15 所示。

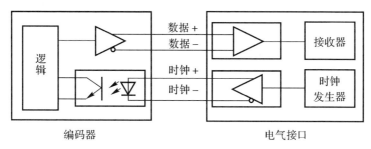

图 6-15　SSI 接口的工作原理图

编码器 SSI 接口的标准如图 6-16 所示。

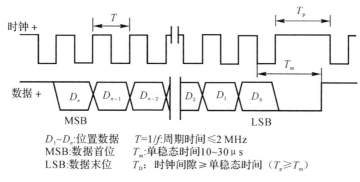

$D_1 \sim D_n$:位置数据　　$T=1/f$:周期时间≤2 MHz
MSB:数据首位　　T_m:单稳态时间10~30 μs
LSB:数据末位　　T_D: 时钟间隙≥单稳态时间（$T_p \geqslant T_m$）

图 6-16　SSI 接口的标准

编码器 SSI 信号输出格式:空载条件下信号线"数据＋"和"时钟＋"为高电平,当时钟信号第一次从高电平跳至低电平时,存储在编码器的数据 D_n 进行传输;当第一个脉冲上升沿到来时,数据首位(MSB)就成为编码器的串行数据输出。随着一个个脉冲上升沿的到来,D_{n-1},D_{n-2} 等位就逐一传输,最后一位(LSB)传输完毕,单稳态时间 T_m 截止前,数据线跳到低电平,数据线跳到高电平之前或时钟间隙 T_p 时间截止前,不会有数据传输,单稳态时间 T_m 决定了最低传输频率。

3)CANopen 接口。CANopen 接口提供两种符合 CAN 标准 DSP406 的数据接口,CAN 总线工作模式有循环模式和同步模式。

4)串口。串口符合 RS422/RS485 标准。

(5) 注意事项:①编码器需选择专用的屏蔽电缆,屏蔽层的截面积至少为 4 mm^2,电缆横截面积不小于 0.14 mm^2;②动力线和编码器及其线缆应分开敷设,保持一定距离,避免相互干扰;③编码器不能和变频器、电磁阀、接触器等高干扰元件共用一个供电电源。

2. 接近开关

(1)工作原理。接近开关是一种无须与运动部件进行机械直接接触就可以操作的位置开关,当物体与接近开关的感应面距离小于动作距离时,不需要机械接触及施加任何压力即可使开关动作,从而给控制器提供控制信号。接近开关是种开关型传感器,它既有行程开关、微动开关的特性,同时具有传感性能,且动作可靠,性能稳定,频率响应快,应用寿命长,抗干扰能力强,具有防水、防振、耐腐蚀等特点。产品种类有电感式、电容式、霍尔式、交直流型。

随动系统常用电感式接近开关,其属于开关量输出的位置传感器,它由 LC 高频振荡器和放大处理电路组成,利用金属物体接近这个能产生电磁场的振荡感应头,使物体内部产生涡流。这个涡流反作用于接近开关,使接近开关振荡能力衰减,内部电路的参数发生变化,由此识别出有无金属物体接近,进而控制开关的通或断,其工作原理如图 6-17 所示。电感式接近开关所能检测的物体必须是金属物体。

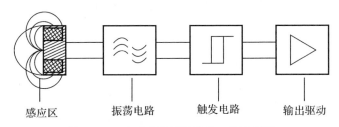

感应区　　　振荡电路　　　触发电路　　　输出驱动

图 6-17　电感式接近开关的工作原理图

(2)安装方式。接近开关分为齐平式和非齐平式(见图 6-18)。齐平式接近开关在铁氧体磁芯线圈的周围有物体保护,其电感磁场的范围向着接近开关正前方。非齐平式接近开关没有物体保护,因此在接近开关感应头侧面也会有磁场。

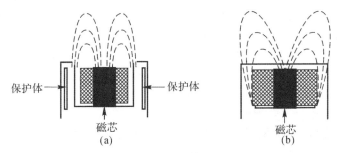

保护体　　　　　　　　　保护体

磁芯　　　　　　　　　磁芯
(a)　　　　　　　　　(b)

图 6-18　接近开关电感磁场图

(a)齐平式接近开关;(b)非齐平式接近开关

　　齐平式接近开关安装时感应面可以和金属安装表面齐平,为了使信号不受干扰,开关表面到其对面的金属物体的距离≥$3Sn$(Sn 为标准感应距离),邻近的两个接近开关的距离≥D(D 为开关的直径)。

　　非齐平式接近开关的感应面周围的区域没有金属外壳,感应面到金属安装介质的距离须保证 Y 的距离,感应表面到对面金属物体的距离≥$3Sn$,邻近两个接近开关的距离≥$3D$。

　　对于相对安装的两个接近开关,两个感应面之间的最小距离≥$6Sn$,如图 6 - 19 所示。

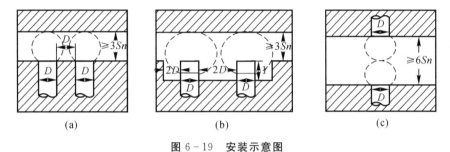

图 6 - 19　安装示意图
(a)齐平式接近开关;(b)非齐平式接近开关;(c)相对的安装方式

　　(3)电气参数和输出形式。

　　1)直流二线制。负载必须串接在传感器内进行工作。在开路状态存在很小的漏电流。在闭路状态,开关元件上会有一个较小的电压降,有常开型和常闭型两种形式。

　　2)直流三线制。直流三线制开关的负载和供电电源分开连接,有过载保护、短路保护和极性保护功能,剩余电流小,可以忽略不计,有 NPN 常开、NPN 常闭、PNP 常开和 PNP 常闭四种形式。NPN 常开型是接近开关在无信号触发时,信号输出为空,有信号触发时,信号输出为低电平;NPN 常闭型是接近开关在无信号触发时,信号输出为低电平,有信号触发时,信号输出为空;PNP 常开型是接近开关在无信号触发时,信号输出为空,有信号触发时,信号输出为高电平;PNP 常闭型是接近开关在无信号触发时,信号输出为高电平,有信号触发时,信号输出为空。

　　3)直流四线制。直流四线制有 NPN 常开和常闭、PNP 常开和常闭两种形式。

6.2.7　设备总线

　　设备总线按系统总线要求进行设计。

|6.3　随动系统的主要功能与性能参数|

　　火箭炮随动系统具有自动和半自动两种工作方式,自动工作方式下,随动系统接收火控系统输出的位置主令,驱动火箭炮回转、俯仰部分运动,使火箭炮精确指向目标点。半自动工作方式下,炮手操作操纵台实施调炮,随动系统接收操纵台速度主令,处于调速状态。

6.3.1　随动系统的主要功能

　　(1)接收火控系统发送的射击诸元,实现火箭炮自动瞄准功能。

　　(2)输出火箭炮方位、高低角功能。

　　(3)半自动调炮控制功能。

　　(4)系统启动、停止控制功能。

　　(5)安全联锁功能。

　　(6)方位、高低限制功能。

　　(7)自检与故障诊断定位功能。

6.3.2　随动系统的主要性能指标

　　(1)自动瞄准工作范围,指火炮自动调炮的高低、方位工作范围,在范围内可以自动调炮,超出范围不能调炮。

　　(2)最大调炮速度 ω ,指火炮高低、方位自动调炮的最大速度;

　　(3)最大调炮加速度 ε ,指火炮高低、方位自动调炮的最大加速度;

　　(4)最小调炮速度,指火炮高低、方位半自动瞄准的最小速度,指标由火控系统下达;

　　(5)调炮精度,指火炮高低、方位调炮误差,指标由火控系统下达;

　　(6)调炮时间,指克服一定失调角的最大调炮时间,指标由火控系统下达。

6.3.3　所需被控对象参数

　　(1)火炮的转动惯量 J_g。

（2）执行电机转轴到火炮的传动效率 $\eta_{\text{电机}-\text{齿圈}}$。

（3）火炮静摩擦力矩 M'_c。

（4）火炮不平衡力矩 M'_x。

（5）从电机输出轴到火炮的减速比 i。

|6.4　随动系统的设计|

6.4.1　某随动系统技术要求和被控对象参数

（1）克服 $30°$ 失调角总时间小于 7 s。

（2）最大调炮速度 $\omega = 8(°)/\text{s}$。

（3）最大调炮加速度 $\varepsilon = 6(°)/\text{s}^2$。

（4）火炮的转动惯量：方位系统 $J_{g\beta} = 25\ 370\text{ kg}\cdot\text{m}^2$；高低系统 $J_{g\varphi} = 33\ 489\text{ kg}\cdot\text{m}^2$。

（5）执行电机转轴到火炮的传动效率：方位传动：$\eta_{\text{电机}-\text{齿圈}} = 0.28$；高低传动 $\eta_{\text{电机}-\text{齿圈}} = 0.248$。

（6）火炮静摩擦力矩：方位系统 $M'_{c\beta} = 764\text{ N}\cdot\text{m}$；高低系统 $M'_{c\varphi} = 2\ 000\text{ N}\cdot\text{m}$。

（7）火炮不平衡力矩：方位系统 $M'_{x\beta} = 7\ 800\text{ N}\cdot\text{m}$（ $6°$斜坡）；高低系统 $M'_{x\varphi} = 2\ 700\text{ N}\cdot\text{m}$（理想值）。

（8）从电机输出轴到火炮的减速比：方位传动比 $i_{\beta} = 2\ 125$；高低传动比 $i_{\varphi} = 2\ 210$。

6.4.2　功率计算

随动系统的功率计算是系统设计的主要计算内容，目的是计算随动系统输出功率能否满足武器系统要求，包括折合执行电机轴上负载惯量计算、执行电机轴上力矩计算、伺服电机选择、驱动器设计计算和系统消耗电源功率计算。

1. 执行电机轴上负载惯量计算

当系统电机速度增加时，电动机向火炮传递机械能，而当系统电机速度降低时，火炮回转部分将机械能传送给电动机，前一过程称为正传动，后一过程称为

反传动。由于正、反传动效率不同，因此系统在加速和减速时所估算到的惯量有所不同。当火炮加速，即正传动时，能量传入按下式计算：

$$\frac{1}{2}J_1\omega_d^2 = \frac{1}{2}J_{d0}\omega_d^2 + \frac{1}{\eta_1}\frac{1}{2}J_g\omega_g^2 \qquad (6-16)$$

式中：J_1——正传动时折合到伺服电机轴上的总惯量；

ω_d——电机转速；

ω_g——火炮回转速度；

J_{d0}——电机转子惯量；

J_g——火炮回转惯量；

η_1——正传动效率。

当火炮减速，即反传动时，能量传输关系按下式计算：

$$\frac{1}{2}J_2\omega_d^2 = \frac{1}{2}J_{d0}\omega_d^2 + \eta_2\frac{1}{2}J_g\omega_g^2 \qquad (6-17)$$

式中：J_2——反传动时折合到伺服电机轴上的总惯量；

η_2——反传动效率。

将 $\omega_g = \dfrac{\omega_d}{i}$ 分别代入（6-16）和式（6-17）并化简得到执行电机轴上总惯量：

（1）当火炮加速时，有

$$J_1 = J_{d0} + \frac{J_g}{\eta_1 i^2} \qquad (6-18)$$

若考虑传动链惯量，则

$$J_1 = J_{d0} + J_i + \frac{J_g}{\eta_1 i^2} \qquad (6-19)$$

式中：J_i——传动链折合到电机轴上的惯量。

（2）当火炮制动时，有

$$J_2 = J_{d0} + \frac{\eta_2 J_g}{i^2} \qquad (6-20)$$

若考虑传动链惯量，则

$$J_2 = J_{d0} + J_i + \frac{\eta_2 J_g}{i^2} \qquad (6-21)$$

由于传动效率是小于 1 的，正传动对应的惯量比反传动大，故若当功率计算时正传动的性能满足，则反传动就会满足。下面只计算正传动情况，且传动链惯量 J_i 的作用在火炮回转惯量中引入一个系数来考虑。

以期与负载惯量匹配，选择电机惯量为 2.59×10^{-3} kg · m^2。

方位系统正传动：

$$J_{1\beta} = J_{do\beta} + \frac{1.1J_{g\beta}}{\eta_{1\beta}i_\beta^2} = 2.59 \times 10^{-3} + \frac{1.1 \times 25\ 370}{0.28 \times 2\ 125^2}\ (\mathrm{kg \cdot m^2})$$

$$= 2.47 \times 10^{-2}\ (\mathrm{kg \cdot m^2})$$

$$(6-22)$$

高低系统正传动：

$$J_{1\Phi} = J_{d0\Phi} + \frac{1.1J_{g\Phi}}{\eta_{1\Phi}i_\Phi^2} = 2.59 \times 10^{-3} + \frac{1.1 \times 33\ 489}{0.248 \times 2\ 210^2}(\mathrm{kg \cdot m^2})$$

$$= 3.3 \times 10^{-2}(\mathrm{kg \cdot m^2})$$

$$(6-23)$$

2. 执行电机轴上力矩计算

(1)火炮等速调转时力矩(包括不平衡力矩)。折合到电机轴上的静摩擦力矩按下式求得

$$M_c = \frac{M'_c}{\eta i} \tag{6-24}$$

式中：M'_c——火炮的静摩擦力矩。

折合到电机轴上的不平衡力矩：

$$M_x = \frac{M'_x}{\eta i} \tag{6-25}$$

式中：M'_x——火炮的不平衡力矩。

方向执行电机的静摩擦力矩：

$$M_{c\beta} = \frac{M'_{c\beta}}{\eta_\beta i_\beta} = \frac{764}{0.28 \times 2\ 125}(\mathrm{N \cdot m}) = 1.28(\mathrm{N \cdot m}) \tag{6-26}$$

方位系统在6°斜坡上调炮,方向执行电机的不平衡力矩：

$$M_{x\beta} = \frac{M'_{x\beta}}{\eta_\beta i_\beta} = \frac{7\ 800}{0.28 \times 2\ 125}(\mathrm{N \cdot m}) = 13.11(\mathrm{N \cdot m}) \tag{6-27}$$

高低执行电机的静摩擦力矩：

$$M_{c\Phi} = \frac{M'_{c\Phi}}{\eta_\Phi i_\Phi} = \frac{2\ 000}{0.248 \times 2\ 210}(\mathrm{N \cdot m}) = 3.65(\mathrm{N \cdot m}) \tag{6-28}$$

高低系统克服最大不平衡力矩按照理想值的两倍选择,高低执行电机的不平衡力矩：

$$M_{x\Phi} = \frac{2M'_{x\Phi}}{\eta_\Phi i_\Phi} = \frac{2 \times 2\ 700}{0.248 \times 2\ 210}(\mathrm{N \cdot m}) = 9.85(\mathrm{N \cdot m}) \tag{6-29}$$

火炮以最大速度调转时力矩：

方位系统,则
$$M_\beta = M_{c\beta} + M_{x\beta} = 1.28 + 13.11(\text{N} \cdot \text{m}) = 14.39 \ (\text{N} \cdot \text{m}) \quad (6-30)$$
高低系统,则
$$M_\Phi = M_{c\Phi} + M_{x\Phi} = 3.65 + 9.85(\text{N} \cdot \text{m}) = 13.5(\text{N} \cdot \text{m}) \quad (6-31)$$
(2)火炮以最大加速度调转时力矩(不考虑方位、高低不平衡力矩)。方位系统,则

$$M_\beta = M_{c\beta} + M_{x\beta} + J_{1\beta}\frac{2\pi\varepsilon_\beta}{360}i_\beta = 14.39 + 2.47 \times 10^{-2} \times \frac{6 \times 2\pi}{360} \times 2\ 125(\text{N} \cdot \text{m})$$
$$= 19.89(\text{N} \cdot \text{m})$$

$$(6-32)$$

高低系统,则

$$M_\Phi = M_{c\Phi} + M_{x\Phi} + J_{1\Phi}\varepsilon_\Phi\frac{2\pi}{360}i_\Phi = 13.5 + 3.3 \times 10^{-2} \times \frac{6 \times 2\pi}{360} \times 2\ 210(\text{N} \cdot \text{m})$$
$$= 21.13(\text{N} \cdot \text{m})$$

$$(6-33)$$

3. 伺服电机选择

选用方向、高低执行电机参数如下。
(1)额定输出功率 $P_H = 5.5 \text{ kW}$。
(2)额定转速 $n_H = 3\ 300 \text{ r/min}$。
(3)额定电流 $I_H = 135 \text{ A}$。
(4)额定电压 $U_H = 56 \text{ V}$。
(5)电机转子惯量 $J_{d0} = 2.59 \times 10^{-3} \text{ kg} \cdot \text{m}^2$。
(6)电机额定转矩 $M_H = 16.0 \text{ N} \cdot \text{m}$。
(7)工作制为 30 min。
(8)效率 $\eta = 90\%$。
根据随动系统调炮时间要求推算出随动系统最大调炮速度为 8(°)/s,最大调转加速度为 6(°)/s²。当火炮最大速度调转时,伺服电机的转速分别对应以下几种。
(1)方位电机转速:
$$n_\beta = \frac{8 \times 60 \times 2\ 125}{360}(\text{r/min}) = 2\ 833(\text{r/min}) \quad (6-34)$$
小于电机额定转速。
(2)高低电机转速:

$$n_\Phi = \frac{8 \times 60 \times 2\ 210}{360}(\text{r/min}) = 2\ 947(\text{r/min}) \qquad (6-35)$$

小于电机额定转速。

（3）方位力矩过载系数：

$$\lambda_\beta = \frac{M_\beta}{M_{\text{H}\beta}} = \frac{19.89}{16} = 1.24 \qquad (6-36)$$

电机可两倍过载，满足要求。

（4）高低力矩过载系数：

$$\lambda_\Phi = \frac{M_\Phi}{M_{\text{H}\Phi}} = \frac{21.13}{16} = 1.32 \qquad (6-37)$$

电机可两倍过载，满足要求。

4.驱动器设计计算

驱动器为全数字控制架构，采用电压空间矢量控制方法，速度环采样周期 1 ms，电流环采样周期为 0.1 ms，驱动器开关频率为 10 kHz。PWM 主回路及交流永磁同步电机如图 6-20 所示。电压空间矢量控制以三相对称正弦波电压供电时电动机定子理想磁链圆为参考标准，以三相驱动器不同开关模式作适当切换，从而形成 PWM 波，以所形成的实际磁链矢量来追踪其准确磁链圆。由此可见，通过交替使用不同的电压空间矢量就可以实现磁链轨迹的控制。比初样机采用的正弦波驱动器输出电压高 15%，能够更好地发挥电机能力，提高随动系统调炮快速性。

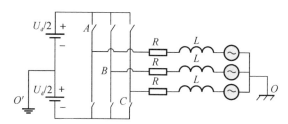

图 6-20　PWM 主回路及交流永磁同步电机的电路简图

正弦波永磁同步电机具有定子三相分布绕组，在磁路结构和绕组分布上保证定子绕组中的感应电动势具有正弦波形，外施的定子电压和电流也应为正弦波。永磁同步电动机具有幅值恒定、方向随转子位置变化（位于 d 轴）的转子磁动势。

正弦波永磁同步电机的定子电压方程式为

$$u_{sd} = R_s i_{sd} + \frac{\mathrm{d}\psi_{sd}}{\mathrm{d}t} - \omega\psi_{sq} \left.\begin{matrix}\\ \\ \\ \\ \end{matrix}\right\} \tag{6-38}$$

$$u_{sq} = R_s i_{sq} + \frac{\mathrm{d}\psi_{sq}}{\mathrm{d}t} + \omega\psi_{sd}$$

考虑凸极效应时,磁链方程为

$$\left.\begin{matrix} \psi_{sd} = L_{sd} i_{sd} + L_{md} I_f \\ \psi_{sq} = L_{sq} i_{sq} \\ \psi_f = L_{md} i_{sd} + L_f I_f \end{matrix}\right\} \tag{6-39}$$

转矩方程为

$$T_e = n_p(\psi_{sd} i_{sq} - \psi_{sq} i_{sd}) = n_p[L_{md} I_f i_{sq} + (L_{sd} - L_{sq}) i_{sd} i_{sq}] \tag{6-40}$$

式中:ω,i_{sd},i_{sq}—— 状态变量;

$\quad\quad u_{sd}$,u_{sq},I_f—— 输入变量;

$\quad\quad T_L$—— 扰动输入。

则永磁同步电机的状态方程为

$$\left.\begin{matrix} \dfrac{\mathrm{d}\omega}{\mathrm{d}t} = \dfrac{n_p}{J}(T_e - T_L) = \dfrac{n_p^2}{J}[L_{md} I_f i_{sq} + (L_{sd} - L_{sq}) i_{sd} i_{sq}] - \dfrac{n_p}{J} T_L \\[3mm] \dfrac{\mathrm{d}i_{sd}}{\mathrm{d}t} = -\dfrac{R_s}{L_{sd}} i_{sd} + \dfrac{L_{sq}}{L_{sd}} \omega i_{sq} + \dfrac{1}{L_{sd}} u_{sd} \\[3mm] \dfrac{\mathrm{d}i_{sq}}{\mathrm{d}t} = -\dfrac{R_s}{L_{sq}} i_{sq} - \dfrac{L_{sd}}{L_{sq}} \omega i_{sd} - \dfrac{L_{md}}{L_{sq}} \omega I_f + \dfrac{1}{L_{sq}} u_{sq} \end{matrix}\right\}$$

$$\tag{6-41}$$

永磁同步电机采用按转子磁链定向控制,由式(6-41)得

$$I_f = \frac{\psi_f - L_{md} i_{sd}}{L_f} \tag{6-42}$$

将式(6-42)代入式(6-40),得

$$T_e = n_p\left[\frac{L_{md}}{L_f}\psi_f i_{sq} - \frac{L_{md}^2}{L_f} i_{sd} i_{sq} + (L_{sd} - L_{sq}) i_{sd} i_{sq}\right] \tag{6-43}$$

在基频以下的恒转矩工作区中,控制定子电流矢量使之落在 q 轴上,即令 $i_{sd} = 0$,$i_{sq} = i_s$。此时,磁链方程成为

$$\left.\begin{matrix} \psi_{sd} = L_{md} I_f \\ \psi_{sq} = L_{sq} i_s \\ \psi_f = L_f I_f \end{matrix}\right\} \tag{6-44}$$

电磁转矩方程为

$$T_e = n_p \frac{L_{md}}{L_f} \psi_f i_s \tag{6-45}$$

由于 ψ_f 恒定，电磁转矩与定子电流的幅值成正比，因此通过控制定子电流幅值，就能很好地控制电磁转矩。问题是，要想准确地检测出转子 d 轴的空间位置，就要使控制逆变器使三相定子的合成电流矢量位于 q 轴上（领先于 d 轴 $90°$）。

同时，还有

$$\frac{\mathrm{d}\omega}{\mathrm{d}t} = \frac{n_\mathrm{p}^2}{JL_\mathrm{f}} L_\mathrm{md}\psi_\mathrm{f} i_\mathrm{s} - \frac{n_\mathrm{p}}{J} T_\mathrm{L} \qquad (6-46)$$

电机极对数 $n_\mathrm{p}=2$，采用电流闭环控制后，电流环的等效传递函数为 $\dfrac{1}{T_\mathrm{i}s+1}$，并考虑转角与转速的关系，对象的数学模型为

$$\left.\begin{aligned} \frac{\mathrm{d}\theta_\mathrm{m}}{\mathrm{d}t} &= \frac{\omega}{\eta} \\ \frac{\mathrm{d}\omega}{\mathrm{d}t} &= \frac{C_\mathrm{T}}{J} i_\mathrm{s} - \frac{2}{J} T_\mathrm{L} \\ \frac{\mathrm{d}i_\mathrm{s}}{\mathrm{d}t} &= -\frac{1}{T_i} i_\mathrm{s} + \frac{1}{T_i} i_\mathrm{s}^* \end{aligned}\right\} \qquad (6-47)$$

式中：C_T—— 包含磁链作用在内的转矩系数，$C_\mathrm{T} = \dfrac{4L_\mathrm{md}}{L_\mathrm{f}}\psi_\mathrm{f}$；

$\quad\quad i_\mathrm{s}$—— 电流转矩分量。

对象结构如图 $6-21$ 所示。

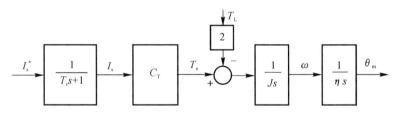

图 6-21　带有电流闭环控制的对象结构

考虑功率管和线路最大压降为 4 V，有 $U_\mathrm{d}=56-4(\mathrm{V})=52(\mathrm{V})$，驱动器输出电压矢量最大幅值为 $U_\mathrm{Smax} = \dfrac{\sqrt{3}U_\mathrm{d}}{2}$，电压空间矢量的幅值是相电压幅值的 $3/2$ 倍，故基波相电压最大幅值可达

$$U_\mathrm{mmax} = \frac{2}{3} U_\mathrm{Smax} = \frac{U_\mathrm{d}}{\sqrt{3}} \qquad (6-48)$$

基波线电压最大幅值为

$$U_{\text{lmmax}} = \sqrt{3}\,U_{\text{mmax}} = U_{\text{d}} = 52 \text{ (V)} \tag{6-49}$$

设计驱动器最大输出力矩为 22 N·m,根据电机的力矩系数 $C=16/135$,驱动器最大输出电流为 $22/C=185$ A。由于电机电枢电流为正弦波,因此最大电流峰值为 $185/0.707=260$ A。

功率单元选用日本三菱公司的集成 IPM 功率模块 PM300CLA060,耐压 600 V,最大输出电流 300 A。

根据电机参数确定驱动器输出额定电压为 52 V,额定电流为 135 A,最大峰值电流为 260 A,额定负载驱动器效率 $\eta \geqslant 85\%$。

5. 系统消耗电源功率计算

考虑最大不平衡力矩情况下,最大加速度调炮,转速升至最大转速的极限情况,消耗功率最大。

(1)方位系统。

1)电机输出功率:

$$P_\beta = \frac{0.8 M_\beta n_\beta}{9.55} = \frac{0.8 \times 19.89 \times 2\,833}{9.55} \text{(W)} = 4\,720 \text{(W)} \tag{6-50}$$

2)消耗电源功率:

$$P_{\beta\text{D}} = \frac{P_\beta}{\eta_{\text{电机}}\,\eta_{\text{驱动器}}} = \frac{4\,720}{0.9 \times 0.85} \text{(W)} = 6\,170 \text{(W)} \tag{6-51}$$

(2)高低系统。

1)电机输出功率:

$$P_\varphi = \frac{0.8 M_\varphi n_\varphi}{9.55} = \frac{0.8 \times 21.13 \times 2\,947}{9.55} \text{(W)} = 5\,216 \text{(W)} \tag{6-52}$$

2)消耗电源功率:

$$P_{\varphi\text{D}} = \frac{P_\varphi}{\eta_{\text{电机}} \cdot \eta_{\text{驱动器}}} = \frac{5\,216}{0.9 \times 0.85} \text{(W)} = 6\,819 \text{(W)} \tag{6-53}$$

(3)随动系统总消耗电源功率。

$$P_{\text{D}} = \sqrt{P_{\beta\text{D}}{}^2 + P_{\varphi\text{D}}{}^2} = \sqrt{6\,170^2 + 6\,819^2} \text{(W)} = 9\,196 \text{(W)} \tag{6-54}$$

6.4.3　系统参数设计

随动系统为典型三环控制系统,每个控制环都具有稳定结构,从而保证了整个控制系统的稳定性。当电流环和转速环内的对象参数变化或受到扰动时,电流反馈和转速反馈能够起到及时的抑制作用,使之对位置环的工作影响很小。

同时,每个环节都有自己的控制对象,分工明确,易于调整。

设计位置、速度和电流三环控制系统的原则是先内环后外环。设计步骤:第一,从电流环开始,对其进行必要的变换和近似处理;然后,根据电流环控制要求确定电流环校正类型;第二,按照控制对象确定电流调节器的类型及其参数;第三,根据电流调节器参数计算电流调节器的电路参数;第四,用微机实现数字控制时,按照此参数设计数字调节器;第五,在电流环设计完成后,把电流环等效成一个小惯性环节,作为转速环的一个组成部分,再用同样的方法设计速度环和位置环。

设计要求随动系统电流超调量 $\sigma_i \leqslant 5\%$,空载启动到额定转速时的转速超调量 $\sigma_n \leqslant 10\%$。

驱动器采用直流 56 V 供电,IPM 驱动,基本数据如下所列。

(1)交流永磁同步电动机:额定电压 $U_N = 56$ V,额定电流 $I_{dN} = 135$ A,额定转速 $n_N = 3300$ r/min,电动机电势系数 $C_e = 0.013$ V·min/r,电动机转矩系数 $C_m = 0.12$ N·m/A,允许过载倍数 $\lambda = 2$。

(2)IPM 驱动装置放大系数:$K_s = 5$。

(3)电枢回路总电阻:$R = 0.5\ \Omega$。

(4)电枢回路总电感:$L = 0.01$ H。

(5)方位系统折合到电机轴上的转动惯量:$J = 0.024\ 7$ kg·m^2;高低系统折合到电机轴上的转动惯量:$J = 0.033$ kg·m^2。

(6)方位时间常数($T_l = L/R$,$T_m = \dfrac{RJ}{4.8c_e c_m}$):$T_l = 0.02$ s,$T_m = 1.65$ s;高低时间常数:$T_l = 0.02$ s,$T_m = 2.2$ s。

(7)电流反馈系数:$\beta = 0.037$ V/A(≈ 10 V/$2I_N$)。

(8)转速反馈系数:$\alpha = 0.003$ V·min/r(≈ 10 V/n_N)。

(9)位置反馈系数:$\theta = 0.000\ 18$ V·min/r(≈ 11.8 V/65 535)。

(10)方位系统速比:$\eta = 1:2\ 125$;高低系统速比:$\eta = 1:2\ 210$。

按以上要求和参数,对方位随动系统进行电流环、速度环和位置环参数设计。

6.4.4　电流环设计

(1) 确定时间常数。

1)PWM 控制与变换装置滞后时间常数 T_s:当开关频率为 10 kHz 时,滞后时间 $T_s = 0.000\ 1$ s。

2)电流滤波时间常数 T_{0i}：电流环采样周期 0.1 ms，采用数字滤波器进行电流反馈低通滤波，选择 $T_{0i}=0.001$ s。

3)电流环小时间常数之和：按小时间常数近似处理，即

$$T_{\Sigma i}=T_s+T_{0i}=0.001\ 1 \tag{6-55}$$

（2）选择电流调节器结构。根据设计要求 $\sigma_i \leqslant 5\%$，并保证稳态电流误差，可按典型 I 型系统设计电流调节器。由于电流环控制对象是双惯性型的，因此可用 PI 型电流调节器，其传递函数为

$$W_{\text{ACR}}(s)=\frac{K_i(\tau_i s+1)}{\tau_i s} \tag{6-56}$$

（3）计算电流调节器参数。

1)电流调节器超前时间常数：$\tau_i=T_l=0.02$ s。

2)电流环开环增益：要求 $\sigma_i \leqslant 5\%$ 时，应取 $K_I T_{\Sigma i}=0.5$，则

$$K_I=\frac{0.5}{T_{\Sigma i}}=\frac{0.5}{0.001}=454.5 \tag{6-57}$$

于是，电流调节器的比例系数为

$$K_i=\frac{K_I \tau_l R}{K_s \beta}=\frac{454.5 \times 0.02 \times 0.5}{5 \times 0.037}=24.5 \tag{6-58}$$

（4）数字 PI 控制器参数

$$u(k)=K_{iP}e(k)+K_{iI}\sum_{i=1}^{k}e(i) \tag{6-59}$$

其中，$K_{iI}=\dfrac{K_{iP}T_{\text{isam}}}{\tau_i}$，$T_{\text{isam}}$ 为采样周期，$T_{\text{isam}}=0.000\ 1$ s，得

$$\left.\begin{array}{l} K_{iP}=24.5 \\[2mm] K_{iI}=\dfrac{K_{iP}T_{\text{isam}}}{\tau_i}=\dfrac{24.5 \times 0.000\ 1}{0.001\ 1}=2.2 \end{array}\right\} \tag{6-60}$$

按照上述参数，电流环可以达到的动态跟随性能指标为 $\sigma_i=4.3\% \leqslant 5\%$，满足设计要求。

6.4.5　速度环设计

（1）确定时间常数。

1)电流环等效时间常数 $\dfrac{1}{K_I}$：已取 $K_I T_{\Sigma i}=0.5$，则

$$\frac{1}{K_I}=2T_{\Sigma i}=2 \times 0.001\ 1(\text{s})=0.002\ 2(\text{s}) \tag{6-61}$$

2)转速滤波时间常数 T_{0n}：速度环采样周期 1 ms，取 $T_{0n}=0.01$ s。

3)转速环小时间常数：按小时间常数近似处理，取

$$T_{\Sigma n}=\frac{1}{K_{\mathrm{I}}}+T_{0n}=0.0022+0.01(\mathrm{s})=0.0122(\mathrm{s}) \tag{6-62}$$

（2）选择转速调节器结构。按照设计要求，选用 PI 调节器，其传递函数为

$$W_{\mathrm{ASR}}(s)=\frac{K_n(\tau_n s+1)}{\tau_n s} \tag{6-63}$$

式中：K_n——速度调节器的比例系数；

τ_n——速度调节器的超前时间常数。

（3）计算转速调节器参数。按抗扰性能都较好的原则，取 $h=5$，则速度调节器的超前时间常数为

$$\tau_n=hT_{\Sigma n}=5\times0.0122(\mathrm{s})=0.061(\mathrm{s}) \tag{6-64}$$

求得转速开环增益：

$$K_{\mathrm{N}}=\frac{h+1}{2h^2T_{\Sigma n}^2}=\frac{6}{2\times5^2\times0.0122^2}/\mathrm{s}^{-2}=806.2(\mathrm{s}) \tag{6-65}$$

于是，速度调节器的比例系数为

$$K_n=\frac{(h+1)\beta C_e T_m}{2h\alpha RT_{\Sigma n}}=\frac{6\times0.037\times0.013\times1.65}{2\times5\times0.003\times0.5\times0.0122}=26 \tag{6-66}$$

（4）数字 PI 调节器参数计算

$$u(k)=K_{nP}e(k)+K_{nI}\sum_{i=1}^{k}e(i) \tag{6-67}$$

其中，$K_{nI}=\dfrac{K_{nP}T_{nsam}}{\tau_n}$；$T_{nsam}$ 为采样周期（$T_{nsam}=0.001$ s），则得

$$K_{nP}=26$$

$$K_{nI}=\frac{K_{nP}T_{nsam}}{\tau_n}=\frac{26\times0.001}{0.061}=0.42 \tag{6-68}$$

（5）校核转速超调量。设理想空载启动时负载系数 $z=0$，取 $\Delta C_{\max}/C_b=81.2\%$，根据 $\Delta n_{\mathrm{N}}=\dfrac{I_{\mathrm{dN}}R}{C_e}$，可得转速超调量为

$$\sigma_n=\left(\frac{\Delta C_{\max}}{C_b}\right)\frac{\Delta n_b}{n^*}=2\left(\frac{\Delta C_{\max}}{C_b}\right)(\lambda-z)\frac{\Delta n_{\mathrm{N}}}{n^*}\frac{T_{\Sigma n}}{T_m}= \tag{6-69}$$

$$2\times81.2\%\times2\times\frac{\dfrac{135\times0.5}{0.013}}{3300}\times\frac{0.0122}{1.65}=3.8\%<10\%$$

能满足设计要求。

（6）速度环近似处理。为了便于计算和模型处理，将速度环等效为一阶惯性系统。其中，$T_n = 4T_{\Sigma n} = 0.049$，根据转速反馈系数，有 $K_n = 300$，速度环传递函数为 $\dfrac{300}{0.049s+1}$。

6.4.6　位置环设计

采用滑模变结构控制，由于滑模变结构控制不需要精确控制对象模型的特点，因此它很适合火炮随动系统应用。基本原理在于，当系统状态穿越状态空间的滑动超平面时，反馈控制的结构就发生变化，从而使系统性能达到某个期望指标。由此可以看出，变结构控制系统能够通过控制器本身结构的变化，使得系统性能一直保持高于一般固定结构控制所能达到的性能，突破了经典 PID 线性控制系统的品质限制，较好地解决了动态与静态性能指标之间的矛盾。方位随动系统框图如图 6-22 所示。

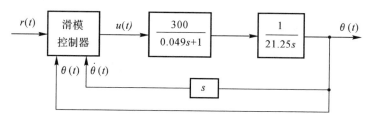

图 6-22　方位随动系统框图

（1）系统为二阶传递函数：

$$G_p(s) = \frac{b}{s^2 + as} \tag{6-70}$$

式中：$a = 20$；$b = 288$。

将传递函数描述为位置状态方程的形式，即

$$\dot{x} = Ax + Bu \tag{6-71}$$

式中：$A = \begin{bmatrix} 0 & 1 \\ 0 & -a \end{bmatrix}$；$B = \begin{bmatrix} 0 \\ b \end{bmatrix}$。

（2）切换平面设计。设位置指令信号为 r，则

$$s = c[r - x(1)] + \dot{r} - x(2) \tag{6-72a}$$

$$\dot{s} = c[\dot{r} - \dot{x}(1)] + \ddot{r} - \dot{x}(2) = \text{slaw} \tag{6-72b}$$

采用指数趋近律：

$$\text{slaw} = -\varepsilon\,\text{sgn}(s) - ks \tag{6-73}$$

(3)用连续函数 $\theta(s)$ 取代 $\mathrm{sgn}(s)$：

$$\theta(s) = \frac{s}{|s| + \delta} \qquad (6-74)$$

(4)控制律设计。将 $\dot{x}(2) = -ax(2) + bu$ 代入式(6-72b)，得控制律为

$$u = \frac{1}{b}[c(\dot{r} - x(2)) + \ddot{r} + \varepsilon\theta(s) + ks + ax(2)] =$$

$$\frac{1}{b}[c(\dot{r} - x(2)) + \ddot{r} + \frac{\varepsilon s}{|s| + \delta} + ks + ax(2)] \qquad (6-75)$$

式中：$c = 5; \varepsilon = 15; k = 30; \delta = 0.01$。

第 7 章

发射动力学

火箭炮发射动力学以火力系统和承载平台为对象,通过动力学混合建模技术建立火箭炮的发射动力学模型,研究系统结构参数与炮口动态响应的关系,以动力学的分析结果为基础,结合结构动态设计和模态试验等方法,研究系统结构参数与炮口动态响应的最佳匹配关系,与射击试验结果相互印证,预测火箭炮的发射稳定性和炮口振动,探索提高火箭炮射击精度和安全性的最佳结构参数设计方法。

本章节的主要内容包括火箭炮载荷分析、多体系统动力学分析、有限元分析等内容,围绕系统的载荷特性、动力学建模的方法与流程、模型的简化与处理、计算结果的分析等展开介绍。

|7.1 概　　述|

7.1.1　发射动力学基本任务

火箭炮发射是一种瞬态、大载荷激励下的动态响应过程。火箭炮发射动力学是研究火箭炮系统在其全寿命周期的各个阶段和不同射击状态下的受力、结构动态特性与响应的一门综合学科,主要研究目的是为提高火箭炮的射击密集度、减轻火箭炮质量、提高火箭炮系统可靠性等提供理论支撑和设计方法。

由于火箭炮发射过程的瞬态性和复杂性，相关力学理论、方法的应用研究水平很大程度上决定了火箭炮的关键性能。在传统火炮研制中，过去基本采用静力学理论和经验设计，存在一定的盲目性，难以满足现代火箭炮研制需求，主要表现在总体性能的合理匹配、单项性能（射击密集度、机构可靠性等）的提高上。例如，在 25 mm 自行高炮研制过程中，原理样炮出现严重脱靶现象，经过发射动力学分析及反复的实弹射击试验摸索才解决了上述问题；我国自行研制的 155 mm 自行加榴炮，从立项到设计定型历时 14 年，由于火炮发射动力学基础研究薄弱，因此在研制过程中遇到的射击密集度、全炮减重和总体性能匹配等问题严重影响了研制进程。传统火炮在研制中面临的问题，在火箭炮的设计中也同样存在。也正是火箭炮发射动力学与射击精度研究中，诸如动力学建模问题、动态设计与优化问题、关键瞬态参数试验测试问题等还没有得到有效解决，致使目前的火箭炮发射动力学与射击精度研究还难以有效指导火箭炮设计。因此，创新火箭炮设计理论与方法，开展火箭炮发射动力学和射击精度理论与试验研究不但必须而且迫在眉睫。

针对国内外多年研究、火箭炮工程实践及火箭炮动力学难以有效指导火箭炮设计的现实问题，结合我国行业研究水平，从建模、分析、设计和试验等方面开展火箭炮发射动力学与射击精度研究。通过发射动力学与射击密集度基础研究，建立火箭炮发射动力学理论模型和火箭炮设计新方法，对火箭炮缩短研制周期、提高密集度及可靠性、节约研制经费，推进我国火箭炮技术的跨越式发展。

7.1.2 发射动力学动态设计过程

动态设计方法是机械产品现代化的设计方法，也是火箭炮武器的现代化设计方法。火箭炮结构系统动态设计，是在一定的约束条件下，设计火箭炮系统的动力特性和激励特性，使其动态响应满足预定的战术、技术指标要求，从系统总体上使火箭炮结构系统设计达到相对最优。火箭炮武器系统结构组成越来越复杂，如何进行科学、有效的设计，使其各种设计参数达到合理匹配而使火箭炮武器系统的性能最终达到相对最佳，是现代火箭炮和未来火箭炮武器系统急需解决的问题。目前，火箭炮武器的静态设计方法难以做到对结构强度与轻量化、机动性的兼顾，而动态设计的基本思想恰恰就是使火箭炮结构系统设计达到相对最优，在保障结构强度满足材料动态性能的前提下使其质量最轻，从而提高火箭炮的机动性。因此，开展火箭炮结构系统动力修改及动态优化设计方法研究，从根本上提高我国火箭炮武器的设计水平、增强火箭炮武器在战场上与敌对抗的能力及国际市场上的竞争力都将有重大的社会和军事效益。

火箭炮发射动力学研究的目的是把先进的计算机技术和现代力学理论引入火箭炮总体设计、结构设计、靶场试验等多个研制环节,火箭炮工作者在计算机上直接进行火箭炮发射过程的动力学分析,并且只要对火箭炮的拓扑、结构、连接关系、载荷、物理特性、求解方法等进行参数化定义,计算机便可自动进行动力学仿真,复杂的力学计算和数据流对用户屏蔽。因此,用户可避免烦琐的力学推导和复杂的程序设计,可把主要精力集中在模型的简化、优选等方面,并且可以在软件平台上反复进行火箭炮发射过程的计算机模拟,实现多方案优化设计,减少设计失误,缩短研制周期,提高设计质量,降低设计成本。分析与验证流程如图 7 - 1 所示。

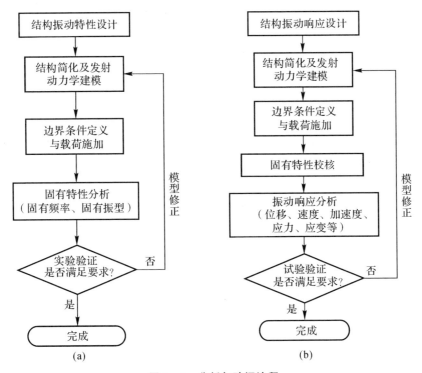

图 7 - 1 分析与验证流程

(a)结构振动特性设计;(b)结构振动响应设计

传统火箭炮发射动力学基于多刚体动力学理论,无法揭示火箭炮发射过程中的物理场动态演化过程。随着计算机性能的提高以及计算理论的迅速发展,火箭炮设计已由过去的完全静态设计发展到目前的静态设计与动力学分析计算共存阶段。火箭炮发射动力学与射击精度研究，以火箭炮武器结构系统为研究对象，以改善和提高射击密集度为最终目标。基础研究的主要方向包括火箭炮射击时架体动态响应机理研究，多物理场耦合条件下跨尺度火箭弹响应机理研究，武器系统结构及火箭弹运动参数对射击精度影响研究，武器系统性能及其评估方法研究等。

当应用传统的火箭炮设计理论对火箭炮射击的运动和受力进行分析时，大都基于"平面、对称及静平衡"三个基本假设。因此，当对火箭炮进行建模与分析时，虽然引入了多种经验符合系数，仿真结果与实际仍有较大的差异，主要原因是传统的分析方法实际上是准静态的分析方法，而火箭炮的实际射击过程是一个受冲击的过程，应采用动力学的方法进行分析。因此，建立一个全面反映火箭炮射击过程，并准确描述各零部件的运动和受力的动力学模型，是火箭炮研究领域面临的首要问题。如果要满足现代战争对火箭炮射击性能及质量评估等方面提出的新要求，就必须研究火箭炮系统的动态特性。因此，建立符合火箭炮实际条件的动力学模型，并对其进行仿真研究，不仅有利于提高武器系统性能，而且对缩短新型火箭炮的研制周期，减少火箭炮研制经费的投入，都是很有必要的。

由于火箭炮系统结构的复杂性，因此在设计、试验、制造等过程中面临许多技术难题，要解决这些问题，需要依靠大量的现代设计手段，反复进行分析和试验，而这一过程通常要花费很大代价。利用系统动力学技术建立火箭炮系统发射动力学模型，根据工作的边界状态和载荷情况进行计算仿真，或将其置于虚拟试验的环境中进行各种性能测试，对所设计的系统进行评价，并对所存在的问题及时进行更改，将有利于实现火箭炮系统的综合优化设计和提高设计效率，降低研制成本，缩短研制周期。

|7.2 载荷分析|

7.2.1 载荷种类与计算状态

制导火箭弹发射时系统会受到多类载荷的影响，主要包括火箭弹发射时火药气体对发射架体的冲击、承载平台的扰动等。具体来说，火箭弹火药气体对平台的影响主要是尾焰燃气流场冲击载荷，而承载平台的扰动根据作战需求主要来源于舰载、空中和地面平台等。根据实际情况,燃气流场冲击载荷与承载平台的扰动相互耦合与相互影响,本章节暂不考虑这两者的耦合关系。

7.2.2 燃气流场冲击载荷

1. 流动模型和数值方法

(1)控制方程组。在建立燃气流动控制方程之前,先对燃气射流做以下基本假设:①燃气射流满足连续介质假设;②燃气射流为可压缩纯气相介质;③燃气射流内部无化学反应发生;④采用燃气和空气双组分混合流动模型,两种组分均满足理想气体状态方程。

多组分输运方程:

$$\frac{\partial}{\partial t}(\rho Y_i) + \nabla(\rho \boldsymbol{V} Y_i) = -\nabla \boldsymbol{J}_i + R_i + S_i, i = 1, 2, \cdots, N \tag{7-1}$$

式中:Y_i——组分 i 的质量份数;

R_i—— 组分 i 经过化学反应的净生成率;

S_i——由自定义源项的弥散相所引起的生成率。

组分扩散通量:

$$\nabla \boldsymbol{J}_i = -\rho D_{i,m} \nabla Y_i \tag{7-2}$$

式中:$D_{i,m}$——混合介质中组分 i 的扩散系数。

在直角坐标系下,单一组分的可压缩 N-S 方程的守恒形式为

$$\frac{\partial}{\partial t}\iiint_V \boldsymbol{Q} \mathrm{d}V + \oiint_S \left[(\boldsymbol{E} - \boldsymbol{E}_v)\boldsymbol{i} + (\boldsymbol{F} - \boldsymbol{F}_v)\boldsymbol{j} + (\boldsymbol{G} - \boldsymbol{G}_v)\boldsymbol{k} \right] \mathrm{d}\boldsymbol{S} = 0$$

$$\tag{7-3}$$

式中:$\boldsymbol{E}, \boldsymbol{F}$ 和 $\boldsymbol{G}$——气流通量矢量;

$\boldsymbol{E}_v, \boldsymbol{F}_v$ 和 $\boldsymbol{G}_v$——黏性通量矢量。

其中,

$$\left. \begin{aligned} \boldsymbol{Q} &= \begin{bmatrix} \rho & \rho u & \rho v & \rho w & \rho e \end{bmatrix}^{\mathrm{T}} \\ \boldsymbol{E} &= \begin{bmatrix} \rho u & \rho u^2 + p & \rho uv & \rho uw & \rho u(e + p/\rho) \end{bmatrix}^{\mathrm{T}} \\ \boldsymbol{F} &= \begin{bmatrix} \rho v & \rho uv & \rho v^2 + p & \rho vw & \rho v(e + p/\rho) \end{bmatrix}^{\mathrm{T}} \\ \boldsymbol{G} &= \begin{bmatrix} \rho w & \rho uw & \rho vw & \rho w^2 + p & \rho w(e + p/\rho) \end{bmatrix}^{\mathrm{T}} \end{aligned} \right\} \tag{7-4}$$

$$\left. \begin{aligned} \boldsymbol{E}_v &= \begin{bmatrix} 0 & \tau_{xx} & \tau_{xy} & \theta_x \end{bmatrix}^{\mathrm{T}} \\ \boldsymbol{F}_v &= \begin{bmatrix} 0 & \tau_{yx} & \tau_{yy} & \theta_y \end{bmatrix}^{\mathrm{T}} \\ \boldsymbol{G}_v &= \begin{bmatrix} 0 & \tau_{zx} & \tau_{zy} & \theta_z \end{bmatrix}^{\mathrm{T}} \end{aligned} \right\} \tag{7-5}$$

$$\left.\begin{array}{l} \tau_{xx} = 2\mu(2u_x - v_y - w_z)/3 \\ \tau_{yy} = 2\mu(2v_y - u_x - w_z)/3 \\ \tau_{zz} = 2\mu(2w_z - u_x - v_y)/3 \\ \tau_{xy} = \mu(2u_y + v_x) \\ \tau_{xz} = \mu(2u_z + w_x) \\ \tau_{yz} = \mu(2v_z + w_y) \end{array}\right\} \qquad (7-6)$$

式中：u——黏性系数（按 Sutherland 公式计算）。

$$\left.\begin{array}{l} \theta_x = u\tau_{xx} + v\tau_{xy} + w\tau_{xz} + K(\partial T/\partial x) \\ \theta_y = u\tau_{xy} + v\tau_{yy} + w\tau_{yz} + K(\partial T/\partial y) \\ \theta_z = u\tau_{xz} + v\tau_{yz} + w\tau x_{zz} + K(\partial T/\partial z) \end{array}\right\} \qquad (7-7)$$

式中：K——热传导系数。

$$\mathrm{d}\boldsymbol{S} = (n_x\boldsymbol{i} + n_y\boldsymbol{j} + n_z\boldsymbol{k})\mathrm{d}S \qquad (7-8)$$

气体单位体积总能为

$$p = (\gamma - 1)\left[\rho e - \rho(u^2 + v^2 + w^2)/2\right] \qquad (7-9)$$

（2）数值方法。采用有限体积方法，对于任意六面体单元，计算体网格单元 $V_{i,j,k}$、单元面积 S_l 和沿侧面的外法向向量 $\boldsymbol{n}_l$ 意义如图 7-2 所示。

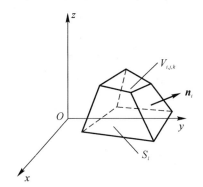

图 7-2　任意控制体计算网格

取流动变量 $\boldsymbol{Q}$ 在体单元中心的体积平均，即

$$Q_{i,j,k} = \frac{1}{V_{i,j,k}} \iiint_{V_{i,j,k}} \boldsymbol{Q}\mathrm{d}\boldsymbol{V} \qquad (7-10)$$

采用二阶 Roe 差分格式离散无黏欧拉方程，即

$$\frac{\partial}{\partial t}\iiint_V \boldsymbol{Q}\mathrm{d}\boldsymbol{V} + \oiint_S (E\boldsymbol{i} + F\boldsymbol{j} + G\boldsymbol{k}) \cdot \mathrm{d}\boldsymbol{S} = 0 \qquad (7-11)$$

得

$$\frac{1}{V_{i,j,k}} \oiiint_{V_{i,j,k}} Q \, dV + \widetilde{E}_{i+1/2,j,k} - \widetilde{E}_{i-1/2,j,k} + \widetilde{F}_{i,j+1/2,k} - \widetilde{F}_{i,j-1/2,k} + \widetilde{G}_{i,j,k+1/2}$$

$$- \widetilde{G}_{i,j,k-1/2} = 0$$

其中,

$$\widetilde{E}_{i+1/2,j,k} = \frac{1}{2}\left[E(Q, dS_{i+1/2,j,k}) + \overline{E}(Q, dS_{i-1/2,j,k}) - \frac{1}{2}\int_{Q-}^{Q+} \left| \frac{\partial \overline{E}}{\partial Q} \right| dQ \right]$$

$$(7-12)$$

$$\overline{E}(Q, dS_{i+1/2,j,k}) = (i \cdot dS_{i+1/2,j,k})E + (j \cdot dS_{i+1/2,j,k})F + (k \cdot dS_{i,j,k+1/2})G$$

$$(7-13)$$

其中,数值流通量 $\widetilde{E}$, $\widetilde{F}$ 和 $\widetilde{G}$ 分别为

$$\left.\begin{array}{l} \widetilde{E}_{i+1/2,j,k} = \dfrac{1}{2}\left\{ E_{i,j,k} + E_{i,+1j,k} - \displaystyle\sum_{k=1}^{m} \alpha_k \left| \widetilde{\lambda}_k \right| \widetilde{e}_k(\widetilde{A}) \right\} \\[3mm] \widetilde{F}_{i,j+1/2,k} = \dfrac{1}{2}\left\{ \widetilde{F}_{i,j,k} + \widetilde{F}_{i,j+1,k} - \displaystyle\sum_{k=1}^{m} \beta_k \left| \widetilde{\mu}_k \right| \widetilde{e}_k(\widetilde{B}) \right\} \\[3mm] \widetilde{G}_{i,j,k+1/2} = \dfrac{1}{2}\left\{ \widetilde{G}_{i,j,k} + \widetilde{G}_{i,j,k+1} - \displaystyle\sum_{k=1}^{m} \gamma_k \left| \widetilde{v}_k \right| \widetilde{e}_k(\widetilde{C}) \right\} \end{array}\right\} \quad (7-14)$$

以流通量 E 为例, $\widetilde{\lambda}_k$ 为线性化替换矩阵的特征值,在矩阵中引入质量加权平均:

$$E = \frac{\langle E\sqrt{\rho} \rangle}{\sqrt{\rho}} = \frac{E_1\sqrt{\rho_1} + E_r\sqrt{\rho_r}}{\sqrt{\rho_1} + \sqrt{\rho_r}} \quad (7-15)$$

$$E = \begin{bmatrix} u & v & w & h \end{bmatrix} \quad (7-16)$$

求解线性化矩阵可得到特征值,即

$$\lambda_{1,\cdots,5} = u - c, u, u, u, u + c \quad (7-17)$$

对应的特征向量为

$$\widetilde{e}_{1,\cdots,5} = \begin{bmatrix} 1 \\ \widetilde{u} - \widetilde{c} \\ \widetilde{v} \\ \widetilde{w} \\ \widetilde{h} - \widetilde{u}\widetilde{c} \end{bmatrix}, \begin{bmatrix} 0 \\ 0 \\ 1 \\ 0 \\ \widetilde{v} \end{bmatrix}, \begin{bmatrix} 0 \\ 0 \\ 0 \\ 1 \\ \widetilde{w} \end{bmatrix}, \begin{bmatrix} 1 \\ \widetilde{u} \\ \widetilde{v} \\ \widetilde{w} \\ \frac{1}{2}\widetilde{v}^2 \end{bmatrix}, \begin{bmatrix} 1 \\ \widetilde{u} + \widetilde{c} \\ \widetilde{v} \\ \widetilde{w} \\ \widetilde{h} + \widetilde{u}\widetilde{c} \end{bmatrix} \quad (7-18)$$

则未知向量函数的跳跃量展开式为

$$[\boldsymbol{U}] = \boldsymbol{U}r + \boldsymbol{U}1 = \sum_{k=1}^{5} \widetilde{\alpha}_k \widetilde{e}_k \tag{7-19}$$

其中，系数 $\widetilde{\alpha}_k$ 满足下述方程组：

$$\left.\begin{array}{l} \dfrac{c^2}{\gamma-1}\widetilde{\alpha}_4 = (h - |\widetilde{V}|^2)[u_1] + \widetilde{u}[u_2] + \widetilde{v}[u_3] + \widetilde{w}[u_4] - [u_5] \\[3mm] \widetilde{v}\widetilde{\alpha}_2 = [u_3] - \widetilde{v}[u_1] \\[3mm] \widetilde{w}\widetilde{\alpha}_3 = [u_4] - \widetilde{w}[u_2] \\[3mm] \widetilde{\alpha}_1 + \widetilde{\alpha}_5 = [u_1] - \widetilde{\alpha}_4 \\[3mm] \widetilde{\alpha}_1 - \widetilde{\alpha}_5 = (\widetilde{u}[u_1] - [u_2])/\widetilde{c} \end{array}\right\}$$

$$\tag{7-20}$$

类似地，可以求出流通量 $\boldsymbol{F}$，$\boldsymbol{G}$ 的线性化替换矩阵的特征值 $\widetilde{\mu}_k$，$\widetilde{\upsilon}_k$、特征向量 $\widetilde{e}_k(\widetilde{B})$，$\widetilde{e}_k(\widetilde{C})$ 和展开系数 $\widetilde{\beta}_k$，γ_k。黏性通量采用二阶中心差分离散。

(3) 边界条件和初始条件。入流条件由火箭发动机喷管流动条件给出；外部边界条件分两种情况处理，若流动为超声速时按一阶外推，若流动为亚声速时，按压力条件；在壁面上按固壁边界条件给出；流场初值赋大气条件。

(4) 收敛判据。本书采取如下对策提高解的稳定性和数值精度。

1) 解的稳定性对网格质量有很高要求。为此，尽可能将计算区域划分为正交性的六面体网格系统，且保持网格各边长的比例适中。

2) 解的稳定性亦对时间步长有严格要求。在本次流场计算中，时间步长满足下列 Courant-Friedriclis-Lewy(CFL)条件：

$$\Delta t^n = \mu \min\left[\dfrac{\min\limits_{i,j,k}(\Delta x_{i,j,k})}{\max\limits_{i,j,k}(|u_{i,j,k}^n| + c_{i,j,k}^n)}, \dfrac{\min\limits_{i,j,k}(\Delta y_{i,j,k})}{\max\limits_{i,j,k}(|v_{i,j,k}^n| + c_{i,j,k}^n)}, \dfrac{\min\limits_{i,j,k}(\Delta z_{i,j,k})}{\max\limits_{i,j,k}(|w_{i,j,k}^n| + c_{i,j,k}^n)}\right]$$

$$\tag{7-21}$$

式中：μ——Courant 数(计算中取 $\mu = 0.6$ 即可保持解的稳定)。

3) 解的精度控制也是整个计算的关键，对于如此庞大的计算问题，在计算资源十分有限的条件下，采用高阶差分格式，降低误差及其传播影响，才能较准确地模拟出发动机射流中的复杂波系结构及其参数变化规律。本计算中运用二阶精度差分格式，从而保证了解的精度。

4) 火箭升空过程中，燃气射流对发射装置的冲击流场属于典型的非定常流动问题。计算中应该避免虚假收敛，以保证模拟的流场发生时间与物理时间相

互吻合,而判断收敛与否是以流动参数的迭代残差为依据。收敛判据流动参数的残差判据如下:

$$\varepsilon = \frac{\sum\limits_{i=1}^{i\max}\sum\limits_{j=1}^{j\max}\sum\limits_{k=1}^{k\max}(q_{i,j,k}^{n+1} - q_{i,j,k}^{n})}{\sum\limits_{i=1}^{i\max}\sum\limits_{j=1}^{j\max}\sum\limits_{k=1}^{k\max}q_{i,j,k}^{n}} \tag{7-22}$$

式中:q——可代表密度 ρ,速度分量 u,v 和 w,以及内能 e。

由于非定常流动的残差在客观上既不存在绝对收敛,又不如定常流动的残差下降得快,因此,在本次计算中,将残差降至 10^{-4} 作为一个时间步收敛的判断依据。

2. 计算条件、区域与网格

(1) 计算条件。火箭发射装置总体结构模型来自总体方案设计。火箭弹、发动机、定向器束结构和相关参数如下。

1)喷管几何参数。喷管出口内径 $\varphi_1 = 102$ mm,喷管喉径 $\varphi_t = 47$mm,喷管喉部到出口距离 $l_1 = 150$ mm,收敛入口内径 $\varphi_2 = 90$ mm,收敛段长 $l_2 = 105$ mm。

2)喷管物性参数。燃烧室总压 $p_0 = 13.5$ MPa、总温度 $T_0 = 3\ 120$ K(1 K = $-272.15℃$),发动机推力曲线如图 7 - 3 所示。燃气平均相对分子质量 $M = 24.01$ g/mol,等熵指数 $\gamma = 1.22$,定压比热 $C_p = 2\ 802$ J/ kg・K。

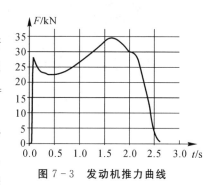

图 7 - 3 发动机推力曲线

(2) 初始计算区域与计算网格。一方面,从发动机排出的燃气射流压力梯度很大,且射流中含有强激波引起的间断,从而降低了流动方程数值求解的稳定性;另一方面,火箭发射装置几何结构十分复杂,给网格建模带来很大困难。因此,应对贮运发射箱进行适当简化,尽可能保留发射箱的主要迎气面零部件,忽略了贮运发射箱侧面次要的零件,从而便于生成结构化六面体的网格单元,最终取得高阶精度(二阶),使得整个大型数值计算保持良好的数值计算精度。

计算中,考虑火箭运动,采用移动网格的计算方法,以获得燃气射流冲击

图 7-4 所示为几何模型，图 7-5 所示为网格模型。

图 7-4　几何模型　　　　　图 7-5　网格模型

3. 计算结果分析

根据不同位置的火箭弹对发射架的冲击，本节考虑了 1♯ 位置（发射筒靠内的火箭弹）和 2♯ 位置（边缘的火箭弹），燃气流场、压力和温度分布如图 7-6～图 7-9 所示。

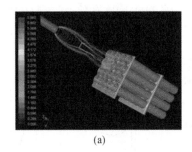 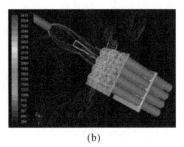

(a)　　　　　　　　　　　(b)

图 7-6　1♯ 位置冲击流场马赫数等值线分布和温度等值线分布
(a)马赫数等值线分布图；(b)温度等值线分布图

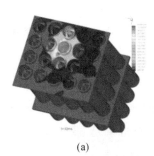 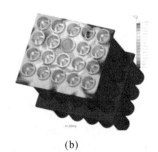

(a)　　　　　　　　　　　(b)

图 7-7　1♯ 位置发射箱表面压力分布和表面温度分布($t=30$ ms)
(a)压力分布；(b)温度分布

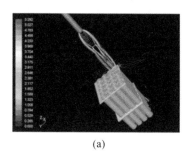 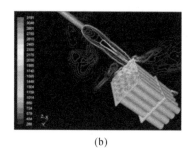

(a)　　　　　　　　　　　　　(b)

图 7-8　2♯位置冲击流场马赫数等值线分布和温度等值线分布

(a)马赫数等值线分布图;(b)温度等值线分布图

4. 小结

(1)可以采用移动网格方法实现对发射箱燃气喷流冲击流场的数值仿真,计算中选取典型射序的冲击流场,得到火箭冲击流场的马赫数和温度等值线图谱。同时,可通过对仿真结果的后处理绘制发射箱壁面上的温度和压力分布云图,结合关键部位的压力和结构响应测试,对计算结果进行修正,作为火箭发射过程动力学分析的载荷输入。

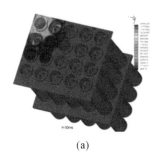 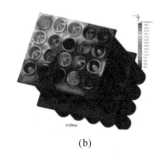

(a)　　　　　　　　　　　　　(b)

图 7-9　2♯位置发射箱表面压力分布和表面温度分布($t=30$ ms)

(a)压力分布;(b)温度分布

(2)以本计算模型为例可以看到,1♯位置火箭燃气流对发射装置产生的最大压强为1.305 5 MPa,最高温度为 3 466 K;2♯位置火箭燃气流对发射装置产生的最大压强为1.306 MPa,最高温度为 3 263 K。对面压力进行积分可以获得发射过程对架体整体的冲击载荷,同时可以利用燃气流场的压力和温度分布,对局部的结构与车载装置进行安全性分析。

(3)燃气流对发射装置冲击载荷结果见表 7-1。可见,由于受火箭弹时序及该发周边发射筒对迎气面积的影响,1♯位置火箭对发射箱冲击载荷比 2♯位置的要强。两枚火箭最大冲击载荷分别为37.75 kN 和 26.34 kN，随着距离增加，冲击载荷逐渐下降。

表 7 - 1　燃气流对发射装置冲击载荷

流动时间	火箭距离定向器 端口距离	1♯火箭对发射箱 的冲击载荷	2♯火箭对发射箱 的冲击载荷
t/ms	h/m	F_z/kN	F_z/kN
5	0.267	-32.13	-19.84
10	0.443	-35.40	-22.80
15	0.628	-31.48	-22.61
20	0.821	-37.75	-23.86
25	1.024	-34.15	-26.34
30	1.235	-25.43	-17.03
35	1.455	-28.35	-19.03
40	1.684	-21.71	-15.48
45	1.922	-21.17	-13.72
50	2.169	-16.64	-12.69
55	2.425	-17.68	-13.38
60	2.689	-15.09	-11.40
65	2.963	-14.82	-10.83
70	3.245	-13.81	-9.82
75	3.537	-12.59	-8.48
80	3.837	-10.13	-7.53
85	4.146	-9.18	-6.65

7.2.3　舰载发射装置摇摆载荷

火箭炮在海上射击时会受到来自舰载平台摇摆的影响。舰载平台的姿态变化是海浪冲击引起的，经过舰体传递到发射装置。由于海浪载荷属于周期性的随机载荷，因此不同载荷体现在发射装置摇摆的角度和周期的变化。当进行发射动力学计算、稳定控制系统参数匹配等工作时，需要考虑舰载平台的影响。

舰载平台的摇摆周期和频率应根据排水量和允许射击海况确定，同一舰船的纵摇和横摇的周期和幅值随着行驶状态和海况变化而变化。因此，当装备技术文件或者研制要求中提供其具体使用环境的实际摇摆周期和幅值时，应按照实际使用条件确定载荷的参数。另外，可以参照国军标的试验条件设定舰载发射装置摇摆载荷。水面舰船倾斜与摇摆试验标准见表7-2。

表7-2 水面舰船倾斜与摇摆试验标准

倾斜、摇摆	角度/(°)	周期/s	持续时间/min
横倾	±15 或 ±22.5		
纵倾	±5 或 ±10		≥30
纵摇	±10	4~10	
横摇	±45	3~14	

舰载平台的摇摆载荷受海况影响,按照海面波动状况、波峰形状及其破碎程度等判断标准,将海浪分为10个等级。由低到高表示为0~9级,分别称为无浪、微浪、小浪、轻浪、中浪、大浪、巨浪、狂浪、狂涛、怒涛。浪高由1级海况的0.1 m到9级海况的14 m逐步增大,对海上行驶的舰船摇摆姿态也逐渐增强。舰艇在海面上活动时,舰体受风浪等因素的影响处于周期性摇摆状态,安装在舰艇上的火箭炮随舰艇摆动,姿态响应也随之动态变化。

舰艇在水面上受风浪等影响而产生的运动形式有横摇、纵摇、艏摇、纵荡、横荡、垂荡等,其中横摇和纵摇对舰艇的影响最大。在海上航行的舰船,可以产生6个自由度的运动,包括:沿3个坐标轴方向的往复振荡运动——横荡、纵荡、垂荡;绕3个坐标轴的旋转振荡运动——横摇、纵摇、偏摇。在以上6种运动中,横摇、纵摇和垂荡可以认为是完全振荡运动,对舰载武器发射精度影响较大。载舰在4种模式下的摇摆幅度见表7-3。

表7-3 舰艇纵摇和横摇状态参数表

模式名称	航行海况	纵摇周期/s	纵摇最大幅度/(°)	横摇周期/s	横摇最大幅值/(°)
轻度模式	2级及以下海况	74	±0.5	38	±3.5
中度模式	3级~5级海况	58	±3.0	26	±6.5
重度模式	6级海况以上	38	±8.0	20	±16.0
重度损伤模式		22	±12.0	16	±25.0

表7-3为不同摇摆模式下的姿态响应,对不同的舰载平台和行驶速度等,每个平台的响应是有所区别的。例如,中国工程物理研究院对某武装舰载平台环境摇摆特性进行过测试,得到了在不同航行状态和不同海况下的振动和摇摆响应特性,发现纵摇响应峰值的频率主要集中在0.14~0.25 Hz之间,横摇响应

峰值的频率主要集中在 $0.09\sim0.19$ Hz 之间,其他频段的响应无论纵摇还是横摇均以较大斜率明显衰减。对比各航段不同时段的横摇角和纵摇角的 PSD 曲线,舰船的横摇频率总体上低于纵摇频率,但横摇角的响应峰值明显大于纵摇角。通过表 7-4 中实测的角度来看,基本符合表 7-3 中对于不同模式中姿态角的定义范围。

表 7-4　不同航行状态舰船摇摆角度

舰船状态	测量时段	海况	最大纵摇角/(°)		最大横摇角/(°)	
			正向	负向	正向	负向
高速航行	1	3	2.90	−3.17	8.35	−7.31
	2	3	3.00	−3.15	5.77	−6.94
低速航行	1	3	1.82	−2.25	8.23	−5.85
	2	2	0.65	−1.15	7.69	−4.80
漂泊状态	1	2	1.29	−2.00	8.60	−4.80

7.2.4　车载发射装置行驶载荷

火炮行进间发射动力学是在火炮发射动力学、车辆地面力学、非线性振动理论、多体系统理论以及现代数值计算方法等多学科基础上,研究火箭炮在行进间射击时的受载和运动规律的综合学科。其目的在于通过建立火箭炮行进间发射的数学和物理模型,计算得到武器系统的动力学数据,分析火箭炮在路面不平度输入以及射击载荷下的动力学响应,主要是弹丸出炮口瞬间的角位移、角速度等动力学参量,以及车体和炮塔在射击冲击作用下的振动响应等分析数据,进而为提高火炮行进间的射击精度、射击线稳定和随动控制提供理论依据。

1. 行进间动力学模型

火箭炮系统行驶过程中,底盘受到不平路面的激励而产生振动,车体的振动带动火炮产生运动。由于车体的俯仰振动以及火炮耳轴的牵动和摩擦力等因素的作用,火炮偏离原来给定的瞄准角,进而形成失调角,影响火箭炮行进间射击的稳定性。自行火炮动力学模型包括路面不平度模型,车辆底盘在不平路面上行驶的动力学模型,火炮系统的动力学模型。三者之间的关系是:火箭炮行驶时受到不平路面的激励而产生振动,车辆底盘的振动过程引起火炮系统的运动,即底盘振动是火炮运动的输入激励。

为了准确地预测和评价火箭炮在非公路条件下行进间发射时的动力学响应,必须通过分析轮胎与地面的相互作用,建立弹性轮胎-软地面接触模型及其与火箭炮的集成模型,得到变形地面作用于车辆的有效路面谱及车身垂直方向加速度、悬架动挠度、轮胎动载、炮口扰动等反映火箭炮行驶平顺性和射击稳定性的评价指标。由于地面变形及力学性质的多变性,车辆在非公路地面上行驶时,轮胎与地面的接触机理比行驶在公路(近似为刚性)上的车辆复杂得多。

预测弹性轮胎在软地面上的性能可采用 Bekker 的简化假设,弹性轮在地面上滚动时通常都形成一定深度的轮辙,与此同时轮胎与地面作用的接触面从轮胎侧面看是由底部的平直线段和前部的圆弧段组成的,如图 7-10 所示。

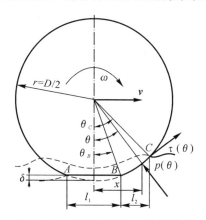

图 7-10　地面-轮胎相互作用模型

图 7-10 中,l_1 为轮胎与地面接触的平直段长度;l_2 为圆弧段在水平面内的投影长度;θ_B,θ,θ_C 分别为圆弧段的起始角度、任意一点对应的角度和终止角度;δ 为轮胎径向变形;x 为接触段(直线段和圆弧段)上任意一点至直线段中心的水平距离;r 为轮胎的自由半径。地面对轮胎的作用力与土壤的沉陷量和剪切位移有关,可通过 Bekker 土壤承压特性公式和剪切特性公式求得,即

$$p = \left(\frac{k_c}{b} + k_\phi\right) Z^n \tag{7-23}$$

$$\tau = (c + \sigma\tan\phi)(1 - e^{\frac{-d_\tau}{k_\tau}}) \tag{7-24}$$

将地面、轮胎、车辆三者同时考虑,建立变形地面-轮胎-车辆模型,如图 7-11 所示。

地面-轮胎-车辆模型的动力学方程为

$$m_1\ddot{z}_1 + c(\dot{z}_1 + \dot{z}_2) + k(z_1 - z_2) = 0 \tag{7-25}$$

$$m_2\ddot{z}_2 + c(\dot{z}_2 - \dot{z}_1) + k(z_2 - z_1) + k_t(z_2 - z_3) + c_t(\dot{z}_2 - \dot{z}_3) = 0$$

$$(7-26)$$

$$k_t(z_3 - z_2) + c_t(\dot{z}_3 - \dot{z}_2) + (m_1 + m_2)g - F_{g1} - F_{g2} = 0 \quad (7-27)$$

式中：z_1, z_2, z_3, z_g——簧上质量质心位移、簧下质量质心位移、轮胎地面接触面平直段垂向位移以及路面不平度；

m_1, m_2——簧上质量与簧下质量；

k, k_t, c, c_t——悬架和轮胎的刚度与阻尼；

O_2, O_3——z_2, z_3 的原点位置，为车辆处于静平衡状态时的簧下质量质心位置和地面轮胎接触面平直段的垂向位置；

O_g——z_g 的均值线；

l_{20}, δ_0, z_0——静平衡状态时地面轮胎接触平直段的长度、圆弧段在水平面上的投影长度、轮胎的径向变形量以及轮胎的初始沉陷量。

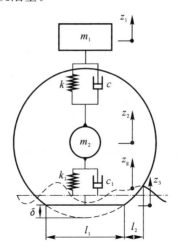

图 7-11　轮胎-地面-车辆二自由度模型

上述静平衡状态是指车速为零、地面平坦、地坪高度与 O_g 相重合的状态。地面-轮胎接触模型如图 7-12 所示。式（7-27）中 F_{g1} 和 F_{g2} 的计算可借助于图 7-12。

设稳定工况下车辆以匀速 v 向前行驶，路面不平度函数可表示为 $z_g(t)$，在任意时刻 t，地面对轮胎的垂直作用力 F_{g1} 和 F_{g2} 可表示为

$$\left. \begin{aligned} F_{g1} &= \int_{-\frac{l_1}{2}}^{\frac{l_1}{2}} \left\{ \left(\frac{k_c}{b_1} + k_\phi \right) \left[z_g(t) + \frac{x}{v} - z_3 + z_0 \right]^n B \right\} \mathrm{d}x \\ F_{g2} &= F_{g2n} + F_{g2r} \end{aligned} \right\} \quad (7-28)$$

其中，$b_1 = \min(l_1, B)$。

式中：F_{g2n}, F_{g2r}——地面轮胎接触圆弧段由土壤法向力、剪切力产生的垂向分力。

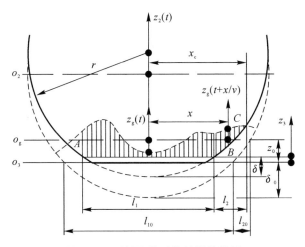

图 7 - 12 地面-轮胎接触计算模型

对于轮式火箭炮底盘系统，根据牛顿定律可得到轮式火箭炮车体振动微分方程为

$$\boldsymbol{M\dot{X}} + \boldsymbol{C\dot{X}} + \boldsymbol{KX} = \boldsymbol{c\dot{Y}} + \boldsymbol{kY} \qquad (7-29)$$

式中：$\boldsymbol{M}$——车辆质量矩阵（包括车体在三个自由度方向的质量或转动惯量，车轮的质量及火力部分的质量）；

$\boldsymbol{K}, \boldsymbol{k}$——车辆悬挂刚度矩阵和车轮刚度矩阵；

$\boldsymbol{C}, \boldsymbol{c}$——悬挂阻尼矩阵和车轮阻尼矩阵；

$\boldsymbol{X}$——车辆位移向量（包括车体、座椅和车轮在各自由度上的广义位移）；

$\boldsymbol{Y}$——输入路面激励向量。

$\boldsymbol{Y}$ 的表达式为

$$\boldsymbol{Y} = \begin{bmatrix} \boldsymbol{Y}_L & \boldsymbol{Y}_R \end{bmatrix} \qquad (7-30)$$

式中：$\boldsymbol{Y}_L, \boldsymbol{Y}_R$——左、右侧负重轮处经轮胎滤波后的不平度值，$\boldsymbol{Y}_L = \begin{bmatrix} y_{L1} & \cdots & y_{Ln} \end{bmatrix}$，$\boldsymbol{Y}_R = \begin{bmatrix} y_{R1} & \cdots & y_{Rn} \end{bmatrix}$（$n$ 为单侧负重轮数量）。

为求车辆系统振动的状态方程，设状态向量：

$$\boldsymbol{Z} = \begin{bmatrix} \boldsymbol{Z}_1 & \boldsymbol{Z}_2 \end{bmatrix}^{\mathrm{T}} \qquad (7-31)$$

其中，

$$\boldsymbol{Z}_1 = \boldsymbol{X} - \mathrm{Diag}\begin{bmatrix} \beta_{L10} & \cdots & \beta_{Ln0} & \beta_{R10} & \cdots & \beta_{Rn0} \end{bmatrix} \boldsymbol{Y}$$

$$Z_2 = \dot{X} - \mathrm{Diag}\begin{bmatrix} \beta_{L10} & \cdots & \beta_{Ln0} & \beta_{R10} & \cdots & \beta_{Rn0} \end{bmatrix} \dot{Y} -$$
$$\mathrm{Diag}\begin{bmatrix} \beta_{L11} & \cdots & \beta_{Ln1} & \beta_{R11} & \cdots & \beta_{Rn1} \end{bmatrix} Y \qquad (7-32)$$

对 Z 求导，得

$$\dot{Z} = \begin{bmatrix} \dot{Z}_1 \\ \dot{Z}_2 \end{bmatrix} = \begin{bmatrix} \dot{X} - \mathrm{Diag}\boldsymbol{\beta}_{i0} & \dot{Y} \\ \dot{Z}_2 - \mathrm{Diag}\boldsymbol{\beta}_{i0} & \ddot{Y} \end{bmatrix} - \begin{bmatrix} \mathbf{0} & \mathbf{0} \\ \mathrm{Diag}\beta_{i0} & \dot{Y} \end{bmatrix} \qquad (7-33)$$

得到状态方程为

$$\dot{Z} = AZ + BY \qquad (7-34)$$

其中，各系数矩阵为

$$A = \begin{bmatrix} \mathbf{0} & I \\ -M^{-1} & K - M^{-1}C \end{bmatrix} \qquad (7-35)$$

式中：I——单位矩阵。

$$B = \begin{bmatrix} M_2^{-1} & c \\ M^{-1}k - M^{-1}C & M_2^{-1}cM^{-1} \end{bmatrix} \qquad (7-36)$$

式中：M_2——左右侧车轮质量对角矩阵；

c——左右侧车轮阻尼对角矩阵。

对于履带式火箭炮底盘系统，考虑到履带对于行驶机构的约束力，式（7-29）可改写为

$$M\ddot{X} + C\dot{X} + KX = c\dot{Y} + kY + N \qquad (7-37)$$

式中：N——为约束力向量。

N 的表达式为

$$N = \begin{bmatrix} N_C & N_F \end{bmatrix} \qquad (7-38)$$

式中：N_C——车体各自由度上的履带约束力，$N_C = \begin{bmatrix} n_{Cy} & n_{C\theta} & n_{C\varphi} \end{bmatrix}$；

N_F——左右侧负重轮的履带约束力，$N_F = \begin{bmatrix} n_{FL1} & \cdots & n_{FLn} & n_{FR1} & \cdots \\ n_{FRn} \end{bmatrix}$。

火炮通过炮塔与车体连接，一方面随着炮塔在水平面内做旋转运动，另一方面在车体垂直面内随着车体的俯仰围绕耳轴摆动。为简化分析，如图 7-13 所示，建立惯性参考系 YOZ。其中：O_r 为火炮耳轴中心，以 O_r 为原点建立车体连体坐标系 $Y_rO_rZ_r$；φ_c 为车体连体坐标系 $Y_rO_rZ_r$ 相对惯性坐标系 YOZ 转角；O_1 为火炮质心；φ 为火炮相对车体连体坐标系 $Y_rO_rZ_r$ 的转角。

如图 7-13 所示，火炮在耳轴的牵动下，在惯性坐标系 YOZ 中有沿 y 轴方向的运动 $x,\dot{x},\ddot{x}$，即 $Y_rO_rZ_r$ 连体坐标系的牵连运动。$\varphi_c,\dot{\varphi}_c,\ddot{\varphi}_c$ 是车辆底盘的纵向角位移、角速度、角加速度，也就是车辆底盘提供的振动输入。同时，火炮相对耳轴转动 $\varphi_c,\dot{\varphi},\ddot{\varphi}$ 即火炮在车体连体坐标系 $Y_rO_rZ_r$ 中的相对运动。

对火炮振动分析的基本思想:取火炮一微元 dm,求其绝对加速度 a,得到其受到的合外力 dma,对惯性坐标系 YOZ 中 O_r 点取矩后积分,就是火炮在惯性坐标系中对 O_r 点所受到的合外力矩。这实际上就是,火炮受到的高低机等效弹簧力矩 M_k,高低机等效阻尼力矩 M_n 和重力矩 M_g 之和。这样就可得到火炮系统动力学微分方程:

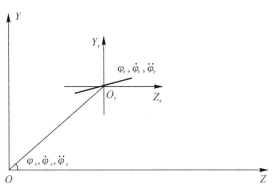

图 7 - 13　火炮与车体运动学关系

$$M = M_k + M_n + M_g = I\ddot{\boldsymbol{\varphi}}_a - I\ddot{\boldsymbol{\varphi}}_c +$$
$$mO_rO_1[d\ddot{\boldsymbol{\varphi}}_c + d\dot{\boldsymbol{\varphi}}_c + \dot{\boldsymbol{x}}] \qquad (7-39)$$

式中:　　 I ——火炮相对耳轴中心 O_r 的转动惯量;

　　　　 φ_a ——火炮中线在惯性坐标系 YOZ 中的转角(火炮相对瞄准位置的偏离角);

　　 $\dot{\boldsymbol{\varphi}}_c, \ddot{\boldsymbol{\varphi}}_c$ ——车体的纵向角速度、角加速度;

　　 O_rO_1 ——火炮质心 O_1 到耳轴中心 O_r 的距离;

　　　　 d —— O_rO_1 间的距离;

　　　　 $\ddot{\boldsymbol{x}}$ ——火炮在惯性坐标系 YOZ 中沿 y 轴方向运动的加速度。

2.路面谱建模

(1)路面不平度建模方法。路面谱模型建立的方法主要有以下几种:①谐波叠加法,也称蒙特·卡洛法;②白噪声法;③基于离散时间序列的 AR/ARMA 法;④基于 PSD 离散采样的道路模拟方法,也称 FFT 法。

四种模型均将路面高程定性为平稳的 Gaussian 随机过程,并依据通用的随机路面标准化功率谱——频域模型,通过一定的转换、获得路面激励的时域模型——随机路面高程,各种模型的优、缺点见表 7 - 5。

表 7 - 5　四种道路谱模型建立方法比较

方　法	优　点	缺　点
谐波叠加法	理论严密、简单直观、有普适性	计算量大,仿真速度慢,不适合实时系统或多维系统的研究

方　法	优　点	缺　点
白噪声法	相对稳定、仿真速度快、实现方便	并非普适性模型,可拓展性有所欠缺
AR 法	理论性较强,能较好地对指定路面等级进行仿真分析	离散采样点较多,前期准备工作复杂,计算量大,计算速度慢
FFT 法	速度快、适用范围广、拓展性强、理论严密	前期工作稍显复杂

谐波叠加法采用以离散谱逼近目标随机过程的模型,是一种离散化数值模拟路面的方法。随机信号可以通过离散傅里叶分析变换分解为一系列具有不同频率和幅值的正弦波,谱密度就等于由带宽划分的这些正弦波幅值的二次方。

白噪声法的基本思想是,将路面高程的随机波动抽象为满足一定条件的白噪声,然后进行变换而拟合出路面随机不平度的时域模型。

基于快速傅里叶变换,AR-自回归模型法是一种比较有效的数字模拟方法,而且数字信号处理理论为它提供了严密的数学基础。在数字模拟应用中,ARMA 系统相当于一组数字滤波器,它将白噪声变成近似具有目标谱密度或相关函数的离散随机过程或随机场。

FFT 法的本质与谐波叠加法相同。通过算法改进,FFT 法比谐波叠加法计算量更小、速度更快,是较为理想的方法。

综上所述:白噪声法相对稳定,仿真速度快,实现方便,却并非普适性模型,可拓展性有所欠缺;谐波叠加法理论严密、简单直观、有普适性,但计算量大,仿真速度慢,不适合实时系统或多维系统的研究;FFT 方法前期工作稍显复杂,却有着速度快、适用范围广、拓展性强、理论严密等多种优点,在非特别说明的情况下,是较为理想的方法;AR 方法作为理论性较强的离散时序模型,能够较好地对指定等级路面进行仿真分析,然而离散采样点数目较高的 AR 模型的前期准备工作较为复杂,计算量过大,计算速度较慢,因此在采样点较低的情况下比较有推广应用价值。

(2) 基于谐波叠加法的路面激励建模。谐波叠加法以离散谱逼近目标随机过程的随机模型,适用于任意随机路面的模拟,具有良好的适应性和高精度。路面功率谱密度为

$$G_q(f) = \frac{1}{u}G_q(n) = G_q(n_0)(f/n_0)^{-w}u^{w-1} \tag{7-40}$$

将 $f(f_1 \leqslant f \leqslant f_2)$ 划分为 N 个区间,用每个区间的中心频率 $f_i(i=1, 2, \cdots, N)$ 处的谱密度值 $G_q(f_i)$ 代替 $G_q(f)$ 在整个小区间内的值,则可以在时间

域内用三角级数模拟随机路面不平度：

$$Z(t) = \sum_{i=1}^{N} \sqrt{2} A_i \sin(2\pi f_i t + \theta) \tag{7-41}$$

其中，$A_i = \sqrt{G_q(f_i)\Delta f}$。

式中：θ——$[0,2\pi]$的随机数；

t——某速度下的时间历程。

将式（7-41）转换为空间域内谐波叠加式：

$$Z(x) = \sum_{i=1}^{N} \sqrt{2} A_i \sin[2\pi(n_i x + \alpha_i)] \tag{7-42}$$

式中：α_i——$[0,1]$的随机数；

x——路面在 x 方向上的位移。

利用 MATLAB 数学工具，以 D～G 级路面作为建模对象，通过编写程序得到各级道路的路面不平度值，参数设置见表7-6。

表 7-6　几种路面等级建模参数设置

路面等级	n_0/m	W	$G_q(n_0)/m^3$	Δ/m	路面长度/m
D	0.1	2	$1\ 024\times10^{-6}$	0.1	150
E	0.1	2	$4\ 096\times10^{-6}$	0.1	150
F	0.1	2	$16\ 384\times10^{-6}$	0.1	150
G	0.1	2	$65\ 536\times10^{-6}$	0.1	150

图7-14～图7-16所示分别为模拟得到 D，F，G 级路面不平度，纵坐标为路面不平度值，横坐标为路面长度。

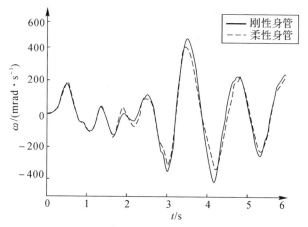

图 7-14　D 级路面不平度的距离-高程曲线

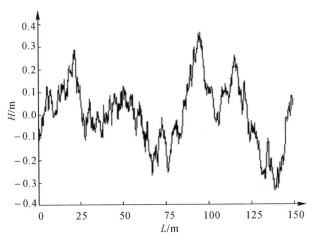

图 7 - 15　F 级路面不平度的距离-高程曲线

　　（3）路面文件。软件中提供的路面文件较为简单,无法满足火箭炮行进间射击仿真。因此,建立生成三维路面文件的通用模型,将各种试验路面数字化,以满足不同仿真试验要求,显得尤为重要。路面模型以路面文件的形式表现,采用三角网格法构建适用于 Adams 的三维路面,具有通用性,路面文件格式如图 7 - 17 所示。

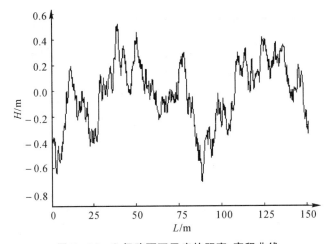

图 7 - 16　G 级路面不平度的距离-高程曲线

　　路面文件通常包含 7 部分:路面文件类型,路面谱在 X,Y,Z 方向上的比例,位置原点,路面谱向上的方向,地面坐标系方向相对于大地坐标系方向的转换矩阵,路面谱的节点,路面谱单元等。核心部分是 Nodes 与 Elements:Nodes

是四维向量矩阵,由节点序号及该节点的三维坐标构成;Elements 是五维向量矩阵,由 3 个节点序号及该单元的摩擦因数组成。只需确定 Nodes 矩阵和 Elements 矩阵,即可以生成相应的路面。

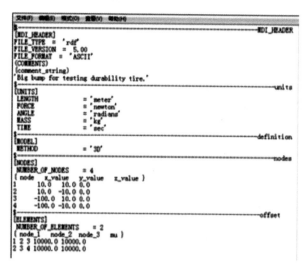

图 7 - 17 路面文件格式

3. 路面数字化建模

《自行高炮定型试验规程——耐久性试验》中规定了常温地区行驶试验道路分配,主要有铺面路、砂石路、起伏路。目前,构造路面不平度使用的方法有谐波叠加法(三角级数法)、白噪声法及 AR(MA)模型的方法等,这些方法所计算出的路面谱和给定的目标谱都存在一定的误差。依据表 7 - 7 给出的路面谱密度值,利用傅里叶逆变换法得到铺面路、砂石路、起伏路路面不平度随机序列。

表 7 - 7 典型试验路面测试的路面特征参数

路面	均方根值/mm	衰减指数 W_1	谱密度值/($10^{-6}\mathrm{m}^2 \cdot \mathrm{m}^{-1}$) $G_{\mathrm{d1}}(0.1)$	路面等级	统计距离/m
铺面路	13.59	1.80	486	C+	768
砂石路	16.28	1.78	1 024	D+	512
起伏路	350.91	3.56	120 225	G	153.6

(1)路面重构理论。在许多实际问题中,由部分时域或频域信号值重构整个信号;或用部分信号值来表示整个信号,以达到数据压缩的目的等,这些都属

于信号重构问题。而在随机数据的处理中,快速傅里叶变换(FFT)具有非常重要的作用。对采样点数据进行傅里叶变换后可取得频率域内的幅度谱、相位谱、功率谱。由傅里叶变换给出的频率域包含的信息和原函数时间域内包含的完全相同,不同的仅是信息的表示方式。傅里叶逆变换法的基本思路是由已知路面功率谱可得到与其对应的一系列离散傅里叶变换的模值,再用一组正态分布的随机序列经傅里叶变换后得到的相位谱作为相角输入,构造出频域信号即幅度谱,再对其进行逆傅里叶变换就能得到所求波形即路面不平度随机序列。

功率谱密度函数的物理意义是按照频率分布的能量度量。路面不平度功率谱密度的有效空间频率上、下限分别为 n_2 和 n_1。当计算功率谱密度时,为避免频率混叠,距离采样间隔 Δl 应满足:

$$\Delta l \leqslant \frac{1}{2n_2} \qquad (7-43)$$

若采样点数为 $N(N=2^m,m$ 为正整数$)$,则总采样距离为 $L=N\Delta L$。

对于需要重新构造的随机路面,由于给定的路面功率谱一般为单边谱,因此需把单边谱延拓成双边谱。但实际上负频率并不存在,在公式中采用频率区间从负到正,纯粹只有数学上的意义和为了运算方便。单边谱密度也称作物理谱密度,它只分布在 $\omega \geqslant 0$ 的频率范围内,记为 $S'_x(\omega)$,双边谱 $S_x(\omega)$ 的关系:

$$S'_x(\omega) = \begin{cases} 2S_x(\omega), \omega \geqslant 0 \\ 0, \omega < 0 \end{cases} \qquad (7-44)$$

根据相关文献,路面功率谱与幅度谱之间可表示成如下关系,即功率谱密度可以用路面不平度随机序列 x_t 的傅里叶变换二次方表示:

$$G_k = \frac{2\Delta l}{N} |X_k|^2 \qquad (7-45)$$

式中:X_k —— x_t 的有限区间离散傅里叶变换。

则有

$$|X_k| = \sqrt{\frac{N}{2\Delta l} G_k} \qquad (7-46)$$

由式(7-46)便可得到随机序列 x_t 的傅里叶变换 X_k 的模值,若要构造频域信号还缺少随机相位信息。由于假定路面不平度是零均值的高斯随机过程,所以可构造一组正态分布随机序列,在对其进行傅里叶变换后得到的相位谱便可作为路面不平度的相角输入。在 MATLAB 环境中产生均值为零、标准差为 1 的正态分布随机序列 $f(t)$,然后对 $f(t)$ 施行一次离散傅里叶变换,其频谱函数的复数形式为

$$F(\omega_k) = \text{Re}(\omega_k) + j\text{Im}(\omega_k) = |F(\omega)| e^{j\varphi(\omega_k)} \qquad (7-47)$$

式中：$\varphi(\omega_k)$——相位谱密度（常称相位谱）（作为随机相角输入）。

最后，利用已求得的模值 $|X_k|$ 和相位谱 $\varphi(\omega_k)$ 构造 X_k 序列，即得到频域信号：

$$X_k = |X_k| e^{j\varphi(wk)} \qquad (7-48)$$

再对 X_k 施行一次离散傅里叶逆变换后取实部便得到路面不平度随机序列 x_t。

（2）常规行驶试验路面重构。按表 7-7 提供的路面谱数据，由路面不平度系数的估算式：

$$G_q(n_0) = \sigma_q^2 n_0^{-2} (\lambda_u - \lambda_l)^{-1} \qquad (7-49)$$

式中：λ_u, λ_l——路面波的最大波长和最小波长，$\lambda_u = n_l^{-1}, \lambda_l = n_u^{-1}$。
可得各路面的功率谱，使用傅里叶逆变换法模拟出铺面路、砂石路、起伏路路面，在 MATLAB 环境下用 AR 模型法编制谱分析程序来估计用傅里叶逆变换法生成的路面不平度随机序列的功率谱，并与原始谱进行比较。模拟条件为空间频率采样间隔 $0.01~\text{m}^{-1}$，截断频率 $4~\text{m}^{-1}$，路面长 $L = 100~\text{m}$。

1）铺面路。参考国标，铺面路属于 C 级路，由傅里叶逆变换法得到的铺面路不平度随机序列如图 7-18(a)所示，对生成的不平度随机序列进行功率谱估计，并与原始谱比较如图 7-18(b)所示。

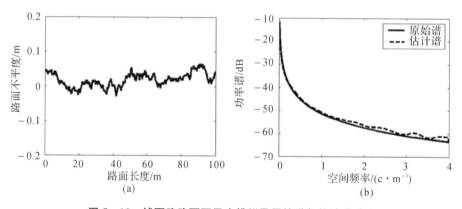

图 7-18　铺面路路面不平度模拟及原始谱与估计谱对比

由生成的铺面路路面不平度随机序列可构造出铺面路数字化仿真模型，如图 7-19 所示。

2）砂石路。砂石路属于 D 级路，由傅里叶逆变换法得到的砂石路不平度随机序列如图7-20(a)所示，对生成的不平度随机序列进行功率谱估计，并与原始谱比较,如图 7 – 20(b)所示。

图 7 – 19　铺面路数字化仿真模型

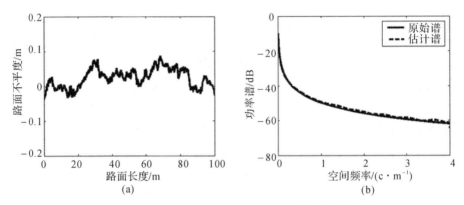

图 7 – 20　砂石路路面不平度模拟及原始谱与估计谱对比

由生成的砂石路路面不平度随机序列可构造出用于火箭炮行驶仿真的三维数字路面,如图 7 – 21 所示。

图 7 – 21　砂石路数字化仿真模型

3)起伏路。起伏路属于 G 级路,由傅里叶逆变换法得到的起伏路不平度随机序列,如图 7 – 22(a)所示,对生成的不平度随机序列进行功率谱估计,并与原始谱比较,如图 7 – 22(b)所示。

由生成的起伏路路面不平度随机序列可构造出用于火箭炮行驶仿真的三维数字路面,如图 7 – 23 所示。

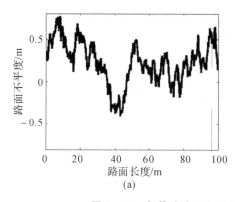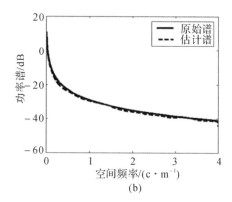

图 7 - 22　起伏路路面不平度模拟及原始谱与估计谱对比

图 7 - 23　起伏路数字化仿真模型

由图 7 - 19、图 7 - 21、图 7 - 23 可知,随着路面级别的提高,路况也趋于恶劣,反映在路面不平度上即起伏越来越大。由图 7 - 18、图 7 - 20、图 7 - 22 可见,铺面路、砂石路和起伏路的估计谱(虚线部分)和原始谱(实线部分)在 0～2.5 m^{-1} 时差别很小,在 2.5～4 m^{-1} 时有微小波动,这与路面不平度在低频段稳定而在高频段易波动的特征一致。模拟路面经谱分析得出的路面谱与原始谱符合得很好,反映了这三种典型试验路路面不平度的统计特征。因此,计算得到的不平度随机序列可以作为路面模型各态历经过程的一个样本,生成的数字化路面可以作为轮式车辆行驶仿真的试验平台。

7.2.5　机载发射装置载荷分析

机载发射过程通常有固定翼机载发射和旋翼机载发射两种形式。固定翼机载发射过程中由于载机平台速度高、惯性大,在该类平台上的发射装置具有很好的稳定性,受平台的扰动相对较小。而以直升机为代表的旋翼机载本身自重较小,而且在发射过程中受到旋翼、气流和机动过程的影响,载荷相对复杂。本节主要以武装直升机发射平台进行载荷分析。

武装直升机发射装置的载荷主要来源于旋翼载荷激励、飞机机动过程中的空气扰动载荷等。该类载荷的分析有两种方式可以获取:第一种是按照国军标对直升机旋翼载荷谱的定义;第二种是结合具体的直升机平台的特性进行仿真分析,从而得到发射装置位置的载荷。相对比而言,第一种方式比较通用,但是结果比较粗糙。第二种方式对平台特性和模型的准确度要求较高,通常在条件具备的时候进行该类分析,而且这类分析需要载机平台研发机构的支持,利用结构仿真分析和实际测试数据对载荷进行准确的量化与分析,支撑火箭炮动力学分析与优化。本节中结合典型的旋翼飞行器平台进行结构载荷的分析与仿真。

飞行状态及其旋翼载荷的计算主要包括振动传递特性分析、频域响应分析和时域响应分析。直升机飞行状态包括悬停、水平飞行、水平转弯、螺旋转弯、自转、爬升和下降、俯冲和拉起、侧飞等,可在较多状态下进行火箭炮发射,但考虑到射击效果,主要是在表 7-8 所示较稳定状态下进行发射,遂选取表 7-8 中的状态进行载荷等效。

表 7-8 飞行状态及其旋翼载荷

工 况	飞行状态	F_x/N	F_y/N	F_z/N	M_x/(N·m)	M_y/(N·m)	M_z/(N·m)
1	悬停	124.1	127.0	5 879.6	−351.5	294.0	3 101.8
2	有地效悬停	124.1	127.0	5 879.6	−351.5	−388.1	3 101.8
3	水平前飞 100 knt	−210.3	160.2	5 483.4	83.0	−446.5	2 392.3
4	水平前飞 120 knt	−323.3	187.0	5 710.3	85.1	−706.8	3 020.3
5	水平前飞 135 knt	−307.9	206.4	5 602.1	24.4	−707.7	3 162.5
6	水平前飞 150 knt	−425.6	260.7	5 864.2	10.1	−990.9	3 989.9

注:1 knt=1 852 m。

直升机载荷主要来源于旋翼,在较稳定状态下的旋翼载荷见表 7-8。旋翼载荷的表现形式为桨毂中心处的六力素,由于 M_z 主要影响直升机动力传动系统的扭振响应,对全机振动响应影响较小,在计算中未施加 M_z,载荷施加位置在主旋翼桨毂中心处。

在已修正的动力学模型的基础上:首先,开展振动传递特性分析,按不同方向(UX,UY,UZ,MX,MY)分别在旋翼桨毂中心处施加单位载荷,计算得到火箭炮支座处的振动响应,分析全机对于不同方向载荷的振动传递特性;其次,开展直升机在旋翼载荷激励下的频响分析,按照表 7-8 中的工况,在旋翼桨毂中心处施加不同工况下的载荷,计算得到火箭炮支座处的频域响应,分析不同工况下的载荷频域响应特点;最后,开展直升机在旋翼载荷激励下的时域分析,在旋翼桨毂中心处施加定频条件、不同工况下的载荷,计算得到火箭炮支座处的时域响应,分析定频条件、不同工况下的载荷时域响应特点。

1. 振动传递特性分析

(1)建立模型。设置场函数,配合后续单方向的单位载荷工况,实现单方向单位载荷在主旋翼桨毂中心处的扫频激励。在场函数的基础上,按照沿 UX,UY,UZ,MX,MY 方向依次施加单位载荷,设置 5 个工况。

采用 modal 法进行求解,结构阻尼设置为 0.02,计算频率范围为 $1\sim60$ Hz,共 600 个计算点,输出模型的加速度、速度及位移响应。

(2)计算结果。各方向加载单位载荷工况下支座中心的加速度、速度和位移频域响应如图 7-24~图 7-29 所示。

1)工况 1(UX 加载单位载荷)计算结果如图 7-24~图 7-26 所示。

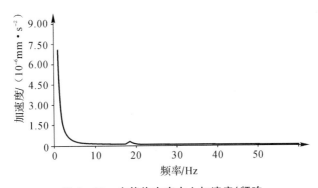

图 7-24　火箭炮支座中心加速度(频响

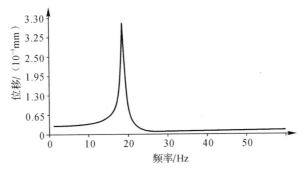

图 7-25　火箭炮支座中心位移频响

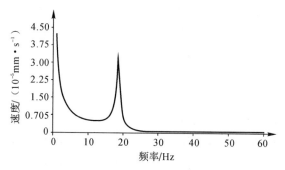

图 7 - 26 火箭炮支座中心速度频响

2)工况 5(MY 加载单位载荷)计算结果如图 7 - 27～图 7 - 29 所示。

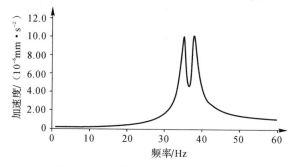

图 7 - 27 火箭炮支座中心加速度频响

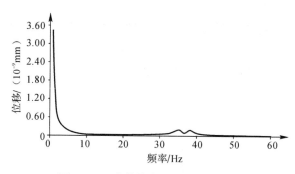

图 7 - 28 火箭炮支座中心位移频响

(3)结果分析。

1)沿 UX,UY,UZ 加载的响应规律近似,合成加速度在 12～19 Hz 处出现一个明显的峰值,该峰值出现的频率从小到大依次是 $f(UY) < f(UZ) < f(UX)$,且均避开主旋翼一阶通过频率 25.5 Hz 的 10% 频带,合成速度、合成位

移在相应于合成加速度峰值出现频率处出现峰值。

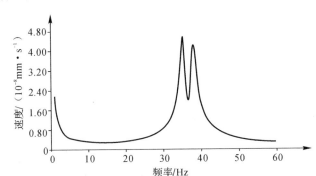

图 7 - 29 火箭炮支座中心速度频响

2)沿 MX 和 MY 加载时,则出现两个明显的峰值,MX 加载时峰值出现的频率在 $5\sim10$ Hz,MY 加载时峰值出现的频率在 $35\sim40$ Hz,均避开主旋翼一阶通过频率 25.5 Hz 的 10% 频带,合成速度、合成位移在相应于合成加速度峰值出现频率处出现峰值。

3)沿 UX,UY,UZ,MX,MY 加载时,目标节点的加速度、速度、位移在 25.5 Hz 及其 10% 频带附近均未出现峰值,与模态分析结果一致,符合动力学设计要求。

2. 频域响应分析

(1)建立模型。设置场函数,配合后续单方向的单位载荷工况,实现单方向单位载荷在主旋翼桨毂中心处的扫频激励。在场函数的基础上,根据表 7 - 8 设置 6 个工况,每个工况分别代表一种飞行状态及其旋翼载荷。

采用 modal 法进行求解,结构阻尼设置为 0.02,计算频率范围为 $1\sim60$ Hz,共 600 个计算点,输出模型的加速度、速度及位移响应。

(2)计算结果。各方向加载单位载荷工况下火箭炮支座中心的加速度、速度和位移频域响应如图 7 - 30~图 7 - 35 所示。

1)工况 1(悬停)计算结果如图 7 - 30~图 7 - 32 所示。

2)工况 5(水平前飞 135 knt)计算结果如图 7 - 33~图 7 - 35 所示。

(3)响应分析。

1)在各加载工况下,火箭炮支座中心处节点火箭炮支座中心的加速度、速度、位移频域响应出现峰值的频率均避开主旋翼一阶通过频率 25.5 Hz 及其 10% 频带。

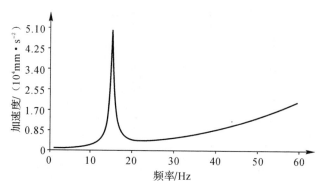

图 7-30　火箭炮支座中心加速度频响

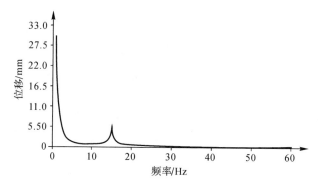

图 7-31　火箭炮支座中心位移频响

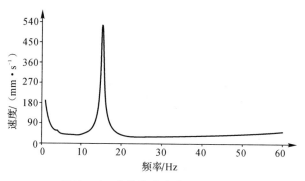

图 7-32　火箭炮支座中心速度频响

2)出现峰值的频率与各工况的载荷组成及振动传递特性直接相关,通过分析载荷组成,根据振动传递特性,可初步确定峰值频率。

3)各工况下加速度、速度、位移频域响应的 X,Y,Z 分量与出现峰值的频率处的全机整体低阶模态振型直接相关。

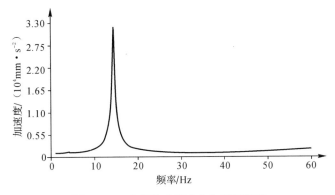

图 7 - 33　火箭炮支座中心加速度频响

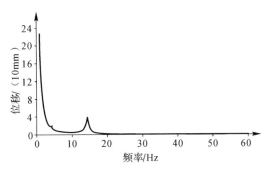

图 7 - 34　火箭炮支座中心位移频响

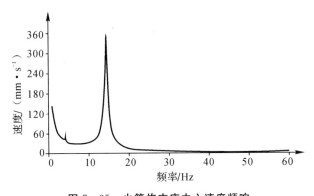

图 7 - 35　火箭炮支座中心速度频响

4）各工况下加速度、速度、位移频域响应的峰值并不按照水平前飞速度单调增加。此外，悬停状态和有地效悬停状态的响应并无明显区别。

3.时域响应分析

(1)建立模型。设置场函数,配合后续单方向的单位载荷工况,实现单方向单位载荷在主旋翼桨毂中心处的扫频激励。在场函数的基础上,根据表 7-8 设置 6 个工况,每个工况分别代表一种飞行状态及其旋翼载荷。主旋翼载荷激励的非空间载荷场,即 25.5 Hz 的周期函数,载荷场时间范围为 0~1 s,共 1 000 个取样点。

采用 modal 法进行求解,结构阻尼设置为 0.02,计算时间范围为 0~1 s,以 0.001 s 为计算步长,输出模型的加速度、速度及位移响应。

(2)计算结果。以火箭炮支座中心处节点火箭炮支座中心作为目标节点,输出各个工况下的加速度、速度时域响应如图 7-36~图 7-41 所示。

1)工况 1(悬停)计算结果如图 7-36~图 7-38 所示。

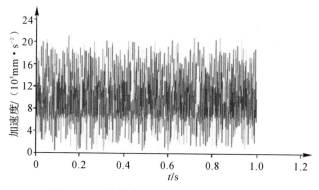

图 7-36　火箭炮支座中心加速度时域响应

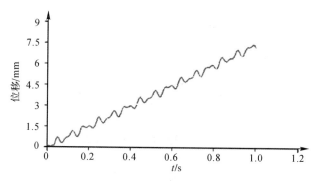

图 7-37　火箭炮支座中心位移时域响应

2)工况 5(水平前飞 135 knt)计算结果如图 7-39~图 7-41 所示。

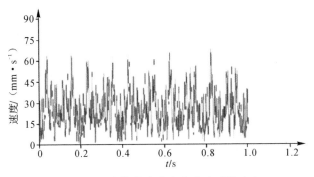

图 7 - 38　火箭炮支座中心速度时域响应

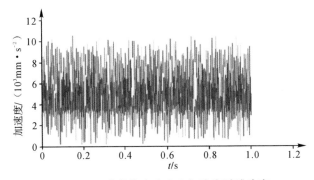

图 7 - 39　火箭炮支座中心加速度时域响应

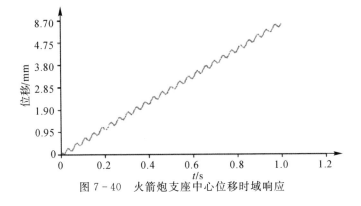

图 7 - 40　火箭炮支座中心位移时域响应

时域响应幅值见表 7 - 9,各工况下的加速度幅值、位移幅值和速度幅值分别如图 7 - 42～图 7 - 44 所示。

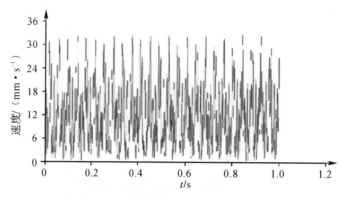

图 7-41　火箭炮支座中心速度时域响应

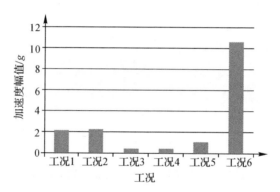

图 7-42　加速度幅值

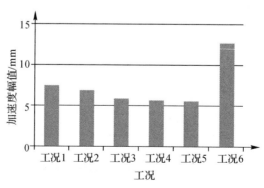

图 7-43　位移幅值

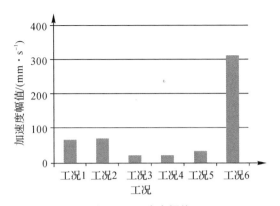

图 7 - 44 速度幅值

表 7 - 9 时域响应幅值

		工况 1		工况 2		工况 3	
		幅值	取幅值时间/s	幅值	取幅值时间/s	幅值	取幅值时间/s
加速度 (g)	合成值	2.16	0.149	2.28	0.149	0.44	0.325
	X 分量	−0.40	0.149	−0.33	0.149	0.14	0.325
	Y 分量	−1.53	0.599	1.54	0.266	0.35	0.717
	Z 分量	1.47	0.149	1.65	0.149	−0.34	0.325
位移 /mm	合成值	7.43	0.987	6.90	0.987	5.85	1.0
	X 分量	−0.12	0.913	0.17	0.933	−0.13	0.875
	Y 分量	−0.38	0.969	−0.38	0.932	0.04	0.933
	Z 分量	7.43	0.987	6.90	0.987	5.85	1.0
速度 /(m·s⁻¹)	合成值	68.12	0.824	70.33	0.824	21.62	0.514
	X 分量	−13.48	0.824	12.30	0.725	−4.66	0.587
	Y 分量	−30.29	0.491	−30.57	0.491	−6.87	0.825
	Z 分量	59.78	0.824	62.67	0.824	21.16	0.514

(3)响应分析。

1)由于计算时施加的是周期变化的五力素,因而加速度响应的跟随性很强,加速度时域响应与频域响应吻合度高。

2)计算时无法给定节点初始速度,使得节点的速度因与加速度存在一阶积分关系而出现积分常数,因此速度响应的跟随性略差,速度时域响应与频域响应吻合度略低;

3)计算时无法给定节点初始速度和位移,使得节点的位移因与加速度存在二阶积分关系、与速度存在一阶积分关系而出现积分常数,导致位移与时间呈现线性递增关系,因此位移响应跟随性较差,位移时域响应与频域响应出现较大偏差,位移时域响应规律不具有参考意义,应以位移频域响应为准。

4)从响应幅值看,水平前飞 100 knt、水平前飞 120 knt、水平前飞 135 knt 状态下,目标节点的加速度、速度、位移响应比悬停、有地效悬停、水平前飞 150 knt 状态下的响应小,与频域响应分析中峰值并不按照水平前飞速度单调增加的结论吻合。

5)目标节点的响应幅值主要贡献分量是 Z 分量,在后续计算分析和试验中应主要关注 Z 向响应。

4. 小结

综合上述响应分析,可得出以下结论。

(1)沿 UX、$\dot{UY}$、UZ、MX、MY 单独加载时,目标节点的加速度、速度、位移在 25.5 Hz 及其 10% 频带附近均未出现峰值,与模态分析结果一致,符合动力学设计要求。

(2)沿 UX、UY、UZ 加载时,合成加速度在 12～19 Hz 处出现一个明显的峰值,沿 MX 和 MY 加载时,则出现两个明显的峰值,MX 加载时峰值出现的频率在 5～10 Hz,MY 加载时峰值出现的频率在 35～40 Hz。

(3)在表 7-9 所示的各工况下,目标节点的加速度、速度、位移频域响应出现峰值的频率均避开了主旋翼一阶通过频率 25.5 Hz 及其 10% 频带,该频率与工况的载荷组成及振动传递特性直接相关。

(4)在表 7-9 所示的各工况下,加速度、速度、位移频域响应的峰值并不按照水平前飞速度单调增加,悬停状态和有地效悬停状态的响应并无明显区别。

(5)加速度时域响应与频域响应吻合度高,速度时域响应与频域响应吻合度略低,位移时域响应与频域响应出现较大偏差,位移时域响应规律不具有参考意义,应以位移频域响应为准。

(6)从时域响应幅值看,水平前飞 100 knt、水平前飞 120 knt、水平前飞 135 knt 状态下,目标节点的加速度、速度、位移时域响应比悬停、有地效悬停、水平前飞 150 knt 状态下的响应小,与频域响应分析中峰值并不按照水平前飞速度单调增加的结论吻合。

(7)目标节点的响应幅值主要贡献分量是 Z 分量,在后续计算分析、试验中应主要关注 Z 向响应。

|7.3 多体系统动力学分析|

火箭弹发射过程是一个复杂的运动和受力过程,不但有平动,而且有转动,其原因是所有零部件和土壤或者空气介质都是弹性体或弹塑性体,各部件之间的配合存在或多或少的间隙。因此,在力学理论和计算技术迅速发展的今天,除了经典的设计理论,还需要通过构建火箭炮的多体系统动力学分析模型,建立真实反映发射过程的多柔体发射动力学模型。这些模型将是多维高度耦合的甚至呈"刚性"二阶非齐次的非线性微分、代数方程。通过求解这些方程获得的火炮主要零部件的运动和受力规律,为火箭炮的动态设计提供理论依据。

多少年来,在火炮结构多体动力学分析方面,人们一直采用牛顿定律、拉格朗日方程等理论进行运动方程式推导。采用牛顿定律时,必须要求解物体之间的约束力;采用拉格朗日方程时,会遇到冗长的、时常是庞大的求导运算。对于自由度不多的多体模型,通过上述方法还可以得到满意的结果。而对于自由度较多的复杂模型,有些约束力无法求出,求导运算也是非常烦琐的。对于不同的结构形式,运动方程根据参数变化重新构建,重新编写计算程序。当采用传统理论建模方法时,若其结构发生变化,推导方程式和编写计算机程序的工作也要重新进行,这样,不仅要耗费大量的劳动时间,又使计算结果的精度受到影响。基于以上原因,目前火箭炮多体系统动力学分析在工程上往往基于多体动力学软件进行模型构建与求解。

针对本书的编写初衷,本节以 122 mm 火箭炮作为对象,围绕多体系统动力学的建模流程、方法、模型简化原则,载荷施加及结果后处理等进行简单的介绍。本节为了更好地介绍系统动力学在动力学分析中的重要作用,首先针对箱式轻型高机动 122 mm 轮式自行火箭炮武器系统设计需要,按照任务的要求及分工,针对该武器系统的发射动力学特性,建立了包含底盘、高低机、弹箱、定向管和火箭弹等主要部件的动力学模型,开展该武器系统的发射过程仿真研究,获得连发射击过程中火箭弹受力情况、弹箱角位移、角速度和角加速度的时间历程曲线,为结构设计优化提供理论依据。以火箭炮整车作为研究对象进行建模与分析,重点针对连发射击状态下全炮结构动力学响应进行仿真计算,通过火箭炮多体系统动力学分析,可以得到以下关键参数变化:

(1)发射过程中定向器的角速度、角位移响应,火箭弹与导向管接触力变化规律。

(2)整车姿态变化,关键部位受力情况等。

7.3.1 动力学模型建立

1. 车体及发射系统建模

本书根据某轮式自行火箭炮武器系统初样机设计的需要,对其初样机射击密集度进行了理论分析。本计算所采用的参数和结构如下:底盘车采用 SX2190 的参数和结构,火箭炮采用初样机设计的参数和结构,起落部分、回转部分的扭转刚度系数取 81 式 122 mm 火箭炮的实测值,火箭弹采用 25 km 火箭子母弹的参数数据。

(1)系统描述。对火箭炮进行动力学分析时,根据实际结构和运动情况把系统简化成多刚体系统。根据多体系统理论,将全炮划分为由液压千斤顶支撑、轮胎、车体(底架)、回转机、摇架部分(包括储运发箱和定向管)和未发射的火箭弹组成的图 7-45 所示的树形多体系统。拓扑关系如下:摇架与回转机以转动铰连接;回转机与车体(底架)以转动铰连接;车体具有 6 个自由度;火箭弹从点火到离开发射架分为 4 个阶段,即闭锁期、约束期、半约束期、飞行期。多管火箭发射过程中存在变拓扑结构问题:在某枚火箭发射过程中的系统自由度突变;连续发射时多管火箭系统的拓扑形状突变。

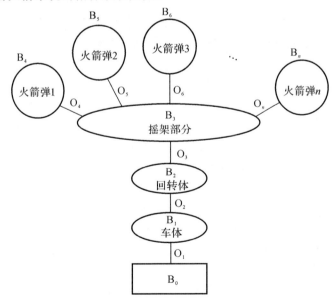

图 7-45　火箭炮的拓扑结构

（2）动力学方程的建立。设在惯性空间做一般运动的刚体 B_i 上的某一点 P 对惯性基 (e^0) 的矢径为 r_p，对质心 C_i 的矢径为 ρ，质心对惯性基 (e^0) 的矢径为 r_i，则 $r_p = r_i + \rho$。根据定义，刚体的动能是积分：

$$T_i = \frac{1}{2}\int_m r_i^2 \,\mathrm{d}m = \frac{1}{2}\int_m (r_i + \omega_i \times \rho)^2 \,\mathrm{d}m = \frac{1}{2}m_i r_i^2 + \frac{1}{2}\omega_i J_i \omega_i$$

$$(7-50)$$

若刚体 B_i 的连体基 (e^i) 原点设在刚体质心 C_i 处，则 B_i 的动能的坐标形式为

$$T_i = \frac{1}{2}r_i^{\mathrm{T}} m_i r_i + \frac{1}{2}\omega_i^{\mathrm{T}} J_i \omega_i \qquad (7-51)$$

式中：r_i——刚体质心速度 r_i 在惯性基 (e^0) 中的坐标列阵；

$\quad\;\; \omega_i$——刚体角速度 ω_i 在连体基 (e^i) 中的坐标列阵；

$\quad\;\; m_i$——刚体的 3×3 质量对角阵；

$\quad\;\; J_i$——刚体对质心的惯性张量 J_i 在连体基 (e^i) 中的惯量矩阵。

将 ω_i 的欧拉角表达式代入式 $(7-51)$，刚体动能的欧拉角表达式为

$$T_i = \frac{1}{2}r_i^{\mathrm{T}} m_i r_i + \frac{1}{2}p_i^{\mathrm{T}} K^{\mathrm{T}} J_i K p_i \qquad (7-52)$$

定义系统的笛卡尔广义坐标为

$$q_i = (r_i^{\mathrm{T}} \quad p_i^{\mathrm{T}})^{\mathrm{T}} \qquad (7-53)$$

系统所受约束方程为

$$\Phi(q,t) = \begin{pmatrix} \Phi^k(q) \\ \Phi^d(q,t) \end{pmatrix} = 0 \qquad (7-54)$$

对每个刚体 B_i 写出对应于 6 个广义坐标 $(r_i^{\mathrm{T}} \quad p_i^{\mathrm{T}})^{\mathrm{T}}$ 的 6 个拉格朗日方程：

$$\left.\begin{aligned} \frac{\mathrm{d}}{\mathrm{d}t}\frac{\partial T_i}{\partial \dot{r}_i} - \frac{\partial T_i}{\partial r_i} + \Phi_{r_i}^{\mathrm{T}}\lambda = Q_i(r_i) \\[2mm] \frac{\mathrm{d}}{\mathrm{d}t}\frac{\partial T_i}{\partial \dot{p}_i} - \frac{\partial T_i}{\partial p_i} + \Phi_{p_i}^{\mathrm{T}}\lambda = Q_i(p_i) \end{aligned}\right\} \qquad (7-55)$$

式中：λ——与 $6n$ 个约束相匹配的 $6n \times 1$ 拉格朗日乘子阵列，$\lambda = \begin{bmatrix} \lambda_1 & \lambda_2 & \cdots & \lambda_{6n} \end{bmatrix}$；

$\quad\;\; T_i$——刚体 B_i 的动能。

将刚体动能的欧拉角表达式代入式 $(7-55)$ 可表示为

$$\left.\begin{aligned} m_i \ddot{r}_i + \Phi_{r_i}^{\mathrm{T}}\lambda = Q_i(r_i) \\[2mm] K^{\mathrm{T}} J_i K \ddot{p}_i + \Phi_{p_i}^{\mathrm{T}}\lambda = Q_i(p_i) + \dot{p}_i^{\mathrm{T}} J_i \dot{p}_i \dot{K} \end{aligned}\right\} \qquad (7-56)$$

将式(7-56)合并成以下矩阵形式：

$$\boldsymbol{M}_i\ddot{\boldsymbol{q}}_i + \boldsymbol{\Phi}_{q_i}^{\mathrm{T}}\boldsymbol{\lambda} = \boldsymbol{Q}_i^* , \quad i=1,2,\cdots,n \tag{7-57}$$

其中，$\ddot{\boldsymbol{q}}_i = (\ddot{\boldsymbol{r}}_i^{\mathrm{T}} \quad \ddot{\boldsymbol{p}}_i^{\mathrm{T}})^{\mathrm{T}}$，$\boldsymbol{\Phi}_{q_i}^{\mathrm{T}} = [\boldsymbol{\Phi}_{r_i}^{\mathrm{T}} \quad \boldsymbol{\Phi}_{p_i}^{\mathrm{T}}]^{\mathrm{T}}$。

式中：$\boldsymbol{M}_i$——刚体 B_i 的 6×6 广义质量阵，$\boldsymbol{M}_i = \begin{bmatrix} m_i & \boldsymbol{0} \\ \boldsymbol{0} & \boldsymbol{K}_i^{\mathrm{T}}\boldsymbol{J}_i\boldsymbol{K}_i \end{bmatrix}$；

$\boldsymbol{Q}_i^*$——刚体 $\boldsymbol{B}_i$ 的 6×1 广义力列阵，$\boldsymbol{Q}_i^* = \begin{bmatrix} \boldsymbol{Q}_i(r_i) \\ \boldsymbol{Q}_i(p_i) + \dot{\boldsymbol{p}}_i^{\mathrm{T}}\boldsymbol{J}_i\dot{\boldsymbol{p}}_i\boldsymbol{K} \end{bmatrix}$。

将系统的 n 个刚体的 n 个方程式写成统一的矩阵方程，并和系统的约束方程联立可得系统动力学方程为

$$\left.\begin{array}{l} \boldsymbol{M}\ddot{\boldsymbol{q}} = \boldsymbol{Q}^* - \boldsymbol{\Phi}_q^{\mathrm{T}}\boldsymbol{\lambda} \\ \boldsymbol{\Phi}(q,t) = 0 \end{array}\right\} \tag{7-58}$$

（3）动力学方程数值算法。当进行动力学分析时，仿真软件提供了多种数值积分方法。本书所应用的系统采用了功能强大的变阶、变步长积分求解程序（GSTIFF 积分器）来求解耦合的非线性微分代数方程。

根据发射平台工作原理和基本结构，将发射车划分为上架、下架、贮运发箱、高低机、底盘、悬挂、轮胎、液压支腿和地面等部分。模型中考虑系统复杂结构和连接关系，处理复杂的接触、摩擦、碰撞等非线性问题，并根据发射车各部分间的装配关系和工作原理，定义模型中各部分连接关系和边界条件，形成系统的结构动力学多体模型。

火箭炮主要由上架、下架、贮运发箱、高低机、底盘、悬挂、轮胎、液压支腿等组成。火箭弹通过定心部与定向器相连，运发箱通过摇架、高低机、回转平台及回转支承与车体相连，由起竖油缸实现俯仰运动及支撑发射，车体通过轮胎和支腿支撑。火箭弹实体模型如图 7-46 所示。

图 7-46　火箭弹实体模型

火箭炮三维实体模型如图 7－47 所示。

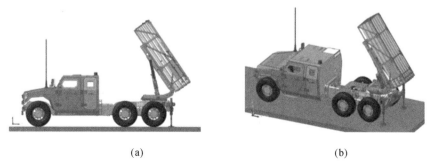

(a)   (b)

图 7－47 火箭炮三维实体模型

(a)侧视图；(b)标准视图

2. 轮胎与悬架

轮胎和悬架是发射车重要的功能组成部分。发射车采用混合支撑方式发射，轮胎和悬架对发射车起支撑作用。轮胎与悬架系统是一个非常复杂的非线性系统，当进行动力学数值仿真时，考虑计算的经济性需要对轮胎和悬架模型进行合理的简化，建立较为准确的刚度和阻尼数学模型，更接近实际结构并尽可能反映真实力学特性的轮胎与悬架系统模型，关系到发射动力学仿真的可靠性和准确性。下面主要介绍轮胎非线性的模型。

当火箭弹发射时，发射车采用混合支撑发射方式，轮胎与路面之间存在接触关系。在动力学仿真中主要考虑轮胎的径向动刚度和阻尼特性，采用多元逐步回归模型。轮胎弹性力 F_k 表示为

$$F_k = k_1 x + k_2 x^2 \qquad (7-59)$$

式中：F_k——轮胎弹性力；

k_1, k_2——轮胎刚度系数；

x——轮胎变形量。

在动力学模型中，采用等效刚度和阻尼模拟轮胎的力学特性，在有效行程内对连接单元的非线性刚度和阻尼特性进行复合定义，用以描述轮胎的力学特性。

3. 关键连接关系与约束定义

本书通过合理简化，分别建立了各部分多体动力学模型，定义相应的相对运动关系和力学特性参数，并根据火箭炮各部分间的装配关系和工作原理，定义模型中各部分连接关系和边界条件，形成系统多体动力学模型。

(1)车体与地面之间的约束定义。火箭炮的液压支撑和地面的连接通过定义实体间的接触碰撞力(Contact Force)进行计算,轮胎与地面的接触力通过定义6分量力(Bushing Force)计算。其中,Bushing Force 的6个分量力分别对应于轮胎的6个方向上的刚度与阻尼,其刚度和阻尼由测试所得。火箭炮与地面的连接模型如图7-48所示。

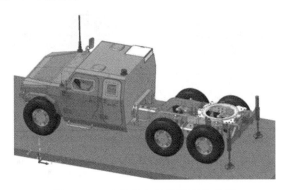

图7-48　火箭炮与地面的连接模型

(2)摇架与回转体之间的约束定义。摇架和回转体之间有一个绕耳轴轴线转动的转动副,并在转动副上建立一个具有结构阻尼的扭簧等效方向受力,扭簧的刚度和阻尼由测试所得。摇架和与回转机的连接形式如图7-49所示。

图7-49　摇架与回转机的连接形式

(3)火箭弹与定向器的建模。火箭弹与定向器之间的运动通过接触进行约束。火箭弹在管内有6个自由度,通过与定向器的碰撞受力使火箭弹沿定向器运动。火箭弹与定向器之间的碰撞是通过定心部和管壁、定向钮和螺旋导槽的接触产生。火箭弹与定向器连接关系模型如图 7-50 所示。

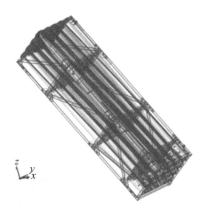

图 7-50　火箭弹与定向器连接关系模型

4.边界条件与载荷

发射过程中,火箭弹受到发动机推力作用,仿真过程中载荷以曲线形式施加在火箭炮上。发动机推力作用在火箭弹质心处,当定义火箭炮自身的重力时,火箭弹质量以集中质量在质心处施加,并定义转动惯量等参数。火箭炮的其他组成部分以集中质量施加在相应部位。

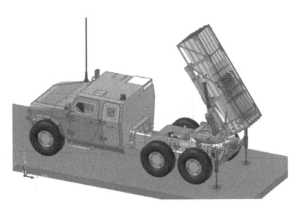

图 7-51　整车的边界条件

使用布什力模拟轮胎与悬挂,液压支腿通过定义地面接触来确定,通过定义布什力 6 个自由度的刚度阻尼来等效整车与地面接触关系,以此模拟整车固定于地面。整车的边界条件如图 7-51 所示。

(1)火箭弹所受发动机推力。作用在火箭尾部的发动机推力采用实测数据,按照 Akima 拟合方式插值得到样条曲线函数,作用于火箭弹的尾部,其描述形式为

$$\text{AKISPL(time} - \text{Var\_j,0}, \text{SPLINE\_tuili}, 0)$$

其中:time 为仿真分析的当前时间;Var_j 为第 j 发火箭弹发动机点火的时间(也即第 j 发火箭弹开始发射的时间);SPLINE_tuili 是所需调用的发动机推力

样条曲线的名称,如图 7 – 52 所示。

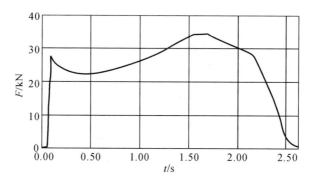

图 7 – 52　作用在火箭上的推力曲线

（2）火箭和定向器之间的锁紧力。为保证火箭在发射前不会从定向器中滑离出去,必须在火箭弹和定向器之间加上一个闭锁力,该力在推力大于一定值时失效。图 7 – 53 所示是第一发弹的闭锁力曲线。

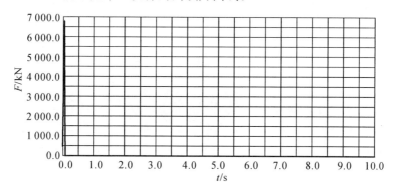

图 7 – 53　火箭弹和定向器之间的闭锁力曲线

7.3.2　动力学仿真

计算工况为按给定射序发射 10 枚火箭弹,整车处于水平场地,发射装置射角为 55°,方位角为 0°,轮胎和支撑装置共同支撑,火箭弹射序如图 7 – 54 所示。

对建立的全炮多体动力学模型进行 10 连发射击瞬态响应计算。仿真时,先进行系统自重作用下的静平衡状态计算,再进行射击载荷作

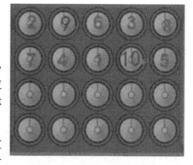

图 7 – 54　火箭弹射序

用下的全炮振动响应计算,获得设计人员关心的定向管口响应等动力学参数。对比不同发射方案下的系统响应,结果见表7-10,初方案和改进方案的区别在于射序的不同。

表7-10　不同发射方案下的系统响应结果

		初方案	改进方案
定向管口线 位移/mm	Z 向	3.65	14.92
	Y 向	0.66	0.21
定向管口角 位移/(°)	Z 轴	0.085 6	0.083 3
	Y 轴	0.197	1.173
定向管口线 速度/(mm·s^{-1})	Z 向	62.60	238.83
	Y 向	7.73	1.79
定向管口角 速度/(rad·s^{-1})	Z 轴	0.018 2	0.018 9
	Y 轴	0.059 2	0.320 2
方向机作用力/N		28 652	91 368
上架扭转角位移/(°)		0.085 5	0.083 3

(1)定向管口速度响应。定向管口的速度响应如图7-55~图7-58所示,Z 轴正向为垂直向上方向,Y 轴正向为向右方向。

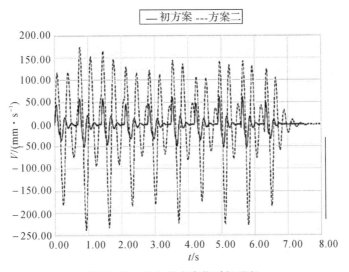

图 7-55　Z 向速度变化时间历程

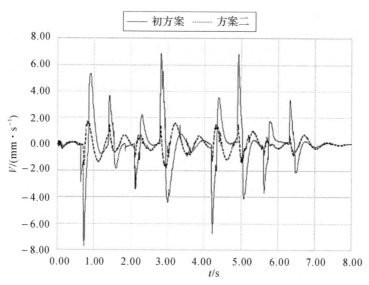

图 7-56　Y 向速度变化时间历程

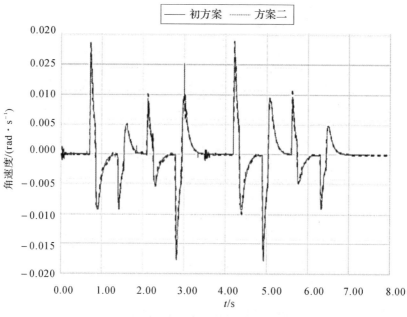

图 7-57　Z 轴角速度变化时间历程

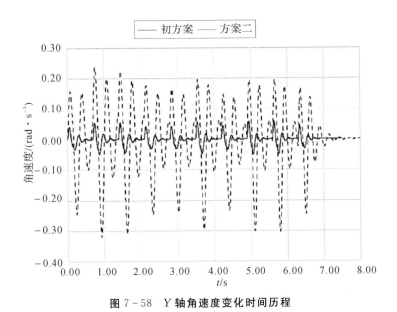

图 7-58　Y 轴角速度变化时间历程

（2）定向管口位移响应。定向管口的位移响应如图 7-59～图 7-62 所示，Z 向为垂直方向，Y 向为左、右方向。

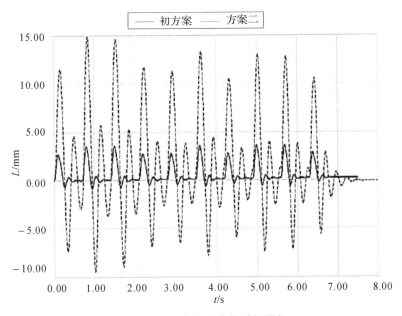

图 7-59　Z 向位移变化时间历程

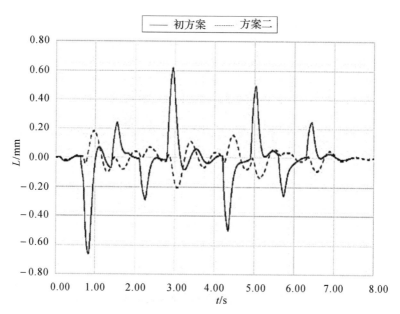

图 7-60 Y 向位移变化时间历程

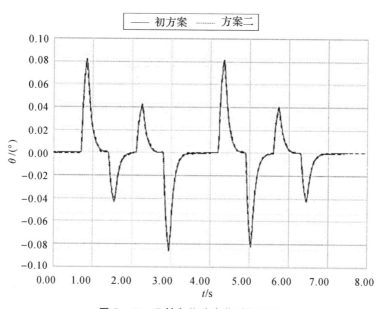

图 7-61 Z 轴角位移变化时间历程

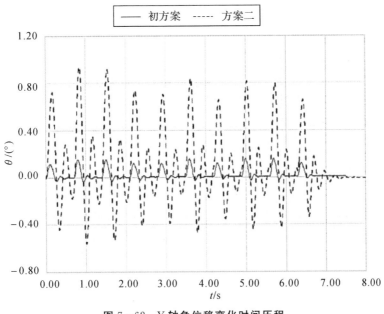

图 7 - 62　Y 轴角位移变化时间历程

|7.4　火箭炮结构有限元分析|

　　火箭炮结构有限元分析的研究以火箭炮发射动力学理论和计算机仿真技术相结合,通过先进的计算机技术和现代设计理论,直接在计算机上进行火箭炮的设计和试验,对火箭炮发射过程的物理现象进行描述。

　　有限单元方法的基本思想是,将连续的求解区域离散为一组有限个且按一定方式相互联结在一起的单元组合体。由于单元能按不同的联结方式进行组合,且单元本身又可以有不同形状,因此可以模型化几何形状复杂的求解域。利用在每一个单元内假设的近似函数来分片地表示全求解域上待求的未知场函数,单元内的近似函数通常由未知场函数或其导数在单元的各个节点的数值和其插值函数来表达。这样,在有限元分析中,未知场函数或其导数在各个节点上的数值就成为新的未知量(也即自由度),从而使一个连续的无限自由度问题变成离散的有限个自由度问题。求解出这些未知量,就可以通过插值函数计算出各个单元内场函数的近似值,从而得到整个求解域上的近似解。显然,随着单元数的增加即单元尺寸的缩小,或者随着单元自由度的增加及插值函数精度的提高,解的近似程度将不断改进。如果单元是满足收敛要求的,那么近似解最后将收敛于精确解。

7.4.1　刚强度有限元分析

1. 网格划分理论

方便、快速、合理、准确地划分有限元网格是有限元仿真分析的基础,高质量的网格是得到合理分析结果的保证。对于工程应用问题,网格划分软件的选择相当重要。对于复杂模型的网格划分,一般可选用功能强大的 Hypermesh 为有限元建模软件。Hyperwork 是 Altair 公司推出的功能非常强大的前处理软件,其中的 Hypermesh 模块主要用来划分网格以及施加边界条件。Hypermesh 支持多种单元类型,可以施加不同类型的边界条件。其输入端口支持 IGES,STL,CATIA 等 13 种 CAD 模型和 NASTRAN,PATRAN,IDEAS,ANSYS,ABAQUS 等 19 种有限元格式的模型。输出端口支持 NASTRAN,PATRAN,IDEAS,ANSYS,ABAQUS,MARC 等 19 种软件。

进行网格划分应遵循以下几项基本原则。

(1)物理模型和单元形状的选择。在有限元分析中通常将不同类型的结构抽象为不同的物理模型。本模型采用的单元类型有三维实体单元、壳单元、杆单元、刚性单元、弹簧阻尼单元等。长方体单元和矩形单元在计算时具有较高的精度,并且所需时间比较短,因此仿真过程中尽量使用长方体和矩形单元或者相应的等参单元。当应力计算时,线性四面体单元和三角形单元仿真精度较差,尽量不要使用。对于形状不规则的区域,无法使用六面体单元或四边形单元时,可以使用少量的四面体单元和三角形单元。本模型采用的实体单元的形状有六面体和楔形体。壳单元的形状以四边形为主,有少量三角形单元。

(2)网格数量的选择。网格数量的多少直接影响有限元模型的规模,同时也在一定程度上影响计算结果的精度。一般情况下,网格数量越多,仿真的精度也就越高,需要的运算时间越长。当网格达到一定数量时,近似解趋向于真实解。从图 7-63 中可以看出,在求解精度和计算时间之间有一个最佳组合,在这段区间上选取精度与效率的最佳结合点 P,划分出符合要求的高质量网格。

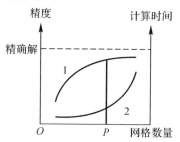

图 7-63　精度和计算时间随网格数量增加的变化曲线

网格的数量一般根据求解的类型进行考虑：对于静态分析，由于位移计算对网格数量不敏感，因此如果只计算结构的位移，那么网格可以少一些，如果需要求解应力的分布状态，则需要增加网格的数量；对于动态分析，由于被激发的振型对网格规模比较敏感，因此使用的网格数量应该能够充分反映出这些振型，如果只需要计算少数低阶振型，那么网格相对可以少一些，如果需要计算高阶振型，则应该增加网格的数量。

（3）网格的疏密分布。网格疏密分布是指根据需要在结构的不同部位分布不同的网格密度。一般情况下，尽量使网格均匀分布。因为均匀分布的网格不但质量好，而且计算结果分布合理。但是在一些计算数据变化梯度较大的部位（如应力集中区），为了很好地反映局部响应的变化特点，应该采用较密的网格。对于一般的区域，为了减少计算时间，可以采用稀疏的网格。

（4）单元阶次的选择。在有限元分析中除了用到线性单元外，还常用到高次单元（包括二次单元和三次单元）。在结构离散的过程中，高次单元的曲线或曲面边界能够更好地逼近结构轮廓，且高次插值函数可更高精度地逼近复杂场函数，因此高次单元的计算精度显著优于一次单元的计算精度。研究表明，在结构分析中，只需要较少的高次单元就可以得到很高精度的解，因此增加单元的次数是提高有限元计算精度的有效手段。但是随着单元次数的提高，其形函数和刚度矩阵的积分式越来越复杂，导致了计算费用的提高，因此当选用时应综合考虑计算费用和求解精度。在单元数目较多的情况下，使用高次单元并不能显著提高解的精度。因此，高次单元多用在单元数目较少的情况下。当然，同一结构也可以采用不同阶次的单元，在精度要求较高的地方采用高次单元，精度要求较低的地方采用一次单元。此时，要注意不同阶次单元之间的连接，如果连接不当，会产生与实际相差很远的模拟结果。

（5）网格的质量。网格的质量是指其形状的规则性，对计算精度影响很大。火炮的网格划分考虑的质量指标主要有雅可比（jacobian）、外观比（aspect ratio）、翘曲度（warpage）、偏斜度（skew）、内角（angle）等。表7-11是所采用的各种单元的质量指标。

表7-11　模型单元的质量指标

质量指标	四边形壳单元	六面体或楔形单元
翘曲度	<5	<6
有雅可比	>0.6	>0.6
外观比	<4.0	<4.0
偏斜度	<60.0	<60.0

(6)不同类型单元之间的过渡。建模时,需要采用多种类型单元相结合的模式。不同类型单元的节点自由度和节点配置会出现不一致的情况,为了保证不同结构在交界面上的位移协调,商业有限元软件里采用了不同的处理方式。例如,ABAQUS 中的壳元与体元的连接,采用 SHELL - TO - SOLID 耦合约束,它是多点约束(MPC)的一种。这种方式既适用于二维模型,也适用于三维模型,既可用于线性分析,又可用于几何非线性分析,并且自由度将自动与问题的维数相适应。

2. 模型简化与网格划分

对火力系统装配结构进行必要简化(如尺寸较小的个别圆孔、倒角等),模型主要由摇架、上架、高低机、座圈、下架、大梁与支撑杆等结构部件组成,采用二次抛物型网格对结构进行单元划分,计算模型网格如图 7 - 64 所示。

图 7 - 64　模型网格

3. 材料参数

火力系统结构不同部件的材料类型不同。计算时,白松木采用线性材料,其余类型材料均为双线性等向强化材料模型。相关部件材料参数见表 7 - 12。

表 7 - 12　材料参数

材　　料	部件名称	密度/(kg·m⁻³)	弹性模量/GPa	泊松比	屈服极限/MPa
钛合金 TC4	摇架、支撑杆、上架、行军固定器	4 510	110	0.34	830
钢 45	座圈	7 850	206	0.3	355
铝 7075	下架	2 700	70	0.3	486
钢 DL590	大梁	7 860	206	0.3	450
白松木	枕木、柱	2 200	10	0.42	

4.火箭炮仿真工况边界条件与载荷

火力系统通过螺栓固连于轮式底盘的左、右两侧大梁上,因此边界条件设定为将大梁下表面固定约束。分静态和瞬态两种计算方法。瞬态情况下加速度取脉冲 25 ms,仿真时间为 60 ms。模型中未考虑的弹箱与供输弹以集中质量等效。边界条件与载荷如图 7-65 所示。部件间通过焊接与螺栓固连的部件作为一个整体或建立绑定接触,活动部件之间建立通用标准接触(可相对滑移、旋转),摩擦因数除座圈接触面(取 $f=0.05$)外,其余接触面取 $f=0.1$,接触关系如图 7-66 所示。

单侧高低机刚度 $K=12\times10^{7}$ N/m、阻尼系数取 $C=12\times10^{4}$ N·s/m。

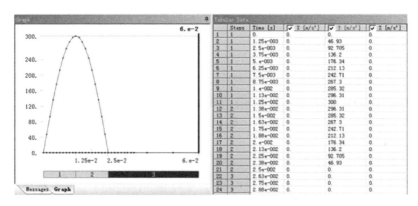

图 7-65　边界条件与载荷

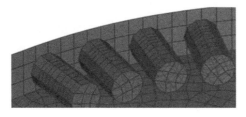

图 7-66　部件接触设置

5.几类接触的定义

火箭炮的发射过程具有以下特点:

(1)受到瞬时冲击载荷。

(2)相互接触的零部件之间有大位移滑动摩擦,如火箭弹相对于定向筒的运动。

（3）大部分结构发生弹性变形，土壤具有弹塑性变形。

在火炮的发射过程中，对系统动态特性影响比较大的接触、碰撞问题：

（1）弹体与筒体的接触、碰撞问题。

（2）立轴与轴套的接触、碰撞问题。

（3）上架滚珠与下架滚道的接触、碰撞问题。

（4）土壤与驻锄的接触、碰撞问题。

其中，弹体与筒体的接触、碰撞问题是一个大位移接触/碰撞问题，立轴与轴套、上架滚珠与下架滚道的接触碰撞问题可近似为弹性接触/碰撞问题，土壤与驻锄的接触、碰撞问题涉及材料非线性。

7.4.2 动力学有限元分析

（1）模型定义与载荷。结构的简化及网格划分、解除定义等与静力学有限元基本相同，在动力学有限元分析中考虑瞬态冲击过程中各关键结构的受力情况，利用动力学有限元分析对各部分进行瞬态加载，获得关心时间历程中结构变形和受力随时间的变化情况。

（2）关键部位计算结果。图7-67～图7-69给出了瞬态冲击过程中（加速度载荷30g，脉宽25 ms，仿真持续时间60 ms）各部件的最大变形与等效应力结果。图7-70给出了左、右高低机作用力变化过程曲线。

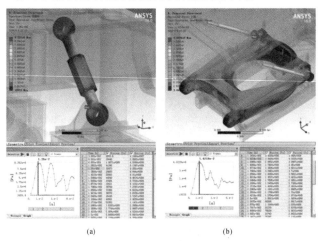

图7-67 等效应力（时间：12.5 ms）

（a）支撑结构；（b）上架结构

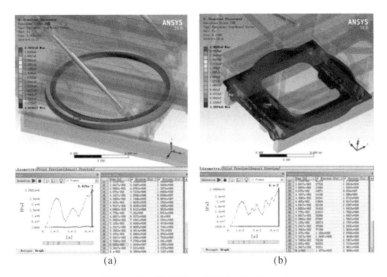

图 7 - 68　等效应力(时间:58.25 ms)

(a)座圈等效应力;(b)下架等效应力

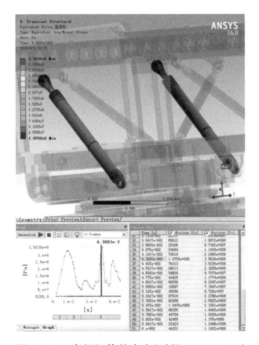

图 7 - 69　高低机等效应力(时间:43.083 ms)

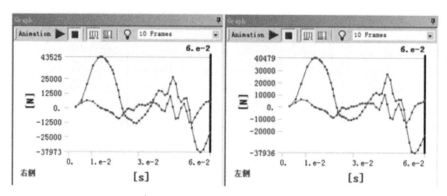

图 7-70　左右高低机作用力

（3）结果分析。静态与动态计算结果见表 7-13。由结果可知：动态计算结果的变形与等效应力均大于静态，最大值发生位置静、动态不尽相同；高低机作用力动态结果约为静态的 2 倍。

表 7-13　静态与动态计算结果汇总

结　果		静　态		动　态		
		数值	位置	时间/ms	数值	位置
变形 /mm	合变形	6.87	摇架右导轨中尾部	60	16.06	摇架右导轨前端
	前后	−3.81	右高低机上支座	52.4	10.70	摇架前端梁中部
	高低	−6.03	摇架尾下梁中部	60	−13.69	摇架右导轨前端
	左右	1.45	摇架左导轨中尾部	53.6	10.94	摇架左导轨中前部
等效 应力 /MPa	整体	622.8	行军固定器右支撑杆孔	12.5	925.2	同静态
	摇架	423.7	左下梁拐角	14.2	689.7	同静态
	上架	283.2	中部右侧内拐角	14.2	402.3	左侧前拐角
	座圈	172.3	中部右内侧	58.3	325.6	右侧中部
	下架	140.6	底部加筋拐角	60	296.9	与右大梁连接尾部
	大梁	556.6	行军固定器座下方	16.1	567.3	左大梁方钢拐角
	行军固 定器座	530.3	底部加筋拐角	30.3	857.3	与右大梁连接角部
	高低机	188.3	左高低机油缸筒孔	43.1	356.4	同静态
	垫木	82.6	右圆柱垫木下部	41.9	186.6	左垫木角部
高低机 作用力/N	左	19 732			40 479	
	右	21 334			43 525	

第 8 章

通用质量特性设计

8.1　概　　述

为实现火箭炮"好用、管用、耐用"的要求,需重点开展系统的通用质量特性及电磁兼容性设计。随着制导技术、计算机技术、通信技术、网络技术、数字化技术的高速发展。现代火箭炮性能越来越先进,系统越来越复杂,作战使用环境越来越严酷,通用质量特性及电磁兼容性对火箭炮的作战能力、生存能力、反应能力、维修保障和全寿命周期费用等具有重大影响。

本章主要内容包括可靠性设计、维修性设计、保障性设计、测试性设计、安全性设计、环境适应性设计及电磁兼容性设计。

8.2　可靠性设计

8.2.1　可靠性指标

产品设计阶段,可靠性指标一般为可靠性合同指标,是指通过合同和研制任务书表述订购方对装备可靠性要求的,并且是研制方在研制和生产过程中能够控制的可靠性参数的量值。可靠性合同指标是依据一定的规则由可靠性使用指标转化而来的,而可靠性使用指标是直接反映对火箭炮的使用需求,是使用可靠性的范畴。因此,本章简称的"可靠性指标"均特指可靠性合同指标。

1. 可靠性指标的分类

可靠性指标从反映目标的角度,可分为基本可靠性与任务可靠性指标;从设计、检验或验证的角度,可分为规定值与最低可接受值。

(1)基本可靠性与任务可靠性。

1)基本可靠性。与产品维修人力和费用相联系的可靠性指标,是产品在规定条件下无故障的持续时间和概率。当度量基本可靠性时,要统计所有引起维修活动的故障,不论这个故障是否发生在任务期间,也不论它是否影响任务完成。

常用火箭炮的基本可靠性参数为平均故障间隔时间(Mean Time Between Failures,MTBF)、平均故障间隔发数(Mean Rounds Between Failures,MRBF)、平均故障间隔里程(Mean Miles Between Failures,MMBF)等。

2)任务可靠性。与产品完成某项任务和能力相联系的可靠性指标,是产品在规定的任务剖面内完成规定功能的能力。当度量任务可靠性时,只统计那些在任务期间的影响任务完成的故障。

常用的火箭炮的任务可靠性参数为平均严重故障间隔时间(Mean Time Between Critical Failures,MTBCF)、平均严重故障间隔发数(Mean Rounds Between Critical Failures,MRBCF)、平均严重故障间隔里程(Mean Miles Between Critical Failures,MMBCF)等。

(2)规定值与最低可接受值。

1)规定值。合同和研制任务书中规定的期望装备达到的指标,是研制方进行可靠性和维修性设计的依据。在工程实践中,规定值一般称为可靠性设计值,它是火箭炮可靠性分配的依据。

2)最低可接受值。合同和研制任务书中规定的装备必须达到的指标,是进行考核或验证的依据。当考核和验证时,指标的检验下限值等于指标的最低可接受值。

近年来,订购方在研制任务书中一般只给出指标的最低可接受值,由研制方总体单位根据最低可接受值、产品的初步可靠性预计值、相似产品的可靠性规定值等给出火箭炮的规定值(或总体可靠性设计值),以此值分配给分系统及直属单体。因此,除研制任务书明确的以外,一般情况下,总体单位下达的研制任务书规定的可靠性指标均为规定值(设计值),此值不作为考核和验证的依据。

2. 常用可靠性指标

火箭炮常用的可靠性指标(参数)见表 8-1。

表 8-1　火箭炮常用的可靠性指标(参数)

序号	参数名称	使用范围			反映目标			
		火力部分	火控部分	底盘部分	战备完好性	任务成功性	维修人力、费用	保障费用
1	平均故障间隔时间(MTBF)	○	●	○	◎		◎	◎
2	平均严重故障间隔时间(MTBCF)	○	●	○		◎		
3	平均故障间隔发数(MRBF)	●			◎		◎	◎
4	平均严重故障间隔发数(MRBCF)	●				◎		
5	平均故障间隔里程(MMBF)			●	◎		◎	◎
6	平均严重故障间隔里程(MMBCF)			●		◎		
7	射击故障率(λ)	○				◎		
8	使用寿命(L_t)				◎			
9	使用可靠度(A_o)		○		◎			
10	固有可靠度(A_1)		○		◎			

注:●—优先选用的参数;○—适用的参数;◎—反映的目标。

3. 可靠性指标的约束条件

在提出指标的同时还需要明确寿命剖面、任务剖面、故障判据、维修方案及其他假定和约束条件,这些约束条件是可靠性指标的有机组成部分。按规定,订购方在下达定量指标的同时一并给出指标的约束条件。

（1）寿命剖面。寿命剖面是指火箭炮从交付到寿命终结或退出使用这段时间内所经历的全部事件和环境的时序描述。寿命剖面说明了产品在整个寿命期经历的事件（如装卸、运输、贮存、检测、维修、部署、执行任务等），以及每个事件的顺序、持续时间、环境和工作方式。寿命剖面包含了一个或多个任务剖面。

寿命剖面对建立系统可靠性要求是必不可少的。一般装备大部分时间处于非任务状态，在非任务状态期间由于装卸、运输、贮存、检测所产生的长时间应力也会严重影响产品的可靠性。因此，必须把寿命剖面中非任务状态期间的特殊状况转化为设计要求。

（2）任务剖面。任务剖面是指火箭炮在完成规定任务这段时间内所经历的全部事件和环境的时序描述。火箭发射系统可以有多个任务剖面。任务剖面一般应包括以下几部分：①产品的工作状态；②维修方案；③产品工作的时间与顺序；④产品所处环境（外加的与诱发的）的时间与顺序；⑤任务成功或严重故障的定义。

（3）故障判据。产品不能执行规定功能的状态称为故障，判定产品是否故障的界限为故障判据。某火箭炮故障判据（包括非关联故障、非责任故障、严重故障等判据）有以下几点。

1）非关联故障。已经证实是未按规定的条件使用而引起的故障或已经证实仅属某项将不采用的设计所引起的故障。符合下列条件之一的故障属于非关联故障：①未按规定的环境条件使用引起的故障；②未按规定的程序操作引起的故障；③由外部测试仪器或设备引起的故障；④射击前、射击后检查等预防性维修中发现的属于维修范围内的潜在故障（如感觉不到的漏气现象、未形成滴落的渗液、螺钉松动等现象）；⑤从属故障；⑥由寻找故障引起的或在验证维修质量过程中发生的故障；⑦零部件在规定的寿命期外发生的故障；⑧采取修改设计、制造工艺、操作程序或其他相关因素措施，并经验证或分析有效的系统性故障（适用于研制阶段）；⑨采取修改设计、制造工艺、操作程序或其他相关因素措施，并经验证或分析有效的重复故障（适用于研制阶段）。

2）非责任故障。非关联故障或事先已经规定不属于某个特定组织提供的产品的关联故障；符合下列条件之一的故障为非责任故障：①非关联故障；②非研制或生产部门提供的产品的故障；③弹药系统故障。

3）严重故障。导致火箭炮不能完成规定任务的故障，判为严重故障。符合下列条件之一的故障不属于严重故障：①任务剖面（试验剖面）之外发生的故障；②在任务准备、预防性维修或其他计划活动过程中发生影响功能但在规定的计划期间内可修复的故障；③有冗余取代或降级使用可以继续完成任务的故障。

故障判别程序有以下主要内容:判别是否为关联故障;判别是否为责任故障(责任故障用于计算基本可靠性);判别是否为严重故障(严重故障用于计算任务可靠性)。

8.2.2　任务剖面分析

以功能要求为基础,分析产品寿命期内的各个任务剖面,以作战任务剖面为主。任务剖面分析以剖面中各任务事件为对象,明确各事件中装备完成的各项功能。

8.2.3　可靠性模型

可靠性建模要求如下所述。

(1)从方案设计开始,根据分系统、单体设备的使用功能清单建立基本可靠性模型。随着设计的进展、任务剖面及使用限制等方面的更改,可靠性模型应不断修改完善,以保持模型与当前产品的技术状态相一致。

(2)可靠性建模,包括可靠性框图和相应的数学模型。可靠性模型应依据产品的控制逻辑建立。

(3)可靠性建模应自上而下逐级逐层进行,最终将可靠性模型中的单元分解到最小功能单元。

以某型火箭炮为例,下面简述其可靠性模型建立过程。

在该火箭炮系统,为便于进行可靠性分析计算,在该火箭炮可靠性模型中,将直属火箭炮的气动系统、液压系统与火力系统合并为火力机械系统。

该火箭炮具有三种操作方式,以自动为主,手动、半自动为辅。自动方式是在火控计算机、定位定向系统等正常工作情况下的操作方式;半自动方式是当全自动操瞄系统失效的情况下,利用全炮电气控制系统、瞄准装置实现火箭炮的操瞄;手动方式是在动力源失效的情况下,采用人力操纵火箭炮,人工瞄准、赋予射向。

对于任务可靠性框图,根据此火箭炮的自动方式和半自动方式的典型任务剖面,由两种方式参与工作的产品构成自动方式任务可靠性框图和半自动方式任务可靠性框图。其中,箱式定向器、摇架、上架为结构件,可靠性值较高,在任务可靠性框图中,可以近似认为它们的可靠度恒定为 1,不纳入任务可靠性框图。

1. 基本可靠性框图

该火箭炮任一分系统出现故障都会造成火箭炮不能正常工作。因此,系统为串联模型,其可靠性框图如图 8-1 所示,火力机械系统可靠性框图如图 8-2 所示,火控电气系统可靠性框图如图 8-3 所示。

图 8-1 某型火箭炮可靠性框图

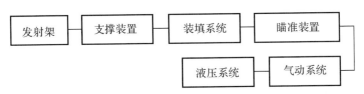

图 8-2 火力机械系统可靠性框图

图 8-3 火控电气系统可靠性框图

2. 任务可靠性框图

自动方式、半自动方式任务可靠性框图分别如图 8-4 和图 8-5 所示。

3. 数学模型

从可靠性框图中得知各单体构成串联结构。假设该多管火箭炮的故障服从指数分布,其数学模型为

$$R_s = \prod_{i=1}^{n} R_i \qquad (8-1)$$

式中:R_s——系统的可靠度;

$\quad R_i$——分系统或单体的可靠度。

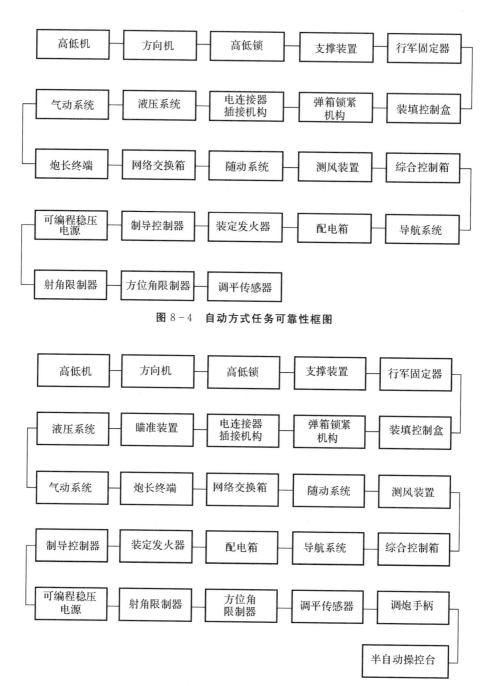

图 8-4 自动方式任务可靠性框图

图 8-5 半自动方式任务可靠性框图

按照指数分布：

$$e^{-\lambda_s t} = e^{-\sum_{i=1}^{n} \lambda_i t} \tag{8-2}$$

其中，$\lambda_s = \sum_{i=1}^{n} \lambda_i$。

式中：λ_s——故障率；

λ_i——分系统故障率。

又

$$\frac{1}{\mathrm{MTBF}_s} = \sum_{i=1}^{n} \frac{1}{\mathrm{MTBF}_i} \tag{8-3}$$

得到

$$\mathrm{MTBF}_s = \frac{1}{\sum_{i=1}^{n} \frac{1}{\mathrm{MTBF}_i}} \tag{8-4}$$

式中：MTBF_s——平均故障间隔时间；

MTBF_i——分系统平均故障间隔时间。

8.2.4　可靠性分配

可靠性分配是指根据系统设计任务书中规定的可靠性指标，按照一定的分配原则和分配方法，合理地分配给组成系统、分系统、各单体，并将它们写入相应的设计任务书中。

1. 可靠性分配的目的

可靠性分配的目的是：使各级设计人员明确其可靠性设计要求，根据要求估计所需的人力、时间和资源，并研究实现这些要求的可能性及办法。

2. 可靠性分配的原则

一般来说：对产品中的关键部件，分配的可靠性指标较高；对比较复杂的单元或组件，分配的可靠性指标较低；对工作环境恶劣的单元或组件，分配的可靠性指标较低；对可维修的单元，分配的可靠性指标较低；对改进潜力大的单元或组件，分配的可靠性指标较高；对现有产品的可靠性水平较低且难以在短期内提高其可靠性水平的单元或组件，分配的可靠性指标较低。

3. 可靠性分配的方法

可靠性分配的方法有等分配法、评分分配法、比例组合法、考虑重要度和复杂度分配法、余度系统的比例组合法、可靠度再分配法等。火箭炮设计中常用等分配法、评分分配法进行可靠性分配。

（1）等分配法。等分配法是指在方案论证阶段，当产品没有继承性，且产品定义并不十分清晰时所采用的最简单的分配方法，可用于基本可靠性和任务可靠性的分配。等分配法的原理：对于简单的串联系统，认为其各组成单元的可靠性水平均相同。

设系统由 n 个单元串联而成，若给定系统可靠度指标为 R_s^*，则分配给各单元的可靠度指标 R_i^* 为

$$R_i^* = \sqrt{R_s^*} \tag{8-5}$$

假设各单元寿命服从指数分布，则

$$\lambda_i^* = \lambda_s^*/n \tag{8-6}$$

$$\mathrm{MTBF}_i^* = n\mathrm{MTBF}_s^* \tag{8-7}$$

式中： λ_i^* ——分配给第 i 个单元的故障率；

λ_s^* ——系统的故障率指标。

MTBF_i^* ——分配给第 i 个单元的平均故障间隔时间；

MTBF_s^* ——系统的平均故障间隔时间。

（2）评分分配法。当缺乏有关产品的可靠性数据时，可按照几种因素进行评分，这种评分由有经验的技术人员用投票方法给出，根据评分情况给每个分系统分配可靠性指标。这种方法主要考虑以下四种因素，每一种因素的分数在 $1 \sim 10$ 之间。

1）复杂度：根据组成分系统的元器件数量以及组装难易程度来评定。最复杂的评 10 分，最简单的评 1 分。

2）技术发展水平：根据各分系统目前的技术水平和成熟程度来评定。水平最低的评 10 分，水平最高的评 1 分。

3）工作时间：根据分系统工作时间来评定。最长的评 10 分，最短的评 1 分。

4）环境条件：根据分系统所处的环境条件来评定。分系统在工作中经受极其恶劣而严酷的环境条件的评 10 分，环境条件最好的评 1 分。

选择故障率 λ 为分配参数，分配给每个分系统的故障率 λ_i^* 为

$$\lambda_i^* = C_i \lambda_s^* \tag{8-8}$$

式中： C_i ——第 i 个分系统的评分系数；

λ_s^* ——系统规定的故障率指标（1/h）。

$$C_i = \omega_i/\omega \tag{8-9}$$

式中： ω_i ——第 i 个分系统的评分数；

ω ——系统的评分数。

$$\omega_i = \prod_{j=1}^{4} r_{ij} \qquad (8-10)$$

式中：r_{ij}——第 i 个分系统，第 j 个因素的评分数（$j=1$ 为复杂度，$j=2$ 为成熟度，$j=3$ 为工作时间，$j=4$ 为环境条件）。

$$\omega = \sum_{i=1}^{n} \omega_i \qquad (8-11)$$

以某火箭炮为例，其可靠性分配过程如下。

该发射系统可靠性指标为 MTBF＝150 h，按评分分配法进行可靠性分配时，主要考虑复杂度、技术发展水平、工作时间、环境条件四个因素。根据上述评分原则，发射系统 MTBF 分配值见表 8-2。

表 8-2　发射系统 MTBF 分配值

名　　称	MTBF/h
火力机械系统	390
火控电气系统	245
总计	150

火力机械系统 MTBF 分配值见表 8-3。

表 8-3　火力机械系统 MTBF 分配值

名　　称	MTBF/h
发射架	850
装填系统	2 000
瞄准装置	4 100
支撑装置	3 600
气动系统	8 500
液压系统	4 000
总计	390

火控电气系统 MTBF 分配值见表 8-4。

表 8-4　火控电气系统 MTBF 分配值

名　　称	MTBF/h
导航系统	1 900
电气控制系统	900
发控系统	750

名　　称	MTBF/h
通信系统	1 100
随动系统	4 900
总计	245

8.2.5　可靠性预计

可靠性预计分为基本可靠性预计和任务可靠性预计。按《电子设备可靠性预计手册》(GJB/Z 299C—2006)和《可靠性模型的建立和可靠性预计》(GJB 813—1990)中提供的方法进行。方案阶段一般采用元器件计数法进行预计,初样及正样阶段一般采用元器件应力分析法进行预计。电子产品的预计采用《电子设备可靠性预计手册》(GJB/Z 299C—2006)中的数据,机械部分参照类似产品并结合技术成熟程度权衡预计。

若可靠性预计值未达到设计值要求,可以通过简化设计、采用高质量等级的元器件和零部件、改善局部环境、降额等措施来提高可靠性预计值。

1.可靠性预计假设条件

(1)系统及各组成单元具有正常和失效两种状态。

(2)各部件在工作中出现的故障是随机的,且服从指数分布规律。

(3)系统中各部件的失效是独立的。

(4)计算分析中不考虑人为因素。

2.可靠性预计程序

(1)确定可靠性预计单元,建立可靠性模型(基本可靠性模型或任务可靠性模型)。

(2)根据不同的研制阶段,可采用元器件计数法或元器件应力法计算元器件的工作失效率。

(3)将预计单元内各类元器件的工作失效率相加,由此得出预计单元的失效率。

(4)按单体、分系统的可靠性模型,自下而上逐级预计平均故障间隔时间等指标。

3. 可靠性预计方法

火箭炮可靠性预计常用的方法是元器件计数法和元器件应力法。

(1)元器件计数法。采用元器件计数法所需信息为元器件的种类及数量、元器件质量等级、设备工作环境。

(2)元器件应力法。采用元器件应力法一般需收集所使用元器件的规格、数量、工作应力、工作环境、质量等级、封装形式等信息。

8.2.6 故障模式、影响及危害性分析

1. 故障模式、影响及危害性分析(FMECA)分类

FMECA 是指产品可靠性分析的一个重要工作项目,也是开展维修性分析、安全性分析、测试性分析和保障性分析的基础。通过 FMECA 可以发现设计、生产中潜在的薄弱环节,对其加以改进以提高产品的可靠性。

FMECA 方法有功能 FMECA、硬件 FMECA、软件 FMECA、过程 FMECA 等。在产品寿命周期各阶段,应针对被分析对象的技术状态、信息量等情况,选取一种或多种 FMECA 方法进行分析。火箭炮研制阶段常用的 FMECA 方法是故障模式与影响分析(Failure Mode and Effect Analysis,FMEA)采用硬件法,危害性分析(Criticality Analysis,CA)采用定量法。下面以硬件 FMECA 为例,说明 FMECA 的分析步骤。

2. FMECA 的分析步骤

(1)系统定义。系统定义一般包括系统组成,在每项任务、每一任务阶段以及各种工作方式下的功能描述,绘制功能框图、可靠性框图等。

(2)划分约定层次。硬件 FMECA 方法按产品的硬件结构层次关系划分为初始约定层次、约定层次和最低约定层次。初始约定层次为进行 FMECA 总的、完整的产品所在的层次,是 FMECA 最终影响的对象。最低约定层次为约定层次中最底层产品所在的层次。约定层次为正在被分析的产品紧邻的上一层次的产品。

(3)定义故障判据。定义故障判据的依据:

1)产品在规定的条件下和规定的时间内,不能完成规定的功能。

2)产品在规定的条件下和规定的时间内,某些性能指标不能保持在规定的范围内。

3)产品在规定的条件下和规定的时间内,引起对人员、环境、能源和物资等方面的影响超出了允许范围。

4)技术协议或其他文件规定的故障判据。

(4)制定编码体系。为了对产品的每个故障模式进行统计、分析、跟踪和反馈,对被分析的每一产品按系统统一规定的编码体系进行标识。

(5)故障模式分析。按照故障的发展过程可将故障分为功能故障与潜在故障。功能故障是指产品不能完成预定功能的事件或状态;潜在故障是指产品将不能完成规定功能的可鉴别的状态,如零部件的磨损、腐蚀、老化、断裂、疲劳、漂移等故障模式,存在着由潜在故障发展到功能故障的过程。

FMEA 分析的对象为功能故障。故障模式一般是指可观察到的故障表现形式(如断裂等),一般可通过统计、试验、分析、预测等方法获取故障模式。当进行分析时,应根据被分析产品的硬件特征,确定其所有可能的功能故障,并对每个故障模式进行分析。

(6)故障原因分析。针对某一故障模式,分析各种可能的故障原因。故障原因可分为两类:①由于设计缺陷、制造缺陷引起的直接原因;②外部因素(如其他产品的故障、使用、环境和人为因素等)引起的间接原因。

(7)故障影响分析。分析故障模式对相关功能或产品的影响,以及对系统所需完成任务的影响。每个故障模式的影响分为三级:局部影响、高一层次影响和最终影响。

(8)严酷度类别划分。严酷度是指故障模式所产生后果的严重程度。分析时,按每一故障模式最坏的潜在后果对初始约定层次的影响程度,划分其严酷度类别。武器系统常用的严酷度类别定义见表8-5。如果初始约定层次不是整个装备或系统,应依据故障对初始约定层次的影响程度重新划分严酷度类别(如故障对雷达分系统、火控分系统功能的影响)。

表8-5 武器系统常用的严酷度类别

严酷度类别	严重程度
Ⅰ类(灾难的)	故障会引起人员死亡或系统损坏
Ⅱ类(致命的)	故障会引起人员严重伤害、重大经济损失或导致任务失败的系统严重损坏
Ⅲ类(临界的)	故障会引起人员轻度伤害、一定的经济损失或导致任务延误或降级的系统轻度损坏
Ⅳ类(轻度的)	故障不足以导致人员伤害、一定的经济损失或系统轻度损坏,但它会导致非计划性维护或修理

（9）故障模式概率等级划分。故障模式的发生概率等级规定划分见表8-6。

表 8-6 故障模式发生概率等级划分

等级	定义	故障模式发生概率的特征	故障模式发生概率(在工作时间内)
A	经常发生	高概率	发生概率大于产品总故障概率的20%
B	有时发生	中等概率	发生概率大于产品总故障概率的10%,小于20%
C	偶然发生	不常发生	发生概率大于产品总故障概率的1%,小于10%
D	很少发生	不大可能发生	发生概率大于产品总故障概率的0.1%,小于1%
E	极少发生	几乎为零	发生概率小于产品总故障概率的0.1%

（10）确定故障检测方法。根据每一故障模式确定检测方法。检测方法一般包括目视检查、原位检测、离位检测等。其手段有机内测试（BIT）、自动传感装置、传感仪器、音响报警装置、显示报警装置、通过测试接口检测等。对某一故障模式如无故障检测手段时,在设计中应予以关注。

（11）设计改进及使用补偿措施分析。说明针对每个故障模式影响,在设计与使用方面所采取的措施,主要内容为:当产品发生故障时,应考虑是否具备能够继续工作的冗余设备;安全或保险装置（如监控及报警装置）;可以消除或减轻故障影响的设计改进（如优化结构设计、元器件、热设计、降额设计）等。

使用补偿措施的主要内容:为了尽量避免或预防故障的发生,在使用和维护规程中规定的使用维护措施（预防性维修）;一旦出现故障后,操作人员应采取最恰当的补救措施等（修复性维修）。

（12）填写 FMECA 表格。按要求填写 FMECA 分析相关内容。

（13）绘制危害性矩阵图。根据故障模式发生概率等级、严酷度类别绘制危害性矩阵图。危害性矩阵图横坐标按等距离表示严酷度等级,纵坐标为故障模式发生概率等级。将产品或故障模式编码参照其严酷度类别及发生概率标在矩阵的相应位置。所记录的故障模式分布点在对角线上的投影点距离原点越远,其危害性越大。

（14）FMECA 分析的结论及建议。除阐述结论外,应对无法消除的严酷度为Ⅰ类、Ⅱ类的单点故障模式作必要的说明,提出其他可能的设计改进措施和使用补偿措施。

8.2.7 关键产品的识别与控制

可靠性关键产品的识别和控制要求。

（1）设计人员应按照 FME(C)A 和 FTA 或其他分析方法,确定可靠性关键件、重要件,列出清单,并提出控制方法。

（2）可靠性关键产品的确定和控制是一个动态过程,应在关键节点(如转段时)评定可靠性关键产品的合理性和控制方法的有效性。

（3）确定可靠性关键产品准则:故障将直接导致人员伤亡;故障模式的严重性为Ⅰ类和Ⅱ类的硬/软件或飞行和地面控制程序;单点失效模式;故障将导致评价系统完成任务情况所需信息丢失;采用新工艺、风险大的技术;不满足或无法验证其可靠性要求;在制造、贮存、装卸、包装、运输、使用和测试及试验时需采取特殊防护措施的项目。

确定可靠性关键产品的一般步骤:从系统级开始,逐层进行产品可靠性关键重要的特性判定。如果某一产品被确定为可靠性关键产品,那么应继续判定其下一层次的产品是否为可靠性关键产品。此过程反复进行,直至可直接更换、修复的单元为止。

可靠性关键产品清单至少包括产品名称、确定为关键项目的理由、关键故障模式、最终故障影响、故障严酷度、关键重要特性、控制方法或补偿措施。

应对可靠性关键产品实施有效的控制措施、质量管理部门应参加与可靠性关键产品有关的评审活动,跟踪所有可靠性关键产品的控制情况。

根据故障模式、严酷等级和故障判据、识别可靠性关键产品,并进行控制。故障的严酷度定义见表8-7。

表 8 - 7　故障的严酷度等级

说　明	等　级	单个项目
灾难	Ⅰ	造成人员死亡或重伤或装备灾难性损坏
致命	Ⅱ	造成人员轻伤或装备严重损坏或丧失主要任务完成能力
中等	Ⅲ	造成人员轻微伤或装备中等程度损坏或主要任务烟雾或降级
一般	Ⅳ	造成设备轻度损坏,但不丧失主要任务完成能力

火箭炮故障判据见表8-8。

表 8 - 8　火箭炮故障判据

说　明	等　级	单个项目
灾难	Ⅰ	火箭发射装置爆炸或着火
致命	Ⅱ	火箭发射装置丧失行军功能,不能调炮,不能发射火箭弹
中等	Ⅲ	调炮故障,发射故障,通过手动能完成发射任务
一般	Ⅳ	各单体轻度损坏,但不丧失主要任务完成能力

8.2.8　可靠性设计准则

可靠性设计准则是指设计人员进行可靠性设计时所遵循的原则和应满足的要求。在各型号项目研制中应根据产品的特点,制定专用的可靠性设计准则。

1. 采用成熟的技术和工艺

(1)设计中应充分考虑产品设计的继承性,优先选用经过考验、验证,技术成熟的设计方案(包括硬件、软件)和零、部、组件,提高设计的继承性,降低研制风险。

(2)新技术的采用按规定进行评审和鉴定。

(3)在普通工艺能满足要求的情况下,不应过于追求新工艺。

2. 简化设计

(1)产品设计中要尽量使电路结构简单,不应给其他的电路或结构增加不合理的应力。

(2)简化设计方案,注重实施通用化、系列化、组合化设计。

(3)在满足规定功能要求的情况下,尽可能简化、合并产品功能。

(4)当基本可靠性不足时,应考虑进行简化设计。

(5)尽量减少零部件的品种和数量。

3. 元器件的选择与控制

(1)制定项目元器件大纲,按照大纲要求对元器件的选用进行控制。

(2)本着立足于国内的基本原则,权衡总的费用和效益,优先选用经实践证明质量稳定、可靠性高、供货有保障的国产标准元器件。

(3)选用时,应在元器件的技术性能、质量等级、使用条件等满足项目要求的前提下,最大限度地压缩元器件品种、规格和供货厂商,不应片面选择高性能元器件。

(4)对必须采用的非标准元器件要进行严格的验证、审查,按规定办理审批手续。

(5)禁止选用未经认证、工艺落后、产品质量不稳定的厂家生产的元器件,已淘汰、废型的元器件品种、型号一律不准选用。

(6)对于不具备国产化条件的进口电子元器件,优先选用符合美军标要求的产品,并应优先选择有成功合作经历、国际著名的产品制造商,选择诚信度高的

代理商作为采购合作单位。

(7)在《电子设备可靠性预计手册》(GJB/Z 299C—2006)和《电子设备可靠性预计手册》(MIL－HDBK－217)最新版本中选取相应元器件的质量等级。其中,国产电子元器件选用满足 B1 级及 B1 级以上的元器件;进口电子元器件优先选用列入美国军用电子元器件合格目录(Qualified Product List,QPL)和列入美国军用电子元器件合格制造厂目录(Qualified Manufacturer's List,QML)的元器件。

(8)选择元器件质量等级的原则:关键重要部位的产品、分配的可靠性指标高的产品及基本失效率高的应选用质量等级高的元器件。

4. 降额设计

对于电子产品,影响元器件可靠性的主要因素为电应力和温度应力等。通过降额设计可使元器件电流、电压或温度等关键参数以一定的比例低于额定值,以提高产品的可靠性水平。产品中失效率较高或重要的电子元器件应根据《元器件降额准则》(GJB/Z 35—1993)采取降额措施。

(1)应对集成电路的结温、输出负载进行降额。

(2)晶体二极管的功耗和结温必须降额。

(3)可控硅的电压、电流、结温应降额。

(4)晶体三极管应对电流、电压、结温降额。

(5)电阻器除外加功率进行降额外,实际应用中要低于极限电压、极限温度使用。

(6)电容器除外加电压进行降额外,应用的最高额定环境温度也应降额。

(7)电感元件应对热点温度、瞬态电压和电流降额。

(8)开关应对其触点电流、电压和功率降额。

8.2.9 可靠性试验

可靠性试验包括环境应力筛选试验和可靠性研制试验,目的是通过试验发现产品的早期缺陷和薄弱环节,进而分析与改进,以提高产品的可靠性。

1. 环境应力筛选(ESS)试验

环境应力筛选要求:

(1)电子版级产品应在交付下一级用户前必须彻底进行环境应力筛选试验。

(2)严禁用产品出厂的例行环境试验替代环境应力筛选试验。

（3）任何低等级的筛选不能代替高一级组装等级的筛选。

2. 可靠性研制试验

可靠性研制试验要求：

（1）各研制单位应针对可靠性关键产品及有单独可靠性指标要求的产品，编制可靠性研制试验方案，通过试验分析与改进提高产品的可靠性。

（2）可考虑采取可靠性强化试验，以快速暴露缺陷。

（3）模拟实际使用条件进行可靠性综合试验，了解产品可靠性与规定要求的符合程度。

（4）对试验中发生的故障纳入故障报告、分析和纠正措施系统（FRACAS），并对试验后产品的可靠性状况做出说明。

|8.3　维修性设计|

8.3.1　维修性指标

1. 维修性指标分类

维修性指标可分为以下三类。

（1）维修时间参数：如平均修复时间（Mean Time to Repair，MTTR）、系统平均恢复时间（Mean Time to Restore System，MTTRS）、平均预防性维修时间（Mean Preventive Maintenance Time，MPMT）等。

（2）维修工时参数：如维修工时率（Maintenance Ratio，MR）。

（3）测试诊断类参数：如故障检测率（Fault Detection Rate，FDR）、故障隔离率（Fault Isolation Rate，FIR）、虚警率（False Alarm Rate，FAR）、故障检测隔离时间（Fault Isolation Time，FIT）。

2. 维修性规定值与最低可接受值

规定值是合同或研制任务书中规定的，装备需要达到的合同指标。它是研制方进行维修性设计的依据。

最低可接受值是合同或研制任务书中规定的，装备必须达到的合同指标。它是订购方进行维修性考核或验证的依据。

3.火箭炮常用维修性指标

火箭炮常用维修性指标见表 8-9。

表 8-9 火箭炮常用维修性指标

序号	参数名称	适用范围					反映目标			
		火箭炮	火力部分	火控部分	电气部分	运行部分	战备完好性	任务成功性	维修人力、费用	保障费用
1	平均修复时间（MTTR）	●	○	○	○	○	◎		◎	◎
2	恢复功能用的任务时间（MTTRF）	●	○	○	○	○		◎		
3	平均预防性维修时间（MPMT）	○					◎		◎	◎
4	最大修复时间	○					◎	◎	◎	
5	预防性维修工时	○							◎	
6	年平均备件费用	○								◎
7	故障检测率（FDR）			○	○		◎		◎	
8	故障隔离率（FIR）			○	○		◎		◎	
9	虚警率（FAR）			○	○		◎		◎	

注：●—优先选用的参数；○—适用的参数；◎—反映的目标。

8.3.2 维修性模型

维修性模型按维修性工程的目标,分为基本维修性与任务维修性,与此相对应的模型分为基本维修性模型与任务维修性模型。通常在不加注明时,维修性指的就是基本维修性。

维修性模型按建立模型的目的分类,主要有维修性分配模型和维修性预计模型等。

系统维修性模型主要有平均维修性模型、串行作业模型、并行作业模型、网络作业模型、维修工时模型及系统任务维修性模型等。在火箭炮维修性设计中，常用的维修性模型有平均维修模型、串行作业模型、并行作业模型。

1. 平均维修模型

系统的维修包括各种不同的维修事件，其所需时间之间的关系可以通过"全概率公式"进行描述。

系统的平均维修时间 $\bar{M}_s$ 为

$$\bar{M}_s = \sum_{i=1}^{n} a_i \bar{M}_i \tag{8-12}$$

式中：$\bar{M}_i$——第 i 项维修事件的平均维修时间；

a_i——第 i 项维修事件发生的概率，$\sum_{i=1}^{n} a_i = 1$；

n——在建模的维修级别上，系统的维修事件数。

当研究系统的平均修复时间时，a_i 只与产生修复事件的故障所对应的故障率有关。

$$a_i = \frac{\lambda_i}{\sum_{i=1}^{n} \lambda_i} \tag{8-13}$$

式中：λ_i——产生第 i 个维修事件的故障所对应的故障率。

当研究系统的平均预防性维修时间时，a_i 只与预防性维修事件发生的频率有关。

$$a_i = \frac{f_{pi}}{\sum_{i=1}^{n} f_{pi}} \tag{8-14}$$

式中：f_{pi}——第 i 个预防性维修事件的发生频率。

2. 串行作业模型

如果构成一个维修事件的各维修活动（作业）是按一定顺序进行的，那么前一个作业完成时后一个作业开始，既不重叠也不间断，就称其为串行作业模型（见图 8-6）。在这种情况下，完成一次维修事件的时间就等于各项维修活动时间的累加值。

图 8-6　串行作业模型

完成某维修事件的维修时间为

$$T = t_1 + t_2 + \cdots + t_m = \sum_{i=1}^{m} t_i \qquad (8-15)$$

式中：t_i—— 该次维修中第 i 项串行活动时间。

3. 并行作业模型

如果构成一个维修事件的各项维修活动（或基本维修业）同时开始，则为并行作业模型（见图 8-7）。在复杂系统中，并行作业的情况会经常出现，即常常由多人（组）同时进行维修，以缩短维修时间。因此，在并行作业中，维修事件的维修时间应是各项活动时间中的最大值。

$$T = \max\{t_1, t_2, t_3, \cdots, t_m\} \qquad (8-16)$$

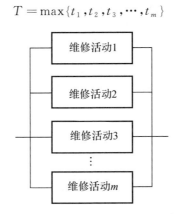

图 8-7 并行作业模型

8.3.3 维修性分配

维修性分配的目的是通过分系统和单体的维修性设计，使系统总体满足维修性指标要求。维修性分配方法有等值分配法、按故障率分配法、按故障率和设计特性的综合加权分配法、利用相似产品维修性数据分配法、保证可用度和考虑各单元复杂性差异的加权分配法等。在火箭炮研制中，维修性分配常用的方法为等值分配法、按故障率分配法、按故障率和设计特性的综合加权分配法等。

1. 等值分配法

等值分配法适用于下一层各组成（简称单元）的复杂程度、故障率及维修难易程度均相似的系统，也可当缺少可靠性和维修性信息时，用作初步分配。

（1）分配模型。将维修性定量指标均匀地分到下一层次，其模型（以平均修复时间为例）为

$$\bar{M}_{ct1} = \bar{M}_{ct2} = \cdots = \bar{M}_{cti} = \cdots = \bar{M}_{ctn} = \bar{M}_{ct} \qquad (8-17)$$

式中：$\bar{M}_{cti}$ —— 分到单元 i 的平均修复时间；

$\bar{M}_{ct}$ —— 系统平均修复时间。

（2）示例。某火箭炮由火力系统、火控系统、电气系统、底盘分系统组成，基层级平均修复时间MTTR 为 45 min。进行维修性分配时，考虑到各分系统的复杂程度、故障率及预想的维修难易程度相似，且可用的可靠性和维修性信息较少，因此采用等值分配法进行维修性指标分配。

火力系统、火控系统、电气系统、底盘分系统平均修复时间均为 45 min。

2. 按故障率分配法

按故障率分配法适用于已分配了可靠性指标或已有可靠性预计值的系统，按故障率高的维修时间应当短的原则进行分配。

（1）分配模型：

$$\bar{M}_{cti} = \frac{\bar{\lambda}}{\lambda_i} \bar{M}_{ct} \qquad (8-18)$$

式中：$\bar{\lambda}$ —— 各单元平均故障率；

λ_i —— 单元 i 的故障率。

$$\bar{\lambda} = \frac{\sum\limits_{i=1}^{n} \lambda_i}{n} \qquad (8-19)$$

（2）示例。某制导火箭炮电气系统基层级维修性指标 MTTR 为 30 min。通过可靠性分配，各分系统及单体的可靠性设计值见表 8-10。

表 8-10　某制导火箭炮电气系统可靠性指标分配结果

分系统或单体	T^*_{BFi}/h	λ_i/h^{-1}	分系统或单体	T^*_{BFi}/h	λ_i/h^{-1}
S1	500	0.002	S5	1 000	0.001
S2	350	0.002 857	S6	930	0.001 075
S3	600	0.001 667	S7	2 000	0.000 5
S4	360	0.002 778			

电气系统维修性指标按式进行分配,分配结果见表 8 - 11。

表 8 - 11　电气系统维修性指标分配计算

分系统或单体	$\lambda_i / \mathrm{h}^{-1}$	$\bar{M}_{cti} / \mathrm{min}$
S1	0.002	25
S2	0.002 857	18
S3	0.001 667	30
S4	0.002 778	18
S5	0.001	51
S6	0.001 075	47
S7	0.000 5	102
$\bar{\lambda}$	0.001 697	

3. 按故障率和设计特性的综合加权分配法

按故障率和设计特性的综合加权分配法适用于已有可靠性数据和设计方案等资料时的维修性分配。

(1)分配模型:

$$\bar{M}_{cti} = \beta_i \bar{M}_{ct} \tag{8-20}$$

式中:β_i——修复时间综合加权系数。

$$\beta_i = \frac{K_i \bar{\lambda}}{\bar{K} \lambda_i} \tag{8-21}$$

式中:$\bar{K}$——各单元加权因子平均值;

K_i——单元 i 的维修性加权因子。

与产品的故障检测和隔离方式、可达性、可更换性和测试性等因素有关,维修性越差 K_i 越大。加权因子数值需根据装备结构类型,统计分析得出。

适用于机电设备的维修性加权因子参考值见表 8 - 12。

表 8 - 12　机电设备的维修性加权因子参考值

故障检测与隔离因子(K_{i1})			可达性因子(K_{i2})		
类型	K_{i1}	说明	类型	K_{i2}	说明
自动	1	使用设备内部计算机检测故障部位	好	1	更换故障单元时无须拆除遮盖物

续表

故障检测与隔离因子（K_{i1}）			可达性因子（K_{i2}）		
半自动	3	人工控制机内检测电路进行故障定位	较好	2	能快速拆除遮盖物
人工	5	用机外轻便仪表在机内设定的检测孔检测	差	4	拆除阻挡、遮盖物及上、下螺钉
人工	10	机内无设定的检测孔，须人工逐点寻迹	很差	8	除上、下螺钉外并需两人以上移动阻挡、遮盖物
可更换性因子（K_{i3}）			可调整性因子（K_{i4}）		
类型	K_{i3}	说明	类型	K_{i4}	说明
插拔	1	可更换单元是插件	不调	1	更换故障单元后无须调整
卡扣	2	可更换单元是模块，更换时打开卡扣	微调	3	利用机内调整元件进行调整
螺钉	4	更换单元要上、下螺钉	联调	5	须与其他电路一起联调
焊接	6	更换时要进行焊接			

（2）示例。某串联系统由三个单元组成，系统平均修复时间 $\overline{M}_{cti}=0.5\ h$，各单元设计方案和可靠性情况见表 8-13。

表 8-13　各单元设计方案和可靠性情况

单元	检测与隔离情况	可达性	可更换性	调整性	λ_i
Ⅰ	人工检测	差	卡扣	微调	1×10^{-4}
Ⅱ	自动	较好	插拔	微调	3×10^{-4}
Ⅲ	半自动	差	螺钉	不调	2×10^{-4}

查表 8-11 并计算得出：$K_1=14$，$K_2=7$，$K_3=12$；计算得出加权因子平均值 $\overline{K}=11$，各单元平均故障率 $\overline{\lambda}=2\times10^{-4}$，修复时间综合加权系统 $\beta_1=2.55$，$\beta_2=0.42$，$\beta_3=1.1$。由式（8-20）可得以下维修性分配结果：

1）单元Ⅰ：$\overline{M}_{ct1}=1.275\ h$。

2）单元Ⅱ：$\overline{M}_{ct2}=1.21\ h$。

3）单元Ⅲ：$\overline{M}_{ct3}=0.55\ h$。

8.3.4 维修性设计准则

1. 可达性设计

(1)需要检查、维护、分解或修理的零部件应具有良好的可达性。

(2)故障率高、维修空间需求大的部件尽量安排在系统的外部或容易接近的部分。

(3)为避免各部分维修时交叉作业与干扰,可用专舱、专柜或其他适宜的形式布局。

(4)检查或维修任一部分时,尽量不拆卸、不移动或少拆卸、少移动其他部分。

(5)产品的检查点、测试点、检查窗、润滑点、添加口及燃油、液压、气动等系统的维修点,都应布局在便于接近的位置。

(6)需要维修和拆装的机件,其周围要有足够的空间,以便进行测试或拆装。

(7)维修通道口或舱口的设计应使维修操作尽可能简单、方便。

(8)维修通道除了能容纳维修人员的手和臂外,还应留有适当的间隙以供观察。

(9)在不降低产品性能的条件下,可采用无遮盖的观察孔;需遮盖的观察孔应采用透明窗或快速开启的盖板。

2. 标准化、通用化、模块化与互换性设计

(1)优先选用标准化设备、工具、元器件和零部件,尽量减少其品种、规格。

(2)产品的零部件及其附件、工具应尽量选用能满足使用要求的民用产品。

(3)设计产品时,必须使故障率高、容易损坏、关键性的零部件具有良好的互换性。

(4)具有安装互换性的项目,必须具有功能的互换性。

(5)功能相同且对称安装的部、组、零件应可以互换通用。

(6)修改设计时,不要任意更改安装的结构要素,以免影响互换性而造成整个产品或系统不能配套。

(7)产品应按照功能设计成若干个能够完全互换的模件,以提高维修效率。

(8)模件从产品上卸下来以后,应便于单独进行测试。模件在更换后一般应不需要进行调整;若必须调整时,应能单独进行。

(9)模件的大小与质量一般应便于拆装、携带或搬运;对于质量超过 5 kg 且

不便握持的模件,应设有人力搬运的把手;必须用机械提升的模件,应设有便于装卸的吊孔或吊环。

3.防差错设计和识别标志

(1)设计产品时,外形相近而功能不同的零件、重要连接部件和安装时容易发生差错的零部件,应有明显的识别标记。

(2)产品上与其他有关设备连接的接头、插头和检测点均应标明名称或用途及必要的数据等。

(3)需要进行保养的部位应设置永久性标记,必要时应设置标牌。

(4)对可能发生操作差错的装置应有操作顺序号码等标记。

(5)对间隙较小、周围设备较多且安装定位困难的零部件等应有安装位置标记,标记的位置要适当、鲜明醒目,容易看到和辨认。

4.人-机-环境设计

(1)应按照使用和维修时人员所处的位置与使用工具状态,提供适当的操作空间,使人员的操作和维修有比较合理的姿态,尽量避免以跪、卧、蹲、趴等容易疲劳或致伤的姿势进行操作。

(2)噪声不允许超过规定标准,如难以避免,使用和维修人员应采取保护措施。

(3)对维修部位应提供适度的自然或人工照明条件。

(4)应采取措施减少振动,避免人员在超过标准规定的振动条件下工作。

(5)设计时,应考虑使用和维修操作中举起、推拉、提起及转动时人的体力限度,以保证人员的持续工作能力和效率。

5.故障检测电路设计

(1)测试点布局应尽可能集中或分区集中,且可达性良好,其排列应有利于按顺序检测与诊断。

(2)测试点应尽量适应原位检测的需要,产品内部及需修复的可更换单元还应配备适当数量供修理使用的测试点。

(3)测试点和测试基准不应设置在易损坏的部位。

(4)应尽量采取原位检测方式,重要部位应尽量采用性能监测(视)和故障报警装置,对危险的征兆应能自动显示、自动报警。

(5)对复杂系统应采用机内测试、外部自动测试设备、测试软件、人工测试等形成综合诊断能力,要注意被测单元与测试设备的接口匹配。

(6)测试设备要求体积和质量小、可靠性高、操作方便、维修简单、通用化、多功能化。

6. 维修安全性设计

(1)在可能发生危险的部位上应有醒目的标记、警示灯、声响警告等辅助预防手段。

(2)严重危及安全的部分应有自动防护措施。

(3)与安装、操作、维修安全有关的部位,应在技术文件中提出注意事项。

(4)对于盛装高压气体、弹簧、带有高电压等储有很大能量且维修时需要拆卸的装置,应设有备用释放能量的结构和安全、可靠的拆装设备、工具,保证拆装安全。

(5)运行部件应有防护遮盖,对通向转动和摆动机件的通道口、盖板或机壳,应采取安全措施并做出警告标记。

(6)维修时,肢体必须经过的通道、手孔等不得有尖锐边角,工作舱口的边缘都必须制成圆角或覆盖橡胶、纤维等防护物。

(7)带有危险电压的电气系统的机壳、暴露部分均应接地;在通道门、盖板或机罩上设置联锁开关,使产品维修时自动切断电源。

(8)对于高压电路与电容器,断电后 2 s 内电压不能降到 36 V 以下者,应提供放电装置。

(9)为防止超载过热而损坏器材或危及人员安全,电源总电路和支电路上应设置保险装置。

(10)复杂的电气系统,应在便于操作的位置上设置紧急情况下断电、放电装置。

(11)对电气电子设备、器材可能产生危害人员与设备的电磁辐射,应采用措施并达到国家安全标准。

(12)设计产品时,应使维修人员不接近高温、有毒的物质和放射性物质以及处于其他有危害的环境中,否则,应设防护装置。

(13)产品上容易起火的部位,应安装有效的报警器和灭火设备。

8.3.5　维修性一般设计过程

1. 维修性分析与设计

依据武器系统、分系统维修性大纲、总体技术方案,由分系统总设计师组织开展维修性分析工作。各级设计师根据测试性、维修性、可靠性分析结果,进行维修性设计,形成维修性方案。

根据各阶段维修性试验验证情况和审查、评审意见,对维修性设计进行完善和改进。

2. 维修性评审

维修性设计方案应进行设计审查和评审,复杂系统可组织维修性专项审查,审查通过后再进行评审,评审通过后,予以实施。

维修性设计评审随产品设计评审进行。项目组提交维修性大纲和维修性分析报告等技术文件,产品设计报告应包含维修性分析与设计、维修性方案等相关内容。

维修性设计审查的主要内容如下:

(1)满足技术要求的程度、合理性和技术实现的可行性,对可靠性、成本等的影响。

(2)故障平均修复时间、可达性、标准化和互换性、防差错及识别标记、维修安全性、接口等技术要求达到情况等。

(3)要求的其他内容。

(4)对维修性方案和设计提出的改进意见和建议,由分系统设计师组织整改落实。

3. 维修性试验与验证

系统、分系统、单体维修性试验项目纳入样机鉴定项目进行考核,并作为转段的依据。系统、分系统维修性试验通过后,维修性试验结果作为质量评审、转段鉴定的依据之一。

维修性试验中发现的问题按质量问题归零进行处理。

4. 维修性评价

各级设计师根据维修性试验结果及系统联试、联调情况,对照维修性要求,对产品的维修性进行分析和评价,寻找设计薄弱环节,提出完善设计的改进方案,并形成维修性分析报告。维修性分析报告应包括以下内容:

(1)维修性设计技术的成熟度,可更换单元的功能、结构、维修级别划分等。

(2)维修的安全性、可达性、标准化与互换性、维修的方便快速性、防差错措施与识别标记、人机工程要求达到情况等。

(3)维修性设计的费效比和对可靠性的影响分析等。

（4）维修性设计纠正措施和改进建议。

（5）各级设计师在各研制阶段，对维修性设计进行完善提高，并落实到产品的技术状态中。

|8.4 保障性设计|

国军标《装备综合保障通用要求》（GJB 3872—1999）中，保障性的定义是，装备的设计特性和计划的保障资源等满足平时战备和战时使用要求的能力，因此，可将保障性活动分为日常保养维修（预防性）保障和战场抢修（修复性）保障。

武器装备的保障性设计主要是指可靠性、维修性、运输性等的设计，还包括将其他有关保障考虑纳入装备的设计。应根据火箭炮使用保证和维修保障等情况，开展相应的保障性设计，使其便于运输、贮存、使用、测试和维修。

8.4.1 保障性要求

保障性要求取决于装备类型及其寿命剖面、任务剖面以及保障策略，其中涉及的保障性要求很多，保障性要求应定量表示，以量化的指标形式体现。但实施中某些保障性要求确实难以量化，此时可规定定性要求和检验准则。因此，可将保障性要求分为定量要求和定性要求。

1. 定量要求

保障性定量要求分三类：针对系统战备完好性；针对装备的保障性设计；针对保障系统及其资源。

表示系统战备完好性的参数有使用可用度、能执行任务率等，应根据火箭武器系统的作战任务需求、使用要求等选择适用的参数。

装备保障性设计特性要求包括可靠性、维修性、测试性要求，同时还包括运输性等要求，如运输尺寸、质量、装备受油速率等。

保障系统及其资源要求用反映其能力的使用参数描述，如平均延误时间、备件利用率等。

2. 定性要求

保障性定性要求一般包括针对装备系统、装备保障性设计、保障系统及资源等几方面的非量化要求。装备系统的定性要求主要是标准化等原则性要求；装备保障性设计的定性要求主要是可靠性、维修性、运输性的定性要求和需纳入设计的保障考虑;保障系统及资源的定性要求主要是在规划保障时需考虑、遵循的原则和约束条件。

8.4.2 保障方案

1.保障方案分类

保障方案是保障系统的方案,保障系统是使用与维修装备所需的保障资源及管理的有机结合,是对装备实施使用保障和维修保障。因此,保障方案可分为使用保障方案、维修保障方案和保障要素方案。其中,维修保障方案又可分为预防性维修保障方案和修复性维修保障方案。

使用保障方案是保障方案的重要组成部分,使用保障是指在装备完好的情况下,为保证任务持续性而采取的系列保障活动,可分为作战保障和训练保障。使用保障方案规定了使用保障的工作要求,包括火箭发射装备使用的一般说明、使用保障的基本原则与要求、使用人员分工和任务、使用人员的训练和训练保障方案、能源和特种液体补给方案、弹药准备和补给方案等。

维修保障为确保装备不发生故障或故障发生后能快速排除而不影响任务执行所采取的系列保障活动。维修保障方案规定了维修保障的工作内容。预防性维修的对象为耗损性故障,修复性维修的对象为偶然故障。维修保障方案由预防性维修保障方案和修复性维修保障方案组成。预防性维修保障方案主要包括四方面的内容:需进行预防性维修的产品、预防性维修工作类型及其简要说明、预防性维修工作的间隔期和维修级别。修复性维修保障方案主要包括进行修复性维修的产品、修理还是报废的决策,以及如果需要修理,在何级别修理。

2.保障方案的编制

保障方案的确定流程:提出备选保障方案,经权衡分析、优化到确定最终的保障方案。具体内容会有所变化,内容的条目则大体如下。

(1)初始保障方案编制。在研制过程中,应根据火箭武器装备的特点,结合现有保障系统以及装备保障的现状与发展等来编制初始保障方案。

(2)备选保障方案的编制。备选保障方案的编制流程:

1)明确火箭武器系统所具备的使用、维修与保障功能,确定其使用和维修装备所需完成的工作内容;

2)分析现役装备保障系统的现状和发展,确定保障性约束条件、保障体制和保障策略；

3)对装备在作战环境中的战损修复性进一步分析,确定战时保障的模式与要求；

4)提出保障系统的备选保障方案。

(3)备选保障方案的权衡分析与评价。

1)备选保障方案的权衡分析与评价的一般流程。参照《装备保障性分析》(GJB 1371—1992),其一般流程:①建立评价准则,确定目标优化的依据；②明确保障性参数与评价准则的关系,建立分析模型,利用模型进行备选保障方案间的权衡分析、保障方案参与装备备选设计方案的权衡分析、保障要素的权衡分析与评价以及战时装备保障分析；③综合各权衡分析结果,按照评价准则确定最优方案；④对涉及较高风险的变量或关键性影响的变量进行敏感性分析；⑤记录权衡分析与评价结果；⑥当有更详细的信息时,应修正权衡分析与评价结果。

2)备选保障方案的权衡分析与评价的工作内容:①选择与装备使用方案和设计方案相适应的保障方案；②建立研制项目组在性能、使用及保障方面的平衡；③为确定各项要求相协调的保障性目标提供保障基础；④建立各保障要素之间及各要素与装备保障方案间的平衡。

(4)确认保障方案。通过以上的权衡分析和评价,最终确定保障方案。

8.4.3　火箭炮的保障性设计措施

火箭炮在样机研制中,充分对装备全寿命周期的任务剖面进行分析,开展相应的保障性设计,同时研制相应的保障装备,以满足装备的保障性要求,并在后期不断完善综合保障系统。其中,采取的保障性措施如下:

(1)综合考虑了使用人员和专业技术水平,供应保障,保障设备,技术资料,训练和训练保障,计算机保障,包装、装卸、贮存和运输等保障资源。

(2)研制专属保障装备,如运输装填车、检测维修车、模拟训练器。

(3)选择通用保障设备,如射击指挥车、侦察车、测地车、气象装置等定型装备。

(4)研制非金属贮运发箱,可缩短火箭弹装填时间、大幅削减火箭炮炮班成员和炮手的劳动强度、节约人力资源等,提高了武器系统的使用保障能力。

(5)检测维修车、模拟训练器、预留检测接口、故障自检等设计,提高系统维修保障能力。

(6)研制过程形成多项技术文件,为保障技术资料提供了直接依据。

|8.5 测试性设计|

测试性是指系统和设备能及时准确地确认其状态(可工作、不可工作或性能下降)并隔离其内部故障的一种设计特性。

火箭炮进行设计时,需同步进行测试性设计,目标是确保系统和设备达到规定的测试性要求,以提高系统的设备完好性和任务成功性,降低对维修人力和其他资源的要求,降低寿命周期费用,并为管理提供必要的信息。

8.5.1 测试性要求和指标

火箭炮的测试性从能力和指标两个方面上进行考核。

1.能力

按照火箭炮的研制要求,系统的测试性目标是使系统具有如下三种能力。

(1)系统自诊断能力。火控电气系统、随动系统、底盘控制系统等控制系统应具备对主要设备自检测功能,运行中能够实时监测设备技术状态。

(2)借助外部设备进行故障检测能力。火控电气系统、随动系统除具有一定故障自检功能外,部分部件留有专用检测接口,能够通过故障自检接口,检查系统和部件是否正常运行,有无故障。火力系统的液压及气动系统同样具有压力检测接口和检测设备,用于相应故障排查和检测。

(3)故障隔离能力。火控电气系统、随动系统、底盘控制系统等控制系统通过系统自诊断或外部专用诊断接口的检测和人工检测,将检测到的故障定位到板卡级、基层级,可更换单元,主要功能部件及接口,并进行隔离处理。

2.指标

以某火箭炮的测试性要求为例,与系统的测试性要求对应的主要指标如下:

(1)故障检测率≥95%。

(2)关键故障检测率≥98%。

(3)平均故障检测时间(按实际需求要求)。

(4)故障隔离率≥90%。

(5)虚警率≤5%。

8.5.2　测试性分配

测试性分配即选用适当的方法,将系统的故障检测率、故障隔离率和虚警率定量要求分配给需要规定测试性指标的产品层次,纳入其设计规范,以便进行测试性设计的技术管理与评价。

火箭炮的测试性按照系统性结构与控制的工作方式和原理不同,分别对火力系统、火控电气系统、随动系统、底盘系统等各分系统进行考核,各分系统指标不低于系统总测试性指标。

根据各系统的故障率差别明显的特性,在总的测试性要求基础上,各分系统的故障检测率、故障隔离率采用按故障率分配法进行分配,各系统的虚警率则采用等值分配方法进行要求,即不大于 5%。

8.5.3　故障模式与测试方法分析

火箭炮的故障模式与测试方法分析是在对主要故障模式、影响及危害性分析的基础上,结合故障的相关信息在系统级别、现场可更换单元级别、维修车间可更换单元级别依次开展测试性分析,主要包括故障模式、测试参数和测试点、测试方法的选择以及故障是否隔离等,其分析内容如图 8-8 所示。

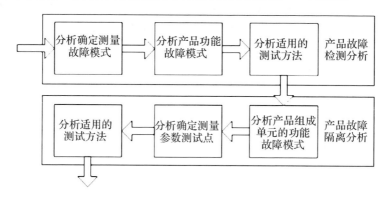

图 8-8　故障模式与测试常规分析的分析内容

1. 系统主要故障模式

火箭炮的结构性单体或部件主要故障模式包括断裂、失位、变形失效等,液压、气动系统主要故障为系统欠压、漏液、漏气以及液压系统油温过高等。

火控电气系统、随动系统等与控制有关的设备单体故障模式以操作开关、按钮、指示灯等简单元器件失效,或控制类板卡故障为主,相应的电缆故障模式为内部芯线出现短路或断路。

2. 测试信号种类

火箭炮的测试信号种类主要有油源压力、油源温度、气源压力、直流电压信号、电流信号、CAN通信信号、I/O信号等。

3. 测试方法分析

(1)目测故障定位。结构性单体或部件主要采用目测方式进行断裂、失位、变形失效等故障定位。

(2)根据自检结果进行故障定位。主要电子设备应具有自检功能,利用电子设备的自检结果进行故障定位,并在专家系统指导下进行换件维修。

(3)根据显示结果进行状态确认。电源电压、液压、气压采用电压表、压力表进行压力测量和显示。采用油温计对液压系统油温进行指示,用于系统故障排查。

(4)设置检测接口。火箭炮的主要电子设备除具有自检功能外,考虑测试的可操作性和方便性,统一规划和设计检测接口。需要检测的主要信号引至预留检测接口,包括板卡工作电压、握手I/O、程序监控接口等。检测接口信号通过专用或通用检测设备进行检查和故障诊断,并将故障定位到最小可更换单元,在专家系统指导下进行换件维修。

(5)专用监测与检测设备。专用监测与检测设备以各装备自身嵌入式检测能力为基础,实现系统级状态实时检测能力和提升野战抢修能力。

条件允许的情况下,火箭炮可以配备专用数据记录仪和故障诊断仪,对设备之间的实时CAN通信数据、状态数据进行记录,并对数据协议进行解析、显示,实现对火箭炮运行故障定位、识别和诊断。

数据记录仪随炮固定安装。故障诊断仪则可采用轻型加固平板电脑,可随炮安装,也安装于维修保障车辆中,连、营多火箭炮共用。

8.5.4 测试性设计准则

火箭炮测试性设计,在对主要功能无影响的前提下,凡能以较低成本进行机内自检故障的,应尽量采用自诊断电路解决。系统中可直观检查和测试的故障,必须确保其检测的可达性和方便性。

火箭炮的测试性设计主要是通过系统的自检功能和专用检测接口设计,具体落实测试性设计目标,使系统具有能够及时、准确地确定其状态,隔离其内部故障的产品特性。

(1)工作状态自检功能。主要电子设备应具有专用或兼用的自检硬件和软件,能自己监测运行状况。

(2)测试方便。测试设备或装置应便于使用维修人员掌握,方便检查和测试,故障显示清晰明确、便于理解,可按需要检查系统各部分并隔离故障等。

(3)应便于使用外部测试设备(检测设备或检测车)进行检查测试,火箭炮上应有足够的测试点和检查通路。

|8.6 安全性设计|

火箭炮在进行安全性设计时,通过工程化的方法、技术和手段,策划与实施一系列管理、设计与分析、验证与评价等方面的工作,确保系统不发生危害人身安全及损坏设备的意外事故,并对有可能发生安全事故的部位采取有效的安全措施。同时,通过系统安全性设计,减少或消除有关风险,保护人员和设备安全,将相关风险降低到订购方可接受的范围。

8.6.1 安全性设计原则

火箭炮安全性设计原则包括以下几方面内容。

(1)应通过最佳设计方案的选择,其中包括合理地采用新技术和采取有效的防护措施,实现其安全性设计目标。

(2)应满足有关安全性设计要求,产品各阶段发现的险情应采取有效措施加以控制或排除。

(3)应在全系统安全风险分析的基础上,参考同类型产品有关安全性设计的成功经验,以确保得到符合性能要求的最佳安全度。

(4)火箭炮部件及其零部件必须有足够的强度、刚度和稳定性。

(5)对关重件的关键特性或重要特性,在研制阶段应考虑其随使用时间、环境条件或其他因素的恶化而变坏的情况。

(6)火箭炮设计时应考虑其在装配、包装、运输、维修及各种使用环境条件下的安全性。当采取的安全技术措施与经济性发生矛盾时,应优先考虑安全技术措施。安全技术措施一般应按下列等级顺序选择:直接安全技术措施,应从原理和结构上直接保证没有任何危险和安全隐患；间接安全技术措施，如果直接安全技术措施不能实现时，那么必须设计出可靠的安全防护装置；指示性安全技术措施，如果直接和间接安全技术措施都不能实现时，那么必须采取指示性（或提示性）安全技术措施。

（7）必须遵循人-机-环境工程原则，最大限度地减轻操作者的劳动强度和疲劳程度。

8.6.2　安全性分析

安全性分析必须一开始就与质量管理、可靠性分析、维修性分析、人-机-环设计等工作综合权衡与协调，以达到最佳的费效比。系统性的安全性分析主要用于辨识危险，以便能够在全寿命周期中消除或控制这些危险。

1. 安全性分析目的

（1）确定系统存在的危险，并消除这些危险或降低其风险。

（2）确定现有危险的原因、影响及各种危险的相互关系。

（3）确定系统设计中需要采取预防措施或修复措施的部分。

（4）确定系统应进行哪些专项试验以验证其安全性及确定可能导致事故发生的任何系统缺陷。

2. 分析内容和范围

系统安全性分析主要用于识别危险，以便在全寿命周期中能够消除或控制这些危险。这种分析还可以提供其他方法不能获得的有关设备设计以及使用和维修规程的信息，确定系统设计的不安全状态，以及纠正这些不安全状态的方法。如果危险无法消除，系统安全性分析可以指出控制危险的最佳方法，以及减轻未能控制的危险所产生的有害影响的方法。此外，系统安全性分析还可以用来验证设计是否符合规范、标准、规章或其他文件所规定的各项要求，验证系统是否重复以前的系统中存在的缺陷，确定与危险有关的系统接口。

《系统安全性通用大纲》(GJB 900—2012)规定了五种常用的系统安全分析方法，分别为初步危险分析（PHA）、分系统危险分析（SSHA）、系统危险分析（SHA）、使用和保障危险分析（O&SHA）以及职业健康危险分析（OHHA）。

（1）初步危险分析（PHA）。初步危险分析又称预计危险分析法或预备事故分析，在论证阶段开始时进行。初步危险分析方法为定型分析及评价系统内危险因素的危险程度的方法，用于识别所考虑的各种系统备选方案的危险。它是系统安全分析中进行的第一种分析,是其他分析的基础。初步危险分析的作用是在工程活动前,用于对系统存在的危险性进行预评价,是一种对包括危险类别、出现条件及后果做宏观概略分析的方法,其分析结果用于评价各系统方案。

初步危险分析属于定性分析法,是分系统或系统在寿命周期内进行系统安全分析的第一种技术。这种分析应在系统或设备研制的初期进行。随着设计及研制工作的进展,这种分析应不断的改进。如果在系统研制阶段的后期才开始初步危险分析,那么很难进行相应的设计更改,而且不能通过这种分析来确定初步的安全性要求。

(2)分系统危险分析(SSHA)。分系统危险分析一般在方案阶段进行,是初步分析的扩展,随着分系统设计的进展不断修改,它包括定性和定量分析。分系统危险分析用于确定与分系统设计有关的危险,包括部件的故障模式、关键的人为差错输入。该分析方法用于确定由分系统部件与设备间的功能关系所导致的危险,确定与分系统部件或故障有关的危险及对系统安全性的影响。

分系统危险分析实际上是初步危险分析的扩展,相对更为复杂。当分系统设计可获得详细的信息时,便可立即进行这种分析。随着分系统设计的进展,这种分析也应不断修改。

(3)系统危险分析(SHA)。系统危险分析在工程研制阶段进行,并应尽早开始。它用于确定系统设计中有关安全性问题的部位,包括人为差错,并评价其风险。系统危险分析的重点在于各分系统之间的接口上,分析方法同分系统危险分析。

(4)使用和保障危险分析(O&SHA)。使用和保障危险分析在工程研制阶段就开始进行,并在各后续寿命周期阶段中不断修改,用于确定和评价系统在试验、安装、改装、维修、保障运输、地面保养、贮存、使用、应急脱离、训练、退役和处理等过程中与环境、人员、规程和设备有关的危险;确定并消除已判定的危险或将其风险减少到有关规定或合同规定的可接受水平所需要的安全性要求。使用和保障危险分析可分为规程分析和意外事件分析。规程分析对各操作规程的正确性进行评价;意外事件分析是对可能演变为事故的使用情况和防止事故发生的方法研究。

(5)职业健康危险分析(OHHA)。职业健康危险分析用于确定有害健康的危险并提出保护措施,将有关风险降低到可接受水平。利用生物医学或心理学的知识及原理,来确定、评定和控制在产品试验、使用和维修中人员所承受的健康风险。它首先确定与系统及其保障有关的潜在有毒物质数量或物理因素的量级,再分析它们与系统及其保障的关系,最后在设计中采用经济有效的控制措施,将健康危险降低到可接受水平。

8.6.3 装备使用危险识别与评定

火箭武器作为一个复杂系统,在全寿命周期中,发射、贮运、装填、使用操作及保障维修等使用过程中的安全性问题主要与环境、人员、规程和设备有关,针对系统的安全性风险进行分析、预测和评估,是保证火箭武器使用安全性的重要步骤。

按火箭武器险情存在的严重性和可能性进行危险评价,分析出系统存在的危险点,并根据《系统安全通用性大纲》中的风险评价方法,划分危险等级,确定采取安全性措施的优先次序。

1. 危险严重性等级

危险严重性等级确定的依据见表 8-14。

表 8-14 危险严重性等级

等 级	危害说明
Ⅰ（灾难的）	人员死亡或系统报废
Ⅱ（严重的）	人员严重受伤、严重职业病或系统严重损坏
Ⅲ（轻度的）	人员轻度受伤、轻度职业病或系统轻度损坏
Ⅳ（轻微的）	轻于Ⅲ级的损伤

2. 危险可能性等级

危险可能性等级确定的依据见表 8-15。

表 8-15 危险可能性等级

等 级	个 体	总 体
A（频繁）	频繁发生	连续发生
B（很可能）	在寿命期内会出现若干次	经常发生
C（有时）	在寿命期内可能有时发生	发生若干次
D（极少）	寿命期内不易发生,但有可能	不易发生但有理由预期可能发生
E（不可能）	很不容易发生以至于可以认为不会发生	不易发生,但有可能发生

3. 优先次序原则

在列出了系统存在的危险点后,在设计中应按下列原则的先后确定采取安全措施的优先次序:

(1)可通过采取安全防护措施进行防护的危险点。

(2)可通过采取指示性安全措施进行预防的危险点。

(3)可通过制定专门规定或对操作者进行培训来避免的危险点。

4. 系统风险点评价

从危险严重性和危险可能性两方面,综合评价危险的风险水平。评价可采用定性或定量的方法,《系统安全性通用大纲》(GJB 900—2012)给出定性的风险指数评价法作为参考。确定危险的风险指数的参考示例见表 8 - 16,针对风险指数的风险接受原则参考示例见表 8 - 17。

表 8 - 16　风险指数的参考示例

等　级	危险严重性等级			
	Ⅰ(灾难的)	Ⅱ(严重的)	Ⅲ(轻度的)	Ⅳ(连续发生)
A(频繁)	1	3	7	13
B(很可能)	2	5	9	16
C(有时)	4	6	11	18
D(极少)	8	10	14	19
E(不可能)	12	15	17	20

表 8 - 17　针对风险指数的风险接受原则示例

风险指数	危害说明
1～5	不可接受
6～9	不希望,需订购方决策
10～17	订购方评审后可接受
18～20	不许评审即可接受

5. 典型危险点风险分析

根据系统风险点及火箭武器的组成分析系统结构刚、强度,外形是否干涉,防护性及操作和射击的可靠性,电磁辐射,电气安全,信号标识,系统防止误操作,人-机-环境和防护性等方面的安全风险,见表8－18。

表8－18　典型危险点等级及安全性措施的风险等级及优先次序

序号	危险内容	危险严重性	危险可能性	风险指数
1	总体结构和总体布局不合理,影响了射击稳定性、行军和运输的可通过性、维修使用的方便性	Ⅲ	C	11
2	环境适应性不足,发生零部件损坏,影响正常工作	Ⅲ	C	11
3	无防核、防化学、防生物设施	Ⅰ	D	8
4	人机工程设计不合理,影响人员的操作和身体健康	Ⅲ	B	9
5	无防止误操作措施,未利用机械、电气原理将系统和安全操作要求按规定的程序连接起来,非此不能工作	Ⅱ	B	5
6	系统中无自动控制与消除超压、失压、超速、超载、反向等因素的措施	Ⅱ	B	5
7	系统中未设置接地系统,不能保证安全导引设备中的电流	Ⅰ	B	2
8	乘员舱温度不合适	Ⅳ	C	18
9	乘员舱照明不合适	Ⅳ	A	13
10	乘员位置噪声超标	Ⅱ	B	5
11	射击击发无有效操作保护程序	Ⅳ	D	19
12	射击中因故障或其他原因,需排除故障时进行的操作,未注意操作程序或引起击发	Ⅲ	C	11
13	火箭发射燃气流引燃发射装置	Ⅱ	B	5
14	火箭发射燃气流引爆定向器中其他火箭弹	Ⅰ	D	10
15	机械传动处于手动位置时,无自锁装置,不能因重力或意外的外力保持不动	Ⅲ	C	11
16	方向机、高低机"手/机动"转换不灵活、固定不牢固、转换不可靠或自动脱开	Ⅲ	D	14
17	平衡机平衡性差,引起起落部分在机动无自锁状态下,自行上行或下行	Ⅳ	D	19
18	电缆的绝缘电阻不符合安全条件	Ⅱ	B	5
19	设计的地线装置机械强度不够	Ⅱ	C	6

续表

序号	危险内容	危险严重性	危险可能性	风险指数
20	接地系统的阻抗不在安全范围内	Ⅳ	C	18
21	高压电路未设置防触电装置	Ⅱ	C	6
22	插头插座未考虑防误插措施	Ⅱ	C	6
23	在各电气组件中,无防止超压、超流、超载、超速等保护泄放装置	Ⅱ	C	6
24	导线和电缆端头处无防振、防短路措施,导线和电缆穿过金属板,外壳不进行保护	Ⅲ	D	14

8.6.4　安全性设计方法

根据风险分析和评价的结果,通过在装备研制过程中有重点、有针对性、持续地采取安全性设计措施,消除危险或降低风险。

采取安全性设计措施的优先次序如下。

(1)最小风险设计:首先在设计上消除危险,若不能消除已判定的危险,应通过设计方案的选择将其风险降低到订购方可接受水平。

(2)采用安全装置:采用永久性的、自动的或其他安全防护装置,使风险减少到订购方可接受的水平,并且应规定对安全装置作定期的性能检查。

(3)采用告警装置:采用告警装置来标示或检测危险,并向有关人员发出适当的告警信号,告警标记或信号应明显并满足标准化要求,以减少人员对信号做出错误反应的可能性。

(4)制定特殊规程并进行培训:特殊规程是指为保证装备的安全操作而制定的规程,同时还包括个人防护装置的使用方法等;对从事装备安全相关工作的人员,应进行培训和资格认定。

对于危险严重性等级为Ⅰ级和Ⅱ级的危险,绝不能仅仅使用告警装置、注意事项或其他形式的提醒作为唯一的减少风险的方法。

根据采取安全性措施的优先顺序,安全性设计方法有如下14种。

(1)控制能量:在安全性设计中,事故影响大小直接与所含能量有关,通过设计防止能量或危险物品的意外释放是最基本的安全性设计方法。

(2)消除和控制危险:通过设计消除危险和控制危险严重性是避免事故发生

并确保系统安全性水平的最有效方法。

（3）隔离：采用物理方法将危险与人员和设备隔离，以防止危险或将危险降低到最低水平，并控制危险的影响，这种方法是最常用的安全性措施。

（4）闭锁、锁定和联锁：防止不相容事件接连在不正确的时间上发生或以错误的顺序发生。

（5）概率设计和损伤容限：应用于结构和材料强度设计，可有效降低故障率，提高安全性。

（6）降额：使元器件以承受低于其额定值的应力方式使用。

（7）冗余：采用工作冗余或备用冗余，提高系统安全性和可靠性；

（8）状态监控：通过监控尽早发现及时报警，避免可能急速恶化为事故的事件发生。

（9）故障-安全：确保故障不会影响系统安全，或是系统处于不会伤害人员或损坏设备的工作状态。

（10）告警：用于向有关人员通告危险、设备问题及其他值得注意的状态，以便使有关人员采取纠正措施，避免事故发生。

（11）标志：标志是一种特殊的目视告警和说明手段，是最常用的告警方法。告警可按接收告警的人员感受分为视觉、听觉、嗅觉、触觉和味觉等多种告警。

（12）损伤抑制：在设计中，应采用各种可抗抑制损伤的方法，保证人员和设备免受损伤。

（13）逃逸、救生和营救：逃逸和救生是指人们使用本身携带的资源自身救护所做的努力；营救是指其他人员救护在紧急情况下对处于危险中的人员所做的努力。从意外事件发生直到恢复的过程中，消除和隔离等各种消除危险的方式都失败后，逃逸、救生和营救是不可缺少的。

（14）薄弱环节：薄弱环节在系统其他部分产生严重故障前发生故障，从而限制故障、偶然事件或事故造成的损伤。常见的薄弱环节有电、热、机械或结构等类型。

8.6.5　安全性设计要求

1. 一般性要求

（1）安全性应作为系统的一项技术要求，贯彻产品研制和使用的全过程。

（2）研制任务书或合同应根据武器系统的要求，对发射装置安全性提出定性和定量的要求。

(3)应根据研制任务书或合同的要求,按照《系统安全性通用大纲》(GJB 900—2012)的规定,制定安全性大纲。

(4)应避免使用有潜在危险的器材,无法避免时,应选择在系统寿命周期内风险最小者。

(5)危险的物质、零部件和操作应与其他活动、区域、人员及不相容的器材隔离,并做出明显的安全标志,安全标志应符合《安全标志及其使用导则》(GB 2894—2008)的要求。

(6)应进行环境适应性设计,保证发射装置中规定的高温、低温、潮湿、霉菌、盐雾、振动、冲击、倾斜和摇摆环境下工作的安全性。

(7)应开展电磁兼容设计,保证其所有电子、电气设备的电磁发射和敏感度符合的要求。

(8)应按《系统安全性通用大纲》(GJB 900—2012)及《军用软件安全性设计指南》(GJB/Z 102A—2012)的规定,进行软件安全性设计。

(9)各分系统安全性设计应分别符合相应的要求。

(10)装备试验大纲中,应规定安全性内容,大型试验应制定试验安全规程。

2. 发射安全性要求

(1)发射装置应为火箭弹或导弹提供通畅的发射通道,保证发射安全。

(2)采用机电式开盖机构的箱式定向器前盖,应能及时或提前打开,开启到位后应有可靠的锁定,开启角度应符合规定的要求。

(3)采用机电式开盖机构的箱式定向器后盖,应能及时或提前打开,开启到位后应有可靠的锁定。

(4)采用冲破式或爆破式开盖的箱式定向器前盖,其碎片和残留部分不应影响火箭弹的飞行和危及设备与人员的安全。

(5)采用冲破式或爆破式开盖的箱式定向器后盖,其碎片和残留部分不应影响燃气流的排导和危及设备和人员的安全。

(6)火箭弹发射时,电插头机构应保证电插头与火箭弹可靠分离,不应影响火箭弹的飞行。

(7)发射导轨或发射管工作面与火箭弹导引部位间的配合应有适当的间隙,防止火箭弹离轨时发生卡滞或过度冲击等现象。

(8)回转式发射装置应根据射界图,配置危险射角限制器。

(9)发射装置的导轨或发射管长度、闭锁力及弹射机构的推力应为火箭弹按要求速度离轨提供条件。

(10)发射装置应保证火箭弹发射不危及相邻弹药的性能和安全。

（11）直接影响发射火箭弹安全的零部件和元器件,应确定为关键件或重要件。

（12）电气设计必须能预防由操作失误、短路或其他故障模式引起的意外发火。

（13）点火电源应与其他所有电源相隔离,禁止使用射频能量点火。

（14）所有点火线路应使用双绞屏蔽线,导线和接点应完整屏蔽,包括电连接器尾部的所有屏蔽,不允许有间隙和电气不连续处。

（15）所有的载流元件和导体,彼此之间以及与系统之间都应保证电气绝缘。

（16）所使用的电连接器应排除错误配合的可能性,且能自锁以防止松动,外壳不能使用经阳极氧化处理的铝材。

（17）车外发射装置在不发射火箭弹的任何时刻,应备自动短接火箭发动机点火电路和断开点火能源的功能,仅当发射火箭弹时才可按程序自动接通点火能源和发动机点火通路。

（18）发射控制系统软件设计应具备当非发射工况时发射误操作的安全保护功能。

（19）发射控制单元和发射电路结合应至少有三个独立的功能操作才允许完成火箭弹的发射。

（20）在火箭炮非射界范围内,应有能可靠切断发射控制系统的电源。

3. 贮存、运输及装填安全性要求

（1）火箭弹闭锁机构应在贮存及运输时可靠闭锁火箭弹。

（2）发射架设置的行军固定器应能够可靠锁紧发射架高低及方向角。

（3）舰载火箭武器应设置压紧机构,保证在舰船规定的最不利航行状态下锁定箱式定向器。

（4）对有垂直和倾斜升降运动段的补给装填设备,具有防止火箭弹自坠或滑落的技术措施。

（5）由多段输弹导轨对接后形成的补给装填通道,保证各段输弹导轨对接处的对接精度,并配置定位锁定机构,定位锁定后,能发出"对接完成"信号,必要时可设置浮动导轨。

（6）宜在导轨端部设置防止火箭弹（或箱式定向器）自坠或滑落的挡弹机构。

（7）输弹机输弹时能与火箭弹（或箱式定向器）可靠连接,输弹完成后能与火箭弹（或箱式定向器）可靠脱离并避让。

（8）装填自动控制程序或操作程序的关键步骤能联锁。

（9）装填设备处于贮存状态时,应可靠地锁定在贮存位置上。

4.使用操作和保障维修安全性要求

(1)采取技术措施,使人员在操作、维修过程中避免高压电、高压气体、化学腐蚀剂、电磁辐射、切削锋口或尖端部分造成的危险。

(2)火箭武器的电气线路与油管、水管、气管保持规定的间距。

(3)宜避免高空作业,必要时配置防护装置和检修吊笼。

(4)宜采取联锁措施,并显示实时工作状态的情况:各工作状态相互转换时;同一个机构有两个操纵点时;同一个机构有两种操作方式时;操作程序有先后次序时。不易采取联锁措施时,应在设备使用说明书中对操作的先后次序做出规定。

(5)发射装置应配置动力设备,并设置用于切断动力源的应急开关及失控和过载保护装置。

(6)应采取一些技术措施,减少在使用操作和保障维修中因人为差错所导致的风险:发射装置的控制功能联锁;若接插件中含有对安全有重大影响的信号芯线,其结构形式在同一设备中具有排他性;设置防护装置,防止偶然触及电气设备中工作电压或对地电压超过 50 V(交流为均方根值)的带电部分;在对安全有重大影响的操作部位,设置门槛或密码。

(7)发射装置在使用和维修中应采取防电击、防静电、防辐射措施。

(8)应采取措施,避免发射装置使用过程中的热、爆炸、毒性和着火危险。

(9)高压气瓶和储压器具有备用释放能量的功能。

(10)弹簧缓冲器和弹簧上闸制动器配置安全、可靠的拆卸工具。

(11)在机械危险、高压电源、高压气体、有害物质、火工爆炸品、电磁辐射等可能伤人的部位,应设立符合《安全标准及其使用原则》(GB 2894—2008)要求的醒目标志。

(12)发射装置的所有操作、维修人员均应经过培训。

5.软件设计要求

(1)软件应设计成在通电后先执行系统级的检查,验证系统是否处在安全状态,合格后再投入正常功能。

(2)在由软件、硬件组成的系统中,可能造成潜在灾难性问题的功能应至少有三个独立的操作程序进行控制。

(3)软件的设计应保证在软件出错或失效的情况下,不会影响系统的安全性。

(4)安全关键的软件部件和接口在任何时刻均应处于控制之下。

（5）由软件控制对安全性有影响的序列应至少要求两个独立的程序激励。

（6）安全关键的定时功能应由计算机来控制。

（7）关键算法应在使用之前进行验证。

（8）软件应辅助系统具有恢复或终止发射和武器准备功能的能力。

（9）软件的安全设计应符合《军用软件安全性设计指南》(GJB/Z 102A—2012)的有关要求。

|8.7　环境适应性设计|

8.7.1　环境适应性一般要求

1.环境适应性定量要求

（1）工作环境温度：—40～50℃。

（2）贮存环境温度：—45～60℃。

2.环境适应性定性要求

特殊地区适应性：能在高原、沙漠、丘陵等地形条件下使用。

全炮或各单体设备的运输、振动、冲击、沙尘、盐雾和淋雨等环境适应性应满足贮存《军用装备试验室环境试验方法》(GJB 150A—2009)的相关要求。

8.7.2　环境适应性设计流程

根据环境适应性有关要求以及对系统研制工作重点与资源的分析,在火箭武器发射系统研制过程中实施的环境适应性工作项目:①制定环境适应性大纲和工作方法;②环境适应性分析;③环境适应性具体设计;④环境适应性试验;⑤环境适应性评审。

8.7.3　环境适应性大纲和工作计划

为落实环境适应性要求,在火箭发射系统研制阶段应编制环境适应性大纲和工作计划:

（1）分系统设计师应依据火箭发射系统环境适应性大纲和产品设计方案，编制本系统环境适应性大纲，确定本研制阶段环境适应性工作目标，规定工作职责、工作项目、工作流程和工作要求等环境适应性专项工作规范。

（2）依据环境适应性工作目标和要求，编制环境适应性工作计划，分解环境适应性大纲的要求，细化环境适应性专项工作的责任人、项目和节点，工作计划包括设计审查、评审和试验验证等控制点。

8.7.4 环境适应性分析

对火箭炮的运输、贮存与后勤、执行任务与作战使用三种状态进行剖面分析，确定全寿命周期的环境剖面。寿命期环境剖面应特别关注以下六方面因素：

（1）火箭炮在装卸、运输期间预计的状态。

（2）火箭炮可能遇到的环境及其有关的地理位置和气候特性。

（3）火箭炮所处的安装、贮存和运输平台。

（4）临近装备的工作情况。

（5）寿命剖面每个阶段暴露于某环境的相对和绝对持续时间。

（6）寿命剖面每个阶段预期出现的频度或可能性。

8.7.5 环境适应性具体设计

1. 火箭炮环境适应性设计准则

（1）元器件、材料。仪表板及操控台上的仪表、指示灯、开关、按钮、电位器等元器件宜采用耐腐蚀和密封性好的产品，应满足冲击振动、高/低温、湿热、盐雾等环境使用要求，并经过老化筛选。

选材时，应根据使用部位全面综合地考虑材料的机械性能、工艺性、经济性、抗疲劳及耐腐蚀性等。选用的材料应具有相容性，不存在不同金属相互接触腐蚀。

（2）结构。结构表面应形状简单，过渡光滑、合理，消除非必要的易积水、易积盐的沟槽或缝隙（如果不可避免，则要在装配时将间隙密封）。

电气系统的每个独立单体应能够进行整体密封，电气元件和线路与外部环境隔离。接插件外壳表面应满足电气系统防潮湿、防霉菌、防盐雾要求。尽量减少易腐蚀金属材料的裸露。

结构设计应考虑高低温等极限情况下的载荷和材料变化情况，并且应考虑火箭炮射击、行驶等条件下的冲击载荷作用。

（3）减震。尽量减轻箱体的振动，对于需要减震的部位，要采取减震措施。驾驶室要采取减震措施，减小噪声量值。

（4）密封。电气设备的密封，机箱和机壳宜采用整体铸造结构，外表面螺孔应采用盲孔。盖板与机壳之间、插座与机壳之间、操作器件与面板之间应使用具有抗腐蚀、耐介质的密封垫、密封圈或密封胶进行密封处理。对于同时有电磁兼容要求的场合应采用导电橡胶条或导电胶材料。导电密封条、密封垫应选择具有抗盐雾能力的铝镀银材料。各电气设备应满足高/低温、湿热和淋雨试验要求。

电缆应采取密封防腐蚀措施，电缆与接插件接合处采用热缩护套密封处理，热缩护套接合处、分支处进行密封胶灌封处理。各类舱门、口盖及座圈等，应根据使用条件及部位的不同采取相应的密封结构，有效提供保护。密封材料应选择耐候性能好、耐老化、耐盐雾的改性橡胶材料。底盘的低处器件应满足涉水要求。

（5）表面处理。针对火箭炮使用环境特点，制定防腐蚀统一要求。从选材、几何结构、应力腐蚀防护、电偶腐蚀防护、表面处理、电气电子产品、密封设计等方面规定防腐蚀通用原则，从加工制造、装配过程等方面规定防腐蚀制造与装配通用原则，从使用维护、陆上运输、海上运输等方面规定防腐蚀使用维护和运输通用原则，针对底盘、空调等特殊产品规定特殊防腐蚀措施。

（6）温度调节。驾驶室应通风良好，具有加热器，并具有适应温度变化的调节装置。

（7）辅料。火力系统所用各类润滑油、脂、胶应满足高/低温环境条件使用。底盘的油料通过换季保养，应能适应高/低温环境条件使用。

2. 制造与装配通用原则

热处理前应检查零件表面有无碰伤、划伤、锈蚀、防护涂镀层破损等情况，进炉前应清洗油污、水、手印等污物。含氢较高的保护气氛中加热淬火的零件应及时除氢和回火，以防止氢脆开裂。零件热处理（盐浴、碱浴）后，应严格采用中和处理以除掉残余盐分、碱并干燥。对于不立即进行表面处理的黑色金属件，应进行防锈处理。

合理安排焊接工序，焊前应打磨清洗干净，焊后应中和清洗，特别要对钎焊后的钎焊剂进行彻底清洗干净，以防焊剂的腐蚀。

应采用适当的表面强化工艺（如喷丸、抛光、孔挤压等），使表面形成压应力来提高零件的抗应力腐蚀和腐蚀疲劳性能。送交电镀的零件应无锈蚀、油污等污物,或只允许有轻微的锈蚀、油膜,或者就是酸洗除锈。零件送到表面处理车间后应尽可能快地进行电镀,以避免该车间内空气的污染与腐蚀。

涂料施加应采用喷枪喷涂,应避免起皱、起皮、脱落、失去防护效果。涂层对基体具有良好的结合力,涂层体系具有高性能及良好的搭配性。进行良好的表面预处理,表面预处理后,应在尽可能短的时间内完成底漆喷涂。

为保护涂层:紧固时不允许使用活扳手,应使用与螺栓对应的呆扳手或套筒扳手;重要结构件装配时应使用力矩扳手,防止强迫装配;对不需拆卸的紧固件,采用密封胶进行湿装配,以达到密封要求;密封制品装配前应对制品的表面及沟槽进行相应的处理。

3. 环境适应性具体设计内容及措施

(1)各级产品应根据确定的环境适应性设计要求,开展环境适应性具体设计内容及措施。

(2)环境适应性设计应重点考虑适当的耐环境设计余量和防止过应力作用保护措施,例如冷却、散热、减震、密封、镀层等。

(3)环境适应性设计措施应与产品功能、性能及可靠性、安全性等设计并行开展,并将具体的措施落实到产品图样和技术文件。

以某型外贸火箭炮火为例,按照该型火箭炮所处的目标国家"中等盐雾大气"环境确定的防腐要求,火箭炮火力系统、火控电气系统防腐蚀环境适应性具体设计措施如下所述。

(1)火力系统设计。金属结构件,包括摇架、上架本体,输弹机本体,非运动部件本体等零部件,主要采用表面喷砂、磷化,然后喷涂防锈底漆、中间漆、耐海水面漆;轴类零件、滑轮等主要采用磷化处理;齿轮、蜗杆等主要采用渗氮处理;弹簧主要采用达克罗或磷化处理;高低机、高低锁、支撑装置油缸活塞杆与缸筒内壁采用镀硬铬表面处理。

金属发射箱与非金属贮运发箱框架采用喷砂、涂漆处理;非金属定向管采用玻璃钢材质,穿线孔采用灌胶密封处理;前密封盖采用薄板整体冲压结构,内表面"涂覆"硅橡胶类的耐高温密封材料,外表面镀锌处理,后密封盖采用中间为玻璃钢材质的复合式结构;金属定向管采用酸洗磷化、涂漆处理,闭锁挡弹机构采用电泳防腐处理,点火电极中的铜片及导线表面镀银处理。

直径为 8 mm 及以下规格的紧固件,采用不锈钢材质;直径为 8 mm 以上规格的紧固件,采用达克罗处理。方向机、输弹机、扬弹机等减速器的端盖采用密封圈或密封胶进行防尘、防油密封。

(2)火控电气系统设计。火控电气元器件主要选用耐腐蚀和带密封的开关、指示灯等元器件,经过老化筛选;接插件主要选用军用电连接器;辅助蓄电池选用镉镍碱性蓄电池;紧固件主要采用不锈钢螺钉。

单体设备箱体以整体铸造为主,外表面螺孔采用盲孔;拼接结构的箱体在接合处采用优化结构和密封胶进行密封,外表面涂底漆、中间漆、耐海水面漆。盖板与箱体之间、插座与箱体之间、操作器件与面板之间使用具有耐抗腐蚀的密封垫或密封圈进行密封处理;壳体上过线孔采用不锈钢防水接头。有电磁兼容要求的设备箱体则采用化学氧化,换装滤波插座并设有隔离措施。

安装在驾驶室外的电气设备均有橡胶减震垫或相应的减震器。

电缆与接插件接合处采用热缩护套密封处理,热缩护套接合处、分支处进行密封胶灌封处理。

8.7.6　环境适应性试验

环境试验性试验主要包括:①高温试验;②低温试验;③淋雨试验;④湿热试验;⑤霉菌试验;⑥盐雾试验;⑦沙尘试验;⑧振动试验;⑨噪声试验;⑩火箭炮发射冲击试验等。

8.7.7　环境适应性评审

承研单位在研制阶段应对火箭炮环境适应性设计和试验验证情况进行评审,环境适应性评审可结合设计评审或鉴定评审进行。评审时,需提交环境适应性分析报告,分析报告主要包含以下内容:①寿命剖面环境分析;②环境设计要求确定;③环境适应性设计措施;④环境适应性试验验证及结果;⑤存在的问题及改进措施;⑥环境适应性评价;等等。

|8.8　电磁兼容性设计|

电磁兼容性(EMC)指的是电子设备或系统在电磁环境中能够正常工作,并且不对该环境中其他设备或系统构成所不能承受的电磁干扰的能力。

制导火箭发射系统通常包含各类电子设备,并工作于复杂的电磁环境中。为保证系统能够正常工作并不对其他设备或系统造成干扰,在设计过程中必须对设备和系统进行电磁兼容性设计,以使其达到电磁兼容性标准。

由于制导火箭发射系统包含的电子设备或系统的类型与其他系统并无不

同,因此电磁兼容设计与一般电子设备或系统遵循着同样的标准和规范。

8.8.1 电缆的选择和敷设

1.电缆的选择

选用电缆时除了需要考虑电路特性和环境条件,还必须考虑电磁兼容的要求。从电磁兼容角度,选用电缆需要考虑的因素是传输信号波形、频率范围、功率电平、电路敏感度以及电磁环境。电缆的一般选用原则有以下几点。

(1)外部电源线及功率驱动电路。对于外部电源线路,一般可采用非屏蔽的电线,但当电源本身产生相当大的电磁干扰时,如未采用适当的滤波措施,电源线电缆应采用屏蔽电缆以防止干扰辐射。对于高增益的放大器的供电电源,为防止受其他电路的影响,最好采用屏蔽扭绞线。对于功率驱动电路一般可采用屏蔽扭绞电缆。

(2)天线电路电缆。天线电路一般选用同轴电缆和波导作为信号传输线。在 100 kHz 以下,可用屏蔽扭绞电缆作天线电路信号传输线。

(3)控制电路电缆。控制线路宜用扭绞线作信号传输线。

(4)数字电路信号和高电平脉冲信号传输线。数字和高电平脉冲线路的信号为脉冲信号,频带较宽,既易受干扰,又会干扰其他电路,一般选用屏蔽扭绞电缆。

2.连接器的选择

连接器的选用必须满足其基本性能,如能防止插入拔出时的损坏,除触点可靠的低电阻接触以外,还必须有良好的屏蔽性能,不会降低连接电缆的屏蔽性能。

为保证连接器能够屏蔽贯通它的线路,其外表面必须能够导电,并且在连接器与电缆结合处能够满足屏蔽层 360°包接要求。应选用不锈钢钝化并带屏蔽尾夹的导电连接器。与机箱安装时,应去除机箱安装面处不导电层,并在连接器与机箱间加导电橡胶垫片。

连接器插针的分配,必须考虑所连接的电路信号类别,必须防止因插针分配不当造成电路之间的相互影响,充分利用备用插针隔离不同类别的电路信号。

3.电缆敷设

布线设计时,拉开各类线束距离是解决线间耦合最有效、最经济的方法。大功率或敏感电路的电缆要求单独敷设,不能与其他任何互连线一起捆扎或一起走线。尽可能避免平行布线,如无法避免平行,则要保证线缆束间距。要求一般不同类别电缆束之间的距离至少要保持 75 mm 间距。特殊电缆敷设间距要求:

(1)主电源配电线路与其他类别电缆至少应保持 150 mm 间距。

(2)主发电机的馈电电缆,距其所有电缆至少 300 mm。

(3)大功率发射天线馈线,一般应单独敷设,与其他电缆的距离至少为 200 mm。

4)含电爆装置的点火线路电缆应单独敷设,与其他电缆的距离至少为 150 mm。

4. 保护和支撑

对线束和电缆的保护和支撑,应注意以下几个方面:①尽量沿舱壁或结构件布置;②分组支撑;③防止机械力或加工应力;④防止引起飞弧或过热;⑤防止布线和其他设备产生干扰;⑥防止在振动环境中产生大的位移。

8.8.2　接地和搭接

1. 接地

(1)屏蔽设备的接地。为屏蔽设备体内的装置安排地线时,不得将屏蔽设备本身作为电流的回线。设备应经接地母线或紧靠屏蔽设备的接地平板接地,这些母线或平板除一点与屏蔽设备连接外,其余部位应与屏蔽设备绝缘,这个接地点为屏蔽设备内部的装置提供唯一的接地连接。

(2)电缆屏蔽层的接地。在复杂的电气或电子系统中,电磁兼容性问题依赖于屏蔽措施以及连接线的屏蔽层接地处理方法。电缆屏蔽层按下述规定接地。

1)传输 100 kHz 以下频率信号的屏蔽电缆,屏蔽层应选择单点接地,并且屏蔽层外有绝缘护套以保证单点接地。当屏蔽层单点接地以使电路避免辐射干扰时,接地端应选在接收负载端或高阻抗端;当屏蔽层单点接地以防止电路辐射时,接地端应选在信号源端。

2)当高频电缆长度小于 0.15λ(λ 为波长)时,屏蔽层采用单点接地;当高频电缆长度大于 0.15λ 时,要求以 0.15λ 为间距进行多点接地。当屏蔽层不能实现多点接地时,至少采用两点接地。

3)电力电缆屏蔽层尽可能采用多点接地,至少两点接地。

4)短波发射天线附近的屏蔽电缆,其屏蔽层必须尽可能多点接地,接地距离应小于1.5 m。

（3）印制电路板的接地。印制电路板上的屏蔽罩接地线应直接连接到主底板，以获得最大程度的屏蔽和隔离效果。

（4）电路的接地。在设备中，电子电路的正确接地是解决通过底板公共阻抗而引起串扰的基本途径，应当注意以下问题：①接地回路应设计得尽可能短；②接地回路尽可能不交叉；③可以采用隔离电路的方法；④在射频段，电路接地点选择不当将会在信号电路中串入一个接地电动势，此时，应采取多点接地的方法。

（5）电源的接地。电源地线和信号地线在整个底板上应隔离，以便减少耦合，具体措施如下：

1）各种交、直流电源线和信号线应分别采用单独的接地回路，电源线和回线应紧靠在一起，使它们构成的环路面积为最小；

2）应把接地线直线接到与大地之间阻抗最低的导体上；

3）可以采用几个接地通路连到电源公共点上，以使电路阻抗降低；

4）应当避免采用多个接地母线或横向接地环路；

5）在接地母线中应当尽可能少用串联接头，必须使用的接头应保证低阻抗性能，多个组合的接地线要分别接到接地母线上；

6）在信号线与电源线必须交叉的地方，要使导线互相垂直。

（6）设备接地。设备地线用来抑制噪声和防止电磁干扰，构成信号通路，使设备稳定、可靠。应采用六路分开的地线：安全地线、噪声地线、模拟信号地线、数字信号地线、动力电网地线和避雷地线。

1）安全地线：为防止发生人身事故、雷击事故及排除外界电磁场的干扰和摩擦产生的静电荷，安全地线连接于机壳、机架等金属构件之间。在机柜下部通过机壳接地螺栓就近接地。设备机壳与接地螺栓之间的直流电阻应不大于10 mΩ。

2）噪声地线：为产生噪声的元器件、设备提供参考电位的专用地线，如交流电源次级线圈、电动机、继电器等的接地线。

3）模拟信号地线：为电子线路的各级电路之间的模拟信号传输提供参考电位和返回通路，应采用短而粗的地线。

4）数字信号地线：为电子线路的各级电路之间的数字信号传输提供参考电位和返回通路。

5）动力电网地线：为供电系统提供参考零电位，接地电阻应小于10 Ω。

6）避雷地线：是设备外露高耸部位的静电释放通道，与大地的接地电阻应小于25 Ω。

安全地线、噪声地线、模拟信号地线和数字信号地线,这四路地线分别汇集于系统接地点并单独与大地一点相接,不应与避雷地网、动力供电地网共地,须单独接地,且接地电阻应小于 10 Ω,对高灵敏电子设备应小于 2 Ω。

(7)大地接地。大地可以释放由人为干扰或自然干扰在设备上引起的过剩电荷,这种电荷可能伤害设备操作人员并危及有关设备。供车载设备接地的接地桩,其埋入地下的深度对接地电阻有影响,要充分采取可以减小接地电阻的土地深埋接地方法。

2. 搭接

搭接是指在金属构件之间建立低阻抗导电通路的一种手段,用以减小他们之间的电位差,达到控制电磁干扰的目的。搭接可分为直接搭接和间接搭接,在设计时,应优先选用直接搭接。

(1)搭接阻抗要求。搭接的最基本要求是低阻抗。为了实现低阻抗搭接,搭接前应当清除搭接表面的绝缘物质和油污,清除后立即实施搭接,然再进行防潮、防腐蚀处理。低频段,直接搭接电阻应控制在 0.1 ~2.5 m Ω范围内;高频和射频段,要求搭接电阻抗小,应控制搭接条的电感量。

(2)搭接条的选用。搭接条应当用平扁、实心低阻抗金属条和金属片。在设计搭接时,应考虑其尺寸、强度、抗疲劳性、防腐蚀性、电阻率和温度系数等因素。为了减小电感,要限制其长宽比,用于抗电磁脉冲防护时,长宽比取 3∶1;用于其他电磁兼容性设计时,长宽比取 5∶1;选择搭接构件和搭接条金属时,应考虑他们在电化学序列中的相对位置,为防止电解腐蚀和电化学腐蚀,应尽可能选用同一种金属进行搭接,在不可能实现的情况下,应选用在电化学序列中靠得比较近的金属进行搭接。

(3)常见搭接件设计。

1)减震架。设计减震架时,应考虑被搭接的两个构件的相对运动程度,所用材料的特性和设备的干扰频率范围,应当把搭接条做成回折式,以不影响减震架的作用。

2)转动轴。转动构件应当接地,防止静电累积。设计时,可用滑环、电刷组或磷青铜指形簧片实现搭接。

3)导线管。穿导线用的导线管或编制屏蔽体搭接到接地金属构件上或接地平板上时,应在其上加卡箍。卡箍和导线管以及卡箍的搭接条间均应保证低阻抗搭接。

4)铰链。铰链本身不能实现良好的电搭接,可以用弹性金属条进行搭接。

5)电线槽。电线槽各段之间可采用附加搭接条的方式进行搭接。

6)机架。机架和机壳起着接地通路和防止电磁漏泄的双重作用,应保证它们之间以及他们和接地平板之间的低阻抗连接和连接搭接。搭接时,应除去机架上的绝缘物和油污,可以使用导电密封材料和衬垫。

8.8.3 屏蔽

1. 一般要求

(1)方舱设备对频率为 $150 \sim 1.0 \times 10^7$ kHz 带宽内的电磁干扰抑制应不低于 40 dB。

(2)电子机柜主要由屏蔽壳体、骨架构件、面板构件等组成,除了焊接连接外,所有可拆连接的接触面均应导电。

(3)电子机柜壳体上的孔、缝隙的设计应全部满足屏蔽效能指标要求。

(4)电子机柜交流电源输入端口加装滤波器,其插入损耗满足屏蔽效能的指标要求,信号端口在联机时由电缆屏蔽层封闭,要求端口连接器与构件有良好的搭接性能。

(5)电子机柜及构件应有良好接地,以提高低频屏蔽效能和安全性。

2. 详细屏蔽设计要求

(1)通风孔。当通风孔的尺寸和所要屏蔽的电磁干扰波长可以相比时,需对通风孔进行屏蔽。屏蔽通风孔,可以使用金属编织网、蜂窝状板、冲孔金属板或电磁干扰频率在截止频率以下的一组波导管来实现。

(2)轴孔。防止电磁通过轴孔泄漏,可以把轴承做成圆波导,使其符合截止波导要求,轴承长度大于3倍直径,并用绝缘轴来代替金属轴;也可以用带屏蔽轴套的轴柄。

(3)屏蔽体紧固件。使用螺钉或铆钉连接屏蔽体接缝或结合面时,防止由于螺钉数量不足引起缝隙,造成电磁泄漏。因此,必须使用足够数量的紧固螺钉或铆钉。该类缝隙虽然面积不大,但其最大线度尺寸(即缝长)却非常大,维修、开启等限制,致使该类缝隙成为电子设备中屏蔽难度最大的一类孔缝,采用导电衬垫等特殊屏蔽材料可以有效地抑制电磁泄漏。该类孔缝屏蔽设计的关键在于,合理地选择导电衬垫材料并进行适当的变形控制。

(4)数据输出窗口。防止表头或其他指示器的开孔及其连线造成电磁泄漏,可在表头等组件背面加屏蔽罩的方法,输入、输出引线应当加滤波器。

(5)开关装置。选用退火导磁材料,以分层缠绕的方式来实现对开关装置的电磁屏蔽。

（6）电缆。需要使用屏蔽线或电缆时，这些电缆要各自屏蔽，屏蔽体之间以及屏蔽体和底板、机壳之间均要绝缘，当需要接地时，只能在一点相连。当屏蔽电缆连到一个屏蔽壳体时，两者的屏蔽体要直接相连，避免电缆屏蔽体软辫留的过长，构成回路而引起电磁耦合。

8.8.4　滤波

分离信号、抑制干扰是滤波器广泛和基本的应用。电磁干扰滤波器是抑制电气电子设备传导干扰、提高电气电子设备传导敏感度水平的主要手段，也是保证电气电子设备整体或局部屏蔽效能的重要辅助措施。

1. 滤波器的选用原则

（1）工作频率和所要抑制的干扰频率应确定清楚。

（2）选用的电源 EMI 滤波器网络结构应与该设备或分系统的传导干扰特性相适应，应与端接负载正确搭配。

（3）计算插入损耗应加 10 dB 的安全裕量；从产品样本选取的电源 EMI 滤波器，其插入损耗应加 20 dB。

（4）电源 EMI 滤波器的额定应取实际电流值的 1.5 倍，避免用于重载或满载的情况。

（5）要正确选择电源 EMI 滤波器的耐压值及承受瞬态干扰的能力，漏电流要小。

（6）电源 EMI 滤波器的可靠性应与设备或分系统的可靠性相协调，安全性应符合有关标识的规定。

（7）用于高频情况时，应选择高频性能好的电源 EMI 滤波器。

（8）如单极滤波器达不到衰减陡峭要求或要求总的电感量小时，可考虑两级或两级以上的滤波器。

（9）用于三相电源系统的三相电源 EMI 滤波器，应考虑缺相时，其他两相承受缺相耐压的能力。

2. 滤波器的安装要求

（1）EMI 滤波器一般安装在干扰源一侧，还是安装在受干扰对象一侧，由干扰的传输途径而定：若干扰来自于线路传导则安装于干扰源一侧；若干扰来自于相邻线路敷设则安装于受干扰对象一侧。

（2）EMI 滤波器的输入引线和输出引线不能交叉，且必须远离。

（3）EMI 滤波器的安装避免产生二次辐射。

（4）EMI 滤波器应有良好的高频接地，EMI 滤波器的接地点应和设备机壳的接地点一致，滤波器的接地线应尽可能短。

（5）电源 EMI 滤波器应安装在设备或屏蔽体的电源入口处，并对滤波器加以屏蔽。

（6）不应将电源 EMI 滤波器的电源端和负载端的电线捆扎在一起。

（7）壳体和地之间的射频阻抗应尽可能保持低阻抗。

（8）应尽量减小滤波器电源和负载公共阻抗的耦合。

（9）电源 EMI 滤波器最好安装在设备壳体上，而不是印制板上，且壳体安装面积要足够大。

8.8.5　电磁兼容性试验要求

1. 武器系统电磁兼容性要求

武器系统中各型装备之间应具有良好的兼容性，各型装备间不应出现因电磁干扰相互影响，降低性能或不能正常工作现象。

武器系统应进行通信组网试验。通信组网试验在配置完备情况下，开机工作并完成有线、无线组网，武器系统中雷达设备和无线通信设备在工作中变换工作频率和工作模式，监视武器系统中雷达设备和通信设备工作状态，判断系统通信功能是否正常。

2. 各型装备电磁兼容性要求

（1）安全裕度。根据系统工作性能的要求、系统硬件的不一致性以及验证系统设计要求的不确定因素，确定安全裕度。对于安全或者完成任务有关键影响的功能，应具有至少 6 dB 的安全裕度；对于需要确保系统安全的电起爆装置，其最大不发火激励（MNFS）应具有至少 16.5 dB 的安全裕度。对于其他电起爆装置 MNFS 应具有 6 dB 的安全裕度；根据武器系统的特点，对安全裕度的规定见表 8 - 19。

表 8 - 19　对安全裕度的规定

类　别	安全裕度/dB
含电起爆装置	≥16.5
其他	≥6

（2）各型装备内的电磁兼容性。各型装备自身应是电磁兼容的,以满足系统工作性能的要求,并且保证通信功能正常。

（3）外部射频电磁环境。各型装备应与规定的外部射频电磁环境兼容,以使各型装备的工作性能满足要求。外部射频电磁环境包括（但不限于）来自平台（如彼此相邻的地面指挥系统）的电磁环境。外部射频电磁环境应优先采用定购方认可的实测或预测分析的数据。当无相应数据时,可采用表 8-20 中的数据。

表 8-20　外部射频电磁环境数据

频率/kHz	地面设备外部电磁环境电场平均值/$(\text{V} \cdot \text{m}^{-1})$
$10 \sim 2 \times 10^3$	25
$2 \times 10^3 \sim 1 \times 10^6$	50
1×10^5	50

（4）电磁辐射危害。电磁辐射对人体的危害应满足《电磁辐射暴露限制和测量方法》（GJB 5313—2004）,以保护人员免受电磁辐射。对于电起爆装置的直接射频感应激励和电点火电路的意外启动两种情况,军械中的电起爆装置暴露在规定的外部电磁环境期间不应意外点火,暴露后不应降低性能。应优先采用定购方认可的实测或预测分析的数据。若无外部电磁环境数据,可采用表 8-21 中的数据。

表 8-21　外部电磁环境数据

频率/kHz	电场平均值（受限制的电磁环境）/$(\text{V} \cdot \text{m}^{-1})$
$10 \sim 2 \times 10^3$	70
$2 \times 10^3 \sim 3 \times 10^4$	100
$3 \times 10^4 \sim 15 \times 10^4$	50
$15 \times 10^4 \sim 225 \times 10^3$	61
$225 \times 10^3 \sim 4 \times 10^5$	70
$4 \times 10^5 \sim 7 \times 10^5$	100
$7 \times 10^5 \sim 79 \times 10^4$	95
$79 \times 10^4 \sim 1 \times 10^6$	100

（5）电搭接。各型装备、分系统和设备应进行必要的电搭接,以满足电磁环境效应要求。为了满足天线性能要求,天线应该电搭接。为控制电磁环境效应,

使系统工作性能满足要求,系统电搭接应保证设备内部或设备与系统其他部分之间的连接处具有电连续性。当无特殊要求时,系统应再全寿命期内满足下列电搭接的直流电阻要求:设备壳体到系统结构之间(包括所有的接触面)的搭接电阻不大于 10 mΩ,电缆屏蔽层到设备壳体之间(包括所有的连接器和附属的接触面)的搭接电阻不大于 15 mΩ,设备内部的单个接触面(如组件或部件之间)的搭接电阻不大于 2.5 mΩ。

(6)外部接地。为了防止人员遭受电击,防止军械意外引爆,防止硬件受到损害,系统和相应的分系统应设有外部接地措施,以控制电流的流向和静电放电。服务和维护设备应配有能连接到大地的永久性接地线。所有使用或处理潜在的危险物品(如燃料、易燃液体、爆炸装置、氧气等)的服务设备都应配有能与系统连接的永久接地线。

第 9 章

人–机–环境工程设计

|9.1 概　　述|

　　火箭炮经过长时间的发展,其系统组成和功能扩展都在逐步完善,从人-机-工程学科的角度来看,火箭炮人-机-环境是工程技术科学、心理学和生理学综合运用所形成的空间环境。

　　人-机-环境工程是运用系统科学理论和系统工程方法,正确处理人、机、环境三大要素的关系,深入研究人-机-环境系统最优组合的一门学科,其研究对象为人-机-环境系统。系统中的"人",是指作为工作主体的人(如操作人员或决策人员);"机"是指人所控制的一切对象(如工具、机器、计算机、系统和技术)的总称;"环境"是指人、机共处的特定工作条件(如温度、湿度、噪声、振动、氧气含量等)。

　　人-机-环境工程是人体科学的工程技术层次,在火箭炮设计中,不仅需要考虑使用者的心理及生理因素,更需要合理进行人机功能匹配,处理好人、机、环境之间的关系,提高系统的综合效能,进而有效地发挥武器装备的性能。

|9.2 火箭炮人-机-环境工程设计要求|

　　在人机系统中,追求的是人与机器、环境的最优组合,其基本目标是"安全、高效、经济"。安全是以人作为主要考虑对象,在环境中应当尽量避免对人体的生理和心理上的危害或伤害,并避免各种事故的发生;高效是指全系统具有最好的工作性能或最高的工作效率;经济是在满足系统技术要求的前提下,要确保投资最少。

军用系统、装备和设施的设计应体现人机工程、生命保障和生物医学等影响人能力的各个因素。

(1)适宜的大气环境,包括大气成分、气压、温度和湿度,以及为防止上述变量的非控制波动超出允许范围而采取的安全装置。

(2)听觉噪声、振动、加速度、振动、爆炸和冲击力等的变动范围以及为防止上述非控制波动超出安全范围而采取的安全装置。

(3)保护操作者免受热、毒性、放射性、机械、电气、电磁、烟火、视觉及其他形式的危害;为操作者及其装备提供足够的空间,并为操作者在正常和紧急状态下执行操作和维修任务时必要的身体移动和活动提供自由空间。

(4)正常和紧急状态下,操作者之间以及操作者与其设备之间有充足的感觉、视觉、听觉及其他形式的通信联系。

(5)操作与维修时工作空间、设备、控制器及显示器的有效布局。

(6)确保操作者在失重或超重状态下安全、有效地执行任务,防止人员伤害、装备损坏和操作者定向力障碍而采用的安全措施。

(7)为执行操作、控制、训练或维修任务提供充足的自然或人工照明。

(8)为在正常、危险或紧急情况下人员的进出及通行,提供安全而充足的通道、出口、楼梯、阶梯、平台、斜面及其他设施。

(9)提供能被操作者接受的个人设施,包括人体支撑和约束装置、座椅、扶手,靠背以及营养供给即氧气、食物、水及废物处理装置。

(10)提供非约束性的个人生命保障与保护装置。

(11)缩短作业持续时间及减少疲劳产生的心身压力的措施。

(12)系统的设计应保证在正常、危险或紧急维修情况下操作及维修作业的快速、安全、简便与经济性。

(13)适用的遥控操纵装置及工具。

(14)为应付突发事件、逃逸救生及救援活动提供适当的应急系统。

(15)控制器、显示器、工作空间及乘员舱的设计、位置与布局,应与操作、维修军用系统、装备或身处其中的操作者的着装和个人装备相兼容;操作者的任务分配及控制运动应与着装和个人装备对其作业的限制相兼容。

火箭炮的人-机-环境设计在遵循上述基本原则的同时,对人机系统的设计有如下整体要求：

（1）作为火箭炮，其在使用中一定要能达到预定的目标，完成预定的任务。

（2）在人-机系统中，人与机的交互方式应协调且高效地完成工作。

（3）人-机系统接受输入和输出的功能，都必须符合设计的能力。

（4）人-机系统要考虑环境因素的影响，包括照明、噪声、温度、振动和辐射等。人-机系统设计不仅要处理好人和机器的关系，而且需要把和机器运行过程相对应的周围环境一并考虑，因为环境始终是影响人机系统的一个重要因素。

（5）人机系统应有一个完善的反馈闭环回路，且输入的比例可进行调整，以补偿输出的变化，或用增减设备的办法，以调整输出来适应输入的变化。

武器装备人机系统设计的总目标是，根据人的特性设计出最符合人操作的武器装备，包括最方便使用的操纵器，最醒目的显示器，最舒适的座椅，最舒适的工作姿势，最合理的操作程序，最有效、最经济的作业方法，最舒适的工作环境等，使整个武器装备人机系统安全、可靠、效益最佳。

9.2.1 火箭炮的环境布局设计要求

环境是人、机共同组成的空间，空间的形式包括封闭空间、敞开空间以及倾向封闭或敞开的空间，不同空间形式对布局设计都会产生不同的影响。在火箭炮人-机系统中，环境布局对人员操作的效率、机器可靠性都有直接性的影响。因此，布局设计中需要适合于操作者和作业任务。同时，设计必须考虑人体生理、心理以及社会属性。其环境布局设计一般遵循如下原则。

1. 舒适性

在火箭炮中，作为与人存在相关的环境，环境的舒适与否会对人机的交互产生影响。空间环境的舒适性主要包括头部空间、腿部空间、脚部空间、伸腿空间、肩部空间、臀部空间、肘部空间以及武器操作空间等，这些都是空间环境布局中，操作者能够主观感受的。在布局设计中，应按照设计研发流程进行校验，满足最小空间要求，保证乘员在发射系统环境中的舒适性要求。

2. 高效性

高效性是对操作效率的要求。在火箭炮的环境布局中，高效性是指通过对空间进行合理的布局和人员配置，保证制导武器系统能够快速地进行瞄准、锁定、发射等一系列任务，实现发射效率的最大化。

3. 可用性

可用性是指在特定条件下,火箭炮在正常工作的时间百分比,是系统提供有效服务的能力。从火箭炮的环境布局来看,可用性是在特定条件下,操作者使用机器对整个系统产生不稳定的概率,是否符合整体设计的要求。

4. 任务适宜性

任务的适宜性是指武器装备系统具有支持操作者可靠、高效地完成作业任务的能力。任务的适宜性要求处理好武器装备系统的功能分配、复杂性、编组、辨认性和操作关系等问题。

火箭炮的人机功能分配应该考虑作业任务要求、操作者的能力和极限。例如,对于操作者需要处理的作业任务,需要确定其在反应速度、准确性、操纵力及显示信息微小变化的可察觉性等方面没有对操作者提出超越其能力和极限的要求。

5. 易辨识

操纵器和显示器应该易于辨认。例如,标志、标记及其他文字和符号信息应该位于或接近于与其相关的操纵器和显示器,并保证当进行操作时也具有很好的可视性。通常倾向于将这类信息要素安置在操纵器和显示器内部或上方。

6. 操作关系

具有关联的操纵器和显示器,在布局上应该体现其操作上的关系。例如,操纵器在位置上应靠近相关的显示器,对操纵器的操作应在相关显示器上产生相应的变化。

9.2.2　火箭炮显示装置的人机设计要求

1. 火箭炮显示装置类型

火箭炮显示装置包括视觉显示装置、听觉显示装置、触觉显示装置。其中,视觉显示装置应用最为广泛,其次是听觉显示装置。视觉显示装置能够显示发射参数、制导参数、扫描信息等,显示装置对信息的展示最为直接,受环境的干扰相对较小。听觉显示装置能够对各类指令执行后的结果进行提示,其主要优点:即时性、警示性强,能向所有方向传示且不易受到阻隔,但听觉信息与环境之间的相互干扰较大。

显示装置分为仪表显示、信号显示和屏幕显示。仪表显示比较常见的有刻度指针式显示和数字式仪表盘。信号显示比较常见的如信号灯。

三种显示装置各有特点和使用条件见表 9-1。

表 9-1　三种显示装置的特点和使用条件

对比内容	仪表显示	信号显示	屏幕显示
使用条件	显示数值 显示变化趋势 读数直观快捷	显示状态 提示信息 警示作用	显示图形信息 大量数据的变化 操作后的显示
被干扰因素	电磁干扰 静电干扰 温度干扰	视觉干扰 声音干扰 环境干扰	电磁干扰 信号干扰

表 9-1 中三种显示装置的优、缺点,决定了其不同的适用场合。结合火箭炮的实例,说明三者应用场合的区别。

在供配电系统中,需要实时显示电压、电流的变化,操作员在使用前需要了解的是电压的约值以及电流的变化幅度,不需要进行精确的读数。例如,电压在 24 V 附近即可满足使用需求,电流需要满足在一定的区间值即可。这些都不需要十分精确的要求,在这种情况下使用仪表显示是十分合适的,只需要瞥一眼就能够对信息进行掌握。

在火箭炮的危险预警中,当危险来临时,预警系统会处在最高级别,这时就需要通过各种视觉、听觉、触觉的方式对操作者进行提醒。这时,通过信号灯的交替闪烁、音频分贝的变化等进行提示,在这种情况下使用信号显示装置是最合适的。

在火箭炮的发射过程中,需要通过对各类图形数据进行实时的处理和分析。譬如,对火箭弹飞行弹道、雷达扫描等这些需要实时显示的内容,操作员需要时刻对这些信息进行操控和掌握,此时使用屏幕显示更为合适。

2. 显示装置设计要求

屏幕显示应适宜感知和理解,遵循可探测性、可辨别性、明晰性、易读性、一致性、简明性和易理解性。对话原则应遵循关于任务的适宜性、自我描述性、可控性、与用户期望的符合性、容错性、适宜个性化和适宜学习的要求。

显示装置设计要求的主要内容如下。

(1)仅向用户提供与任务有关的信息;帮助信息要面向任务;考虑任务相对于用户技术和能力方面的复杂性;为经常性任务提供支持,如保存动作序列等。

(2)提供用户操作反馈;重要的操作在执行前应提供说明并请求确认;宜采用一致的、源于任务环境的术语提供反馈或说明;显示与任务有关的对话系统状态变化;消息应易于理解,并客观、明确地表达和呈现。

(3)交互的速度应依照用户的需要和特性来确定,系统应始终处于用户的可控制状态之下;如果交互过程是可逆的,应至少能够撤销最后一个对话步骤;输入/输出设备可选时,用户应能方便地选择。

(4)在一个对话系统中,对话的行为和显示应前后一致;实现状态变化的行为方式应始终如一;应使用用户熟悉的词汇;相似的任务应使用相似的对话;反馈信息应出现在用户预期之处。

(5)适应用户的语言和文化;适应用户关于任务领域的个体知识和经验以及用户的知觉、感觉和认知能力;允许用户按照个体偏好和待处理信息的复杂性选择呈现方式。

(6)向用户提供有助于学习的规则和基础概念;允许用户为了记忆活动而建立自己的分组策略和规则;提供有关的学习策略;提供再学习工具;提供不同手段以帮助用户熟悉对话要素。

(7)在显示方式的选择和组合方面应遵循:关键信息使用冗余;数值和定量信息应考虑基于语言的媒体(数字文本、数字表格);显示组数值的组内关系和组间关系以及概念之间的关系,应考虑非现实图像(例如,图示、图形、图表);对于复杂或连续的行为应考虑运动图像媒体;重要事件和问题的警告信息应考虑使用音频媒体(例如,语音或声音)报警;等等。

(8)各个操作界面中,相同功能的区域,其位置应该保持大体上的一致。例如,标识、输入/输出区、控制区域及信息区域等,标识区域通常在输入/输出区之上。

(9)颜色只能作为辅助编码。应该避免不加选择和区分地使用颜色;一种颜色应该只能代表一个种类的信息;应该遵循现有的颜色使用习惯;颜色的数量不宜超过6种;应该避免在以黑色为背景的画面上使用深蓝色的文字或图标;前景的颜色应该与背景颜色区别较大;应该避免采用高纯度的颜色和白色作为背景颜色。

3.屏幕显示器的设计要点

(1)目标。

1)目标条件:包括它的大小、形状、颜色、亮度、运动速度和呈现时间等。

2）目标的大小、形状和颜色：目标的大小应与视距相适应,当视距为 0.5 m、1 m 和 3m 时,荧光屏上字符的直径或方形字符的对角线长应分别为 3 mm、6 mm 和 10 mm。字符的高宽比可取 2:1 或 1:1。字符笔画与字高比可取 1:8 或 1:10。目标的形状和颜色也是影响辨认效率的因素。其形状的优劣次序为三角形、圆形、梯形、方形、长方形、椭圆形和十字形。当干扰光点强度较大时,方形目标优于圆形目标。当采用红色或绿色作为目标颜色时,与白色的视觉辨认效果相似,但红色刺激性强,易引起视觉疲劳,故常用绿色和白色作为目标色,而以深色或黑色作为背景色。若采用蓝色,则视觉辨别效率稍差。

3）目标亮度：目标亮度越高越易于察觉,但也有其限度。目标的适宜亮度为 34.26 cd/m^2。

4）目标的运动速度：虽然运动的目标比静止的目标更容易为人所知觉,但从辨认效果看,运动目标比静止目标难于分辨清楚,而且运动速度越快,辨认效果越差。

5）目标的呈现时间：一般来说,当目标持续呈现时间达到 0.5 s 时,即可基本满足视觉辨认的需要;当呈现时间为 2～3 s 时,即可清晰辨认目标。

（2）屏面。屏面的形状有方形和圆形两种。屏面的大小与视距有关。例如,当视距为 355～710 mm 时,显示屏面直径以 127～178 mm 为最佳。对于最佳屏面尺寸,还应根据显示目标的大小、显示器的分辨率和颜色等因素综合考虑确定。分辨率越高,显示的信息清晰度越好。在真彩色显示方式下,屏面显示颜色过渡平滑,更接近于自然状态,认读效率高。在矩形屏面中,多用于显示模拟演习、飞机系统状态、告警指示图形等,其矩形屏面尺寸应遵循高宽比为 3:4 的标准;在矩形屏面人机设计时,屏面尽可能与操作者视线成 90°视角,并且操作者的正常位置与屏面任何部位形成视角不应小于 45°视角。

屏面的位置最好垂直于人的视线。若是立姿观察,屏面处于人眼、屏面中心的连线与视水平线向下成 5°的位置为宜;若是坐姿观察,则屏面处于人眼、屏面中心的连线与视水平线向下成 15°～20°的位置为宜。

屏幕显示器的观察视角,如图 9-1 所示。

4. 主、次显示器设计要点

操作台或仪表板的各种显示面板,可分为主、次显示以及控制区。每一区域有自己的轮廓线。操作台或仪表板上的主显示面板,应安装常用的或对正确操作是关键的显示器。在控制器和显示器组合在一起或两者配合这种十分重要的特殊情况下（即使显示器是次要的）,也应把它放在主显示面板上。次显示面板应放在主显示面板之上或两侧,用来显示操作期间不常使用的显示器（如用于设置、校准或非关键的操作功能)。

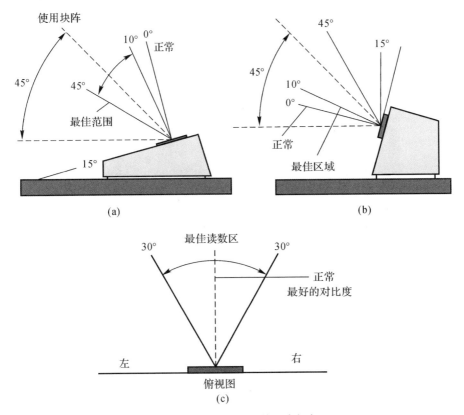

图 9-1 屏幕显示器的观察视角

当设计者在布置操作台或仪表板上的显示器时,应采用下列原则:

(1)经常监视的显示器应放在操作者最佳观察区内。

(2)对长期使用并且不间断使用的指示器应置于最佳位置。

(3)至显示器的最佳距离为 635 mm。

(4)短期观察时,显示器的距离不应小于 250 mm,最好不小于 400 mm。

(5)与只需要粗略监视的显示器相比,需要准确判读的显示器,应放在最接近操作者视线区域内。

(6)显示器应与视线垂直,只要不必准确判读仪表且视差不过于大,偏离视线的角度最大可允许为 45°。

(7)操作者头部在正常位置上,即允许头部正常转动以及受头盔或其他装置限制,应能读出全部仪表和图解的显示。

(8)保证操作者一种动作或连续动作所需的全部显示器应组合在一起。

(9)不常用的显示器应放在视场的边缘(最大观察角度)。

5.显示器与控制器排列方式

一般来说,火箭炮的显示器是按行或按列的形式进行排列,对应的控制器应该按相同顺序进行等距排列,如图 9 - 2 所示。

图 9 - 2　显示器的控制器排列

当存在下述情况时,同样会进行相应的调整。

(1)控制器的行数比显示器的行数少。调节第一排显示器的控制器应置于最左的位置;调节第二排显示器的控制器应紧挨着向右排列,两排控制器之间应留有更大的间隔(见图9-3)。

(2)垂直对水平的排列。如果必须使显示器排成一横行而其控制器要排成一列或反过来,则横排最左端的显示器或控制器要对应纵列最顶上的控制器或显示器(见图9-4),尽管在空间排列上提出了要求,但上述例外情况经常会导致错误,因此应尽量避免这种排列方式。

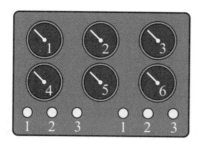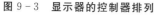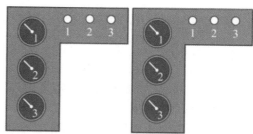

图 9 - 3　显示器的控制器排列　　　　图 9 - 4　垂直对水平的排列

(3)多个显示器对单个控制器。当操作一个控制器要求判读几个显示器时,应尽可能把控制器放在这组显示器下面的中心位置。

（4）多个显示器对同轴控制器。当多达三个显示器使用一个同轴旋转的组合控制开关中的三层分别调节时，若这组显示器是横向排列的，则开关应放在下面的中央；若显示器是垂直排列的，则开关应放在右侧的中央。按钮和显示器的关系：顶端的按钮对应右侧的显示器或上面的显示器，中间的按钮对应中间的显示器，底下的按钮对应左侧的显示器或下面的显示器。

6. 应急显示器

应急显示器和控制器应位于它们能被最快看到和可达的地方，例如，警告灯放置在操作者正常视线周围 30°视锥体角内（见图 9-5）；应急控制器应紧靠相关的警告显示器或紧靠最接近操作者正常操作位置的手边。

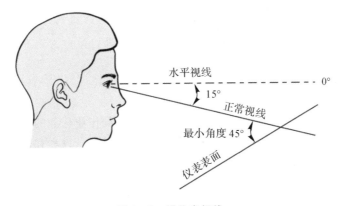

图 9-5　操作者视线

9.2.3　火箭炮操作台的人机要求

操作台又称为操纵装置、控制器、控制装置。操纵台是操作者用手或身体其他部分控制机器运行状态的设备平台。在操纵平台的设计中，常将相关的显示器、控制器等器件集中布置在操作台上，让操作者方便而快速地监控发射过程。

操作台最关键的设计是控制器与显示器的布置必须位于作业者正常的作业空间范围内。保证操作者能良好地观察必要的显示器，操作所有的控制器，以及为长时间作业提供舒适的作业姿势。操作台有时在操作者前侧上方也有作业区，当然所有这些区域都必须在可视区内。

图 9-6 所示是基于第 2.5 百分位的女性作业者人体测量学数据做出的，较

方便舒适的显示控制作业面。根据图中阴影区的形状来设计控制台,可使得操作者具有良好的手眼配合协调性。

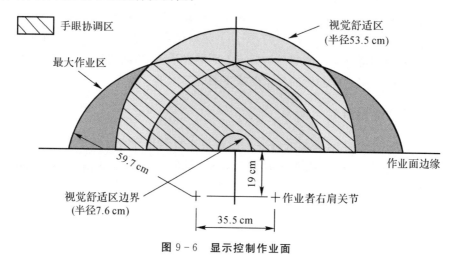

图 9-6 显示控制作业面

1. 操作台内布局

操作台内的操纵器和显示器设计应该尽量降低作业任务的复杂性。对于操作者需要处理的任务,应该重点考虑其结构复杂性、信息种类和数量。

操纵器和显示器的布置要遵循一定的编组原则,以便于操作者的操作。当操作过程有固定的次序时,操纵器和显示器必须依据操作次序进行排列,以帮助操作者记住操作次序,减少反应时间,降低误操作的可能性。当没有固定的操作次序时,操纵器和显示器的编组应考虑下列因素:①系统的安全性。②使用的频率。③元件的潜在次序关系。例如,如果系统启动的操作过程与操作者熟知的某个过程相似,如车的启动过程,那么系统的启动操纵器之间就存在潜在次序关系。④元件之间的功能关系。

以上因素往往不单独出现,几个因素可能会同时出现在某一场合。此时,操纵器和显示器的安排应该遵循下列原则。

(1)重要的和使用频率高的元件应该安排在手脚易触及的区域。重要的操纵器和显示器,例如用于应对紧急事件的操纵器和显示器,应能快速和准确地使用。

(2)具有潜在次序关系的元件安排在一起。

(3)功能相关的元件安排在同组,并且要求在视觉和空间上能与其他元件区分开。

2. 双人操作

当两名操作者必须使用同一控制器或显示器时,如监视系统状态,应采用以下标准。

(1)如果控制器和显示器非常重要,那么只要有适当的空间,就应提供备用件;否则,就要把控制器及显示器放在两名操作者之间。

(2)如果次要的控制器和显示器必须由两人共同使用,而它们对每名操作者又同样重要时,那么应把它们放在两名操作者之间;假如控制器或显示器对其中一名操作者比对另一名操作者更重要的话,那么应把它们放在靠主操作者较近的地方。

(3)如果主控制器或次控制器的操作必须是操作者哪只手都可操作时(如键盘、电键等),那么必须安装两套完全一样的控制器,这种控制器不应放在两名操作者之间。

(4)如果运动方向之间的关系十分重要,那么控制器和显示器应安装在两名操作者对应的同一方位。

3. 控制台上方干涉点高度

对于分体式控制台,由于控制台高度方向上的干涉点,可能遮挡视线,因此在显示面板的下方产生死角,在死角部分不能配置仪表。当设计时,为保证操作者能方便地观察到显示面板的仪表,控制台上方干涉点的高度 h(见图 9-7)的计算公式为

$$h = \frac{Dk + dH}{D + d} \qquad (9-1)$$

式中:h ——干涉点高度;

$\quad k$ ——操作者眼高;

$\quad H$ ——显示面板下端高度;

$\quad d$ ——操作者眼点与干涉点的投影距离;

$\quad D$ ——干涉点与显示面板的投影距离。

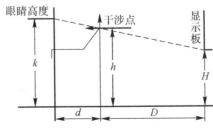

图 9-7　控制台上方干涉点高度

4.常用控制台设计

在火箭炮中,常见控制台形式包括坐姿低台式控制台和坐姿高台式控制台两种。

(1)坐姿低台式控制台。当操作者坐着监视其前方固定的或移动的目标对象,而又必须根据对象物的变化观察显示器和操作控制器时,则满足此功能要求的控制台应按如图9-8所示进行设计。

首先,控制台的高度应降到坐姿人体视水平线以下,以保证操作者的视线能达到控制台前方;其次,应把所需的显示器、控制器设置在斜度为20°的面板上;最后,根据这两个要点确定控制台其他尺寸。

(2)坐姿高台式控制台。当操作者以坐姿进行操作,而显示器数量又较多时,应设计成高台式控制台。与低台式控制台相比,其最大特点是显示器、控制器分区域配置,如图9-9所示。首先,在操作者视水平线以上10°至以下30°的范围内设置斜度为10°的面板,在该面板上配置最重要的显示器;其次,从视水平线以上10°～45°范围内设置斜度为20°的面板,这一面板上应设置次要的显示器;再次,在视水平线以下30°～50°范围内,设置斜度为35°的面板,并布置各种控制器;最后确定控制台其他尺寸。图9-9中,h_1为711 cm,h_2为838 cm,h_3为1 346 cm,h_4为1 727 cm,h_5为宽330 cm的休息手臂及放松区域。

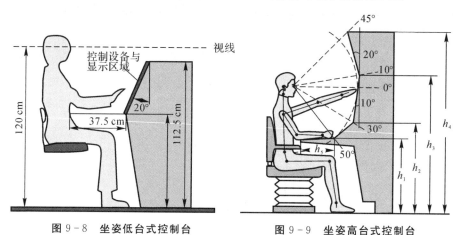

图9-8　坐姿低台式控制台　　　　　图9-9　坐姿高台式控制台

9.2.4　火箭炮操作座椅的人机要求

工作座椅是供坐姿工作人员使用的一种由支架、腰靠、座面等构件组成的坐具。当操作者以坐姿或坐-立姿操作时,座位空间尺寸直接影响舒适性,进而影响工作效率。座位空间及座椅的尺寸(见表9-2和图9-10)设计应保证适应人体舒适坐姿的生理特征,提供实现舒适坐态的支承条件。工作座椅的设计可参见《工作座椅一般人类工效学要求》(GB/T 14774—1993)。

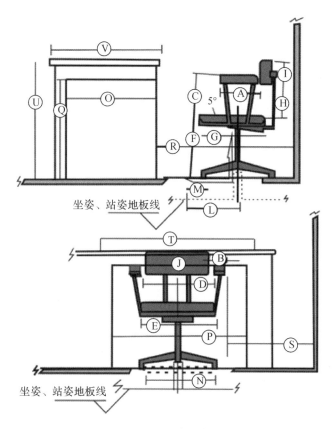

图 9 - 10　座位空间

表 9 - 2　座位工作空间尺寸

项目	固定/mm	可调[①]/mm
座椅		
扶手:A.长度	255	
B.宽度	50	
C.高度	215	
D.间隔	460	

续表

项目	固定/mm	可调①/mm
座位:E.宽度	405	
F.高度	460	±50
G.深度	405	
靠背:H.间隙	150	±50
I.高度	380	
J.宽度	405	
搁脚板:L.自座椅中心线	180	
M.宽度	150	
N.长度	255	
工作空间	最小	最佳
O.容膝孔深度	460	
P.容膝孔宽度	510	
Q.容膝孔高度(标准办公室)	635	
R.办公桌至墙壁距离	810	
S.靠手至墙壁距离	610	
T.侧方工作间隙		
(1)肩部	585	
(2)肘部	635	
(3)最好的综合	1 000	
U.工作面高度	735	760
V.工作面宽度		
(1)单肘靠	100	200
(2)写字面	305	405
(3)办公桌区		910

注:①可调范围,这些尺寸的最佳调节度。

1. 工作座椅设计和选型的主要准则

(1)人体躯干的重量应由坐骨、臀部及脊椎按适当比例分别支承,其主要部分应由坐骨结节承担。

(2)人体上身应保持稳定。

（3）人体腰椎下部（第4～5节腰椎之间）应有适当的腰靠支承。

（4）座面的高度应确保大腿的肌肉和血管不受压迫。

（5）坐者应能方便、自如地变换姿势而不致滑脱。

（6）座椅的位置和尺寸应与工作台、显示装置、操纵装置相配合，以提高操作者的操作舒适性和方便性。

2.对工作座椅设计和选型的基本要求

（1）工作座椅的结构形式应尽可能与坐姿工作的各种操作活动的要求相适应，应使操作者在工作过程中能保持身体稳定、舒适，并能进行准确的控制和操作。

（2）工作座椅的座面高和腰靠高度必须是可调节的。座面高度的调节范围应在《中国成年人人体尺寸》（GB/T 10000—1988）标准的基础上，以军人的身体数据进行适当校正。一般选取女性（18～35 岁）第 5 百分位到男性（18～35 岁）第 95 百分位之间，"小腿加足高"的数值。工作座椅座面高度的调节方式可以是无级的或间隔 20 mm 为一档的有级调节。工作座椅的腰靠高度的调节方式为 165～210 mm 间的无级调节。

（3）工作座椅可调节部分的结构，必须易于调节，并保证已调节好的位置在座椅使用过程中不会改变或松动。

（4）工作座椅各零部件的外露部分不得有易伤人的尖角锐边，各部结构不得存在可能造成挤压、剪钳伤人的部分。

（5）操作者无论坐在座椅前部、中部还是往后靠，工作座椅的座面和腰靠结构均应使坐者感到安全、舒适。

（6）工作座椅的腰靠结构应具有一定的弹性和足够的刚性。在座椅固定不动的情况下，当腰靠承受 250 N 的水平方向作用力时，腰靠倾角 β 不得超过 $115°$。

（7）工作座椅一般不设扶手，需设扶手的座椅必须保证操作人员作业活动的安全性。

（8）工作座椅的结构材料和装饰材料应耐用、阻燃、无毒。坐垫、腰靠、扶手的覆盖层应使用柔软、防滑、透气性好、吸汗的不导电材料制造。

（9）工作座椅的座面，在水平面内可以是能回转的，也可以是不能回转的。

3.临时座位

当没有足够空间安置永久性座椅时，为考虑乘员临时性操作或休息，应设置临时性的位置可伸缩的座椅。临时座椅座面圆形直径或方形对角线长度应不小于 380 mm，坐高应在 460 mm 附近，且可进行高度上的调整（见图 9 - 11 和图 9 - 12）。

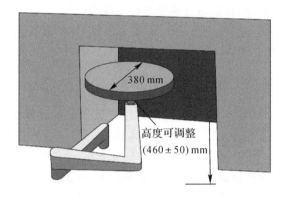

图 9 - 11　可伸缩的临时工作座椅

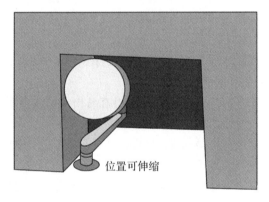

图 9 - 12　可伸缩的临时工作座椅

9.2.5　火箭炮的环境要求

　　火箭炮中环境因素包括噪声、温度、湿度、振动、静电、辐射等，这些因素对人的影响首先出现在心理层面，如强光、噪声、高温和振动等环境因素都会引起人的恐惧、厌烦和不悦等情绪反应；随后出现的是生理层面和效率层面的反应，轻度的生理反应可以恢复，而重度的生理反应将造成病理的反应。效率层面的反应是认知能力的下降，从而导致效率降低。例如，环境因素可导致人的视觉、听觉等感觉能力的下降，使人在监视、操纵等作业中反应时间延长，操作准确率降低,甚至导致人的误操作。

1. 光环境

火箭炮中的光环境,有天然采光和人工照明。利用自然界的天然光源形成作业场所光环境的叫天然采光(简称采光);利用人工制造的光源构成作业场所光环境的称人工照明(简称照明)。火箭炮的合理采光与照明,对操作中的效率和安全都有重要意义。

适当的照明要求不应只满足于为完成任务提供足够的光通量,或为使人能操作重要的控制器或从系统中找到出口提供应急照明(大约 32 lx),还应考虑以下几方面:①每个视觉作业目标与其背景之间的亮度对比;②来自工作面和光源的眩光;③最困难的作业所要求的照度;④照明光源和设备表面的颜色构成;⑤完成作业所需的时间和精度;⑥影响照明系统、作业要求或操作者工作条件的可能变化(如室外仪表板灯光管制下的操作,或在明亮的日光下室外仪表板的能见度)。

(1)光照强度。光照强度是指单位面积上所接受可见光的光通量(简称照度),单位为勒克斯(lx 或 Lux)。光照强度用于指示光照的强弱和物体表面积被照明程度的量。

光通量是根据辐射对标准光度观察者的作用导出的光度量。对于明视觉,有

$$\varphi = K_m \int_0^\infty \frac{\mathrm{d}\varphi_e(\lambda)}{\mathrm{d}\lambda} V(\lambda)\mathrm{d}\lambda \qquad (9-2)$$

式中:$\mathrm{d}\varphi_e(\lambda)/\mathrm{d}\lambda$ —— 辐射通量的光谱分布;

$\qquad V(\lambda)$ —— 光谱光(视)效率;

$\qquad K_m$ —— 辐射的光谱(视)效能的最大值,流明每瓦特(lm·W^{-1})。

当单色辐射时,明视觉条件下的 K_m 值为 683 lm·W^{-1}($\lambda_m =$ 555 nm 时)。光通量的符号为 φ,单位为流明(lm),1 lm = 1 cd·sr。

(2)光环境和疲劳。在照度较低的情况下,作业者需要长时间反复辨认对象,使明视觉持续下降,很容易产生视觉疲劳,严重时甚至会引起全身性疲劳。有关视觉疲劳的研究表明,若将

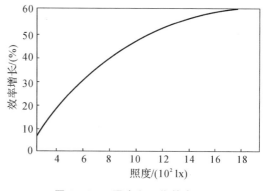

图 9-13　照度和工作效率

眨眼次数作为测量眼睛疲劳的指标,则眨眼次数随着照度值的增加而减少,说明增加照度可以降低视觉疲劳。

(3)光环境和工作效率。如图9-13所示,改善光环境条件不仅可以减少视觉疲劳,还能有效提高工作效率。适当的光环境可以提高工作的速度和精准度,减少失误。当然,照度值增加并不能使工作效率无限度地增加。一般情况下,在照度达到某一临界水平前,作业效率与照度值成正比,在达到临界值之后,作业效率则将趋于平稳。

(4)光环境和安全。光环境与工作中事故发生的概率是密切相关的,见表9-3。良好的照明条件可以增强眼睛的辨色能力,从而减少识别物体色彩的错误率,可以增强物体的轮廓立体视觉,有利于辨认物体的高低、深浅、前后、远近及相对位置,使工作失误率降低;能够扩大视野,防止发生误操作。

(5)照明环境。如图9-14所示,当选择照明装置的数量和安装位置时,应考虑的因素,包括光的可及性、开关与其他控制器操作的方便、不存在直接从照明装置本身或间接从窗口或其他反射面来的反射眩光。

表9-3 亮度比

比较	环境分类		
	A	B	C
作业区与邻近暗环境之间	3:1	3:1	5:1
作业区与邻近亮环境之间	1:3	1:3	1:5
作业区与较远暗面之间	10:1	20:1	②
作业区与较远亮面之间	1:10	1:20	②
光源与邻近面之间	20:1	②	②
直接作业区与休息环境之间	40:1	②	②

注:①A类为在作业区的整个空间内的反射光能加以控制,有最佳的视觉条件;B类为在直接的作业区内的反射光能加以控制,但对较远处环境仅可做到有限控制;C类为不能完全控制该区域(室内和室外)的反射光,并且难以改变环境条件。

②亮度比实际上不能改变。

2.热环境

热环境是指影响人体冷热感觉的环境因素。这些因素包括空气温度空气湿度、气流速度和热辐射。适宜的热环境是指空气温度和湿度、气流速度以及环境热辐射都很适当,使人体易于保持热平衡。

影响热环境条件的主要因素有空气温度、空气湿度、空气流速和热辐射。这四个要素对人体的热平衡都会产生影响,而且各要素对机体的影响是综合的。

因此,为了对热环境进行分析和评价,就必须考虑各个要素对热环境条件的影响。

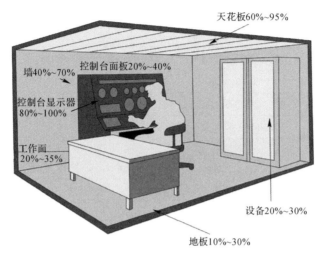

图 9 - 14 照明环境

(1)热辐射。热辐射主要对红外线及一部分可视线而言。太阳及作业环境中的各种熔炉、开放火焰、熔化的金属等热源均能产生大量热辐射。红外线不能直接使空气加热,但可使周围物体加热。当周围物体表面温度超过人体表面温度时,周围物体表面会向人体释放散热辐射而使人体受热,称为正辐射。相反,当周围物体表面温度低于人体表面温度时,人体表面会向周围物体辐射散热,称为负辐射。负辐射有利于人体散热,在防暑降温上有一定的意义。

(2)环境温度。环境温度是评价热环境的主要指标,见表 9 - 4,它分为舒适温度和允许温度。舒适温度是指人的主观感觉舒适的温度或指人体生理上的适宜温度。常用的是以人主观感觉到舒适的温度作为舒适温度。生理学上对舒适温度规定为,人坐着休息、穿薄衣、无强迫热对流,在通常地球引力和海平面的气压条件下,未经热适应的人所感到的舒适温度。按照这一规定,舒适温度应在(21±3)℃范围内。影响舒适温度值高低的因素有季节、劳动强度、衣着厚度、地域、性别和年龄等。例如:夏季的舒适温度偏高,冬季的舒适温度偏低;劳动强度高,要求的舒适温度低;衣着厚度与舒适温度的高低成反比;寒冷地区的人对舒适温度的要求较低。允许温度通常是指基本上不影响人的工作效率、身心健康和安全的温度范围,其温度范围一般是舒适温度±(3~5)℃。

表 9 - 4　高温环境对人体产生的影响

影响类型	症　状	发生例数	百分比/(%)
对人体机能	头晕、胸闷、晕厥	481	20 49
	饮食减退	190	8.09
	恶心、泛酸、胃部不适	257	10.95
	腹胀、便秘	135	5.75
对人体机能	尿色改变	105	4.47
	肌肉酸痛无力、痉挛	419	17.84
对皮肤黏膜	蜕皮	179	7.62
	伤口愈合缓慢	56	2.39
	口腔溃疡	84	3.58
	鼻出血	250	10.65
	耳出血	91	3.88
	咽喉干痛	227	9.67
对神经系统	失眠	243	10.35
	日间嗜睡	51	2.17
	记忆力减退	186	7.92
	情绪低落	161	6.86
	性格改变	68	2.90
	头痛	203	8.65

(3)环境湿度。空气的干湿程度称为湿度。湿度有绝对湿度和相对湿度两种。作业环境的湿度通常采用相对湿度来表示。相对湿度在80%以上称为高气湿,低于30%称为低气湿。空气相对湿度对人体的热平衡和温热感有重大作用,特别是在高温或低温的条件下,高气湿对人体的作用就更明显。高温、高湿时,人体散热困难;低温、高湿下,人会感到阴冷。一般情况下,相对湿度为30%~70%时人体会感到最舒适,见表9-5。

表 9 - 5　湿度对人体的影响

温度条件	湿度条件(相对湿度)	对人体的影响
舒适温度的范围内	30%~70%	人体是舒适的
气温高于25℃	>70%	人体蒸发散热能力降低,引起人的不适
低温条件下	>80%	增加了人体冷的感觉,更易引发冻疮
	<15%	引起皮肤皲裂、眼干燥鼻、黏膜出血等反应

(4)气流。气流是在温度差形成的热压力作用下产生的。气流速度通常以 m/s 表示。据测定,在室外的舒适温度范围内,当气流速度为 0.15 m/s 时,人即可感到空气新鲜。在室内,即使温度适宜,但由于空气流动速度小,也会有闷热感。作业环境中的气流除受外界风力的影响外,主要与作业场所中的热源有关。室内外温差愈大,产生的气流愈大,见表 9-6。

表 9-6 气流速度对人体的影响

温度条件	气流速度	对人体的影响
舒适温度	0.15~0.5 m/s	感觉舒适,随温度的升高,气流速度可略增加
高于舒适温度	合适速度	有助于人体维持热平衡
低于舒适温度	任何速度	对保持温度不利

(5)热环境的主观评价。人体的主观感受是研究热环境的重要依据之一,几乎所有的热环境评价标准都是在研究人的主观感受的基础上制定的,见表 9-7。

表 9-7 热环境人体舒适感主观评价

空气温度/℃	25.1~27.0	27.1~29.0	29.1~31.0	31.1~32.0	32.1~33.0
热辐射温度/℃	25.6~27.8	27.8~29.7	29.7~32.0	32.5~32.7	33.4~33.5
空气相对湿度/(%)	85~92	84~90	76~80	74~79	74~76
气流速度/($m \cdot s^{-1}$)	0.05~0.1	0.05~0.2	0.1~0.2	0.2~0.3	0.2~0.4
人体温度/℃	36.0~36.4	36.0~36.5	36.2~36.4	36.3~36.6	36.4~36.8
皮肤温度/℃	29.7~29.9	29.7~32.1	33.1~33.9	33.8~34.6	34.5~35.0
出汗情况	无	无	无	微少	较多
人体活动特征	可穿衬衫,工作愉快,有微风时清凉,无微风工作仍适宜,吃饭不出汗,夜间睡眠舒适	可穿外衣,有微风时工作舒适,无微风时感到微热,但不出汗,夜间睡眠仍感舒适	稍感到热,有微风时工作尚可,无微风时出微汗,夜间不易入睡,蒸发散热增加	有风时勉强工作,但较干燥、较热,口渴;有微风时仍出微汗,夜间难睡,主要靠蒸发散热	皮肤出汗,家具表面发热,感到闷热,工作困难,虽有风,工作仍感困难
主观评价	凉爽、愉快	舒适	稍热,尚可	较热,勉强	过热,难受

3.噪声环境

噪声是指频率和强度没有规律,听起来使人感到厌烦的声音。从物理学角度讲,噪声是指由各种频率、不同强度的声音无规律地杂乱组合而成的声音,或单一频率定强度声音的持续刺激。噪声是作业环境中的有害因素之一。噪声按其来源可分为:空气动力性噪声,如爆炸、火炮发射;机械性噪声,如坦克行驶时车轮、履带发出的噪声;电磁性噪声,如发电机、变压器发出的声音。根据时间的分布不同,噪声可分为连续性噪声和间断性噪声,连续性噪声又可分为稳态性噪声(声压级波动小于 5 dB)和非稳态性噪声,非稳态性噪声中的脉冲噪声(声音的持续时间小于 0.5 s,间隔时间大于 1 s,声压级的变化大于 40 dB)对人体的危害较大。

(1)噪声对工作的影响。噪声不但影响人们的工作质量,同时也影响工作效率。如果噪声级达到 70 dB(A),对各种工作产生的影响表现在以下几个方面。

1)影响工作者的注意力。

2)对于脑力劳动和需要高度技巧的体力劳动等操作,将会降低工作效率。

3)对于需要高度集中精力的操作,将会造成差错。

4)对于需要经过学习后才能从事的操作,将会降低工作质量。

5)对于不需要集中精力进行工作的情况下,人将会对中等噪声级的环境产生适应性。

6)如果已对噪声适应,同时又要求保持原有的操作效率,将要消耗较多精力,从而会加速疲劳。

7)对于非常单调的工作,处在中等噪声级的环境中,噪声就像一个闹钟,将可能产生有益的效果。

8)对能够遮蔽危险报警信号和交通运行信号的强噪声环境下,还易引发事故。

(2)噪声对听觉系统的影响。噪声对听觉系统的影响,从生理性反应到病理性改变一般遵循以下发展过程。

1)听觉适应(暂时性听力下降)。听觉适应是保护性的生理反应。在噪声作用下,听觉发生暂时性减退,听觉敏感性降低,听阈提高 10~15 dB。

2)听觉疲劳(暂时性听力损伤)。较长时间暴露在噪声环境中,听力明显下降,听阈提高 15 dB 以上,离开噪声环境之后需数小时甚至几天才能恢复正常听力,这种现象称为听觉疲劳。听觉疲劳属于暂时性听阈位移。如果继续受强噪声刺激那么有可能发展为噪声性耳聋。

3)噪声性耳聋(永久性听力损失)。在产生听觉疲劳后,如果继续接触强噪声,那么内耳感音器官会由功能性改变发展为器质性退行性改变,听力损失不能完全恢复,表现为永久性听阈位移,引起感音性耳聋。如果突然遭到 160 dB 以上强噪声刺激可使双耳完全失去听力,引起永久性耳聋。

4)爆发性耳聋。听觉适应、听觉疲劳和噪声性耳聋是缓慢形成的噪声性听力损失。当听觉器官突然遭受巨大声压并伴有强烈的冲击波作用时,鼓膜内外产生较大的压差,导致鼓膜破裂,双耳完全失聪。频率越高的噪声对听觉的损害越大。例如,一次剧烈的爆炸声可能立即造成听力丧失。

以火炮为例(见表 9-8),在火炮发射的瞬间,炮口喷射的高温、高压气体对周围空气产生强烈振动而生成噪声,炮手长时间在噪声环境下工作,其听觉系统会出现不同程度的损伤,如鼓膜破裂、中耳听骨移位或内耳损伤,伴有耳鸣、耳痛恶心、呕吐、眩晕、听力障碍,甚至完全丧失听力等症状。

表 9-8　我军部分常规武器的声学参数值

武器种类	4D 火箭炮	122 榴弹炮	122 加农炮	13D 加农炮	152 加农炮	82 无坐力炮
峰值声压级/dB	168.0	169.2	180.9	182.3	183.5 0H	162.0

(3)降噪措施。降低噪声最根本的办法是消除噪声源,但是要彻底消除噪声并不现实。因此,只能寻找其他的途径来降低噪声。噪声的传播一般遵循以下过程:声源—传播途径—接收者,因此噪声控制可以从这三个方面研究解决。

1)从声源处降噪。在声源处降低噪声是指运用能降低或消除噪声的装置或操作,减小机械摩擦,减少气流噪声,减少固体中声音传播,加强设备维修保养,通过改变声源的频率特性和传播方向等措施来降低噪声。虽然不能彻底消除噪声源,但可以从源头上降低噪声,改善操作员的作业环境。

2)在传播途径中降噪。从传播途径中降低噪声也至关重要。噪声常以气体、固体等为传播介质,对不同的传播途径,可以采用不同的降噪措施,各种隔声、吸声、消声、隔振和减震等声学控制技术能够在一定程度上阻断或屏蔽声波的传播,或使声源传播的能量随距离衰减,从而达到降噪的目的。

3)在接受者处降噪:对工作人员实行轮流工作制或使用防护用具等以降低噪声对人体的危害程度。在噪声环境下,配置个体防噪声装备是常采取的综合防护措施,包括隔声头盔、隔声耳罩、耳栓和组合护耳器等。这些装备的隔声性能一般为 22～35 dB。

4. 振动环境

人们处于振动环境之中,会影响人的工作效率、舒适性以及人的健康和安全。此外,振动还影响机械、设备、工具、仪表的正常工作。由于武器装备使用环境的特殊性,对武器装备抗震动、抗冲击的要求较高,设计时应给予更多考虑。

(1)振动对人体的影响。振动对人体的影响,大致有四种情况。

1)人体刚能感受到振动的信息,即是通常所说的"感觉阈",如图 9 - 15 所示。人们对刚超过感觉阈的振动,一般并不觉得不舒适,即多数人对这种振动是可以忍受的。

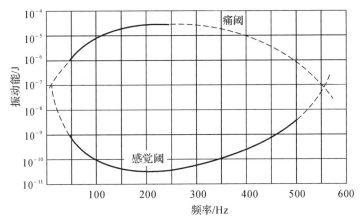

图 9 - 15　振动的阈值

2)振动的振幅加大到一定程度,人就感到不舒适,或者做出"讨厌"的反应,这就是"不舒适阈"。不舒适是一种生理反应,是大脑对振动信息的一种判断,并没有产生生理的影响。

3)振动振幅进一步增加,当达到某种程度时,人对振动的感觉就由"不舒适"进到"疲劳阈"。对超过疲劳阈的振动,不仅有心理的反应,而且也出现生理的反应。这就是说,振动的感受器官和神经系统的功能在振动的刺激下受到影响,并通过神经系统对人体的其他功能产生影响,如注意力的转移,工作效率的降低,等等。对刚超过"疲劳阈"的振动来讲,在振动停止以后,这些生理影响是可以恢复的。

4)振动的强度继续增加,就进入"危险阈"。当超过危险阈时,振动对人不仅有心理、生理的影响,还产生病理性的损伤和病变,且在振动停止后也不能复原,这一界限通常称为"痛阈"。

(2)振动对人体的不良影响。振动对人体产生的不良影响见表9-9。

表9-9 振动对人体产生的不良影响

频率/Hz	振幅/mm	主观感受
6~12	0.094~0.163	腹痛
40	0.063~0.126	
70	0.032	
5~7	0.6~1.5	胸痛
6~12	0.094~0.163	
40	0.63	背痛
70	0.032	
10~20	0.024~0.08	尿急感
9~20	0.024~0.12	粪迫感
3~10	0.4~2.18	头痛症状
40	0.126	
70	0.032	
1~3	1~9.3	呼吸困难
4~9	2.45~19.6	

(3)振动对操作动作精确度的影响。振动对操作动作精确度的影响,主要是由于振动降低了手、脚的稳定性,从而使操作动作的精确度降低,而且振幅越大,影响越大。也有研究表明,垂直方向的振动对于垂直跟踪作业有明显影响,但对于操作者在水平方向的跟踪作业却影响很小,这对于设计振动环境中的控制器很有意义。

对于手的局部振动来说,加速度在 $1.5g$~$80g$ 范围内的振动和频率在 8~50 Hz 内的振动的影响是相似的。其表现:振动引起手指的血液循环障碍,造成手指僵硬、麻木、疼痛、发白和力量下降。频率为 25~150 Hz,加速度在 $1.5g$~$80g$ 范围内的振动最易引起"振动性白指"和"雷诺现象"。

|9.3 火箭炮人-机-环境设计内容|

火箭炮人-机-环境设计内容研究的是乘员、座椅、操作装置、设备与驾驶室边界之间关系。在火箭炮人-机-环境空间布局中,操作室的作业空间应易于乘员出入,并给脚部与膝部留有一定空间。乘员与设备之间的距离关系应遵循国家标准中的尺寸规定,对于较小的操作室空间,也应尽量向标准尺寸靠拢。

不同种类的火箭炮人-机-环境因为所在环境的不同,其操作室的布置也有所区别,常见的乘员布局有"2+2"布局(由驾驶员、操作员和两名随乘人员组成)与"2+1"布局(由驾驶员、主操人员和随乘人员组成)。有的则更为特殊,根据底盘与搭载设备位置不同,操作室的大小与位置也有所变化,常见的有单席位与多席位。例如,某型履带式火箭炮底盘较高,火箭炮挂载于操作室后的车架平台上,操作室空间较大,由驾驶员、瞄准手、炮长三人组成单排操作室。从整体布局的角度出发,可将火箭炮人-机-环境大体划分为操作屏幕设计、中控操作台设计以及操作座椅设计三部分。另外,根据搭载的设备特殊性,也存在一些类似于东风41洲际导弹的异形操作室,但基本的机械操作环境内容还是没有改变,不影响设计内容的概述。

9.3.1 火箭炮的显示装置设计内容

在火箭炮的人-机-环境中,显示装置是通过可视化的数字与符号图形、可听的声波及振动反馈等其他人体可感知的刺激信号传递装置。对显示装置的人机设计要求是操作人员认读准确而快速,尽可能减少视觉疲劳。从人机工程学角度出发,将阴极射线管、气体放电管和发光二极管等用作屏幕式电子显示装置较为理想。屏幕式电子显示装置距离人眼的距离在710 mm

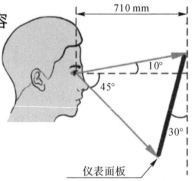

图 9-16 显示装置设计示意图

为宜,上边与视水平线夹角不大于10°,下边与视水平线夹角不大于45°,屏幕与竖直面夹角为25°~30°为宜(见图9-16)。屏幕式电子显示装置可以包含数字显示与模拟显示的内容,还能显示工作过程中的参数变化,通过视觉可视化设计将其通过图形、图像表现出来,使得信息更加形象化,符合人的心理和生理特点,认读速度及准确度较高。

屏幕主要是由炮长操作,驾驶员对于屏幕操作的要求稍少一些。当设计操作屏幕时,需要把屏幕操作内部主要使用的部分突出出来。例如需要突出发射、锁定等一系列常用操作按钮,可以使用较为突出的红色、黄色、绿色来提高识别度。同时,也可以增强屏幕内界面设计的内容。增加一级界面,二级界面的出现频率,减少多级操作的复杂程度。

9.3.2　火箭炮的操作台设计内容

操作台大多数为炮长和驾驶员使用。驾驶员部分的操作位分为仪表信息显示区、车身设备操作区,而炮长部分的操作位分为通信设备操作区以及武器控制操作区,如图 9-17 所示。

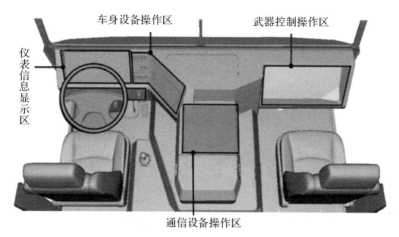

图 9-17　某型火箭炮操作室内部控制台功能区域

火箭炮的人-机-环境系统中,操作装置是把人的动作输出转化为机器信息输入的桥梁,进而控制设备,良好的操作装置应使驾驶员及操作员安全、准确、迅速、方便、舒适的持续操作。当进行驾驶室人-机-环境设计时,必须充分考虑用户人体尺寸、心理特征、任务特性和体力与能力的限度,保证操纵器的运动方向与机器运动相一致,操纵器形态易于辨认,尽量利用自然操纵动作或利用重力进行操纵,才能设计出满足操作者需求的操作装置。

当进行操作装置布局时,应符合人的认知与操作习惯,按照操作顺序和逻辑关系进行布局。操纵器应尽量布置在人体可达域范围之内,尤其是常用操纵器,应优先布置在人手脚活动灵敏、易于用力的地方。当操纵器较多时,应按照功能分区进行排练,联系较多的操纵器安排在相邻位置,各操作区域间用位置、颜色、图案等进行区别。当操纵器与显示装置需要配合使用时,两者之间应有协调性。综上所述,操作装置等布置力求简洁、明了,易于操作,并且造型美观。

9.3.3 火箭炮的操作座椅设计内容

座椅是乘员在驾驶室中接触面积最大、接触时间最长的模块,座椅的设计应满足乘员以较为舒适的姿势进行车内操作。当设计驾驶室座椅时,应遵循座椅的人机基本尺寸需求,通过坐垫与靠背的造型、夹角和尺寸,将乘员的身体重量以适当比例分配在脊椎、坐骨、臀部等部分,确保乘员对肌肉和血管不受过度压迫。座椅应有一定的支撑性,对乘员腰椎的 L4 节与 L5 节提供适当支撑(见图 9-18)。对于行驶环境较为颠簸的某些车辆来说,应充分考虑座椅对乘员的包裹性与乘员在座椅上的稳定性,使乘员在座椅上既能较为轻松地扭动与变换姿势,又不会因颠簸而脱离座椅。

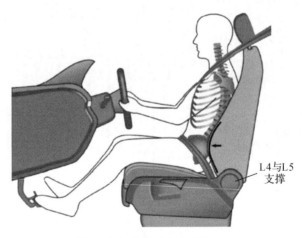

L4与L5
支撑

图 9-18　座椅设计示意图

|9.4　火箭炮人-机-环境仿真|

目前,国内比较主流的人机仿真软件有 Catia,Ramsis,Jack。本节主要介绍 Jack 人机仿真软件。

Jack 最初作为宾夕法尼亚大学人体建模和仿真中心研发项目,始于 1995 年。软件最初只具备数字化仿真功能,后逐渐添加详细的数字人模块和仿真分析模块。先后有宾夕法尼亚大学、普渡大学、密西根大学参与过该软件的开发改进工作,再经西门子工业软件有限公司进行商业化运作。经过多年的研究改进,该软件现已成为集三维仿真、数字人体建模、人因工效分析等主要功能于一体的高端仿真软件。

Jack 作为一个实时可视化仿真系统,能够导入用户自行创建的 CAD(计算机辅助设计)三维模型,构建仿真环境,引入具有生物力学特性的三维人体模型,给数字人指派任务,通过数字人行为仿真分析,以获取有价值的信息。

Jack 的用户界面简洁,操作容易,而且支持外围设备的输入。Jack 的主要优势在于其灵活、逼真的三维人体仿真行为,以及详细的三维人体模型,特别是手、脊柱、肩等部位的模型;运用前向和反向的运动学公式也是 Jack 的一大优势,通过肢体末端的移动就可以定位人体姿势;其他的优势还包括自由度和关节限制、力量和分析。此外,Jack 可以创建各种尺寸的人体模型并添加到仿真环境中。当连接 Flock of Birds 传感器和头戴式显示器时,用户可以与仿真环境进行交互,同时可以从仿真人体模型的视角进行观察和操作。从 Jack 获得的信息有助于设计更安全、更符合人体工程学的产品、工作场所,更快的流程和使用更低的成本。

Jack 中的数字人模型是由 69 个"Segment"(部分)和 68 个"Joint"(关节)构成,并且在导入数字人的过程中还可以自定义数字人身体的各个尺寸,因此数字人的仿真程度极高。在人体建模方面,Jack 采用了关键帧控制法、动力学控制法、运动捕捉控制法、运动学控制法等关键技术。

Jack 软件不仅有强大的仿真功能,而且软件中还包含了数字人可视域分析、数字人手的可达域分析、任务分析、车辆分析等专门的人因分析技术,可以说是集仿真与人因分析为一体的专业软件。此外,Jack 还可以将 CAD 建模软件导入 Jack 中进行仿真分析,也就是说 Jack 可以对任意设计出来的产品进行人因分析。

为了实现人、机、环境之间的最佳匹配,Jack 把人的工作优化问题作为追求的重要目标。其标志是使处于不同条件下的人能高效、安全、健康、舒适地工作和生活。通过创建全真的三维数字仿真并且利用权威的人因工程分析工具对仿真进行分析,可以对环境和产品进行人因评估。

因此,本书主要选择基于 Jack 仿真软件来进行设计分析仿真。

9.4.1　基于 Jack 的可视域分析

"Visual Fields"(可视区域)工具是 Jack 分析工具,它可以直接生成一个区域,如图 9-19 所示,这个区域能够为特定尺寸的数字人描绘出最大的可视范围。依靠这个工具,操作者可以直接获得眼睛在处于无色差、绿色、红色、黄色、蓝色和盲点状态下的最大可视区域。

9.4.2　基于 Jack 的可达域分析

"Advanced Reach Analysis"(可达域分析)工具是 Jack 分析工具。它可以生成一个区域,如图 9-20 所示,这个区域能够为特定尺寸的数字人描绘出其最大可触及范围。借助这个工具可以生成双肩和腰部运动的联合驱动最大可达区域,以及由工业中最认可的舒适度资料得到的舒适可达区域。

图 9-19　Jack 生成的视域图　　　图 9-20　Jack 生成的可达域图

9.4.3　基于 Jack 的工作姿势分析

工作姿势分析(Ovako Working Posture Analysis,OWAS),其界面如图 9-21 所示,通过该分析可以快速检查工作姿势,评价基于背部、手臂和腿负载要求的工作姿势的不适度。分配指示采取纠正措施紧迫性的评估姿势分数,从而快速评估某种工作姿势对工人造成损害或伤害的可能性大小,设计新的工作或改进现有的工作,以获得更舒适的工作场所和更完善的生产质量。通过"OWAS"还可以确定最需优先改进的工作姿势,以符合人体工程学的需要。

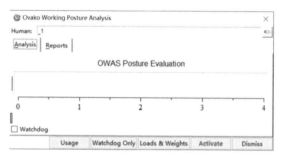

图9-21　"OWAS"界面

对于一个具体的姿势和负载要求,该工具会指定一个"纠正需求"等级。设置工作姿势后,该工具基于背、手臂和腿的位置来评估该姿势。其中背部位置根据弯曲和扭曲程度分为四个选项,手臂的位置根据肩膀水平的关系分为三个选项,腿的位置根据人是否坐着、站着、跪着或步行,是否弯曲或伸直分为七个选项。也可以用在对话框中输入的方式给人加一个负载或指定的质量。

可以用"OWAS"工具的分析结果来设计一个工作姿势不适的最低风险。对于指定的姿态,"OWAS"工具指定了背部、手臂的评分,腿的位置及负荷的要求。这些评分及工作姿势的"纠正需求"等级显示在一个对话框中,四个级别如下。

1)级别1:姿势是正常的,没有纠正的必要。

2)级别2:姿势可能有一定的不良影响,虽不需要立即采取行动,但也应近期调整。

3)级别3:姿态有不良影响,应尽快纠正。

4)级别4:姿势非常有害,必须立即纠正。

9.4.4　基于 Jack 的舒适度分析

"Comfort Assessment"(舒适度分析)工具是基于舒适的研究去估计如何设计汽车才能让用户更为舒适,设计形式不同的汽车进行舒适度比较,了解如何对给定汽车模型机型改变才能使汽车更舒适。通过预测 Jack 数字人在给定的开车姿势下的某个关节或者整体姿势的舒适度,从而可以对该模块工具列表中的六个舒适度研究进行分析,其中五个是单个关节的姿势分析,一个是全身舒适度的分析。此外,还可以对特定关节设定舒适度,以多个形式输出结果。例如,条形统计图的方式，或者输出改变成舒适姿势下的数字人的模型。

打开"Comfort Assessment"（舒适度分析）对话框后从 Jack 屏幕中选择希望研究的数字人（见图 9-22）。选择之后可以执行"Activate"（运行）的 Activate 命令。在单击"Activate"（运行）按钮之后，按钮变成绿色"Activate"，然后有关于人体舒适度的信息就会出现在对话框中，并且会跟着人物姿势的改变而改变。单击"Activate"（分析），"Dismiss"Active 就可以关闭。

图 9-22　"Comfort Assessment"界面

本工具提供六个舒适度参考数据，分别是"Porter""Krist""Grandjean""Rebiffe""Dreyfuss 2D""Dreyfuss 3D"。这些数据习惯上以统计者的名字命名，使用方式各不相同，可以分为两大类，即"Single Joint Comfort"（单关节舒适度）和"Multi-Joint Comfort"（多关节舒适度）。

"Single Joint Comfort"（单关节舒适度）包含"Porter""Grandjean""Rebiffe""Dreyfuss 2D""Dreyfuss 3D"五组数据。

"Porter and Gyi（1998）"中的数据是通过对 55 个欧洲司机在一个模拟开车环境下记录的。测试人员可以对仿真环境任意修改，找到最为合适的情况。被试从七个汽车设备中选择最为舒适的设备。通过生理量角器测量出关节的角度，并且在"7th cervical vertebrae"（第七颈椎椎体）、"acromion"（肩峰）、"lateral epicondyle"（外侧上课）、"ulnar styloid"（尺骨茎突）、"greater trochanter"（粗隆）、"lateral condyle"（外侧髁）、"lateral malleolus"（外踝）这些参照部位都放置了标记。

"Grandjean（1980）"中的数据是通过对一个虚拟开车任务的生理研究得到

的。Grandjean 对司机身体上的三个关键部位进行了研究,分析了它们在开车姿势下令关节舒适的活动范围。三个部位分别是由眼睛的中轴线所在平面确定的头部位置,由脚踏板确定的脚的位置,由方向盘确定的手的位置。研究中舒适域参照的是 Rebiffe (1969)、Preuschen(1986)和 Dupuis (1969)还有大量生理学专家定义的关节活动舒适域。

"Rebiffe (1969)"中的数据是通过 Rebiffe 对车内仪器位置对司机舒适情况影响的研究中得到的,虽然数据是 Rebiffe 试验后得到的,但是试验中定义的舒适域是来自其他学者的研究。Rebiffe 利用这些舒适域在生理仿真环境中限制司机的活动范围,同时将臀部和头部的位置固定,通过在限定范围中移动司机的四肢就可以定义各个仪器放置的空间。

"Dreyfuss 2D & 3D"中的数据是 Henry Dreyfuss Associates 在"Measure of Man and Woman"(男女测量)试验中通过大量的试验,并且参考大量的研究,证明在大部分情况下都可以使人感到舒适的人体活动区域。参考的研究包括 Grandjean (1980)、Pheasant (1986)和 NASA (1978)。该数据比"Rebiffe"和"Grandjean"更适用于研究坐姿情况下的动作分析。

舒适度研究是对特定姿势下某些关节的弯曲范围进行分析。统计条中有关节的名称,统计条显示的就是关节的舒适程度。将分析出的关节弯曲的程度和给定的参照值比较,可以得到舒适程度。通过单击"Show Text Values"按钮可以关闭和开启参照值的可见性。

"Mode"(典型)值是指"大多数司机可接受的值"。通过对众多开车人员的观察,各个关节的姿势被记录了下来。最常观察到的姿势就是"Mode"(典型)姿势。数据条的长度显示的就是和这个标准值的差距。黄色的条就是指该关节的舒适度超出了标准值。"Mode"(典型)值只在 Porter and Gyi (1998)数据里有体现。对于别的数据,中间值就是"Mode"(典型)值。当数据条变成黄色的时候,就表示该关节舒适度不合格。

"Multi-Joint Comfort"(多关节舒适度)只有一组"Krist"数据。与 OPT(Jack 里的一个人因分析工具)中其他数据不同,该数据不研究关节而是研究整体姿势。试验仿真在一个驾驶座上进行,仿的车辆类型包括普通轿车、越野车、卡车三种,实际研究的车辆超过 60 辆。利用专门的回归公式计算出测量值与腿的高度、方向盘位置、方向盘夹角之间的关系。利用公式对方向盘到座椅轨道最远端距离进行计算,得出方向盘到座椅轨道最远端距离的最大值和最小值与平均值的偏差都 20%。与此同时,其他设备的尺寸也符合这个公式。舒适度的判断是通过对被测试的姿势进行分析得到的。分析表明,身体的舒适度不仅与一两个关节有关,而是和全身的关节都相关。

Kris 数据给出从 0~80 的一个数字最为舒适度的评分，分数越低代表舒适度越大。数据中涉及的身体部位包括颈部、肩膀、背部、臀部、左右手臂、左右腿部。此外，"Fatigue"（疲劳）一栏的分数指的是司机感觉疲劳的程度，"Comfort"（舒适）的分数则是对上述所有部位舒适度的总体评估。

9.4.5 基于 Jack 的下背部受力分析

"Lower Back Analysis"（下背部分析）工具可以分析特定环境下人体脊椎受力对下背部的影响（见图 9 - 23）。通过该工具判断仿真工作任务是否符合"NIOSH"的标准，以及是否会令工人下背部的受伤概率增加。分析可以给出哪些任务最需要进行人因方面改进，从而对工厂车间的布局规划和工序进行安排来减小员工下背部受损的风险。利用"what-if"（假设）脚本重新运行修改后任务的分析，了解新任务的人因状况。

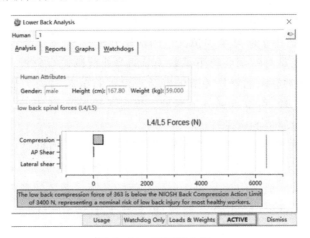

图 9 - 23　下背部分析

"Lower Back Analysis"（下背部分析）利用先进复杂的生理学下背部模型，计算 L4 与 L5 脊椎处的压力，并将这个压力和"NIOSH"的推荐压力及极限压力进行比较。其操作过程相对简单，对一个搬举工作分析只需要几步就可以完成。操作过程可包括以下几个方面：

（1）先往 Jack 中导入一个数字人并将其调整到"lift"（搬举）姿势。

（2）导入一个物体让数字人去提举，并将物体的重力附加到数字人的手上。

（3）模拟提取物体的过程，可以对一个静态的姿势进行分析，也可以对一个动态的提举过程进行分析。

|9.5 火箭炮人-机-环境工程设计实践|

如图 9 - 24 所示,实践对象为某型制导火箭发射操作室,其为四人座,包括驾驶位、操作位以及后排两个常规座位。

9.5.1 导入测试模型以及设定 H 点

首先,测试数字人选择为身高 175 cm,体重 75 kg 的成年男性,以及将 1:1 的操作室导入 Jack 仿真中。

图 9 - 24 某型制导火箭发射操作室

图 9 - 25 "Visual Fields"测试工具

其次,在人机仿真中需要建立 H 点,作为仿真内容的计算点。其中,对于驾驶位的 H 点为人的臀部中央位置,对于操作位的 H 点则为左右手的手掌心,视野的 H 点为数字人的双眼瞳孔中心位置。

9.5.2 可视域分析

使用"Analysis"中"Visual Fields"测试工具,如图 9 - 25 所示。

选择左侧驾驶位的 H 点以及右侧操作员的 H 点,可以直接生左右两处操作员的可视域,如图 9 - 26 和图 9 - 27 所示。

通过形成的视域,可以直观地得出两个操作位的视野是比较合适的。

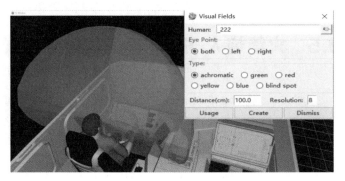

图 9 - 26   驾驶员可视域

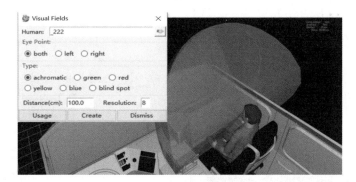

图 9 - 27   炮长可视域

9.5.3 工作姿势分析

通过"Analysis"—"Task Analysis Toolkit"—"Ovako Working Posture Analysis"命令，打开"OWAS"分析工具，如图 9 - 28 所示。

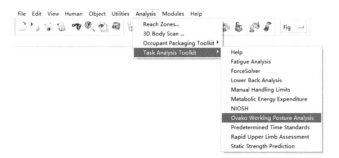

图 9 - 28   "OWAS"分析工具

选择一个左右两个操作员进行测试。单击"Activate"（运行）按钮，"OWAS"对数字人的姿势从 0～4 中给出一个得分，如图 9-29 和图 9-30 所示。

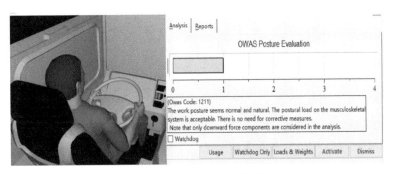

图 9-29　驾驶员工作姿势分析

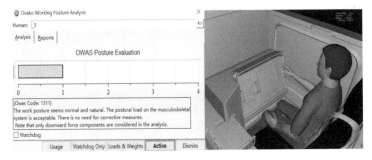

图 9-30　炮长工作姿势分析

通过测试，可以确认两个操作员在该操作位置上的操作都属于没有过度操作劳累程度，都能长时间保持工作状态。

9.5.4　舒适度分析

先通过"Analysis"—"Occupant Packaging Toolkit"—"Comfort Assessment"命令打开"Comfort Assessment"（下背部分析）分析工具，如图 9-31 所示。

Krist 作为多关节舒适度的仿真数据，给出从 0～80 的一个数字作为舒适度的评分，分数越低代表舒适度越大。其中，包括颈部、肩膀、背部、臀部、左右手臂、左右腿部八处。同时，"Fatigue"（疲劳）一栏的分数指的是司机感觉疲劳的快慢,"Comfort"(舒适)的分数则是对上述所有部位舒适度的总体评估。

图 9 - 31 "Comfort Assessment"(下背部分析)分析工具

选中"Krist(1994)",其界面如图 9 - 32 所示。

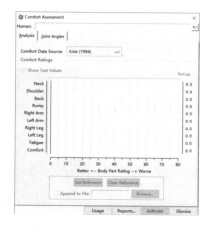

图 9 - 32 "Krist(1994)"界面

选择左右两个操作员,单击"Activate"(运行)按钮,得出仿真结果,如图 9 - 33 和图 9 - 34 所示。

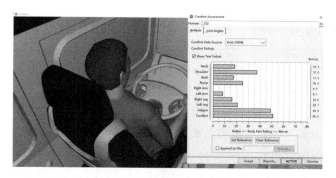

图 9 - 33 驾驶员舒适度测试

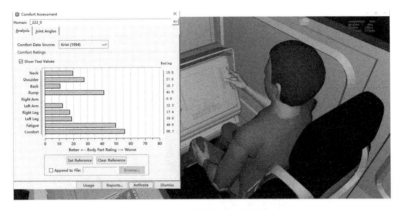

图 9-34　炮长舒适度测试

可以看到，通过仿真验算后，对于左侧驾驶员来说，开车姿势下的肩膀会有少许难受，而右侧的炮长则会导致臀部些许难受。同时，左右两个操作对于疲劳度，也是会较快感受到疲劳。需要将这两个部分优化一下。

9.5.5　下背部受力分析

首先，导致通过"Analysis"—"Task Analysis Toolkit"—"Lower Back Analysis"命令打开"Lower Back Analysis"（下背部分析）分析工具，如图 9-35 所示。

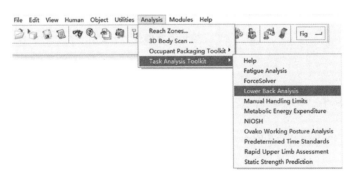

图 9-35　"Lower Back Analysis"（下背部分析）分析工具

其次，选择一个左右两个操作员进行测试。单击"Activate"（运行）按钮，得到仿真结果，如图 9-36 和图 9-37 所示。

经过仿真可以得出两位操作员在操作中对于下背部的受力相对较小，也可以说明该设计达到正常的使用要求，不会过度疲劳。

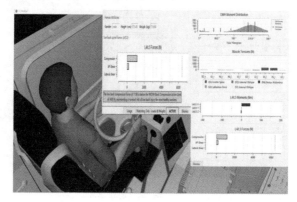

图 9-36　驾驶员下背部受力分析

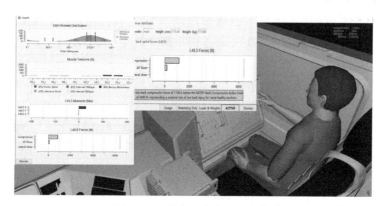

图 9-37　炮长下背部受力分析

9.5.6　可达域分析

通过"Analysis"—"Reach Zones"命令打开"Reach Zones"，如图 9-38 所示。

"Type"（类型）栏中选择"Joint Angle Driven From Waist，Axial Rotation"选项。"Human"选择一个操作员。选择右掌上的点作为"Traced Site"（追踪坐标），"side"选择"right"，单击"Generate"（生成）按钮，一个可达区域将在屏幕中被创建。接着，将"Traced Site"（追踪坐标）选为左手手心的点，单击"Generate"（生成）按钮。这样，就能获得一个人的双手可达域。

重复操作就能获得两个操作员的可达域,如图 9 - 39 和图 9 - 40 所示。

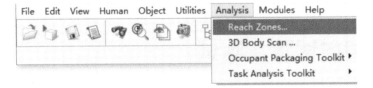

图 9 - 38　"Reach Zones"(可达域)分析工具

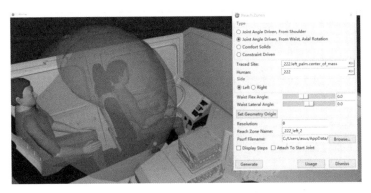

图 9 - 39　驾驶员可达域测试

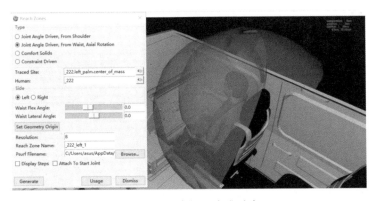

图 9 - 40　炮长可达域测试

　　通过两个操作员的可达域显示,基本都能和主要操作物品交互,能有效完成操作。

第 10 章

总装调与试验、测试

|10.1　概　　述|

火箭炮完成设计后,需经过生产制造过程将其设计转化为产品。将各个独立的零部件按照技术文件和图样规定的要求,装配成为具有完备功能的发射系统的过程称为总装。完成总装过程的发射系统需经调试才能达到预期的性能。调试过程主要包括机械结构安装调试、机构动作调试、液压气动系统参数调试、电气系统软件调试和总体性能调试。总装和调试过程通常可以分阶段穿插进行,因此通常将这两个过程合并为总装调。

为验证火箭炮是否达到全部技术、战术性能以及使用性能要求,需进一步通过试验进行验证。火箭炮试验分为靶场试验和专项研究试验。靶场试验依据火箭炮制造与验收规范和靶场试验大纲(细则),对发射系统的静态参数、基本功能性能和火力发射性能等进行考核,通过考核则认定火箭炮满足技术、战术性能以及使用性能要求,可以作为火箭炮设计定型的依据。专项试验主要测试火箭炮的一些内在指标,通常不作为定型的依据,目的是获取火箭炮内在的固有特性参数,用于优化设计,为后续设计工作提供技术参考。

|10.2　火箭炮总装调|

10.2.1　火箭炮总装调流程

　　火箭炮进行总装调时,通常需按照预先设计的装调流程进行,以免发生前步工序影响后续工序的执行的情况。在特殊情况下,也可根据装调现场的实际情况调整互不影响的前后工序的顺序,以满足总装调的顺利进行。

　　不同火箭炮的总装调流程是不尽相同的,但总的工艺路线是相似的。以某型轮式火箭炮总装调为例,其总装工艺路线如图 10 - 1 所示。

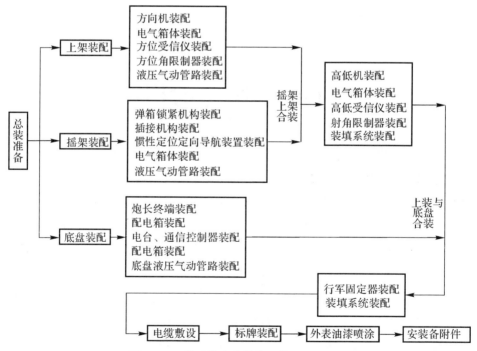

图 10 - 1　某型轮式火箭炮总装工艺路线图

总装工艺的通用流程有以下几步:

(1)总装准备,即进行场地、工具、工装和技术文件等准备工作。

(2)选择一个或多个大型架体为主要架体,进行主要架体上附件的装配,图

10-1中的上架、摇架和底盘可作为其他机械结构、电气箱体和液压气动管路的安装基础,首先完成主要架体本身的装配。

（3）在主要架体上加工或装配其他机械结构、电气箱体和液压气动管路的安装接口。

（4）进行主要架体上其他机械结构、电气箱体和液压气动管路的安装。

（5）多个主要架体合装（如只有一个主要架体,该项可跳过）。

（6）液压气动管路装配和电缆的敷设。

（7）产品标牌和警示标牌的安装。

（8）火箭炮外表面油漆喷涂。

（9）工具、备附件安装在指定位置。

某型轮式火箭炮总调工艺路线如图10-2所示。从图10-2中可看出,某型轮式火箭发射系统总调是按照单体—分系统—总体以及手动—半自动—全自动两条调试线路进行的。为保证人员及设备安全,在装填和调炮全自动调试前需完成相应的安全联锁功能调试。

10.2.2　发射系统总装调技术准备

总装调技术准备是在进行总装调之前,对所需的各项技术条件提前进行梳理,以确保总装调的顺利进行并规避技术风险。技术准备主要包括硬件条件和软件条件两个方面。其中:硬件条件为生产设施与环境、工艺装备、采购产品、调试设备和检验设备;软件条件为产品设计图样、技术要求、工艺规程、作业指导书、人员培训。

生产设施与工作环境是进行火箭炮总装调必要的技术措施。火箭炮总装调过程除需要通用的装调厂房和天车吊设备外,通常需要进行火箭炮零位零线标定、装填调试和调炮精度检测等工作,对装调厂房的空间尺寸要求更高。为保证火箭炮高精度随动系统的需要,液压系统装调对工作环境的温、湿度和洁净度有明确要求。

所有工艺装备和检验设备,如装配工装、调试工装和检验试验设备应经过检验或鉴定,其准确度和使用状态应能满足装调要求,并在检定有效期内。

采购产品应具有合格证,并按规定进行入厂复验。使用的代用品应经过设计确认并已办理审批手续。

设计图样、技术要求、工艺规程和作业指导书等技术文件的正确性、完整性应符合有关规定的要求,并经三级审签（校对、审核、批准）,以及完成工艺审查、标准化审查和质量会签。

参加培训的人员包括设计人员、工艺人员、操作人员、检验人员和辅助人员。其中,设计和工艺人员应具备相应的资格,能确保配合现场总装调。各类操作人员、检验人员和辅助人员应具有相应技术水平的操作、检验和辅助工作资格证书。

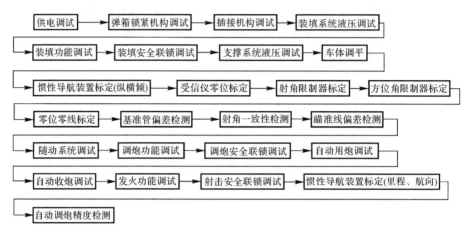

图 10-2 某型轮式火箭炮总调工艺路线图

10.2.3 火箭炮总装调工艺规程

工艺规程是用文字、图表和其他载体确定下来,指导产品加工和工人操作的主要工艺文件。工艺规程的形式主要有三种:工艺过程卡(工艺路线卡)、工艺卡、工序卡。工艺规程主要用于规定质量标准、工艺流程、工艺技术条件、主要工作要点和质量检查内容。火箭炮总装调工艺规程主要明确以下内容:①总装调的零部件组成,含所需工装、工具;②装配的工序;③装配合格的标准;④调试的工序;⑤调试所需的工装和调试设备;⑥调试合格的判定;⑦调试结果的检测,含检测设备。

10.2.4 火箭炮总装调记录与检验

发射系统在进行总装调时,应有专人负责进行过程记录。装配记录的主要内容包括装配部件明细、装配工序、装配参数、指标及要求、装配时间、装配人员、装配结果、纠正措施、重新装配结果和检验人员、检验工具、检验工装和检验结果。调试记录的主要内容包括调试工序、调试内容、参数、指标及要求、调试工装、调试人员、调试结果、纠正措施、重新调试结果、检验人员、检验工具、检验工装和检验结果。

总装调记录主要用于后续质量监控,使火箭炮质量具有可追溯性,同时也可为后续使用中出现的故障提供参考处理措施。因此,总装调记录应确保内容完整,数据准确、清晰。

总装调的检验工作应严格执行相关质量规定。检验人员依据检验技术文件或工艺文件要求对火箭炮合格与否做出判断,并对检验结果的正确性负责。检验技术文件由检验部门编制或参与编制。检验工具、工装应具有检定合格标志,并在规定的检定周期使用,严禁超期使用。

10.3 火箭炮试验

在武器装备试验中,试验是对被试品依据规定的试验条件、试验方法,通过一定的步骤活动而获得试验信息的过程。火箭炮试验就是按照科学、规范的试验程序和批准的指标要求,对发射系统性能进行考核的活动,是考验火箭炮性能、暴露矛盾、获取设计数据最主要的方法,用以对火箭炮的部件、分系统或全系统的技术、战术性能以及使用性能等进行评估,从而验证火箭炮的部件、分系统和全系统设计思想和检验生产工艺是否满足设计要求,并为确定被试品能否满足设计要求提供科学依据。火箭炮试验分为专项研究试验和靶场定型试验。本节重点阐述靶场定型试验,主要包括静态参数检测、基本功能与性能试验、火力试验、行驶与航行试验。

10.3.1 火箭炮静态参数检测

1. 定义

火箭炮静态参数检测是指火箭炮处于静止或非射击条件下,对其几何尺寸、结构参数、性能参数、结构诸元、质量诸元、使用诸元、外观等所进行的检查、测量和试验。静态检测时需进行测量、划线、划线的检查、零部件外观检查,检查火箭炮设计是否符合图纸要求,测量火箭炮及其部件的各种构造、外形尺寸,检查这些特征量是否符合战术技术要求,并将火箭炮在试验过程中所造成的零部件的磨损和变形情况记录下来,便于分析研究。

2. 齐套性及外观

（1）随炮工具、备附件、文件是否齐套，工具、辅具安装固定位置是否满足图纸及技术条件的要求。

（2）火箭炮涂装是否符合规定，有无脱漆、变形、损伤、锈蚀、漏液、漏气现象，部件安装是否正确、紧固。

（3）各操控台的布局以及各种指示标志、显示等是否符合图纸及技术条件的要求。

（4）铭牌和标志是否清晰、正确。

3. 总装性能检查

（1）瞄准装置零位、零线。零位、零线检查是为了使基准管轴线与瞄准装置保持一致。瞄准具零位检查，是为了使基准管轴线与瞄准具保持在同一起点，以使瞄准具装定的射角与基准管的实际射角一致。瞄准镜零线检查，是为了使瞄准镜的瞄准线与基准管轴线在瞄准起始位置上保持平行，以使瞄准镜装定的分划正确地赋予定向器。

（2）高低机、方向机手轮力，各锁紧装置操作力。

（3）高低机、方向机手轮空回量和转动量（度机转）。

（4）回转部分在水平方向上的松动量，起落部分在垂直方向上的松动量。

（5）瞄准装置松动量。

（6）射角装定器与起落部分实际射角一致性。

（7）瞄准线偏移量。

（8）定向器基准管轴线偏离射面的偏离角。

4. 结构诸元测量

（1）战斗状态（或满载）和行军状态（或空载）火箭炮的质量、质心位置及车底距地高。

（2）战斗状态和行军状态火箭炮外廓尺寸。

（3）射界。

（4）调炮范围（自动、半自动、手动）。

（5）回转半径。

（6）火线高。

（7）接近角、离去角。

5. 机构动作

(1)悬挂闭锁或支撑稳定装置工作是否正常。

(2)自动、半自动、手动工作方式下调炮运行是否平稳,有无异常噪声。

(3)行军固定器固定、解脱(机动序动)动作是否正常。

(4)其他以液压或气压驱动的机构动作。

6. 定向器

(1)标志、发射管数。

(2)定向管口径、缠角。

(3)外廓尺寸。

(4)质量、质心。

(5)各定向管与基准管的平行度。

(6)定向器上发火线路电阻、线路间绝缘电阻及对地绝缘电阻。

(7)贮、运、发箱式定向器气密性。

(8)模拟弹合膛。

7. 主要零部件的分解结合及测量

(1)零部件分解结合及互换性,对于有基层级维修要求的零部件的分解结合和互换性检查应在常温、高温及低温环境条件下进行。

(2)弹簧(如闭锁体)负荷。

(3)主要零部件的冲点划线。

(4)主要受力件(如闭锁体)探伤及硬度。

8. 静态检测主要设备

静态检测主要设备有卷尺、铅锤、磅秤、象限仪、水准仪、经纬仪、专用靶板、计时器、游标卡尺、测力计、砝码、炮口瞄准仪等。

10.3.2　火箭炮基本功能与性能试验

功能与性能试验通常按不同的分系统分别组织进行,如火控系统功能与性能试验、电气控制功能与性能试验等。

1. 功能试验

(1)火控系统功能。

1)自检。

2)数据(信息)采集、处理、存储及显示。

3)引信装定查询。根据火箭炮配用弹种对应的引信(需拆除火工品)拟定引信装定参数(如引信作用时间、炸高等);装定已拟定的参数,并查询装定参数的反馈值。

4)发火控制。对于具有装弹检查功能的火箭炮,进行火箭弹装弹检查;对所配用弹种设定发射弹数、发射弹序检查;用模拟火箭弹(或模拟点火装置)进行满管齐射检查,也可单独采用点火头进行满管齐射检查。

5)留膛查询。将等效功率电阻接入发火回路模拟发射后留膛,检查对应发火回路的留膛查询功能是否有效。

(2)电气控制系统功能。

1)自检。

2)状态显示。

3)供配电管理控制。检查各电气设备的供配电管理控制功能是否正常。

4)安全联锁。检查发射、调炮、装填等过程的安全联锁功能是否正常。

5)机构动作控制。检查自动、半自动状态下的电气控制系统各项功能是否正常。

6)辅助电气控制。检查三防增压风机、灭火瓶电爆管、通风、照明开关等是否工作正常。

2. 性能试验

(1)火控系统性能。

1)自动调炮精度及调炮时间。实施方法如下:①火箭炮满载,在水平和战术、技术指标规定的倾斜炮位,自动调炮;②分别测量高低和方位调炮范围内调炮时间,测试 3 次,取平均值;③在高低和方位调炮范围内设定调炮诸元(包含常用和接近极限的高低、方位诸元,每个诸元调炮次数不少于 7 次),测量定向管调炮诸元,计算调炮精度。

2)定位、定向及导航精度。按《地炮群(团)射击指挥系统定型试验(GJB 1571A—1999)》规程 400 系列的规定进行。

3)射击开始诸元解算精度及时间。按《地炮群(团)射击指挥系统定型试验(GJB 1571A—1999)》规程 207 系列和 209 系列的规定进行。

4)最低表尺(遮蔽顶)计算。按《地炮群(团)射击指挥系统定型试验(GJB 1571A—1999)》规程203系列的规定进行。

5)瞄准镜试验。按《军用观瞄仪器定型试验(GJB 6368—2008)》规程的规定进行。

6)通信试验。按《地炮群(团)射击指挥系统定型试验(GJB 1571A—1999)》规程300系列的规定进行。

7)电源拉偏。电源拉偏主要是验证系统在输入电压发生波动时,工作性能的稳定性。按《地炮群(团)射击指挥系统定型试验(GJB 1571A—1999)》规程211系列的规定进行。

8)连续工作时间。连续工作时间的实施方法如下:①火箭炮满载,以日常使用的供电模式工作;②按战术、技术指标确定持续工作时间;③试验中切换供电模式时,应保证不断电;④每种供电模式下的工作时间按技术文件规定;⑤每种供电模式下均应检查火控系统的功能、性能。

(2)电气控制系统性能。

1)绝缘电阻测试。绝缘电阻测试的实施方法如下:①分别测量导电部分对壳体的绝缘电阻和电缆芯线对屏蔽层的绝缘电阻,每个位置测量3次;②在测试前,应从被测回路中拆除或短接所有的半导体器件和电容或从箱体中拆除电路板;③除试验前、后外,绝缘电阻应在淋雨和湿热试验时进行测试。

2)系统功率测试。系统力率测试的实施方法如下:①将系统电源接到功率负载上,测试电源最大输出功率,测量3次;②开启全部用电设备,当系统最大载荷工作时,测量系统用电功率,测量3次取最大值。

3)电源性能。按《军用内燃机电站通用试验方法》(GJB 1488—1992)和《军用直流移动电站通用规范》(GJB 674A—1999)的相关规定进行。通常情况下,测量稳态电压范围、脉动电压、瞬态浪涌电压范围等。

4)电源拉偏。同火控系统的电源拉偏。

5)连续工作时间。连续工作时间的实施方法如下:①火箭炮满载,以日常使用的供电模式工作;②按战术、技术指标确定持续工作时间;③试验中切换供电模式时,应保证不断电;④每种供电模式下的工作时间按技术文件规定;⑤每种供电模式下均应检查电气控制系统功能。

3. 功能与性能试验主要设备

试验用主要设备有:①工房;②绝缘电阻测试仪或兆欧表;③万用表;④钳形表;⑤功率电阻;⑥低电阻测试仪;⑦直流稳压电源;⑧示波器;⑨经纬仪(不少于2台)或全站仪;⑩模拟火箭弹;⑪点火头或模拟点火装置;⑫计时装置。

10.3.3　火箭炮火力试验

火力试验主要包括射程与密集度试验、制导火箭弹发射兼容性试验、射击强度与稳定性试验等。

1. 射程与密集度试验

射程与密集度试验,包括最小射程试验、最大射程试验、最大射程地面密集度试验等。其中,最小射程试验和最大射程试验通常是弹药系统的考核科目,对于火箭炮只进行适配性验证。

(1)最小射程试验。

1)试验条件。火箭弹 3 组,每组 5 发;试验用火箭弹为常温或高温。射击时,气象条件要求如下:①无雷电交加或暴风临近以及可能引起引信或测试仪器工作异常的雨、雪天气;②无锋面过境;③能见度不影响落区观测;④地面平均风速不大于 8 m/s,地面平均风速为 5～8 m/s 时,阵风不大于平均风速的 150%,地面平均风速在 5 m/s 以下时,阵风与平均风速相差不大于 2.5 m/s;⑤30 min内,地面风向变化不大于 60°;⑥无其他影响试验安全和测试的气象。

2)试验实施:①在射击阵地按射击要求操作悬挂闭锁或支撑装置稳定火箭炮;②标定火箭炮,调试测试设备;③装填火箭弹,每次可装填一组,若无特殊要求,可按照发射顺序位置装填;④解算弹道确定落点修正诸元;⑤以最小射程角,装定射击诸元并调炮,根据测试要求向测试点位通报射击诸元;⑥装定引信(包括时间、作用方式等),若为碰炸引信则装定为瞬发,对于采用扳手或其他装置装定引信的火箭弹,则应在装填到定向管内之前或结合引信时装定;⑦采用单发射击,射击 3 组,每组弹射击时间不超过 30 min,组与组射击时间间隔不少于 4 h;⑧测试火箭弹离轨段诸元(包括随时间变化的位移、速度、姿态角、转速、下沉量等),主动段和被动段弹道坐标、主动段结束时刻、开舱点以及落点坐标等。

3)数据处理。

A)组平均射程。组平均射程的计算公式为

$$\left. \begin{array}{l} \bar{x} = \dfrac{1}{n}\sum_{i=1}^{n} x_i \\[2mm] \bar{z} = \dfrac{1}{n}\sum_{i=1}^{n} z_i \\[2mm] x_e = \sqrt{(\bar{x} - x_0)^2 + (\bar{z} - z_0)^2} \end{array} \right\} \tag{10-1}$$

式中：$\bar{x},\bar{z}$——平均弹着点在 xOz 中的坐标，m；

$\quad\quad x_e$——一组的平均射程，m；

$\quad\quad n$——一组射击（计算）发数；

$\quad\quad x_i,z_i$——第 i 发弹弹着点在 xOz 中的坐标，m；

$\quad\quad x_0,z_0$——炮口在 xOz 中的坐标，m。

B）N 组平均射程。N 组的平均射程的计算公式为

$$\overline{x_e}=\frac{n_1x_{e1}+n_2x_{e2}+\cdots+n_Nx_{eN}}{n_1+n_2+\cdots+n_N} \quad\quad (10-2)$$

式中：$\quad\overline{x_e}$——N 组的平均射程，m；

$\quad n_1,n_2,n_N$——各组的射击（计算）发数；

$\quad x_{e1},x_{e2},x_{eN}$——各组的平均射程，m。

C）射程标准化。可以是单发射程标准化，也可以是组平均射程标准化。用标准化的弹道系数在标准条件下代入式（10-3），积分的初始条件：当 $t=0$ 时，$x=0$，$y=0$，$u=V_0\cos\theta_0$，$\omega=V_0\sin\theta_0$，$p=p_{0n}$，$\tau=\tau_{0n}$（V_0 为实测初速）。解方程组：

$$\left.\begin{array}{l}\dfrac{\mathrm{d}u}{\mathrm{d}t}=-G_NH_\tau(y)G(V_\tau)u\\[2mm]\dfrac{\mathrm{d}\omega}{\mathrm{d}t}=-G_NH_\tau(y)G(V_\tau)\omega-g\\[2mm]\dfrac{\mathrm{d}y}{\mathrm{d}t}=\omega\\[2mm]\dfrac{\mathrm{d}x}{\mathrm{d}t}=u\end{array}\right\} \quad\quad (10-3)$$

其中，$H_\tau(y)=\dfrac{p}{p_{0n}}\sqrt{\dfrac{\tau_{0n}}{\tau}}$，$V_\tau=\sqrt{u^2+\omega^2}\sqrt{\dfrac{\tau_{0n}}{\tau}}$。

式中：G_N——标准化弹道系数；

$\quad G(V_\tau)$——阻力函数；

$\quad p,p_{0n}$——对应于弹道 y（海拔高）的气压和地面标准气压，Pa；

$\quad \tau,\tau_{0n}$——对应于弹道 y（海拔高）的虚温和地面标准虚温，K。

由式（10-3）分段积分到 $y=0$，即得到射程 x，即为该弹的标准化射程。

（2）最大射程试验。

1）试验条件。火箭弹 3 组，每组 5 发；试验用火箭弹为常温或低温。射击时，气象条件同"最小射程试验"。

2）试验实施：①在射击阵地按射击要求操作悬挂闭锁或支撑装置稳定火箭

炮;②标定火箭炮,调试测试设备;③装填火箭弹,每次可装填一组,若无特殊要求,可按照发射顺序位置装填;④解算弹道确定落点修正诸元;⑤以最大射程角,装定射击诸元并调炮,根据测试要求向测试点位通报射击诸元;⑥装定引信(包括时间、作用方式等),若为碰炸引信则装定为瞬发,对于采用扳手或其他装置装定引信的火箭弹,则应在装填到定向管内之前或结合引信时装定;⑦采用单发射击,射击 3 组,每组弹射击时间不超过 30 min,组与组射击时间间隔不少于 4 h;⑧测试火箭弹离轨段诸元(包括随时间变化的位移、速度、姿态角、转速、下沉量等),主动段和被动段弹道坐标、主动段结束时刻、开舱点以及落点坐标等。

3)数据处理。同"最小射程试验"。

(3)最大射程地面密集度试验。

1)试验条件。试验用火箭弹为常温。试验用火箭弹数量如下:①采用满管射击时,若火箭炮管数为 4~10 管(含 10 管),则弹数为 3 组;若火箭炮管数为10~16 管(含 16 管),则弹数为 2 组,若火箭炮管数大于 16 管,则弹数为 1 组;②采用非满管射击时,弹数为 3 组;③非满管射击落点散布与满管射击落点散布应无显著性差异。射击时气象条件同"最小射程试验"。

2)试验实施:①在射击阵地按射击要求操作悬挂闭锁或支撑装置稳定火箭炮;②标定火箭炮,调试测试设备;③解算弹道确定落点修正诸元;④装定引信(包括时间、作用方式等),若为碰炸引信则装定为瞬发,对于采用扳手或其他装置装定引信的火箭弹,则应在装填到定向管内之前或结合引信时装定;⑤一般先以最大射程角进行一发指示弹射击,根据落点修正射击诸元;⑥装填正式火箭弹一组,以最大射程角连发射击;⑦多组射击时,重复②~④,组间隔时间不小于 4 h;⑧指示弹与正式弹射击时间间隔一般不超过 30 min;⑨射击时,采用高速摄影(或普通摄影)和弹道坐标测量雷达监测火箭炮的射击和火箭弹飞行情况;⑩当采用非满管射击时,若无特殊要求,可将指示弹与正式弹同时装填;⑪射击后测量弹着点坐标;⑫若测试项目或测试设备较多,可在射击前进行合练。

3)数据处理。

A)平均射程同"最小射程试验"的相关方法。

B)若炮目线与靶道中心线夹角大于 3°,则应将靶道坐标系下的落点坐标转换为以火箭炮为坐标原点、以炮目线为纵向、垂直炮目线方向为横向坐标的坐标系下。坐标转换公式为

$$\left.\begin{aligned} x'_i &= x_i\cos\beta + z_i\sin\beta \\ z'_i &= z_i\cos\beta - x_i\sin\beta \end{aligned}\right\} \tag{10-4}$$

式中:x'_i, z'_i——第 i 发弹弹着点在 $x'Oz'$ 中的坐标,m;

$\quad\quad x_i, z_i$——第 i 发弹弹着点在 xOz 中的坐标,m;

β —— 射向与靶道中心线的夹角,°。

C)单组概率误差(即中间误差)计算。距离和方向概率误差按下式计算:

$$
\left.
\begin{aligned}
\overline{x}' &= \frac{1}{n}\sum_{i=1}^{n} x'_i \\
\overline{z}' &= \frac{1}{n}\sum_{i=1}^{n} z'_i \\
E_x &= 0.674\,5\sqrt{\frac{1}{n-1}\sum_{i=1}^{n}(x'_i-\overline{x}')^2} \\
E_z &= 0.674\,5\sqrt{\frac{1}{n-1}\sum_{i=1}^{n}(z'_i-\overline{z}')^2}
\end{aligned}
\right\}
\tag{10-5}
$$

式中:$\overline{x}',\overline{z}'$ —— 平均弹着点在 $x'Oz'$ 中的坐标,m;

$\quad E_x,E_z$ —— 距离、方向概率误差值,m;

$\quad\quad n$ —— 一组射击(计算)发数;

$\quad x'_i,z'_i$ —— 第 i 发弹着点在 $x'Oz'$ 中的坐标,m。

多组概率误差为

$$
\left.
\begin{aligned}
\overline{E}_x &= \sqrt{\frac{\sum_{j=1}^{n}(n_j-1)E_{xj}^2}{\sum_{j=1}^{N}(n_j-1)}} \\
\overline{E}_z &= \sqrt{\frac{\sum_{j=1}^{N}(n_j-1)E_{zj}^2}{\sum_{j=1}^{N}(n_j-1)}}
\end{aligned}
\right\}
\tag{10-6}
$$

式中:　$\overline{E}_x,\overline{E}_z$ —— N 组距离、方向概率误差平均值,m;

$\quad\quad N$ —— 试验组数;

$\quad\quad n_j$ —— 第 j 组的射击(计算)发数;

$\quad E_{xj},E_{zj}$ —— 以下两第 j 组距离、方向概率误差值,m。

D)密集度表征量按以下两式计算,密集度表征量公式中分母的计算结果按照"四舍五入"取整。

$$
\text{距离} = \frac{1}{X_{sh}/E_x}
\tag{10-7}
$$

$$
\text{方向} = \frac{1}{X_{sh}/E_z}
\tag{10-8}
$$

式中:X_{sh} —— 平均射程,m;

E_x, E_z——距离和方向上的概率误差,m。

E)异常数据的处理。若试验用火箭弹点火后未发射或子母类弹药出现开舱异常等原因导致的异常弹情况,在确定为非火箭炮原因后,可剔除本发火箭弹,但总弹数中只能剔除 1 发。

2. 制导火箭弹发射兼容性试验

火箭炮对制导火箭弹需进行发射兼容性试验,通常结合相关弹种的技术鉴定试验进行,且射弹数量较少(3~5 发),一般不进行成组射击。本试验考核发控系统的发射流程控制功能,激活和点火电流及脉冲宽度等。

若火箭炮射击流程及火箭弹飞行均正常,且发射后主要功能正常,则判定火箭炮满足该种制导火箭弹发射兼容性要求。

3. 射击强度与稳定性试验

(1)试验目的。考核火箭炮射击时的结构强度和稳定性是否满足使用要求。

(2)试验条件:①试验火箭弹经高温保温;②射击时气象条件同"最小射程试验"。

(3)试验实施:①在战术、技术指标要求的倾斜炮位进行射击;②射向与车体轴线垂直(或最大允许夹角),以战术、技术指标规定的最小射程角连射一组;③采用车外击发,所有人员一律在掩体内隐蔽;④高速摄影拍摄定向器前端晃动情况;⑤射击后,检查零部件有无损坏,瞄准变位情况,测试仪器固定夹具是否松动,并对损坏零部件进行照相。

4. 试验设施、设备及仪器

试验用的设施、设备及仪器有:①水泥或硬土质炮位;②保温室(箱);③弹药保温车;④弹道坐标测量雷达;⑤高速摄影机(或普通摄影机);⑥时统;⑦象限仪;⑧地面及高空气象测试仪器;⑨落点或炸点坐标测试仪器。

10.3.4　火箭炮行驶与航行试验

火箭炮行驶试验考核火箭炮行驶性能及各部件的强度、刚度等是否满足战术、技术指标和使用要求。

火箭炮的航行试验只针对舰载火箭炮系统。航行试验的目的是在航行状态下,检查舰载火箭炮系统和设备工作的协调性、稳定性、安全性以及主要功能性能指标是否符合规定的使用要求。航行试验的航行里程和海况、风力、潮流等水文气象条件应满足舰载火箭炮系统和设备的技术规格书要求。一般舰载火箭炮系统随装备的舰船进行航行试验,具体考核项目由舰船总体制定。

本章节仅对火箭炮行驶试验进行介绍。

1.试验准备与总行驶里程

(1)试验准备:①自检;②数据(信息)采集、处理、存储及显示;③引信装定查询;④发火控制;⑤留膛查询。

(2)总行驶里程:①履带式自行火箭炮为 1 300～1 800 km;②轮式自行(或牵引)火箭炮为1 800～2 500 km。

2.行驶性能试验

试验项目包括以下几项:①加速性能、最大速度和最小稳定速度试验;②噪声试验;③启动性能试验;④直线行驶偏驶量试验;⑤通过规定障碍试验;⑥纵坡与侧坡通过性能试验;⑦制动性能试验;⑧转向性能试验;⑨持续行驶性能试验。

3.振动试验

(1)履带式自行火箭炮应在总行驶里程中占 300～500 km,轮式自行(或牵引)火箭炮应在总行驶里程中占 500～700 km。

(2)对在行驶过程中有通电要求的设备,通电行驶里程不少于该项行驶试验里程的 25%。

(3)带弹与不带弹行驶里程各占行驶里程的 50%。

(4)振动试验行驶道路、里程比例和速度见表 10－1 和表 10－2。

表 10－1　轮式自行(或牵引)火箭炮振动试验道路、里程、速度分配

道　　路	行驶里程比例/(%)	行驶速度/(km·h⁻¹)
150 mm 搓板路	10	8
石块路	40	32
嵌石路	8	32
50～100 mm 搓板路	3	24
75 mm 间距颠簸路	8	32
碎石路	31	45

表 10 - 2　履带式自行火箭炮振动试验道路、里程、速度分配表

道　　路	行驶里程比例/(%)	行驶速度/(km·h⁻¹)
凸条颠簸路	10	10
150 mm 搓板路	15	12
石块路	30	30
嵌石路	10	30
碎石路	35	40

(5)在火箭炮重要部位(如仪器设备安装处、乘员座位等)安装振动加速度传感器,测出在各种路面上行驶时的冲击加速度曲线。

(6)每行驶 100 km,对底盘各部件、火箭炮机构动作、功能、冲点划线以及外观进行检查。

(7)记录试验故障,对故障进行分析,找出原因,采取措施,恢复功能后方能继续进行试验。

4. 行军强度试验

(1)履带式自行火箭炮应在总行驶里程中占 500～800 km,轮式自行(或牵引)火箭炮应在总行驶里程中占 800～1 000 km。

(2)对在行驶过程中有通电要求的设备,通电行驶里程不少于该项行驶试验里程的 25%。

(3)行驶道路、里程比例、道路特征、行驶速度等见表 10 - 3。

表 10 - 3　行军强度试验

道路级别	里程比例	道路特征	行驶速度/(km·h⁻¹) 履带式火箭炮 带弹	履带式火箭炮 不带弹	轮式(牵引)火箭炮 带弹	轮式(牵引)火箭炮 不带弹
一级路	10%	一般柏油路或水泥路面	40 以上	45 以上	40 以上	45 以上
二级路	60%	坑深 5～10 cm,坑长 1～2 m,纵截面呈正弦形,坑数:110 个/km,其中连坑 4 组,每组 5 对,对坑 22 对,错坑 8 对,单坑 10 个	25～35	30～45	20～30	25～35
三级路	30%	坑深 10～15 cm,坑长 1～2 m,纵截面呈正弦形,坑数:130 个/km,其中连坑 5 组,每组 4 对,对坑 10 对,错坑 25 对,单坑 20 个	15～25	20～30	10～20	15～25

(4)一级路面高速行驶时应作 2～3 次急刹车,记录行驶速度、刹车距离,检查弹药、行军固定装置、备附件等紧固情况。

(5)带弹(不穿炮衣)与不带弹(穿炮衣)行驶里程各占行驶里程的 50%。

(6)每行驶 100～200 km,对底盘各部件、火箭炮机构动作、功能、冲点划线以及外观进行检查;每行驶 200～400 km,对全炮火控、电气控制系等进行功能检查。

(7)故障处理按《火炮安全性和勤务性试验方法》(GJB 2971—1997)规程 600 中 5.3.5 节的规定进行。

(8)记录各种路面的行驶速度和试验故障,对故障进行分析,找出原因,采取措施,恢复功能后方能继续进行试验。

5.道路机动性能试验

(1)履带式自行火箭炮行驶里程 500～800 km,轮式自行(或牵引)火箭炮行驶里程 500～800 km。

(2)对在行驶过程中有通电要求的设备,通电行驶里程不少于该项行驶试验里程的 25%。

(3)夜间行驶里程不少于总里程的 5%。

(4)行驶路面和里程分配按表 10 - 4 的规定进行,若不具备规定的路面条件也可在自然土路上行驶。

表 10 - 4　行驶试验里程分配表

试验道路	履带式自行火箭炮/(%)		轮式自行火箭炮/(%)
	金属履带	挂胶履带	
铺面路	0	20	20
沙、碎石路	40	30	30
起伏土路	35	25	25
冰雪路	10	10	10
沙漠	12	12	12
高原公路	3	3	3
合计	100	100	100

(5)根据道路条件以最大可能速度行驶。

(6)其他同行军强度试验(4)～(8)。

|10.4 火箭炮基本测试|

10.4.1 火箭炮质量与质心测试

1. 测试目的

火箭炮质量与质心是发射系统设计的重要参数,也是战斗全重的重要支撑数据。一般采用质量传感器测量的方法得到火箭炮质量与质心,尤其质心位置参数的确定对火箭炮内部元件的质量分配、轴荷分配、越障能力、行驶能耗、结构设计和结构动力学具有重要支撑。

2. 测试时机及方法

测试时,要求火箭炮应停放在平整的地面,装备处于行军状态,加满油料,携带全部随车工具、备附件进行测量。其中,测量的质量加乘员质量(80 kg/人)和弹药质量为战斗全重。

一般现代火箭炮质量与质心主要包括是称重台法和传感器称重法。

称重台法主要是利用称重台(地磅)称出全炮质量;再称出前桥或者后桥的质量,利用力矩平衡和前后桥距离,计算出质心位置。计算方法比较简单,质量与质心精度较低,适用于装备横向对称,精度要求不高或者摸底的场合,详见《KGW 火箭炮试验方法 第 2 部分结构诸元检测》(GJB 6458.2—2008)。

传感器称重法是利用质量传感器称出全炮质量。利用力矩平衡和传感器位置,计算出质心位置,精度较高,适用于轴荷分配计算、越障能力分析、行驶能耗计算等装备性能分析。传感器称重法主要分为二维质心测量和三维质心测量,区别在于是否测量质心高度,方法类似,故以二维传感器称重法质量与质心测试为例说明。

火箭炮二维传感器称重法质量与质心测试需要用到的测试仪器主要有质量传感器、千斤顶、卷尺、便携式计算机。

一般火箭炮质量传感器采用三支点称重法(三个质量传感器)或者四支点称重法(四个质量传感器)。由于四支点称重法易于操作,工程实际测量过程中以四支点称重法为主,具体方法如下。

(1)如图 10 - 3 所示,将四个千斤顶分别布置在火箭炮两个大梁的前端和尾梁处(A、B、C、D),使用四个千斤顶将制导火箭发射系统平稳升起,确保装备离地,且千斤顶受力后伸出相同长度。

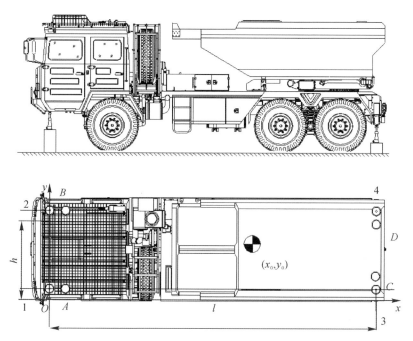

图 10 - 3　四支点称重法示意图

(2)将四个传感器分别布置在火箭炮两个大梁的前后端(1,2,3,4),位置成矩形。以传感器1为坐标原点(O),纵向为x方向,横向为y方向,建立坐标系,并测量四个传感器之间的距离。

(3)如图 10 - 4 所示,四个传感器下面的千斤顶受力后均再伸出 5 mm,使四个千斤顶(A,B,C,D)与装备分离。

图 10 - 4　大梁的后端和前端传感器布置

(4)利用便携式计算机读取四个传感器的读数 P_1, P_2, P_3, P_4,若总质量为 P,根据受力平衡,有

$$P = P_1 + P_2 + P_3 + P_4 \qquad (10-9)$$

$$Px_0 = (P_3 + P_4)l \qquad (10-10)$$

$$Py_0 = (P_2 + P_4)h \qquad (10-11)$$

故

$$x_0 = \frac{(P_3 + P_4)}{(P_1 + P_2 + P_3 + P_4)l} \qquad (10-12)$$

$$y_0 = \frac{(P_2 + P_4)}{(P_1 + P_2 + P_3 + P_4)l} \qquad (10-13)$$

因此,可以得到质量 P,质心 (x_0, y_0)。

10.4.2　火箭炮模态测试与分析

火箭炮的模态是其机械结构的固有振动特性,包含固有频率、振型和阻尼比等模态参数。发射系统的模态测试与分析是通过试验测试的方法获取火箭炮主要部件及全系统的固有频率、振型和阻尼比参数,为火箭炮的结构优化提供设计依据,避免在调炮、装填、射击等工作过程中产生共振现象,减小射击时发射架的振动,进而减小火箭弹的初始扰动,提高射击密集度。

模态测试与分析需要的仪器主要包括加速度传感器或其他力学量传感器、力锤或激振器、动态信号分析仪、带有模态分析软件的计算机等。当进行火箭炮的模态测试与分析时,选择火箭炮结构为测试对象,根据一定原则确定多个测点,每个测点上布置有振动响应量传感器,通常是加速度传感器,然后借助于力锤或激振器对结构施加激励力。同时,测量激励力和各点的振动响应,通过计算机模态分析软件对测量数据进行处理,即可获得结构的模态参数(包括固有频率、振型及阻尼比)。

模态测试与分析可分为动态测试和模态识别两大环节。动态测试包括对结构进行激振、测量激振力和响应数据、数据采集、信号分析、估算频响函数。模态识别最常用的动态数据是频响函数或脉冲响应函数,时域识别方法用自由响应数据。下面对模态测试与分析过程中的激振、激振力和响应量测量、模态参数识别、模态参数验证等进行介绍。

(1)激振。对结构进行激振试验前,先在结构上选取坐标系统,布置试验点并顺序编号;然后将试验点的坐标值输入计算机,建立用于显示结构图形的几何数据文件;同时,将连接这些点以形成结构图形的轨迹输入给计算机,建立轨迹

数据文件。这两个数据文件既用于显示结构图形,又用于显示模态振型。

根据被测结构和现有的试验手段选择合适的激振方式。对于中、小型结构可采用单点激振,对于大型复杂结构应采用多点激振。常用的激振设备有冲击锤、电磁或电液激振器。目前,广泛采用宽频带激振技术,主要包括脉冲、阶跃激励、快速正弦扫描等瞬态激励和纯随机、伪随机、周期随机、瞬态随机等激励方法。

(2)激振力和响应量测量。压电型测力传感器和加速度传感器具有体积小、质量轻、灵敏度高、动态范围大、频率响应宽等优点,因此在模态测试与分析中应用最为广泛。目前,已有针对模态测试与分析的专用集成电路式测力传感器和加速度传感器。

集成电路式测力传感器内部装有混合式微型电路的信号适调仪,采用双线制,由它输出低阻抗的电压信号,同时为电路提供恒流源供电。集成电路式测力传感器具有相当高的刚度和强度,将其安装在试件与激振器之间时,它对结构的力学特性无任何影响,可以精确地测量输入的压缩力和拉伸力。这种力传感器具有极高的共振频率,可用来测量脉宽很窄、上升时间很短的瞬态力。

集成电路式压电型加速度传感器,也是将混合式微型电路装入一般压电加速度传感器之中,微型电路可将电荷输出转换为电压输出,并使传感器能直接与记录显示仪器或数据采集系统连接。

(3)模态参数识别。模态参数识别包括求解系统的固有频率、阻尼比、主振型,以及求解由于模态截断之后的高阶及低阶的模态剩余影响,如剩余惯性、剩余柔度等。识别模态参数的方法可分为频率域法和时间域法两大类。频率域法利用模态试验得到的频响函数估值作为已知数据,从中识别所需要的模态参数数据。时间域法利用结构的自由振动响应、脉冲响应或随机激振响应作为已知数据,从中识别得到所需要的模态参数。

(4)模态参数验证。通过模态试验和模态参数识别得到的模态参数是否准确,应当通过验证认可后方能应用。模态参数验证可防止虚假模态的引入或真实模态的丢失。验证模态参数的常用方法有合成频响函数法、模态指示函数法和模态安全判据法。

利用识别得到的模态参数可以计算求得频响函数的数值,这种计算得到的频响函数称为合成频响函数。将合成频响函数与试验测得的频响函数曲线绘制在同一张图上就可以判断出两者拟合的程度。如果两种频响曲线的峰值频率位置重合,峰值高度很接近,则表示曲线拟合程度较好,模态试验比较成功,识别的模态参数可信,否则应重新进行模态试验,或者重新采取更为合适的参数识别方法。

10.4.3　火箭炮振动位移测试

1. 测试目的

火箭炮发射时会剧烈燃烧,产生极大的尾焰、流场以及火箭弹与身管之间相对运动产生的摩擦力会导致炮口振动,直接影响火箭炮打击目标的精度。因此,火箭炮振动位移测试结果对火炮总体布置和架体刚、强度以及质量、质心等火炮结构设计具有重要的指导价值。虽然现代火箭炮射击精度主要火箭弹的制导保证,发射系统振动位移测试已被弱化,但是良好的系统刚度和强度对制导火箭发射系统初始射角和射向的稳定有着良好的支撑作用。

2. 测试时机及方法

测试时,要求火箭炮应停放在平整的地面,装备处于战斗状态,加满油料,携带全部随车工具、备附件。在射击前准备完毕,射击中或者射击后读取结果。

发射系统振动位移测试有 6 种测试方法:激光多普勒测振仪测试法、高速摄影机测距法、光电位移跟随器测试法、电涡流位移传感器测试法、激光 CCD 位移传感器测试法和加速度计测试法。

(1)激光多普勒测振仪测试法利用多普勒效应对物体振动位移进行测量的一种技术,具有可以测量精度高、非接触和测量速度快的优点,但由于对尾焰、烟雾和冲击等因素的耐受程度低,所以应用较少。

(2)高速摄影机测距法是运用信息技术和运用数字图像处理技术对两台摄像机拍摄的视频进行后处理,获取火箭炮(标识点)的运动轨迹,从而实现振动位移测量的一种技术。高速摄影机测距法具有远距离测量、非接触、直观、对尾焰烟雾和冲击等因素的耐受程度较高的优点,但是制造、调试和计算机处理算法对其精度影响较大。

(3)光电位移跟随器测试法是利用光电位移跟随器自动跟踪贴在被试品上的黑白标识上的亮暗分界,从而获取振动位移结果的一种技术。光电位移跟随器测试法具有测量精度高、非接触、抗电磁干扰能力强的优点,但对天气及光线比较敏感。在测试过程中天气太热、太冷或者光线不好都会影响测试成功率和精度。

(4)电涡流位移传感器测试法是利用被试品的振动位移使传感器内电感线圈产生感应电压变化,而感应电压的变化正比于金属平面前后运动位移量,从而获取振动位移结果的一种技术。电涡流位移传感器测试法具有非接触、抗震性好、环境适应性强和抗电磁干扰能力强的优点,但安装不方便、量程小,很难适应长距离振动位移的测试。

(5)激光 CCD 位移传感器测试法是通过检测反射激光在接收器 Li - CCD 上的位置相对于目标物体位置的改变,从而获取振动位移结果的一种技术。激光 CCD 位移传感器测试法具有非接触、安装方便、环境适应性强和抗电磁干扰能力强的优点,但抗震性差、易损坏。

(6)加速度计测试法是通过加速度计及其机械滤波装置测量出火箭炮射击时炮口振动加速度,利用分段二次积分处理得到炮口振动位移曲线,从而获取振动位移结果的一种技术。加速度计测试法具有环境适应性强、抗电磁干扰能力强、可以测试高角状态下火箭炮射击时振动位移的优点,但是接触式测试安装不方便。

这 6 种位移测试方法各有特点,不同的振动位移测试方法采用不同测试设备和工作原理,具有各自显著的优缺点,在以往的装备振动测试中都有应用,并为装备的研制工作提供了很大的帮助。实践中,应扬长避短根据具体装备选择更切合各自装备实际的测试方法。

10.4.4 火箭炮振动加速度测试

火箭炮在发射状态下,发射架、车体的振动特性影响着火箭弹的射击密集度。一方面,火箭炮的振动加速度测试能够测量出火箭炮在射击、行驶、空投等多种工况下的振动加速度特性,确定各部件的过载情况,并以此为依据进行结构设计、强度校核、元器件选型等,为发射系统的技术设计提供重要依据。另一方面,根据振动加速度测试结果能够评估火箭炮的动态性能和结构合理性。因此,对火箭炮进行振动加速度测试具有重要意义。

加速度传感器主要有压电加速度传感器、压阻加速度传感器、伺服加速度传感器等多种。由于压电加速度传感器具有使用频率范围宽(从 0.1 Hz 到 200 000 Hz)、动态范围大(从 $10^{-3}g$ 到 10^4g)、附加质量小等优点,因此在火箭炮的振动加速度测量中应用最为广泛。加速度传感器的主要缺点是对后继信号适配器要求较高,一般需采用较为复杂的电荷放大器。

压电加速度传感器的敏感组件为压电晶体。当压电晶体在受到外力作用产生变形时,晶体表面会产生相应的电信号。将压电晶体沿某特定的方向切成薄片,在薄片两个面上镀上电极,当在薄片的特定方向(沿厚度方向或剪切方向)加力时,在电极面上将产生电荷。当力的方向相反时,电荷符号也相反。

当选择压电加速度传感器时,主要应考虑以下特性。

（1）灵敏度。灵敏度是加速度传感器最重要的特性之一。理论上加速度传感器的灵敏度越高越好，但灵敏度越高，压电组件叠层越厚，导致传感器自身谐振频率下降，影响测量频率范围。另外，灵敏度高的压电加速度传感器自身质量较大，不利于对轻小试件的测量。

（2）安装谐振频率。安装谐振频率即压电加速度传感器安装在质量相对很大的刚性基础上时的固有频率。该参数决定了加速度传感器的测量频率范围，通常取测量频率范围为安装谐振频率的 1/3，这时测得的振动误差不大于 1 dB（约为 0）。

（3）传感器质量。当需要在测量对象上布置大量传感器或测量轻小试件的振动时，加速度传感器的质量大小就显得十分重要，因为在这种情况下必须考虑传感器的附加质量对被测结构动态特性的影响。

（4）动态范围。当被测加速度很小或很大时，必须考虑加速度传感器的动态范围。理论上压电加速度传感器的输出线性范围的下限可以到零，但实际上动态范围的下限取决于连接电缆和测量电路的电噪声。因此，测量小加速度时，不宜选用动态范围太大的传感器。加速度传感器动态范围的上限由其结构强度决定。

除以上主要性能参数外，当选择加速度传感器时，还需要考虑到使用环境，其中最重要的是温度环境。有时还需考虑基座应变、磁场、噪声等环境因素的影响。

为了得到精确可靠的振动测量结果，必须保证传感器的正确安装。传感器的安装因类型而异。对于压电式加速度传感器，根据待测振动的位置和方向，确定安装位置，传感器的灵敏度主轴必须与测量方向一致，否则由于传感器对非主轴方向振动的响应输出会产生测量误差。传感器与被测体之间应为刚性传递，以保证传感器正确感受被测物体的振动。压电式加速度传感器常用的安装连接方式有钢螺栓连接、胶合螺栓、石蜡黏结、双面胶带、永久磁铁等。安装压电式加速度传感器时还必须注意导线的固定，防止由于电缆振动产生摩擦而引起电效应，造成电噪声。

火箭炮的振动加速度测试系统组成框图如图 10-5 所示。

压电式加速度传感器 → 二次仪表 → 数据采集仪 → 动态信号分析仪

图 10-5 振动加速度测试系统组成框图

火箭炮振动加速度测试数据的处理应根据测试任务要求决定，主要有时域分析、频域分析等数据处理方法。

（1）时域分析。将原始加速度信号经低通滤波，在时域波形中读取最大幅值的加速度峰值及其脉冲宽度，由此得到火箭炮的高频振动加速度，或读取某些特定时刻的加速度值及其脉宽。当给出时域处理结果时，必须注明最终得到的加速度信号的频响范围。

（2）频域分析。采用频谱分析，由加速度信号经快速傅里叶运算得到的FFT幅值谱，可以显示出信号所包含的各种频率成分以及与各种频率所对应的幅值，有助于对火箭炮的结构特性进行参数分析。

10.4.5　火箭炮应力与应变测试

火箭炮的应力、应变测试能够确定火箭炮在调炮、装填、射击等受力情况较为恶劣的工况下关键零部件的应力状态，是对火箭炮进行刚、强度分析和提高设计质量以及进行零部件失效分析的重要手段。应力、应变测试主要有应变电测法、脆性涂层法、云纹法等方法，其中应变电测法应用最为广泛，也是火箭炮应力与应变测试最常用的方法。应变电测法是用电阻应变片测出构件的表面应力，再根据应力、应变关系确定构件表面应力状态的一种应力测试方法。其测试原理为将应变片粘贴在被测构建的表面上，随着构件受力变形，应变片产生与构件表面应变成比例的电阻变化，采用适当的测量电路和仪器就能够测得构建的应变或应力。

应力、应变测试系统框图如图10-6所示。电阻应变计将构件的应变转换为单位电阻变化，电阻应变仪采用电桥或电位差计的测量线路，将电阻应变计的电阻变化转换为电压或电流的变化，并经放大后输出。

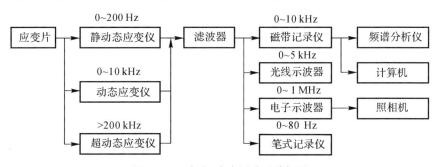

图10-6　应力、应变测试系统框图

火箭炮采用应变电测法进行应力与应变测试的主要步骤如下所述。

（1）确定火箭炮应力应变测试的总体规划。明确测试目的和要求，选择测点位置,确定应变片布置方案。某轻型 122 mm 火箭炮为满足轻量化要求,控制全炮质量,摇架、上架和下架等主要结构件均采用铝合金材质。为验证结构强度,选择对火箭炮的强度和稳定性射击、满载装填、满载调炮等试验过程进行应力、应变测试,测点位置分布在耳轴,高低机上、下支点,上架纵梁和摇架纵梁等受力情况恶劣的部位,测量方向根据具体受力情况确定。

(2)明确应力、应变的测试要求。结合火箭炮的具体结构,选择合适的应变片和测量仪器,并进行必要的性能检测。

(3)火箭炮试验现场的测试准备,包括贴片、布线、防护、线路检查和仪器调试等。

(4)试验过程中的应力应变测试数据记录。

(5)对应力应变测试数据进行处理、分析。判断火箭炮的被测结构件是否满足强度要求,并为后续的改进设计提供参考依据。某轻型 122 mm 火箭炮的应力、应变测试过程照片如图 10-7 所示,图中为该火箭炮应力、应变测试的其中一个测点位置,位于高低机上支点附近,测量方向沿高低机作用力方向。

图 10-7　某轻型 122 mm 火箭炮的应力、应变测试过程照片

10.4.6　火箭炮燃气流冲击测试

火箭炮的燃气流冲击效应主要包括热冲击效应和动力冲击效应。热冲击效应是指发射时强烈的热流和高温火焰所带来的严重破坏性;动力冲击效应是指火箭发动机点火后的起始冲击波和射流冲击作用于火箭炮迎气面,巨大的冲击力所带来的破坏性。为保证火箭炮在射击时能够有效避免燃气流冲击所带来的危害,保证装备和操作人员的安全性,对燃气流的冲击效应进行测试具有重要的实际意义和必要性。根据测试结果确定燃气流温度和压力的安全界限,并据此合理地设计导流装置以及采取必要的防护措施。

1. 燃气流温度测试

温度的测量通常是利用一些材料或组件的性能随温度而变化的特性,通过测量该性能参数从而达到测量温度的目的。例如,通过测量材料的热电动势、电阻、热膨胀、导磁率、介电系数、弹性、光学特性等,其中前三者尤为成熟,应用最为广泛。根据被测介质与测温组件是否接触,温度测量可分为接触式测量和非接触式测量两大类。

热电偶测温为常用的接触式温度测量方法,其测温原理为由两种不同的导体连接成一闭合回路而制成热电偶温度计,两导体的连接处称为接点。用热电偶测温时,一个接点置于被测温度 T 处,称为测量接点或热端;另一接点恒定于某一参考温度 T_0 处,称为参考接点或冷端。如果两接点的温度不同,回路中就会产生电动势,这种现象称为热电效应。热电偶在温度测量中应用极为广泛,常用的热电偶可测温度范围为 $-20\sim1\,600\,℃$,特殊处理后测温范围可扩大为 $-180\sim2\,800℃$。某型外贸 122 mm 火箭炮采用钨铼热电偶温度传感器配温度适配器,测量射击时在燃气流冲击作用下的定向器管口处及炮上设备安装位置的温度。钨铼热电偶热电动势表见表 10-5。测试中使用的数据采集设备为某型数据采集卡,其分辨率为 12 位,输入通道数 16 个,采样频率最高 200 kHz,16 通道时大于 5 kHz,输入电压为 ±10 V,存储深度不限。数据采集系统如图 10-8 所示,其采样频率设置为 2 000 Hz。

表 10-5　钨铼热电偶热电动势表

温度/℃	标准热电动势/mV	测量热电动势/mV	灵敏度/(mV·℃⁻¹)	温度/℃	标准热电动势/mV	测量热电动势/mV	灵敏度/(mV·℃⁻¹)
100	1.491		14.81	1 300	23.612		15.91
200	3.089		16.38	1 400	25.119		15.85
300	4.561		17.76	1 500	26.704		15.74
400	6.731		18.57	1 600	28.236		15.18
500	8.655		19.24	1 700	29.388		14.81
600	10.506		19.51	1 800	31.079		13.91
700	12.559		19.53	1 900	32.401		13.25
800	14.494		19.35	2 000	33.560		12.53
900	16.397		19.03	2 100	34.819		11.80
1 000	18.25		18.87	2 200	35.932		10.92
1 100	20.086		18.08	2 300	36.923		9.91
1 200	21.826		17.84				

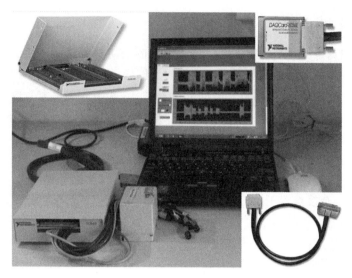

图 10-8　数据采集系统

火箭炮单发射击时,定向器管口处及某仪器设备安装处的温度测量结果如图 10-9 所示。定向器管口处最高温度为 302.6℃,设备安装处最高温度为 128.5℃。

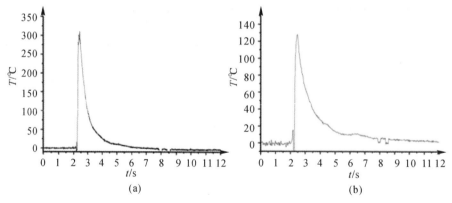

图 10-9　燃气流温度测量结果

(a)定向器管口处温度;(b)设备安装处温度

2.燃气流压力测试

流体垂直作用在单位面积上的力称为流体压力,也称流体压强。流体是连续介质,流体中的压力分布是空间的连续函数,它的大小和流体的性质以及流体质点的空间位置有关。流体压力测量常用接触方法进行,其中最常用的方法是气动测压法,该方法由测压孔、测压管和测压仪表组成,被测点的压力经过测压孔,测压管传到测压仪表,由测压仪表指示或记录压力值。

某型外贸 122 mm 火箭炮采用 Kistler 冲击波压力传感器配恒流源适配器,测量射击时在燃气流冲击作用下的定向器管口处的压力值。测量压力为超压,即超过环境气压的部分。冲击波压力传感器的技术参数见表 10 - 6。测试中使用的数据采集系统与燃气流温度测试的数据采集系统相同,采样频率设置为 2 000 Hz。

表 10 - 6　冲击波压力传感器技术参数表

参　　数	单　　位	传感器型号				
		211B1	211B2	211B3	211B4	211B5
测压范围	psi①	10 000	5 000	500	200	100
最大不损坏压力	psi	15 000	10 000	2 500	1 000	500
灵敏度	mV/psi	0.5	1	10	25	50
非线性度	±%FSO	1	1	1	1	1
迟滞	%	1	1	1	1	1
时间常数	s	700	340	100	15	20
谐振频率	kHz	500	500	300	500	300

当进行压力传感器的安装时,传感器与其安装支架之间的连接要有良好的减震措施,并尽量减小支架对冲击波的阻挡和反射,同时传感器的敏感面应尽量与被测量位置的燃气流冲击面平齐。

火箭炮单发射击时,定向器管口处的燃气流压力测量结果如图 10 - 10 所示。定向器管口处最高温度为 302.6℃,设备安装处最高温度为 128.5℃。1♯定向器管口处的燃气流压力最大值为 0.049 1 MPa,12♯定向器管口处的燃气流压力最大值为 0.076 2 MPa。

---

① 　1 psi＝0.006 895 MPa。

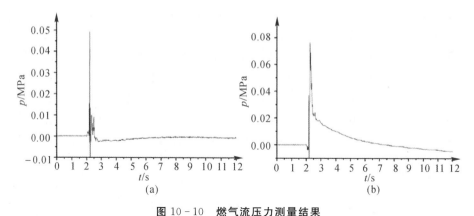

图 10-10　燃气流压力测量结果

(a)1♯定向器管口处压力；(b)12♯定向器管口处压力

10.4.7　火箭炮噪声测试

1. 测试目的

制导火箭发射系统在行军过程中,发动机发出的噪声污染对内部成员在生理和心理上不可避免生产负面影响,在射击过程中,火箭发动机剧烈燃烧产生极大的燃气射流场,造成巨大的噪声污染,而该噪声特性是发射系统集成化所考虑的重要因素之一。发射系统噪声测试结果对装备驾驶室人机工程、燃气流场分析和架体刚、强度分析等具有重要的指导价值。

2. 测试时机及方法

测试时,要求火箭炮停放在平整的地面,装备处于战斗状态,加满油料,携带全部随车工具、备附件。在射击前准备完毕,射击后读取结果。

声级计是噪声测量中最基本的仪器,声信号通过传声器转换成电压信号,经衰减器和放大器的处理,通过检波器输出成直流信号驱动指示表显示分贝值。根据传声器的工作原理不同,声级计可分为压电式、动圈式和电容式三种。压电式传声器利用压电片和膜片将声音信号转换成电压信号,具有较好的频率响应特性,但由于其压电常数受温度变化比较大,故多用于普通声级计;动圈式传声器利用线圈、磁体和膜片将声音信号转换成电压信号,若需要提高灵敏度,需要增大线圈的匝数或者磁体强度,故也多用于普通声级计;电容式传声器利用后极板、绝缘体和膜片将声音信号通过成后极板和绝缘体之间的间隙转换成电压信号,具有输出性能稳定等特点。

　　火箭炮噪声测试主要包括三方面内容:装备定置噪声测试、装备行军噪声测试和装备射击噪声测试,其中装备定置噪声测试和装备行军噪声测试要求测量仪器准确度为 2 型(包括 2 型)以上的声级计。测量时间要求分为昼间和夜间两部分,昼间一般选在工作时间范围内,夜间一般选在 23:00—05:00 之间。参照《声学　汽车车内噪声测量方法》(GB/T 18697—2002)和(GB/T 14365—1993)《声学、机动车辆定置噪声测量方法》。装备射击噪声测试具体方法如下:①对声级计进行校准;②确保其在检验允许的使用期限内;③检查传声器、前置放大器、电池是否已安装好;④据噪声量级选择合适的量程和选择计权方式["F"(快)挡];⑤声级计头部传声器指向火箭炮,尽量使声波从声级计的参考方向入射到传声器;⑥准备好后,开机,人员撤离现场;⑦进行射击试验;⑧射击完后读取声级计读数。

第 11 章

其他制导火箭发射技术

|11.1 概　　述|

随着制导武器的迅速发展,火箭武器和导弹的发射方式也呈多样化发展,从发射动力角度考虑,主要包括热发射和冷发射两种方式。

热发射是目前应用范围最广的发射方式。发射时,首先启动火箭发动机,燃气从火箭发动机喷出后,燃气排导系统的压力通风室使燃气流膨胀减速,然后经垂直排气道排入大气中,在自身的推力作用下,驱动弹体按预设轨道运动,飞离发射筒。但热发射方式会产生大量的高温、高速、高压燃气流,燃气流核心区域温度可达1 000℃以上,可能对发射装置及导流装置造成严重的冲击烧蚀,影响其使用寿命。同时,对发射区域周边环境也有相应的要求,导致采用热发射的火箭武器装置设计上要求更苛刻,维护、保养困难,费用也相对比较高。此外,对必须在封闭环境内发射的制导武器(如地下井内的导弹)而言,在采用热发射时还需要重点解决排焰问题,使得发射设施变得复杂并增加阵地建设的难度。例如,法国陆军在发射"响尾蛇"导弹时,就曾发生燃气回扫、冲坏导弹翼面的情况,而采用垂直发射的回扫燃气更为严重,对弹体、弹翼材料结构耐高温耐冲击提出了更高的要求。

冷发射,也称外力发射或弹射,是指依靠外力将导弹弹出到达一定高度后,导弹自身的发动机点火继续飞行的发射方式。由于冷发射无须考虑燃气流对发射装置的烧蚀、冲刷问题以及导流、排焰、燃气流处理等问题,因此对发射设施及周围环境的适应性较强,发射筒等装置的使用寿命也较长,维护、保养相对容易,费用也比热发射低廉。目前,弹射技术在导弹发射过程中应用比较成熟,在制导火箭发射过程的应用仍处于研究阶段,该技术是制导火箭发射装置未来发展的趋势。在密闭环境内采用导弹冷、热发射对比如图 11 - 1 所示。

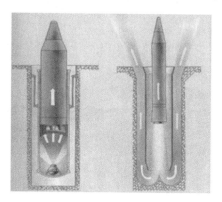

图 11 - 1　导弹冷发射(左)与热发射(右)对比

　　弹射技术最早由英国人发明,最早的弹射装置是与飞机同步发明出现的,用来对飞机进行助飞。早期水面舰艇弹射装置是为了让舰艇在不停止航行时,飞机在更短时间升空,以提高作战效率及打击力,该时期的弹射装置结构上有落重式、飞轮式、火箭助推式及液压和气压式多种形式。之后开发了大功率的液压弹射装置,“企业”号是首批改装使用液压弹射装置的航空母舰(简称航母)之一,在这之后航母大部分都装备了这种液压弹射装置,基本满足当时的作战需要。经过第二次世界大战实战考验,随着科学技术的不断发展,航母主动力装置也在发展变化,舰载机质量的增大,航母基本均采用使用成本较低的蒸汽弹射器,并同步探索研制燃气式及电磁式弹射器,并取得了一定的成果。随着弹射技术在航母上的成熟应用,各国在陆、海、空三基导弹发射过程中也开始研究采用弹射技术进行发射。

　　火箭武器采用弹射发射,可降低初速发射扰动,即可减少起控点的散布,提高发射精度。另外,弹射制导火箭弹可免去燃气防护设备,防止燃气流引起的巨大冲击振动、噪声和热效应的作用。弹射发射方式也可节省发动机的燃料,减少起飞质量,增大火箭或导弹的射程。在飞机上空中弹射时,弹射装置将导弹横向弹出一段距离后,弹上发动机点火工作,产生的燃气射流不会对载机造成影响,有利于保持载机的姿态稳定性。

　　由于早期的火箭武器弹射装置庞大、笨重,难以满足野战武器实际作战需求,而热发射装置尺寸相对较小,对发射装置而言没有附加设备,更利于机动作战,因此在第二次世界大战结束后的 10 多年中,火箭武器弹射技术发展基本处于停滞状态,火箭武器的发射方式基本均为热发射。近代,由于基于固体火箭发动机技术的燃气发生器技术得到了快速发展,弹射动力装置小型化成为可能,因此为满足各类火箭武器不断发展的战术技术要求,火箭武器弹射技术又得到了广泛的应用。

　　虽然弹射发射系统相较热发射装置略微复杂,在火箭武器发射领域应用较少,但由于其具备低过载、暴露目标小、提高射程等优点,目前已广泛用于陆基、海基、空基战术和战略导弹的发射中。本章主要介绍目前应用比较广泛的发射技术的基本组成、工作原理、技术特点及应用,主要包括高低压发射技术、燃气-蒸汽式发射技术、压缩空气式发射技术、电磁式发射技术,可应用于制导火箭的发射。

11.2　高低压发射技术

　　高低压发射技术的应用始于 20 世纪 70 年代末,受当时计算能力和分析方法等条件的制约,研究一度被迫中断。近年来,随着计算机技术和大型专业软件的不断进步和提高,人们对于高低压发射原理和应用方面深入了解,使得该项技术开始逐步转入工程化应用。

　　高低压发射技术在火炮发射技术中已有相当的研究,应用也已经比较广泛,做功的火药燃气被分成高压和低压部分,分别处于高压室和低压室,火药在高压室燃烧,通过高压室上的泄压孔排放到低压室内,生成低压气体,弹丸在低压气体推动下沿发射管运动,直至出膛。高低压发射技术在火箭、导弹上的应用最早起源于法国,应用在米兰导弹发射系统中,如今在反坦克火箭武器上也有部分应用,著名的肩射武器 AT-4 反坦克火箭筒在结构上就采用了高低压发射原理,红箭-8 在发射筒内也利用高低压发射原理作为动力源;AT-12T 120 mm 火箭筒则采用无后坐炮发射原理和高低压药室燃烧方式,如图 11-2 所示,该火箭筒是瑞典博福斯军械公司为瑞典陆军研制的一种能摧毁现代主站坦克的单兵一次性使用便

图 11-2　AT-12T　120 mm 火箭筒

携式武器,1991 年完成研究,1995 年装备部队。

对目标进行精确打击,需要发射具有制导、控制系统的动能弹,但制导和控制系统的光电元器件一般不能承受较大的过载,为增大射程弹上会自带发动机,弹射结束后弹上发动机点火推动弹继续飞行,因此在弹射过程中加速度不高,初速较低,形成弹射力的气体压强也较低。而火药燃烧需要一定的高压环境,当压力低于临界压力时,火药无法正常燃烧,因此弹射装置均需设置高压室,以满足火药正常燃烧的要求,并设置低压室,以满足弹射要求。

11.2.1　基本组成

高低压发射系统按照结构形式一般分为串联式和并联式:串联式是高压室在后,低压室在前,两者是串联形式;并联式是指高压室与低压室并排布置。

不同高低压弹射装置的具体结构不尽相同,但高低压弹射装置的基本组成一般包括发射筒、活塞、高压室、低压室等。两种形式的高低压发射系统结构示意图分别如图 11 - 3 和图11 - 4 所示。

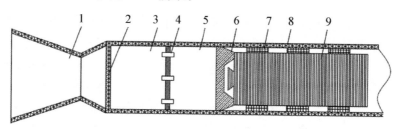

图 11 - 3　串联式高低压发射系统示意图

1—尾喷管;2—气密隔板;3—高压室;4—进气通道;5—低压室;6—弹托;7—适配器;8—发射筒;9—弹体

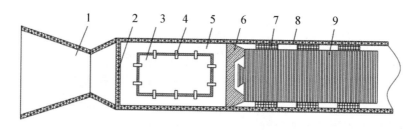

图 11 - 4　并联式高低压发射系统示意图

1—尾喷管;2—气密隔板;3—高压室;4—进气通道;5—低压室;6—弹托;7—适配器;8—发射筒;9—弹体

现在简单介绍主要组成结构。

1. 发射筒

目前,大部分弹射装置发射筒为底部封闭或半封闭圆筒。高压室、低压室、隔热装置、止动装置一般布置于发射筒内。发射筒除具有支撑、定向和发射弹体作用外,还能够为弹体提供所需温度、湿度环境,使弹体在储运过程中得到良好保护,提高其可靠性,简化维修和战前检测工作,并提高连发能力。

2. 弹托

一般在弹体后方均设有隔热弹托,用来防止高温燃气损伤弹体、承受弹射力并将弹射力传递给弹体。弹托直接或与通过联动机构弹体连接。

3. 高压室

高压室本质上是一个半封闭的火药燃烧室,是弹射动力源,主要功能为保证火药正常燃烧提供所必需的压力环境,并通过不同形状的进气通道将高压燃气排送到低压室去。

4. 低压室

高压室流出的燃气在低压室建立起弹射弹体所需的压力,压力作用在弹托承压面上形成弹射力,在保证弹体不超过限定发射加速度的条件下,达到规定的初始速度。

5. 进气通道

进气通道在高压室、低压室之间,起传递压力、能量作用。

高压室与低压室通过进气通道连接,进气通道的结构设计对高压室、低压室之间的燃气流动的内部参数有显著影响,并直接影响承压面的受力情况,进而影响弹体的初始速度及加速度。因此,进气通道结构设计对弹射装置性能起着至关重要的作用。

11.2.2　工作原理

高低压弹射的基本过程:火药在高压室内燃烧生成高温高压燃气,燃气经过进气通道进入低压室,在低压室建立起压力,并作用于承压面上形成弹射力,将弹体弹射出去。

11.2.3　技术特点及应用

将高低压发射原理用于发射无控火箭,主要是基于无控火箭弹存在射击密集度差的技术背景。影响火箭密集度的因素有很多,在推力偏心、质量分布不均衡以及导引面微弯曲等技术环节得到比较充分解决的前提下,降低发射过程中的初始扰动就显得尤为重要了。利用高低压发射技术,可以实现火箭发射过程的平稳可控,减小火箭炮的初始扰动,并保持火箭武器相对轻便、机动性好的优势。采用高低压发射技术发射无控火箭是一个理想的选择。

制导火箭作为火箭武器的一种,射击精度主要由自身制导系统决定,但高低压发射技术的应用不仅能够减小发射过载、提高射程及保持发射阵地的隐蔽性,同时有利于发射装置的防护,避免制导火箭主动发射时尾焰的冲刷。

11.3　燃气-蒸汽式发射技术

燃气-蒸汽式发射技术也称为燃气-蒸汽式弹射技术,是目前潜射导弹发射应用最为广泛的技术。美国海军的俄亥俄级潜艇采用的 MK46 发射装置的发射动力系统采用的就是燃气-蒸汽式发射方案,可在 10 min 内在较大深度将 24 枚三叉戟Ⅱ(D5)导弹以稳定的出水速度齐射出去。英国现役潜射弹道导弹也是三叉戟Ⅱ(D5),弹射方案与美国 MK46 发射装置相同。俄罗斯布拉瓦潜射战略导弹也采用燃气-蒸汽式弹射动力系统。法国最新的 M51 潜射弹道导弹虽然采用水下点火,但也是采用燃气-蒸汽弹射系统将导弹弹出发射筒后一级发动机在水中点火,其发射深度可达40 m 以上。美国的"和平保卫者"地对地战略导弹也是采用燃气-蒸汽弹射进行发射。图 11-5 所示为"和平保卫者"弹射出筒情形,图中白色气体为蒸汽。图 11-6 所示为舰艇甲板上安装的 MK46 发射装置弹射鱼雷出筒情形。

从 20 世纪 50 年代开发海军弹射技术到现在,美国一直没

图 11-5　"和平保卫者"导弹弹射出筒情形

有停止燃气-蒸汽弹射技术的发展和试验,2009 年 1 月 6 日,由美国诺格公司牵头的动能拦截弹计划项目组已经开始试验机动性能更好的燃气-蒸汽发射系统。此动能拦截弹系统可以将拦截弹弹射到 60 m 高空,然后导弹的第一级发动机点火。此系统的关键部件——固体燃料燃气发生器由阿连特技术公司制造,已于 2008 年 12 月 18 日在马里兰州试验成功。该燃气发生器只需使用 32 kg 的燃料,就可以产生足够的能量,将质量高达 11.34 t 的导弹弹射出去,采用该技术可以快速地将动能拦截弹系统由陆基移植到海基。

图 11-7 展示了导弹燃气-蒸汽弹射的发射过程。

图 11-6　MK46 弹射出筒情形

11.3.1　基本组成

燃气-蒸汽式发射装置,为降低发射筒内温度,提供比较稳定的内弹道参数,一般采用冷却剂,冷却剂可分为固体或液体两种形式,常用的冷却剂是水。在冷却燃气过程中,根据水注入的状态不同,又可分为逐渐注水及一次集中注水两种方式。目前,实现工程化的设计,主要采用逐渐注水冷却式发射动力装置实现弹射。下面对该方式的冷却发射动力装置进行分析,图 11-8 所示为逐渐注水冷却发射动力装置基本组成示意图。

燃气-蒸汽发射装置的主要组成结构介绍如下。

1. 点火器

点火器的功能在于"点火",确保火药柱的全部燃烧表面,在整个使用温度范围内都能可靠地被点燃,并在较短的时间内进入预定的稳定燃烧状态,建立正常的燃烧室压力。在非工作状态,通过机械隔离,即使电发火管发生意外点火,也不能引燃火药柱,确保武器系统安全。

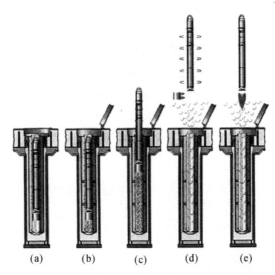

图 11-7　燃气-蒸汽弹射的发射过程示意图

(a)导弹初始状态;(b)初容室开始建立压力(燃气-蒸汽工质);(c)混合蒸汽推动导弹向上运动;

(d)弹体北推出发射筒或者发射井;(e)导弹发动机点火

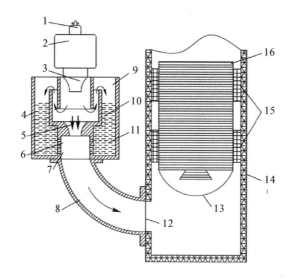

图 11-8　逐渐注水冷却发射动力装置示意图

1—点火器;2—燃气发生器;3——级喷管;4—冷却器;5—二级喷管;6—喷水管;7—喷水孔;

8—动力弯管;9—燃气导流管;10—燃气分流管;11—冷却水;12—气密隔膜;13—导弹尾罩;

14—发射筒;15—适配器;16—弹体

点火器有多种不同形式,常用的为药盒式点火器。药盒式点火器主要由两部分组成:点火保险机构和点火药盒装置。两部分通过转接件与燃气发生器连接在一起。点火器的核心部件是电发火管和点火药。为了保证电发火管和点火药可靠地工作,还有其他的辅助零组件。保险机构则是保证电发火管在意外点火时不引燃火药柱,确保点火的安全性。

2. 燃气发生器

燃气发生器是燃气–蒸汽弹射装置的核心部件,其装药形式决定了燃气的发生规律,燃气发生器壳体一般用钢、铝合金或玻璃钢制成,燃气发生器壳体有整体式和装配式两种。整体式的优点是气密性好,可以避免接头处发生漏气现象,而且整体式质量小,有利于减轻弹射装置的质量。这对于口径较小的战术导弹和火箭武器来说意义重大,但对于中远程的战略导弹来说,整体式会给加工工艺带来较大困难。因此,战略导弹弹射系统的燃气发生器大多采用装配式,加工比较简单,清洗方便,可多次使用。

燃气发生器的工作原理类似于小型固体火箭发动机。火药在极短时间里,在燃气发生器内经过燃烧转变成热能,其燃气经过喷管排入密封容器中,建立一定的压力,从而形成弹射力,将导弹弹射出发射筒。

目前,燃气发生器中的装药有复合药和双基药两种。为减小发射过载并提高火药燃烧效率,一般期望弹体在发射筒内做匀加速运动,且装药在弹体刚出筒或接近出筒时燃烧结束。

燃气发生器和固体火箭发动机设计本质上是相同的,只是燃气发生器无须计算推力,只需确定燃气流量、工作时间、燃气压力、温度及冷却方案等,质量要求也没有固体火箭发动机严格,燃气发生器主要根据被弹弹体的结构参数、质量、底部直径和所要求的内弹道性能进行设计,即:已知装药质量和装药形式的条件下,求出燃气发生器的压力曲线和弹体在发射筒内的运动规律;已知弹体的离筒速度及弹体允许最大过载条件下,求出装药质量、装药的结构形式以及弹射装置结构参数等,然后用小模型试验验证上述计算的正确性,并对计算加以修正。

3. 冷却器

冷却器内装有规定量的冷却水,冷却水通过雾化吸热降低火药燃气温度,实现对内弹道参数的调整。冷却器主要由水室、前/后堵片、压环等组成,在水室壁上安装水位测量传感器,在发射前检测水量的变化,防止泄漏等导致冷却器内水量不能满足规定要求。冷却水的作用主要有三点。

(1)吸收燃气中的热量。使燃气降温,保护发射装置和弹体免受烧蚀。

(2)稳定发射筒内弹道。水量较大,水吸收的热量也较多;水量较少,水吸收的热量也较少,通过调节冷却水量可使筒内压力、温度、弹体的运动速度以及出筒速度趋于稳定,但也会因此出现水汽和燃气的混合气。

(3)降低噪声。在试验条件下,随着喷水量增加,发射筒噪声值下降。

11.3.2　工作原理

发射火箭弹或导弹时,点火保险机构接收到点火信号后,接通点火电路,电发火管起爆,点燃燃气发生器中的装药,燃烧产生高温、高压燃气,通过燃气导流管进入冷却器。二级喷管沿气流方向直径减小、气压增大、使一部分燃气沿分流管进入冷却器壳体和分流管之间的水腔上方,并建立压力,另一部分燃气进入喷水管。喷水管上设置喷水孔和上下挡水膜,水腔内事先所注的水此时在水腔上方压力下被挤入喷水管,在喷水管内的高温燃气作用下汽化,形成温度压力下降的燃气-蒸汽混合气体,沿动力弯管,冲破气密隔膜到达发射筒底部的腔室,建立弹射压力,推动弹体按一定的内弹道规律将弹体弹出发射筒。进入喷水管的水量直接决定燃气-蒸汽混合气体的温度和压力,进而影响弹体出筒速度。喷水量越少,弹体出筒速度越高;喷水量越多,弹体出筒速度越低,从而实现不同弹体弹射过程所需要的弹射速度。

喷水量通过喷水孔打开的数量来控制,可通过设置多个水室、分区布置喷水孔群和使用滑环的形式实现。多水室模式是将冷却器喷水孔分成多个部分,根据需要水量的多少开启一个或多个部分的喷水孔;分区布置喷水孔群模式是把喷水孔分成若干区域,根据弹射速度有机组合几个喷水孔区,从而达到调节喷水量的目的;滑环式水量控制模式是在喷水管外部设置液压驱动的滑环,滑环所处的位置不同可控制打开不同数量的喷水孔,控制系统根据发射深度计算和控制滑环的高低位置,实现不同发射深度发射动力系统能量的控制。目前,滑环式的操控性和控制精度较好,被普遍采用。

11.3.3　技术特点及应用

燃气-蒸汽弹射的特点是利用气体发生器的火药产生大量燃气,同时又将水喷入燃气之中使水汽化,形成温度较低并具有一定压力的混合气体。通过管道将它送入发射管将制导火箭弹迅速推出发射管,混合气体压力一般可达到1 MPa左右。这种弹射方式的优点包括:体积小、质量轻;能量利用充分,压力变化稳定,导弹内弹道参数理想,推力大;燃气经过降温,对发射筒损害程度小;技术成熟,易于实现。但其结构复杂、成本高,弹射速度控制范围有限。

|11.4　压缩空气式发射技术|

压缩空气式发射是将空气压缩在高压储气瓶中,用管道与制导火箭弹发射管相连。发射时,将阀门迅速打开,使气体瞬时流入将制导火箭弹推出去,也称作压缩空气式弹射。其特点是,在技术上简单、易行,但系统庞大,潜艇早期采用这种射弹方式。

用压缩空气发射战略导弹在实际中很早已获得应用,美国于 20 世纪 60 年代用这种方法发射北极星 A1 和 A2 潜地弹道导弹;苏联于 20 世纪 70 年代采用压缩空气从地下井发射 SS-17 洲际弹道导弹。图 11-9 为北极星 A1 压缩空气弹射系统示意图,发射筒为双筒结构,发射筒垂直安装在潜艇耐压壳体上。上端与潜艇本体的顶部相连接。压缩空气储藏罐安装在艇体舱内,气压力约为 30 MPa。图 11-10 为 SS-17 洲际弹道导弹地下井发射。

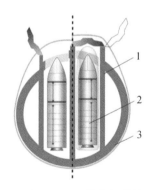

图 11-9　北极星 A1 压缩空气弹射系统示意图
1—发射筒;2—北极星 A1 导弹;
3—潜艇耐压壳体

图 11-10　SS-17 洲际弹道导弹
地下井发射

11.4.1　基本组成

传统的压缩空气发射动力装置基本组成如图 11-11 所示,主要由储气罐、发射阀、电爆阀、电磁阀、总控开关、管道及控制系统组成。

发射阀和电爆阀分别以管道与压缩空气储气罐连接,发射阀有两个出气口,分别与电磁阀和发射筒底部相通。电磁阀又与电爆阀用管道连接。在发射前,电爆阀、电磁阀和发射阀都处于关闭状态。

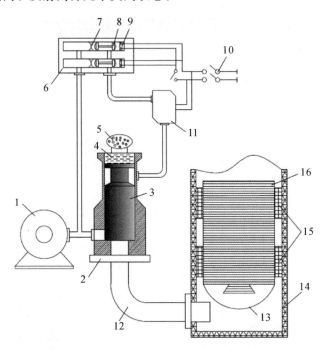

图 11 - 11　压缩空气发射动力装置示意图

1—储气罐;2—发射阀;3—发射阀活塞;4—油液;5—气体;6—电爆阀;7—气密隔膜;
8—电爆阀活塞;9—电爆元件;10—总控开关;11—电磁阀;12—压缩空气管道;13—导弹尾罩;
14—发射筒;15—适配器;16—弹体

1. 储气罐

储气罐由高强度结构钢制造,可承受较高压力,用于储存空气压缩机制造的高压空气,推动弹体发射。

2. 发射阀

发射阀是压缩空气弹射系统的核心部件。发射前,发射阀依靠顶部的气体和油液将发射阀活塞紧紧下压,断开储气瓶与压缩空气管道的连通。

3．电爆阀

电爆阀共有两个活动腔室，每个腔室内包含气密隔膜、电爆阀活塞及电爆元件，通过电爆元件起爆推动电爆阀活塞运动，冲破气密隔膜，压缩空气进出口连通。

4．电磁阀

电磁阀是压缩空气发射动力装置的保险装置，若总控开关未打开，而电爆元件意外引爆，则电爆阀内的压缩空气通道连通，由于电磁阀未通电，因此能够阻止压缩空气与发射阀的连通，避免意外情况的发生。

11.4.2　工作原理

发射过程中，压缩空气发射动力装置的工作过程如下。控制系统接通总控开关，电磁阀通路打开，接通电爆阀的独立控制开关，电爆元件通电后，瞬间起爆，在密闭腔室内压力急剧上升，推动电爆阀活塞向左移动，在压力作用下，冲破气密隔膜。储气瓶中的高压气体通过电爆阀、电磁阀进入发射阀上腔，这时高压气体将发射阀活塞向上推动，压缩顶部的气体。发射阀下端的活塞打开，储气瓶内的高压气体立即通过压缩空气管道进入发射筒底部，作用于弹体尾罩，推动弹体向上运动，实现制导火箭弹的发射。弹射完毕后，先关闭总控开关，电磁阀断电后关闭，储气罐内气体压力下降，发射阀内顶部的压缩气体在压力的作用下将发射阀活塞下压，回到原来发射阀关闭状态。储气罐重新开始储气，准备下次弹射。

11.4.3　技术特点及应用

高压气动弹射技术以具有瞬间膨胀性强、功率密度大等特性的压缩空气为工作介质，具有功率-质量比大、无污染、防燃、防爆、防电磁干扰、工质温度低、无须热防护措施、通用性好、成本低等优点，在制导火箭弹发射领域具有较好的应用前景。但是气动系统具有很多不利于精确控制的弱点，如强非线性、模型不确定性等，如何实现高压气动弹射过程控制仍是一个难点。

|11.5 电磁式发射技术|

电磁式发射技术的发射装置实质是一个形状特殊的直线电动机,电磁发射无声、无光、无污染、对导轨与设备侵蚀较小,依靠电磁能将弹体弹出轨道,获得很大的出轨速度。电磁弹射原理 1820 年法国人就提出过,1937 年美国人在试验室试验成功了"无声炮",1945 年美国人试验成功弹射一架质量为 4 500 kg 的飞行器,弹射导弹实例仅见英国 1954 年弹射成功数千克重的小导弹,其离轨速度达到 450 m/s。

美军在 20 世纪 70 年代就开始进行电磁发射技术的研究,2018 年 3 月成功地进行了电磁轨道炮样炮重复发射试验,标志着电磁发射技术转向工程研制阶段。电磁弹射技术是电磁发射技术在大质量、低速物体发射方面的重要应用,是对传统弹射技术的重大突破。2015 年 6 月,美国海军在"福特号"航空母舰上成功进行了两次 36 287.4 kg 钢制道具车弹射试验,道具车被加速至 296.32 km/h,标志着电磁飞机弹射技术的成功。在电磁导弹弹射方面,美国桑迪亚国家试验室和洛马公司通过合作研究和发展协议共同开发一种新型的导弹助推装置——电磁导弹助推器(EMML),并于 2004 年 12 月 14 日利用 EMML 成功地将质量为 649 kg 的试验样机推进到 7.3 m 的高度,最大速度达到 12 m/s,验证了利用电磁线圈发射技术弹射导弹的可行性。随着电磁弹射技术在导弹发射方面研究的深入,由于其具有对导弹速度的精细控制等优点,因此采用电磁弹射技术是导弹及制导火箭弹发射的发展趋势。以下主要介绍目前电磁弹射技术在导弹发射领域的应用,对制导火箭弹的发射具有一定的借鉴作用。

11.5.1 基本组成

目前,使用的电磁弹射技术发射导弹主要有电磁线圈导弹弹射、直线电机导弹电磁弹射、电磁轨道导弹弹射三类。通常采用电磁线圈发射方式,利用电磁感应的原理,将电能转化为推动导弹运动所需的瞬时动能,通过控制电磁作用力的大小和时间实现不同的导弹出筒速度控制,完成导弹发射。导弹电磁线圈弹射系统组成如图 11-12 所示。

其主要组成结构如下。

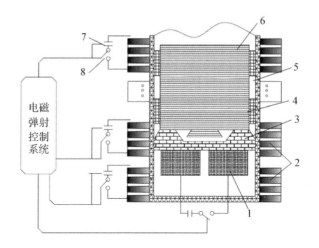

图 11-12 导弹电磁弹射系统组成示意图

1—弹射线圈；2—驱动线圈；3—弹射电枢；4—适配器；5—发射筒；6—导弹；

7—脉冲电源；8—电流控制开关

1. 弹射线圈及弹射电枢

弹射线圈在电流的作用下可以产生变化的磁场，弹射电枢在该磁场环境下产生涡流，相互作用为导弹提供向上的推力。

2. 驱动线圈

为了获得均匀而持久的加速，驱动线圈在线圈上产生的加速力应当是均匀而持久的，要求驱动部分要根据发射物体的具体位置进行同步控制，该过程与无刷直流电动机的电子换向相同。解决该问题具有很大的困难，相比而言，在工业或民用技术领域应用的场合，无刷直流电动机型的电磁弹射技术具有很好的应用前景。

3. 电流控制开关

电磁发射过程本质是超大电流产生强磁场，强磁场推动电枢产生高速度，因此电磁发射中必须对短时间内变化的大电流进行控制，理论上要能够在短时间（几毫秒或几秒）内对兆安级电流进行通断控制，普通开关根本不能满足此要求，必须研究特制开关。当前还没有能满足电磁发射工程化要求，且成本低廉的大电流开关。

4. 脉冲电源

当前,试验室广泛采用电容器作为脉冲电源,因为电容器能够在很短的时间内释放其内储存的能量,然而电容器储能密度低、成本高,机动使用困难,不适合充当一般电磁发射装置的实用电源。因此,必须考虑开发新型实用化的电源,而交流脉冲发电机是一个很好的电源技术发展方向。

11.5.2　工作原理

为了得到持续的推力,导弹电磁线圈弹射系统采用多级驱动线圈,在结构上形成串联的形式,各级驱动线圈由发射控制系统控制回路开关开闭,当弹射线圈回路开关闭合时,弹射线圈在脉冲电流的作用下产生变化的磁场,变化的磁场使导弹底部的电枢产生感应电流(涡流),涡流与磁场相互作用产生电磁力推动导弹向上运动。导弹在初始位置,第 1 级驱动线圈的控制开关闭合,电容器对第 1 级驱动线圈放电,电枢在洛伦兹力的作用下推动导弹加速运动,当到达第 2 级驱动线圈的触发位置时,第 2 级驱动线圈的开关闭合,由第 2 级的电容器对第 2 级驱动线圈放电,实现对发射组件的再加速,然后经第 3,4,5,…,级线圈逐级加速,导弹达到指定的速度出筒。发射控制系统根据导弹所需出筒速度,确定驱动线圈的级数和各级脉冲电源的能量输出和控制开关的闭合时间,就可以实现不同导弹出筒速度的要求值。

11.5.3　技术特点及应用

与传统依靠导弹或火箭弹自身发动机燃烧的反冲推力或辅助热弹射机构产生推力发射相比,电磁弹射技术具有以下优点。

(1)电磁弹射推力控制精度高,能提高导弹及制导火箭弹命中精度。与其他冷发射方式相比,电磁弹射克服了无法控制弹道过载的缺点,弹体在电磁弹射器中所受电磁力,可通过调节脉冲电流波形,使弹体在整个弹射过程中均匀受力,弹体稳定性好,从而提高导弹命中精度。

(2)电磁弹射器可调节电磁推力大小,可弹射多种型号导弹及制导火箭弹。与其他冷发射方式相比,它克服了发射导弹型号单一等不足,电磁弹射系统可根据目标弹体性质和射程快速调节电磁力,从而满足多种目标弹体对弹射质量和初速发射能量的要求,弹射多种型号的导弹及制导火箭弹,是一种多用途弹射系统。

(3)可改善导弹及制导火箭弹作战半径。在不增加弹体自身质量的条件下,可以改善导弹及制导火箭弹的作战半径,尤其随着大功率脉冲电源技术的不断发展,改善作用将会在电磁发射系统中产生越来越重要的作用。

(4)彻底解决发射系统烧结问题。采用电磁弹射技术后,依靠发射系统电磁推力给弹体初始动能,使弹体离开发射系统一定距离后,发动机点火自主飞行。由于不存在高能复合推进剂燃烧时对发射系统产生的高温燃气烧蚀和超高速熔融残渣的烧黏问题,彻底解决了发动机对发射系统的烧蚀问题,避免烧蚀问题导致的装备性能下降,寿命显著缩短。

(5)提高战场隐蔽性,安全性高。由于电磁弹射过程中不产生火焰、烟雾和冲击波,因此作战中不易被敌人发现,这有利于发射平台的安全,符合现代战场的隐蔽作战需求。

尽管电磁弹射技术具有诸多优点,应用前景广阔,但作为一种新型弹射技术,真正实用化还需要解决如下关键技术。

(1)小型化、轻量化、低成本脉冲电源技术。普通电源满足不了电磁发射系统百兆瓦级脉冲电功率的需要,只能采用脉冲电源。目前常用的电容储能脉冲电源存在储能密度低、成本高;电感储能脉冲电源缺乏充电用的大功率电池组和小型高电流开关,实用化困难;脉冲交流发电机脉冲电源结构复杂、安全性要求较高等问题。因此,小型化、轻量化、低成本、高功率脉冲电源技术是电磁弹射技术实现实用的关键技术之一。

(2)高效稳定电磁弹射器设计与制造技术。电磁弹射器是电磁弹射系统的核心部件,其性能在很大程度上决定了电磁弹射系统的性能。强磁场、大电流、重载荷的电磁弹射过程中会累积大量的焦耳热、摩擦热,导致弹射器和电枢温升过大,同时电磁弹射器关键部件还会受到强脉冲电磁力,可能会导致发射系统损坏。以上因素都会影响弹射器的发射效率、结构强度与稳定性。因此,高效、稳定的电磁弹射器设计与制造技术是电磁弹射技术实用化的关键技术之一。

(3)弹体过载精确控制技术。导弹或制导火箭弹能够适应的弹射过载有一定范围,存在上限,超过上限可能对弹体造成损伤,影响弹丸作战性能。因此,大质量弹体要求严格限制过载范围。对于电磁弹射系统而言,弹射过程中可实现发射过载可控,弹丸过载可接近其上限,可最大程度提升弹丸作战性能。因此,弹体过载精确控制技术是充分发挥电磁弹射系统性能必须解决的关键技术之一。

(4)电磁弹射过程中强电磁干扰抑制技术。电磁弹射过程中产生的强磁场对弹药的控制系统、发控系统以及电子元器件都会产生一定的影响,严重的会造成器件,甚至系统的损坏,影响弹丸作战使用。同时,强电磁信号还有可能暴露发射阵地,带来安全隐患。因此,电磁弹射过程中强电磁干扰抑制技术是电磁弹射技术实用化的关键技术之一。初步考虑,可以通过采取电磁场屏蔽与保护措施,降低干扰强度的同时提高导弹本身的抗电磁干扰能力。

(5)电磁弹射系统试验验证技术。电磁弹射技术发展到一定阶段,试验验证就成为电磁弹射系统研制的一项十分重要的技术。试验验证充分与否,才能反映出电磁弹射系统总体和分系统功能、技术途径、实施方案是否合理;脉冲电源分系统是否工作可靠、电磁弹射器是否能够高效、稳定地工作;弹体过载控制是否精确有效、电磁干扰抑制措施是否有效及其与作战平台的适配性等问题,进而找到应对措施,推动导弹及制导火箭弹电磁弹射技术走向实用化。

虽然电磁发射系统还存在着脉冲电源体积大、质量大、成本高,弹射器高效、稳定工作性能不佳,弹射过程存在强电磁干扰,试验不充分等一系列有待突破的技术问题,但电磁弹射技术控制精度高,能提高导弹命中精度、弹射多种型号导弹、改善导弹和制导火箭弹作战半径、彻底解决发射系统烧蚀问题,提高战场隐蔽性,使用安全性高等,使得电磁弹射技术在军事领域中有着光明的前景。随着相关技术的进一步发展,电磁弹射技术必将应用到导弹、制导火箭弹射中,并推广到无人机、航母舰载机、鱼雷等大质量、低速载荷弹射领域。

参考文献

[1] 柴潇.远程火箭炮兵成为新一代火力精兵[EB/OL].[2022-8-20]. http://mp.weixin.qq.com/s/3f2SeqrBc-K5v5zU8j5sQ

[2] 张相炎.火炮设计理论[M].北京:北京理工大学出版社,2005.

[3] 许耀峰.现代火炮工程设计手册[M].北京:兵器工业出版社,2017.

[4] 李军.火箭发射系统设计[M].北京:国防工业出版社,2008.

[5] 于存贵.火箭发射系统分析[M].北京:国防工业出版社,2012.

[6] 侯保林.火炮自动装填[M].北京:兵器工业出版社,2010.

[7] 谈乐斌.火炮概论[M].北京:北京理工大学出版社,2013.

[8] 韩珺礼,王雪松,刘生海.野战火箭武器概论[M].北京:国防工业出版社, 2015.

[9] 朱福亚.火箭弹构造与作用[M].北京:国防工业出版社,2005.

[10] 王道宏.现代火炮工程实践[M].北京:国防工业出版社,1997.

[11] 周长省,鞠玉涛,陈应生.火箭弹设计理论[M].北京:北京理工大学出版社,2005.

[12] 汤祁忠,郝宏旭,王新星.野战火箭发射技术[M].北京:国防工业出版社,2015.

[13] 杨军宁,王惠方.火箭炮在现代各军兵种的应用及发展趋势[J].火炮发射与控制学报,2018(1):92-93.

[14] 朱玉川,李志刚,马大为,等.某箱式多管火箭炮自动装填装置设计[J].弹箭与制导学报,2006,26(1):99-101.

[15] 许耀峰,王惠方. 火力倍增,活力无限:箱式发射火箭炮[J]. 兵器知识, 2014(4):6.

[16] 岳嘉为,代波,吴旭,等. 轴向柱塞泵流量脉动对火箭炮俯仰调炮精度的影响分析[J]. 兵工学报,2019,40(9):24 - 29.

[17] 谢建. 导弹发射技术[M]. 西安:西北工业大学出版社,2015.

[18] 高明坤,宋廷伦. 火箭导弹发射装置构造[M]. 北京:北京理工大学出版社,1995.

[19] 李军. 火箭发射系统设计[M]. 北京:国防工业出版社,2008.

[20] 张相炎. 新概念火炮技术[M]. 北京:北京理工大学出版社,2014.

[21] 安进,张胜利,吴长春. 导弹电磁发射技术综述[J]. 飞航导弹,2015(5): 27 - 29.

[22] 苏子舟,张涛,张博,等. 导弹电磁弹射技术综述[J]. 飞航导弹,2016(8): 28 - 32.

[23] 徐张宝. 高压气动弹射过程控制研究[D]. 南京:南京理工大学,2017.

[24] 张艳芳. 弹射装置进气通道结构设计与仿真研究[D]. 太原:中北大学,2017.

[25] 李仁凤. 燃气-蒸汽弹射流场与弹道特性研究[D]. 南京:南京理工大学,2017.

[26] 陈彦辉,郭昃,何宗颖,等. 炮口振动测试方法及实践[J]. 火炮发射与控制学报,2010(1):80 - 83.

[27] 杜文杰,王冠军. 机动车辆定置噪声测量方法的研究与建议[J]. 汽车实用技术,2017(22):91 - 92.

[28] 于存贵,李志刚. 火箭发射系统分析[M]. 北京:国防工业出版社,2012.

[29] 任杰,徐强,杨卫民. 发射系统试验技术[M]. 北京:国防工业出版社,2014.

[30] 许耀峰. 现代火炮工程设计手册[M]. 北京:兵器工业出版社,2017.

[31] 汤祁忠,郝宏旭,王新星. 野战火箭发射技术[M]. 北京:国防工业出版社,2015.

[32] 张利平. 液压控制系统及设计[M]. 北京:化学工业出版社,2006.

[33] 陈明俊,李长江,杨高,等. 武器伺服系统工程实践[M]. 北京:国防工业出版社,2013.

[34]　刘陵顺,高艳丽,张树团,等.TMS320F28335 DSP 原理及开发编程[M].北京:北京航空航天大学出版社,2011.

[35]　阮毅,陈维钧.运动控制系统[M].北京:清华大学出版社,2006.

[36]　胡育文,高瑾,杨建飞,等.永磁同步电动机直接转矩控制系统[M].北京:机械工业出版社,2015.

[37]　刘金琨.先进 PID 控制 MATLAB 仿真[M].北京:电子工业出版社,2011.

[38]　史久根.CAN 现场总线系统设计技术[M].北京:国防工业出版社,2004.

[39]　许耀峰.现代火炮工程设计手册[M].北京:兵器工业出版社,2017.

[40]　孙学金.大气探测学[D].南京:解放军理工大学,2006.

[41]　张军.军事气象学[D].南京:解放军理工大学,2004.

[42]　万谦.军用车载电子设备集成设计概论[M].北京:国防工业出版社,2015.

[43]　国防科学技术工业委员会.生产提供过程质量控制:GJB 467A—2008[S].北京:国防科工委军标出版发行部,2008.

[44]　中国人民解放军总装备部.军用直流移动电站通用规范:GJB 674A—1999[S].北京:总装备部出版发行部,1999.

[45]　国防科学技术工业委员会.工艺评审:GJB 1269A—2000[S].北京:国防科工委军标出版发行部,2000.

[46]　国防科学技术工业委员会.检验工作要求:GJB 1442A—2006[S].北京:国防军工委军标出版发行部,2006.

[47]　中国人民解放军总装备部.地炮群(团)射击指挥系统定型试验规程:GJB 1571A—1999[S].北京:总装备部出版发行部,1999.

[48]　国防科学技术工业委员会.试验和生产准备状态检查:GJB 1710A—2004[S].北京:国防军工委军标出版发行部,2004.

[49]　国防科学技术工业委员会.试制过程的质量控制:GJB 2366A—2007[S].北京:国防军工委军标出版发行部,2007.

[50]　国防科学技术工业委员会.炮弹试验方法:GJB 3197—1998[S].北京:国防军工委军标出版发行部,1998.

[51]　中国人民解放军总出备部.装备检验验收程序:GJB 3677A—2006[S].北京:总装备部出版发行部,2006.

[52]　中国人民解放军装备部.火箭炮定型试验规程:GJB 8215—2014[S].北

京:总装备部出版发行部,2014.

[53] 中国国家标准化管理委员会.安全标志及其使用守则:GB 2894—2008 [S].北京:中国标准出版社,2008.

[54] 中国人民解放军总装备部.装备安全性通用要求:GJB 900A—2012[S]. 北京:总装备部出版发行部,2012.

[55] 中国人民解放军总装备部.军用软件按前行设计指南:GJB/Z 102A— 2012[S].北京:总装备部出版发行部,2012.